高技能人才培训丛书 | 丛书主编 李长虹

三菱 PLC 控制系统设计及应用实例

阮友德 主 编
李长虹 郑三元 副主编

U0260668

中国电力出版社
CHINA ELECTRIC POWER PRESS

内 容 提 要

本书按照"任务引领"的教材编写新模式，以工作过程为导向，以岗位技能要求为依据，以典型工作任务为载体，训练任务来源于企业真实的工作岗位。

本书是理论与实践一体化教材，全书分4个单元，共24个训练任务。包含了PLC指令、特殊模块、联机通信以及变频器、触摸屏、步进电动机的应用及程序设计，其中列举了大量的典型工程实例，能够满足学生课堂学习与自主学习的要求。旨在通过本书的学习，使学生具有较深的理论功底和完成中等复杂程度的机电设备的改造、设计和维护的能力。

本书适合作为技师学院、高职高专和应用本科的电气自动化、机电一体化、数控维修、机械制造、智能楼宇、电子技术等相关专业的教学用书，也可供相关工程技术人员参考。

图书在版编目（CIP）数据

三菱PLC控制系统设计及应用实例／阮友德主编．—北京：中国电力出版社，2017.5
（高技能人才培训丛书／李长虹主编）
ISBN 978-7-5198-0367-4

Ⅰ．①三… Ⅱ．①阮… Ⅲ．① PLC 技术－岗位培训－教材 Ⅳ．① TM571.61

中国版本图书馆 CIP 数据核字（2017）第 027168 号

出版发行：中国电力出版社
地　　址：北京市东城区北京站西街 19 号（邮政编码 100005）
网　　址：http://www.cepp.sgcc.com.cn
责任编辑：杨　扬（加联系电话或邮箱）
责任校对：太兴华
装帧设计：张俊霞　赵姗姗
责任印制：蔺义舟

印　　刷：北京雁林吉兆印刷有限公司
版　　次：2017 年 5 月第一版
印　　次：2017 年 5 月北京第一次印刷
开　　本：787 毫米×1092 毫米　16 开本
印　　张：23.75
字　　数：644 千字
印　　数：0001—2000 册
定　　价：75.00 元

国务院《中国制造2025》提出"坚持把人才作为建设制造强国的根本，建立健全科学合理的选人、用人、育人机制，加快培养制造业发展急需的专业技术人才、经营管理人才、技能人才。营造大众创业、万众创新的氛围，建设一支素质优良、结构合理的制造业人才队伍，走人才引领的发展道路"。随着我国新型工业化、信息化同步推进，高技能人才在加快产业优化升级，推动技术创新和科技成果转化发挥了不可替代的重要作用。经济新常态下，高技能人才应掌握现代技术工艺和操作技能，具备创新能力，成为技能智能兼备的复合型人才。

《高技能人才培训丛书》由嵌入式系统设计应用、PLC控制系统设计应用、智能楼宇技术应用、产品造型设计应用、工业机器人设计应用等近20个课程组成。丛书课程的开发，借鉴了当今国外发达国家先进的职业培训理念，坚持以工作过程为导向，以岗位技能要求为依据，以典型工作任务为载体，训练任务来源于企业真实的工作岗位。在高技能人才技能培养的课程模式方面，可谓是一种创新、高效、先进的课程，易理解、易学习、易掌握。丛书的作者大多来自企业，具有丰富的一线岗位工作经验和实际操作技能。本套丛书既可供一线从业人员提升技能使用，也可作为企业员工培训或职业院校的教材，还可作为从事职业教育与职业培训课程开发人员的参考书。

当今，职业培训的理念、技术、方法等不断发展，新技术、新技能、新经验不断涌现。这套丛书的成果具有一定的阶段性，不可能一劳永逸，要在今后的实践中不断丰富和完善。互联网技术的不断创新与大数据时代的来临，为高技能人才培养带来了前所未有的发展机遇，希望有更多的课程专家、职业院校老师和企业一线的技术人员，参与研究基于"互联网十"的高技能人才培养模式和课程体系，提高职业技能培训的针对性和有效性，更好地为高技能人才培养提供专业化的服务。

全国政协委员

深圳市设计与艺术联盟主席

深圳市设计联合会会长

丛 书 序

《高技能人才培训丛书》由近 20 个课程组成，涵盖了嵌入式系统设计应用、PLC 控制系统设计应用、智能楼宇技术应用、工业控制网络设计应用、三维电气工程设计应用、产品造型设计应用、产品结构设计应用、工业机器人设计应用等职业技术领域和岗位。

《高技能人才培训丛书》采用典型的任务引领训练课程，是一种科学、先进的职业培训课程模式，具有一定的创新性，主要特点如下：

先进性。任务引领训练课程是借鉴国内外职业培训的先进理念，基于"任务引领一体化训练模式"开发编写的。从职业岗位的工作任务入手，设计训练任务（课程），采用专业理论和专业技能一体化训练考核，体现训练过程与生产过程零距离，技能等级与职业能力零距离。

有效性。训练任务来源于企业岗位的真实工作任务，大大提高了操作技能训练的有效性与针对性。同时，每个训练任务具有相对独立性的特征，可满足学员个性能力需求和提升的实际需要，降低了培训成本，提高了培训效益。每个训练任务具有明确的判断结果，可通过任务完成结果进行能力的客观评价。

科学性。训练实施采用目标、任务、准备、行动、评价五步训练法，涵盖从任务（问题）来源到分析问题、解决问题、效果评价的完整学习活动，尤其是多元评价主体可实现对学习效果的立体、综合、客观评价。

本丛书的另外一个特色是训练任务（课程）具有二次开发性，且开发成本低，只需要根据企业岗位工作任务的变化补充新的训练任务，从而确保训练任务与企业岗位要求一致。

高技能人才任务引领训练课程已在深圳高技能人才公共训练基地、深圳市的职业院校及多家企业使用了五年之久，取得了良好的效果，得到了使用部门的肯定。

高技能人才任务引领训练课程是由企业、行业、职业院校的专家、教师和工程技术人员共同开发编写的，可作为高等院校、行业企业和社会培训机构高技能人才培养的教材或参考用书。但由于现代科学技术高速发展，编写时间仓促等原因，难免有漏错之处，恳求广大读者及专业人士指正。

编委会主任　李长虹

前　言

我国现阶段走的是新型工业化道路，这就需要培养和造就一大批复合型高技能人才，这些人才不仅要有传统的"手艺"，更要在掌握现代理论知识的同时，具有动手操作能力、工程实践能力和创新能力。因此，我们在总结了有关PLC技术、变频器技术等课程的基础上，对可编程序控制系统设计师的工作岗位进行分析，按照高级工职业资格证书及岗位能力的要求提炼出岗位的关键技能、基本技能、职业素质目标和知识目标，再将这些核心技能分解到24个训练任务中。这24个任务全部来源于企业真实的工作任务，经过提炼转化为训练任务。在编写过程中，力求按照获得全国技工教育和职业培训教学研究成果一等奖的"任务引领型一体化训练及评价模式"的要求，并贯彻以下原则。

（1）在编写思想上，遵循"以学生为主体，以能力培养为中心，以技能训练为主线，以理论知识为支撑"。因此，本书按照"任务引领"的教材编写新模式，每个任务按照"任务来源""任务描述""目标描述""任务实施""相关知识与技能""练习与思考"六段式编写思路，由实际问题入手，通过分析引入相关知识和技能。实训部分以理论为依托，理论部分以实训为目的，理论与实训融为一体，互为依托。

（2）在内容选择上，从岗位需求的实际出发，按照岗位能力要求，以理论够用、重在提高技能，体现现代新技术应用来确定教材内容，力求内容全面，详略得当。本书涵盖了PLC基础知识、指令应用、特殊功能模块、联机通信、编程软件，有PLC的应用，也有PLC、变频器、触摸屏的综合应用。

（3）在编写团队上，由院校一线骨干教师、企业专家和工程技术人员组成，人员结构合理。参与本书编写的有企业工作经历并长期从事PLC教学的深圳大学和深圳职业学院的教授、副教授，也有一直从事一线技术工作的总工、专家和PLC竞赛的优胜者，他们有着丰富的实践经验和独到的见解。

此外，本书在内容阐述上，力求简明扼要、层次清楚、图文并茂、通俗易懂；在结构编排上，遵循循序渐进、由浅入深；在训练任务的安排上，强调实用性、可操作性和可选择性。

本书由深圳职业学院阮友德主编，深圳高训中心李长虹、深圳大学郑三元副主编，深圳大学黄鑫主审。参与本书筹划与编写的有阮友德、陈素芳、张迎辉、邓松、刘振鹏、阮雄锋、唐佳、郑三元、肖清雄、周保廷、杨水昌、杨宝安、陈铁俭、沈平凡等。本书在编写过程中，得到了深圳市高训中心、深圳大学、深圳职业技术学院、三菱电机自动化公司驻深圳办事处及深圳普泰科技公司的大力帮助，在此一并表示感谢。

由于时间仓促以及编者水平有限，书中错误和不足之处在所难免，欢迎广大读者批评指正。

编　者

目 录

第一单元

PLC、人机界面及其应用

任务

电动机正反转的监控系统设计与调试

1.1 任务来源

在电气控制系统的设计与维护时，经常需要利用 PLC 与人机界面来进行电动机的正反转控制，如天车电动机的前进与后退控制、龙门吊的上升与下降控制、机床的左右移动控制等，其核心的工作任务就是电动机正反转的程序设计及其人机界面监控画面的制作，因此，掌握利用 PLC 与人机界面来控制电动机正反转是 PLC 控制系统设计师（三级）职业能力培训的基本内容。

1.2 任务描述

请设计一个用 PLC、人机界面控制的电动机正反转，并完成其控制系统的程序设计、画面制作、系统接线和运行调试，具体要求如下。

（1）若按人机界面上的"正转"按钮，电动机则正转运行；若按"反转"按钮，电动机则反转运行。

（2）电动机的当前工作状态（正转、反转或停止），均应有相应的文字显示。

（3）能设置电动机的运行时间，能显示电动机已运行时间。

（4）运行时间达到设定值或按"停止"按钮，电动机立即停止运行。

1.3 目标描述

1.3.1 技能目标

1. 关键技能

• 能（会）使用三菱人机界面软件制作按钮、指示灯控件。

• 能（会）使用三菱人机界面软件制作数据输入、输出控件。

• 能（会）用 PLC 的 MUL 和 DIV 等相关指令设计程序。

2. 基本技能

• 能（会）正确使用 PC 机、PLC 及控制元器件。

• 能（会）使用三菱 PLC 编程软件。

- 能（会）使用 PLC 相关指令设计简单控制程序。

1.3.2 知识目标

- 掌握人机界面的基本结构。
- 掌握人机界面的系统与用户画面的各项功能。
- 掌握计算机、PLC 与人机界面通信的基本常识。

1.3.3 职业素质目标

- 遵守电气控制系统调试标准规范，养成严谨科学的工作态度。
- 认真学习、认真听课，养成善于思考、敢于提问的学习习惯。
- 认真总结训练过程的得失，吃一堑长一智，养成善于总结的习惯。
- 电动机正反转需要设置软件和硬件互锁，养成为客户着想的良好职业道德。

1.4 任务实施

1.4.1 活动一 学员自学或教师讲授

1. PLC 的算术与逻辑运算指令

（1）算术与逻辑运算指令一般用法。

（2）重点讲解 MUL、DIV 指令的结构与程序设计（即难点）。

2. 人机界面的硬件知识

（1）人机界面的用途、画面构成、状态功能。

（2）人机界面的状态模式操作、系统连接。

（3）重点讲解人机界面的系统与用户功能。

3. 人机界面软件的使用

（1）人机界面软件的安装。

（2）人机界面软件的操作。

（3）重点讲解人机界面软件的按钮控件、指示灯控件的制作。

1.4.2 活动二 示范操作

1. 步骤一：分析控制需求，进行系统方案设计

（1）熟读并分析控制要求，确定系统设计方案（采用 PLC 进行系统控制，人机界面进行系统监控；PLC 程序设计采用启保停的方法）。

（2）根据系统控制要求，拟定人机界面的监控画面，如图 1-1 所示。

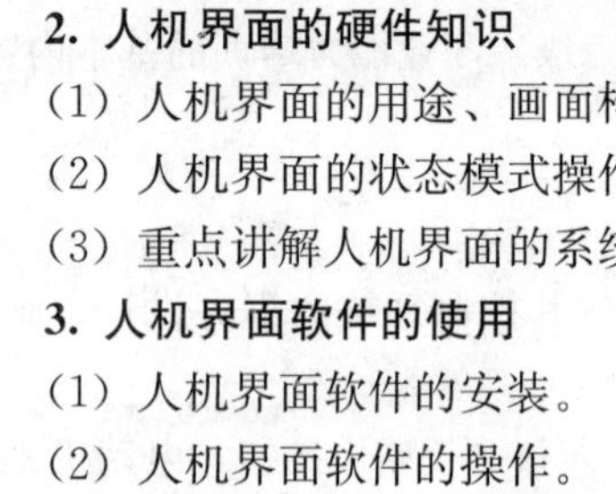

（3）根据系统控制要求，绘制系统方框图，如图 1-2 所示。

2. 步骤二：确定硬件配置，绘制控制系统接线图

（1）根据系统控制要求，确定系统的硬件配置（见图 1-3）。

（2）根据系统控制要求，进行 PLC 及人机界面软元件分配，见表 1-1。

图 1-1 人机界面的监控画面

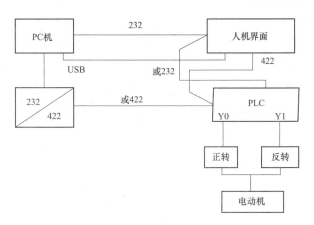

图 1-2　系统方框图

表 1-1　　　　　　　　　　　　　　　软 元 件 分 配 表

软元件	功能	软元件	功能
M100	正转按钮键	T0	运行时间定时器
M101	反转按钮键	D100	设定时间（s）
M102	停止按钮键	D101	设定值寄存器
M103	停止指示	D102	运行时间显示（s）

　　（3）根据控制要求、PLC 及人机界面软元件分配，绘制系统接线图，如图 1-3 所示，绘制系统接线图时，注意元器件符号画法要规范及 PLC 输入输出端子的分布。

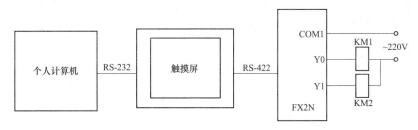

图 1-3　控制系统接线图

3. 步骤三：根据控制要求进行 PLC 程序设计

（1）根据控制要求、程序设计思路及软元件分配设计 PLC 程序。

（2）使用编程软件输入程序，并下载到 PLC，进行离线仿真完善控制程序。

（3）细读控制要求，完善和优化 PLC 程序，最终形成如图 1-4 所示程序。

4. 步骤四：根据控制要求制作人机界面的画面图

（1）根据控制要求及图 1-1 和软元件分配，拟定完善的人机界面的画面图，如图 1-5 所示。

（2）文本对象画面的制作。图 1-5 所示画面中，"电动机正反转控制实训""运行时间设置（秒）""已运行时间显示（秒）"为文本对象，需要用文本对象来制作。选中图形/对象工具栏中的 **A** 按钮，单击编辑区即弹出如图 1-6 所示的属性设置窗口，然后按图进行设置。首先在文本栏中输入要显示的文字（电动机正反转控制实训），然后在下面文字属性中选择"文本类型""文本颜色""字体"和"尺寸"（用右侧的箭头进行选择）等，设置完毕，单击"确定"键，然后再将文本拖到编辑区合适的位置即可。图 1-5 中"运行时间设置（秒）"和"已运行时间显示（秒）"

3

的操作方法与此相似。

图 1-4　PLC 控制程序

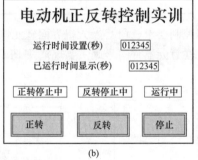

(a) (b)

图 1-5　人机界面画面

（a）元件为 ON 状态时；（b）元件为 OFF 状态时

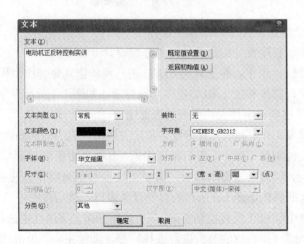

图 1-6　文本对象的设置

（3）注释显示（即指示灯）画面的制作。图1-5所示画面的第四行可用"注释显示""指示灯"功能来制作，其操作方法大同小异，下面介绍"注释显示"的操作方法。首先单击对象工具栏 按钮，弹出如图1-7（a）所示窗口，然后在"基本"标签下的"软元件"选项中输入"Y0"，再在属性中选择"图形"（可单击"其他"，在可视窗口中选择适合的形状）、"边框色"（即边框的颜色，单击右边的箭头可以设定边框的颜色）、"字体"和"文本尺寸"等；然后选中"显示注释"即弹出如图1-5所示窗口，在属性中选中"ON（N）"和"直接注释"，在文本框中输入文字"正转运行中"，再选择"文本色"和"文本类型"等；然后用类似的方法在属性中选中"OFF（F）"进行类似的设置，全部设置完毕后单击"确定"键即可。最后再将文本拖到编辑区合适的位置。图1-7（b）中"反转运行中"和"停止中"的操作方法与此相似。

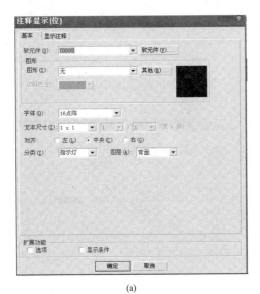

(a)

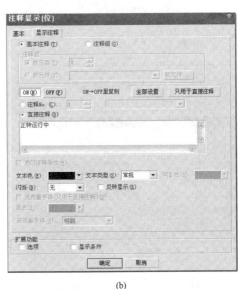

(b)

图1-7 注释显示的设置
（a）注释显示的设置1；（b）注释显示的设置2

（4）触摸键画面的制作。图1-5所示画面的第5行可用"触摸键"功能来制作，先单击图形/对象工具栏按钮，选择位开关，然后单击编辑窗口将触摸键拖到相应位置，并双击该触摸键，弹出如图1-6所示属性设置窗口。在"基本"标签的"动作设置"选项中输入软元件"M100"（为触发元件），并选择动作方式"点动"。在"显示方式"选项中选择"ON"，然后分别在图形、边框色、开关色（即触摸键在"ON"时的颜色）、背景色（即触摸键的背景颜色）等选项中进行选择和设置；用类似的方法选择"OFF"进行选择和设置。

单击图1-8中的"文本/指示灯"，弹出如图1-9所示的画面。在文本选项中选中"ON"，在"文本色""文本类型""字体""文本尺寸"中设置或选择相关内容，然后在文本编辑栏中输入"正转启动"，再用类似的方法选中"OFF"进行设置或选择。"反转启动"和"停止"的制作方法与上述操作类似。

（5）数值输入和数值显示画面的制作。运行时间设置需要用数值输入对象来实现，单击对象工具栏 按钮，其设置如图1-10所示。在"基本"属性中输入软元件"D100"，在"显示方式"选项中选择"数据类型""数值色""显示位数""字体""数值尺寸"等，在"图形"选项中选择"图形""边框色""底色"等，其他为默认设置。已运行时间显示需要用数值显示对象来实现，其设置如图1-11所示，设定方法与数值输入对象类似。

图 1-8　触摸键的设置 1

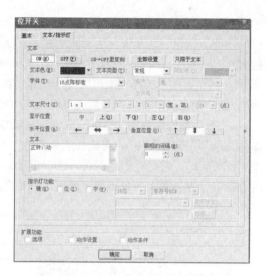

图 1-9　触摸键的设置 2

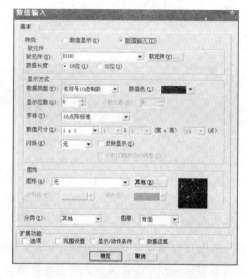

图 1-10　数值输入对象的设置

图 1-11　数值显示对象的设置

（6）制作画面图时，请注意人机界面软元件与 PLC 软元件必须保持一致，注意按钮控件和指示灯控件的区别，注意 ON、OFF 状态时图形颜色、文字等的区别。

5. 步骤五：根据控制要求进行联机调试

（1）按图 1-2 连接好通信电缆，即人机界面 RS-232 接口与计算机 RS-232 接口连接，人机界面 RS-422 接口与 PLC 编程接口连接，然后开起电源，写入人机界面画面和 PLC 程序。如果无法写入，检查通信电缆的连接、人机界面画面制作软件和 PLC 编程软件的通信设置。

（2）程序和画面写入后，观察人机界面显示是否与计算机制作画面一致，如显示"画面显示无效"，则可能是人机界面中"PLC 类型"项不正确，须设置为 FX 类型，再进入"HPP 状态"，此时应该可以读出 PLC 程序，说明 PLC 与人机界面通信正常。

（3）返回"画面状态"，并将 PLC 运行开关打至 RUN；按运行时间设定按钮，输入运行时间；若按"正转"按钮（或"反转"按钮），该键颜色改变后又立即变为红色，注释文本显示

"正转运行中"（或"反转运行中"），PLC 的 Y0（或 Y1）指示灯亮；在正转运行或反转运行时，人机界面画面能显示已运行的时间，并且，当按"停止"按钮或运行时间到时，正转或反转均复位，注释文本显示"停止中"，Y0、Y1 指示灯不亮。如果输出不正确，检查人机界面对象属性设置和 PLC 程序，并检查软元件是否对应。

（4）连接好 PLC 输出线路和电动机主回路，再运行程序。

（5）接线时，请注意 220V 电源不能接到 PLC 的 COM 端，PLC 输出公共端（如 COM1、COM2 等）要接电源的 N。

6. 步骤六：做好相关技术总结

（1）对于实际生产设备，在完成系统调试后，必须撰写技术总结、运行与管理等的相关技术资料。

（2）对于实训室的训练，要认真总结相关技能点、知识点、关键操作等，为下一训练任务打好基础。

1.4.3 活动三 完成拓展任务

根据示范案例，请在活动二的基础上进行如下修改，并完成其控制系统的程序设计、画面制作、系统接线和运行调试。

（1）在活动二的基础上增加电动机正转和反转的点动按钮，实现电动机点动运行。

（2）在活动二的基础上增加电动机正转和反转点动运行的指示灯。

（3）电动机运行时间设定和显示方式改为："××小时××分钟××秒"的形式为单位。

1.5 相关知识与技能

为顺利完成本训练任务，需要学习 PLC 的算术与逻辑运算指令、人机界面及其软件的使用。主要内容如下，也可查阅 FX$_{2N}$ 系列 PLC 和人机界面的相关使用手册。

1.5.1 PLC 的算术与逻辑运算指令

算术与逻辑运算指令包括算术运算和逻辑运算，共有 10 条指令，见表 1-2。

表 1-2　　　　　　　　　　　　　算术与逻辑运算指令

FNC No.	指令记号	指令名称	FNC No.	指令记号	指令名称
20	ADD	BIN 加法	25	DEC	BIN 减 1
21	SUB	BIN 减法	26	WAND	逻辑字与
22	MUL	BIN 乘法	27	WOR	逻辑字或
23	DIV	BIN 除法	28	WXOR	逻辑字异或
24	INC	BIN 加 1	29	NEG	求补码

这里介绍 BIN 加法运算指令 ADD、BIN 减法运算指令 SUB、BIN 乘法运算指令 MUL、BIN 除法运算指令 DIV、BIN 加 1 运算指令 INC、BIN 减 1 运算指令 DEC、逻辑字与指令 WAND、逻辑字或指令 WOR、逻辑字异或指令 WXOR 9 条指令。

1. BIN 加法运算指令 ADD

FNC20 ADD (P)（16/32）		适合软元件									占用步数
	字元件	S1. S2.									16 位：7 步 32 位：13 步
		K、H	KnX	KnY	KnM	KnS	T	C	D	V、Z	
		D.									
	位元件										

ADD 指令的使用说明如下。

当 X0 为 ON 时，将 D10 与 D12 的二进制数相加，其结果送到指定目标 D14 中。数据的最高位为符号位（0 为正，1 为负），符号位也以代数形式进行加法运算。

当运算结果为 0 时，0 标志（M8020）动作；当运算结果超过 32767（16 位运算）或 2147483647（32 位运算）时，进位标志 M8022 动作；当运算结果小于－32768（16 位运算）或－2147483648（32 位运算）时，借位标志 M8021 动作。

进行 32 位运算时，字元件的低 16 位被指定，紧接着该元件编号后的软元件将作为高 16 位，在指定软元件时，注意软元件不要重复使用。

源和目标元件可以指定为同一元件，在这种情况下必须注意，如果使用连续执行的指令（ADD、DADD），则每个扫描周期运算结果都会变化，因此，可以根据需要使用脉冲执行的形式加以解决，举例如下。

```
    X001
  ──┤├──────┤ ADDP    D0        K1        D0        ├──┤├
```

2. BIN 减法运算指令 SUB

FNC21 SUB (P)（16/32）		适合软元件									占用步数
	字元件	S1. S2.									16 位：7 步 32 位：13 步
		K、H	KnX	KnY	KnM	KnS	T	C	D	V、Z	
		D.									
	位元件										

SUB 指令的使用说明如下。

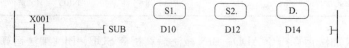

当 X0 为 ON 时，将 D10 与 D12 的二进制数相减，其结果送到指定目标 D14 中。

标志位的动作情况、32 位运算时的软元件的指定方法、连续与脉冲执行的区别等都与 ADD 指令的解释相同。

3. BIN 乘法运算指令 MUL

		适合软元件								占用步数
FNC22　MUL (P)　(16/32)	字元件	S1. S2.								16 位：7 步 32 位：13 步
		K、H	KnX	KnY	KnM	KnS	T	C	D	V、Z	
		D.									
	位元件										

MUL 指令 16 位运算的使用说明如下。

参与运算的 2 个源指定的内容的乘积，以 32 位数据的形式存入指定的目标，其中低 16 位存放在指定的目标元件中，高 16 位存放在指定目标的下一个元件中，结果的最高位为符号位。

32 位运算的使用说明如下。

两个源指定的软元件内容的乘积，以 64 位数据的形式存入目标指定的元件（低位）和紧接其后的 3 个元件中，结果的最高位为符号位。但必须注意，目标元件为位元件组合时，只能得到低 32 位的结果，不能得到高 32 位的结果，解决的办法是先把运算目标指定为字元件，再将字元件的内容通过传送指令送到位元件组合中。

4. BIN 除法运算指令 DIV

		适合软元件								占用步数
FNC23　DIV (P)　(16/32)	字元件	S1. S2.								16 位：7 步 32 位：13 步
		K、H	KnX	KnY	KnM	KnS	T	C	D	V、Z	
		D.								限 16 位可用	
	位元件										

16 位运算的使用说明如下。

[S1.] 指定元件的内容为被除数，[S2.] 指定元件的内容为除数，[D.] 所指定元件为运算结果的商，[D.] 的后一元件存入余数。

32 位运算的使用说明如下。

被除数是 [S1.] 指定的元件和其相邻的下一元件组成的元件对的内容，除数是 [S2.] 指定的元件和其相邻的下一元件组成的元件对的内容，其商存入［D.］指定元件开始的连续 2 个元件中，运算结果最高位为符号位，余数存入［D.］指定元件开始的连续第 3、4 个元件中。

DIV 指令的［S2.］不能为 0，否则运算会出错。目标［D.］指定为位元件组合时，对于 32 位运算，将无法得到余数。

5. BIN 加 1 运算指令 INC 和 BIN 减 1 运算指令 DEC

	适合软元件									占用步数
FNC24 INC FNC25 DEC (P) (16/32)	字元件	S1. S2.								16 位：3 步 32 位：5 步
		K、H	KnX	KnY	KnM	KnS	T	C	D	V、Z	
		D.									
	位元件										

INC 指令使用说明如下。

```
      X000                               ┌ D. ┐
   ───┤├──────────────────────[ INCP   D10 ]───
                                 D10+1─►D10
```

X0 每 ON1 次，［D.］所指定元件的内容就加 1，如果是连续执行的指令，则每个扫描周期都将执行加 1 运算，所以使用时应当注意。

16 位运算时，如果目标元件的内容为 +32767，则执行加 1 指令后将变为 -32768，但标志不动作；32 位运算时，+2147483647 执行加 1 指令则变为 -2147483648，标志也不动作。

DEC 指令的使用说明如下。

```
      X000                               ┌ D. ┐
   ───┤├──────────────────────[ DECP   D10 ]───
                                 D10-1─►D10
```

X0 每 ON1 次，［D.］所指定元件的内容就减 1，如果是连续执行的指令，则每个扫描周期都将执行减 1 运算。

16 位运算时，如果 -32768 执行减 1 指令则变为 +32767，但标志位不动作；32 位运算时，-2147483648 执行减 1 指令则变为 +2147483647，标志位也不动作。

6. 逻辑字与指令 WAND、逻辑字或指令 WOR、逻辑字异或指令 WXOR

	适合软元件									占用步数
FNC26 WAND FNC27 WOR FNC28 WXOR (P) (16/32)	字元件	S1. S2.								16 位：7 步 32 位：13 步
		K、H	KnX	KnY	KnM	KnS	T	C	D	V、Z	
		D.									
	位元件										

逻辑与指令的使用说明如下。

```
      X000          S1.    S2.    D.
   ───┤├────────[ WAND  D10    D12    D14 ]───
                    D10∧D12─►D14
```

X0 为 ON 时对〔S1.〕和〔S2.〕2 个源操作数所对应的 BIT 位进行与运算，其结果送到〔D.〕。运算法则是 1∧1＝1，1∧0＝0，0∧1＝0，0∧0＝0。

逻辑或指令的使用说明如下。

```
    X000                  ┌S1.┐  ┌S2.┐  ┌D.┐
────┤├──────────────[ WOR  D10    D12    D14 ]─┤
                        D10∨D12→D14
```

X0 为 ON 时对〔S1.〕和〔S2.〕2 个源操作数所对应的 BIT 位进行或运算，其结果送到〔D.〕。运算法则是 1∨1＝1，1∨0＝1，0∨1＝1，0∨0＝0。

逻辑异或指令的使用说明如下。

```
    X000                  ┌S1.┐  ┌S2.┐  ┌D.┐
────┤├──────────────[ WXOR  D10    D12    D14 ]──┤
                        D10+D12→D14
```

X0 为 ON 时，对〔S1.〕和〔S2.〕2 个源操作数所对应的 BIT 位进行异或运算，其结果送到〔D.〕。运算法则是 1⊕1＝0，1⊕0＝1，0⊕1＝1，0⊕0＝0。

1.5.2 人机界面

人机界面（或称人—机交互，Human Computer Interaction）是系统与用户之间进行信息交互的媒介。近年来，随着信息技术与计算机技术的迅速发展，人机界面在工业控制中已得到了广泛的应用。工业控制领域通常所说的人机界面包括触摸屏和组态软件。触摸屏又叫图示操作终端（Graph Operation Terminal，GOT），是目前工业控制领域应用较多的一种人机交互设备。

1. 触摸屏工作原理

为了工业控制现场操作的方便，人们用触摸屏来代替鼠标、键盘和控制屏上的开关、按钮。触摸屏由触摸检测部件和触摸屏控制器组成。触摸检测部件安装在显示屏幕前面，用于检测并接受用户触摸信息；触摸屏控制器的主要作用是将检测部件上接收的触摸信息转换成触点坐标，并发送给 CPU，同时还能接收 CPU 发来的命令并加以执行。所以，触摸屏工作时必须首先用手指或其他物体触摸安装在显示器前端的触摸检测部件，然后系统根据触摸的图标或菜单来定位并选择信息输入。

2. 触摸屏的分类

按照触摸屏的工作原理和传输信息的介质，触摸屏可以分为电阻式、电容感应式、红外线式和表面声波式 4 类。电阻式触摸屏是利用压力感应来进行控制，电容感应式触摸屏是利用人体的电流感应进行工作的，红外线式触摸屏是利用 X、Y 方向上密布的红外线矩阵来检测并控制的，表面声波式触摸屏是利用声波能量传递进行控制的。本书主要介绍三菱触摸屏的使用。

3. 三菱通用触摸屏

三菱常用的人机界面有通用触摸屏 900（A900 和 F900）系列、1000（GT11 和 GT15）系列、显示模块（FX$_{1N}$-5DM、FX-10DM-E）和小型显示器（FX-10DU-E），种类达数十种，而 GT11 和 F900 系列触摸屏是目前应用最广泛的，典型产品有 GT1155-Q-C 和 F940GOT-SWD 等，GT1155-Q-C 具有 256 色 TFT 彩色液晶显示，F940GOT-SWD 具有 8 色 STN 彩色液晶显示，界面尺寸为 5.7 寸（对角），分辨率为 320×240，用户储存器容量 GT1155-Q-C 为 3M，F940GOT-SWD 为 512KB，可生成 500 个用户界面，能与三菱的 FX 系列、Q 系列 PLC 进行连接，也可与定位模块 FX$_{2N}$-10GM、FX$_{2N}$-20GM 及三菱变频器进行连接，同时还可与其他厂商的 PLC 进行连接，如 OMRON、SIEMENS、AB 等。

4. 系统连接

GT1155-Q-C 和 F940GOT-SWD 有 2 个接口，1 个与计算机连接的 RS-232 接口，用于传送用户界面，1 个与 PLC 等设备连接的 RS-422 接口，用于与 PLC 等进行通信。GT1155-Q-C 不仅具有 F940GOT-SWD 的 RS-232、RS-422 接口，还增加了 1 个 USB 串口，与电脑连接更加方便，可实现界面的高速传送。它们都需要外部提供 410mA/DC 24V 电源，有关它的使用将在实训中作详细介绍。

1.5.3 触摸屏软件使用

GT1155-Q-C 和 F940GOT-SWD 触摸屏的界面分为系统界面和用户界面，用户界面是用户根据具体的控制要求设计制作的，具有显示功能、监视功能、数据变更功能和开关控制功能等。系统界面是触摸屏制造商设计的，具有监视功能、数据采集功能、报警功能等。

1. 系统界面

按屏幕左上方（默认位置）的菜单界面呼出键（该键的位置用户可任意设置），即可显示系统界面主菜单，系统主菜单如图 1-12 所示。

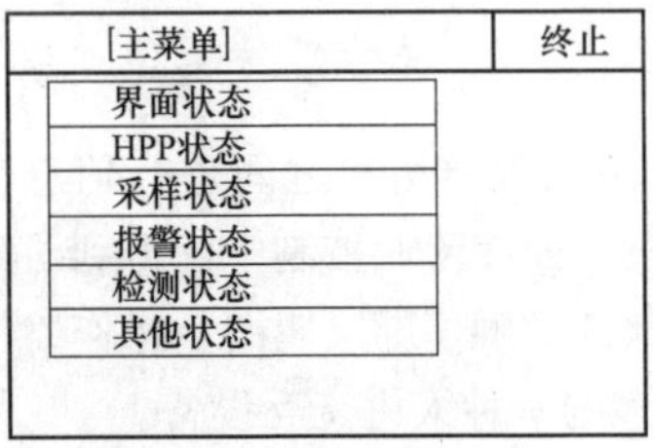

[主菜单]	终止
界面状态	
HPP状态	
采样状态	
报警状态	
检测状态	
其他状态	

图 1-12 系统主菜单

（1）界面状态，是用来显示用户界面制作软件（如 GT Designer2）制作的界面状态，实现系统界面和用户界面的切换。

（2）HPP 状态，是对连接 GOT 的 PLC 进行程序的读写、编辑、软元件的监视及软元件的设定值和当前值的变更等，其操作类似于 FX-20P 手持式编程器。

（3）采样状态，通过设定采样的条件，将收集到的数据以图表或清单的形式进行显示。

（4）报警状态，触摸屏可以指定 PLC 位元件（可以是 X、Y、M、S、T、C，但最多 256 个）为报警元素，通过这些位元件的 ON/OFF 状态来显示界面状态或报警状态。

（5）检测状态，可以进行用户界面一览显示，可以对数据文件的数据进行编辑，也可以进行触摸键的测试和界面的切换等操作。

（6）其他状态，具有设定时间开关、数据传送、打印输出、关键字、动作环境设置等功能，在动作环境设定中可以设定系统语言、连接 PLC 的类型、通信设置等重要的设定功能。

三菱触摸屏调试软件有 FX-DU/WIN-C 和 GT Designer 两类，FX-DU/WIN-C 是早期的版本，不支持全系列。GT Designer 目前已有 3 个版本，其中 GT Designer2 Version 2.19V（SW2D5C-GTD2-CL）支持全系列的触摸屏，下面介绍 GT Designer2 软件。

2. GT Designer2 的安装

本软件可以在 Windows 98 操作系统（CPU 在奔腾 200MHz 及内存 64M 以上）和 XP 操作系统（CPU 需在奔腾 300MHz 及内存 128M 以上）中运行，硬盘空间要求在 300M 以上。安装过程如下。

首先插入安装光盘，找到安装文件，进入到 "EnvMEL" 文件夹，双击该文件夹中 "SET-UP. EXE" 文件，按照向导指示安装系统运行环境。

安装完系统运行环境后，再返回到安装文件，执行文件夹中的 "GTD2-C. EXE" 文件，弹出如图 1-13 所示界面，单击图 1-13 所示界面中的 "GT Designer2 安装" 即进入安装程序，安装过程按照向导指示执行即可，产品序列号在文件夹 "ID. TXT" 中。

3. 新建工程

新建工程的操作有如下几步。

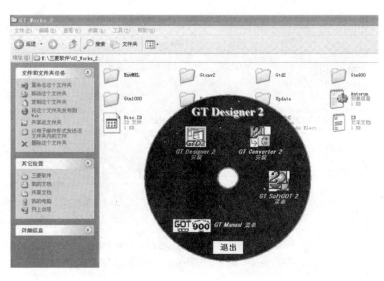

图 1-13　进入安装界面

（1）安装好软件后，可以单击屏幕左下角的"开始→程序→MELSOFT 应用程序→GT De-signer2"即启动调试软件，其过程如图 1-14 所示。

图 1-14　启动程序调试软件界面

（2）启动调试软件后，就进入了如图 1-15 所示的"新建""打开"工程界面。

（3）然后在图 1-15 中选择"新建"，出现图 1-16 所示的新建工程向导界面。

（4）如图 1-16 所示直接选择"下一步"，出现如图 1-17 所示的 GOT 系统设置界面。

（5）如图 1-17 所示进行系统设置，即选择实际连接的 GOT（触摸屏）类型，如 GT11 * *-Q-C（320×240），并设置为 256 色，再单击"下一步"按钮，出现如图 1-18 所示的 GOT 系统设置确认界面。

（6）若需重新设置，则单击图 1-18 所示的"上一步"；若确认以上操作，则单击"下一步"，出现如图 1-19 所示的选择实际连接机器界面。

（7）如图 1-19 所示设置连接的机器，即选择触摸屏工作时连接的控制设备系列，如选择

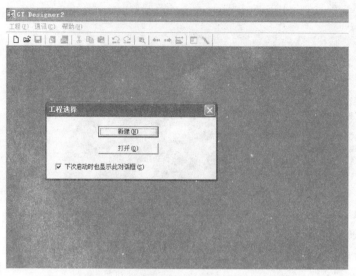

图 1-15 "新建""打开"工程界面

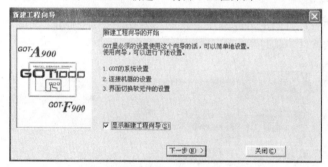

图 1-16 新建工程向导界面

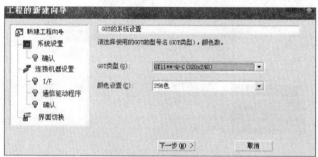

图 1-17 GOT 系统设置界面

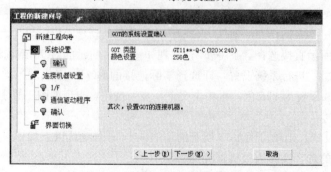

图 1-18 GOT 系统设置确认界面

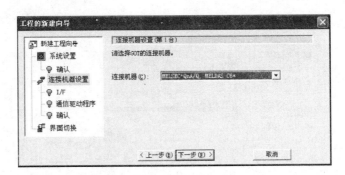

图 1-19　选择连接机器界面

MELSEC FX，再单击"下一步"即出现如图 1-20 所示的连接机器端口设置界面。

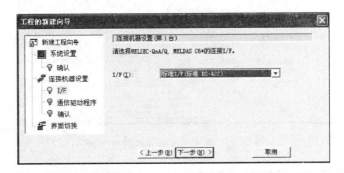

图 1-20　连接机器端口设置界面

（8）如图 1-20 所示设置 I/F，即设置触摸屏与外部被控设备所使用的端口，如选择 RS-422
端口，再单击"下一步"，出现如图 1-21 所示的通信驱动程序选择界面。

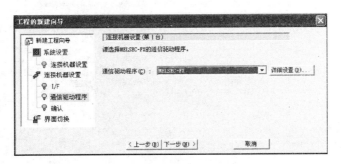

图 1-21　通信驱动程序选择界面

（9）如图 1-21 所示选择所连接设备的通信驱动程序，系统会自动安装驱动，再单击"下一
步"，出现如图 1-22 所示的确认操作界面。

（10）若需重新设置，则单击图 1-22 所示的"上一步"；若确认以上操作，则直接单击"下
一步"，出现如图 1-23 所示的界面切换软元件设置界面。

（11）如图 1-23 所示设置界面切换时使用的软元件，再单击"下一步"，出现如图 1-24 所示
的向导结束界面。

（12）若需重新设置，则单击图 1-24 所示的"上一步"；若确认以上操作，则单击"结束"，
进入如图 1-25 所示的界面属性设置界面。

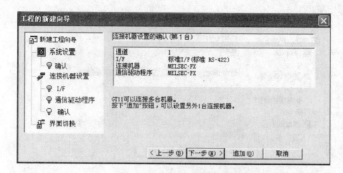

图 1-22 确认操作界面

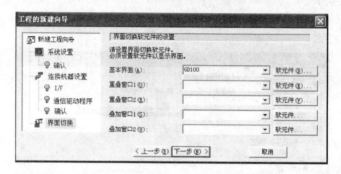

图 1-23 界面切换软元件设置界面

图 1-24 向导结束界面

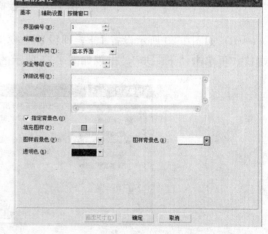

图 1-25 界面属性设置界面

（13）在图 1-25 所示的界面属性设置界面中，选中"指定背景色"，然后选择合适的"填充图样""图样前景色""图样背景色""透明色"，单击"确定"即可进入如图 1-26 所示的软件开发环境界面。

4. 软件界面

三菱触摸屏调试软件 GT Designer2 的界面主要有以下几个栏目。

（1）标题栏，显示屏幕的标题，将光标移动到标题栏，则可以将屏幕拖动到希望的位置，GT Designer2 具有屏幕标题栏和应用窗口标题栏。

（2）菜单栏，显示 GT Designer2 可使用的菜单名称，单击某个菜单，就会出现一个下拉菜

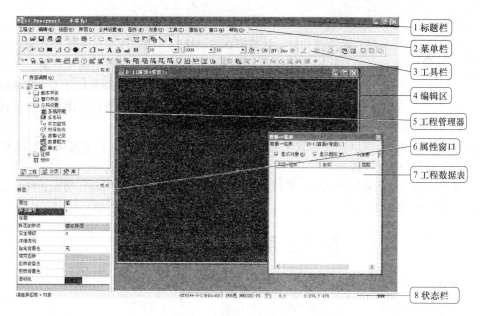

图 1-26　软件开发环境界面

单，然后可以从下拉菜单中选择执行各种功能，GT Designer2 具有自适应菜单。

（3）工具栏，工具栏包括主工具栏、视图工具栏、图形/对象工具栏、编辑工具栏，工具栏以按钮形式显示，将光标移动到任意按钮，然后单击，即可执行相应的功能，在菜单栏当中，也有相应工具栏按钮所具有的功能。

（4）编辑区，制作图形界面的区域。

（5）工程管理器，显示界面信息，进行编辑界面切换，实现各种设置功能。

（6）属性窗口，显示工程中图形、对象的属性，如图形、对象的位置坐标、使用的软元件、状态、填充色等。

（7）工程数据表，显示界面中已有的图形、对象，也可以在数据表中选择图形、对象，并进行属性设置。

（8）状态栏，显示 GOT 类型、连接设备类型，图形、对象坐标和光标坐标等。

5. 对象属性设置

（1）数值显示功能，能实时显示 PLC 数据寄存器中的数据，数据可以以数字（或数据列表）、ASCII 码字符及时钟等显示。单击数值显示的相应图标 123 ASC 及 ⊙，即选择相应的功能。然后在编辑区域单击鼠标即生成对象，再按计算机键盘的"Esc"键，拖动对象到任意需要的位置。双击该对象，设置相应的软元件和其他显示属性，设置完毕再单击"确定"按钮即可。

（2）指示灯显示，能显示 PLC 位状态或字状态的图形对象，单击按钮 ⊙ ⊙，将对象放到需要的位置，设定好相应的软元件和其他显示属性，单击"确定"键即可。

（3）信息显示功能，可以显示 PLC 相对应的注释和出错信息，包括注释、报警记录和报警列表。单击编辑工具栏或工具选项板中的 ⊡ ⊡ 按钮或 3 个报警显示按钮 ⊡ ⊡ ⊡，即可以添加注释和报警记录，设置好属性后单击"确定"键即可。

（4）动画显示功能，显示与软元件相对应的零件/屏幕，显示的颜色可以通过其属性来设置，也可以根据软元件的 ON/OFF 状态来显示不同颜色，以示区别。

（5）图表显示功能，可以显示采集到 PLC 软元件的值，并将其以图表的形式显示。单击图形对象工具栏的 ⊙ ⊡ ⊡ ⊡ ⊡ 图标，然后将光标指向编辑区，单击鼠标即生成图表对象，设置好软元件及其他属性后单击"确定"键。

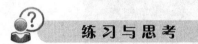

（6）触摸键功能，触摸键在被触摸时，能够改变位元件的开关状态，字元件的值，也可以实现界面跳转。添加触摸键时须单击编辑对象工具栏中的 ⁵ʸ 按钮，立即弹出下拉选项如图 1-27 所示，他们分别是位开关、数据写入开关、扩展功能开关、界面切换开关、键代码开关、多用动作开关，将其放置到希望的位置，设置好软元件参数、属性后单击"确定"键即可。

图 1-27　下拉选项

（7）数值输入功能，可以将任意数字和 ASCII 码输入到软元件中。对应的图标是 ，操作方法和属性设置与上述相似。

（8）其他功能，包括硬拷贝功能、系统信息功能、条形码功能、时间动作功能，此外还具有屏幕调用功能、安全设置功能等。

练习与思考

一、单选题

1. 为了启动 GOT 而进行重要的初期设定的功能是（　　）设定。

　A. 动作环境　　　　B. 初始化　　　　　C. 参数设置　　　　　D. 模式切换

2. 下面不属于工业人机界面基本功能的是（　　）。

　A. 设备工作状态的显示　　　　　　　B. PLC 运行状态监控

　C. 数据、文字的输入　　　　　　　　D. 设备生产数据记录

3. 不允许一般操作者随意显示用户制作画面，可以采取（　　）方法。

　A. 红外感应　　　　B. 报警　　　　　　C. 键盘锁定　　　　　D. 设定登录密码

4. 指令 ZRST C190 C210 中的 C190 只有替换成（　　）才能正确执行。

　A. C0　　　　　　　B. C190　　　　　　C. C199　　　　　　　D. C200

5. 关于爱岗敬业说法，正确的是（　　）。

　A. 爱岗敬业就是一辈子不换岗

　B. 孔子所说的"敬事而信"，包含着爱岗敬业的观念

　C. 提倡爱岗敬业，在某种程度上会抑制人们的创造热情

　D. 爱岗敬业是不断地择业

二、多选题

6. 在 FX 系列 PLC 中，求平均值指令 MEAN D0 D10 K3 中，参与计算的数分别存放在（　　）寄存器中。

　A. D0　　　　　　　B. D1　　　　　　　C. D2　　　　　　　　D. D3

　E. D10

7. 按照触摸屏的工作原理和传输信息的介质，我们把触摸屏分为（　　）。

　A. 矢量压力传感式　　　　　　　　　B. 电阻式

　C. 电容式　　　　　　　　　　　　　D. 红外线式

　E. 表面声波式

8. 触摸屏的基本技术特性是（　　）。

　A. 透明性能　　　　　　　　　　　　B. 绝对坐标系统

　C. 相对坐标系统　　　　　　　　　　D. 检测

　E. 定位

9. 触摸屏系统画面具有（　　）功能。

    A. 监视　　　　　　B. 数据采样　　　　　C. 开关　　　　　　D. 设定时间

    E. 报警

10. 表面声波触摸屏由（　　）组成。

    A. 触摸屏　　　　　B. 声波发生器　　　　C. 反射器　　　　　D. 电阻

    E. 声波接收器

三、判断题

11. 在 FX 系列 PLC 中，MRD 指令是最上段所存的最新数据的读出专用指令。（　　）

12. 在 FX 系列 PLC 中，多点传送指令将源操作数指定的数据传送到指定目标开始的 n 个数据元件中，但这 n 个数据元件中的数据不相同。（　　）

13. 在 FX 系列 PLC 中，变址寄存器在传送、比较指令中用来修改操作对象的元件号，其操作方式与普通数据寄存器一样。（　　）

14. 在 FX 系列 PLC 中，块传送指令是将由源操作数指定的软元件开始的 n 个数据组成的数据块传送到指定目标。（　　）

15. 在 FX 系列 PLC 中，NEG 是与逻辑运算的助记符。（　　）

四、简答题

16. 写出算术与逻辑运算的 10 条功能指令及其中一条指令的用法。

17. 人机界面的主要功能有哪些？并就某一具体功能做出详细说明。

18. PLC 与人机界面通信时，需要设置哪些参数？

19. 画出 PC、PLC 与人机界面通信的连接图。

20. 人机界面的系统与用户画面的主要功能有哪些？

练习与思考题参考答案

1. A	2. B	3. D	4. D	5. B	6. ABC	7. BCDE	8. ABDE	9. ABCDE	10. ABCE
11. Y	12. N	13. Y	14. Y	15. N					

任务 ②

广告屏的监控系统设计与调试

2.1 任务来源

在闹市大街上，各种各样的广告屏（牌）琳琅满目，有液晶屏的，也有霓虹灯的。液晶屏通常使用单片机或者计算机来控制，而霓虹灯广告屏则通常使用 PLC 和人机界面来监控，那么，如何使用 PLC 和人机界面来制作广告屏的监控系统呢？这就是 PLC 控制系统设计岗位人员的工作内容之一，因此，掌握利用 PLC 与人机界面来设计广告屏的监控系统是非常实用的。

2.2 任务描述

请设计一个用 PLC、人机界面控制的广告屏，并完成其控制系统的硬件配置、程序设计、画面制作、系统接线和运行调试，其具体要求如下。

（1）该广告屏中间为 7 个霓虹灯字（深圳市高训中心），启动时，其亮灭的时序为第 1 个字亮→第 1、2 个字亮→第 1、2、3 个字亮，直到 7 个字全亮，时间间隔均为 1s，7 个霓虹灯字全亮后显示 10s；再反过来从第 7 个字→第 6 个字，直到第 1 个字依次熄灭，时间间隔均为 1s，全灭后，延时 2s；再从第 1 个字开始顺序点亮，直到 7 个字全亮，时间间隔为 1s，全亮后显示 5s；再从第 1 个字→第 2 个字→第 3 个字，直到第 7 个字依次熄灭，时间间隔为 1s，全熄灭后，延时 2s，再从头开始循环运行。

（2）广告屏四周的流水灯共 24 个，每 4 个为 1 组，共 6 组，启动时，首先按 Ⅰ～Ⅵ的顺序每隔 1s 依次点亮 1 组，然后按 Ⅰ～Ⅵ的顺序每隔一组点亮，即从 Ⅰ、Ⅲ、Ⅴ亮→Ⅱ、Ⅳ、Ⅵ亮，点亮时间为 1s，至此完成一个小循环，并循环 n_1 次（如 $n_1=5$）；然后再按 Ⅰ～Ⅵ的顺序每隔 1s 依次点亮 1 组，然后按 Ⅵ、Ⅳ亮→Ⅴ、Ⅲ亮→Ⅳ、Ⅱ亮→Ⅲ、Ⅰ亮→Ⅱ、Ⅵ亮→Ⅰ、Ⅴ的顺序点亮，完成另一个小循环，并循环 n_2 次（如 $n_2=3$ 次）；然后再从头开始进行循环运行。

（3）要求使用 PLC 对上述系统进行控制，使用人机界面对上述系统进行监视和操作（即启动和停止系统运行），画面图分为首页和监控页面。

2.3 目标描述

2.3.1 技能目标

1. 关键技能

• 能（会）三菱人机界面的流水灯制作。

20

- 能（会）三菱人机界面制作多个监控页面。
- 能（会）利用 PLC 程序流程指令或移位指令设计程序。

2. 基本技能

- 能（会）正确运用步进指令设计程序。
- 能（会）正确运用人机界面制作按钮和指示灯控件。
- 能（会）排除计算机、PLC 与人机界面的通信故障。

2.3.2 知识目标

- 掌握人机界面的分类与工作原理。
- 掌握 PLC 程序流程类指令的用法。
- 掌握 PLC 的循环与移位指令的用法。

2.3.3 职业素质目标

- 尊重他人劳动，不窃取他人成果，树立劳动光荣的社会风气。
- 认真学习、认真听课，养成善于思考、敢于提问的学习习惯。
- 认真总结训练过程的得失，吃一堑长一智，养成善于总结的习惯。
- 广告屏是对外宣传的窗口，养成自觉维护公司公共形象的习惯。

2.4 任务实施

2.4.1 活动一 学员自学或教师讲授

1. PLC 的程序流程指令

（1）程序流程指令的一般用法。

（2）重点讲解 CJ、FEND、CALL、SRET 指令的结构与程序设计（即难点）。

2. PLC 的循环与移位指令

（1）循环与移位指令的一般用法。

（2）ROR、ROL、RCR、RCL、SFTR、SFTL 指令的结构与程序设计。

（3）重点讲解 ROL、SFTL 指令的使用（即难点）。

3. 了解 PLC 的方便指令

（1）方便指令的一般用法。

（2）重点了解 IST 指令的结构与程序设计（即难点）。

4. 人机界面软件的使用

（1）人机界面的工作原理。

（2）人机界面的分类。

（3）重点讲解人机界面软件的流水灯、多页面的制作。

2.4.2 活动二 示范操作

1. 步骤一：分析控制需求，进行系统方案设计

（1）熟读并分析控制要求，确定系统设计方案（采用 PLC 进行系统控制，人机界面进行系统监控；PLC 程序设计方法有 3 种，可以使用状态转移图来设计、也可以使用 SFTL、ROL 指令来设计、还可以使用 IST 指令来设计，这里介绍第一种，另外两种请学员根据自己的情况自行完成）。

（2）根据系统控制要求，拟定人机界面的监控画面，如图 2-1 所示。

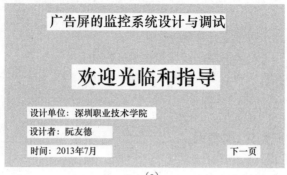

（a）

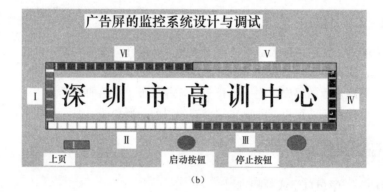

（b）

图 2-1　人机界面画面

（a）人机界面首页；（b）人机界面监控页

2. 步骤二：确定硬件配置，绘制控制系统接线图

（1）根据系统控制要求，确定系统的硬件配置（见图 2-2）。

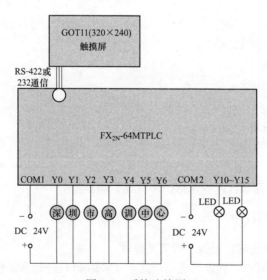

图 2-2　系统连接图

（2）根据系统控制要求，进行 PLC 及人机界面软元件分配（见表 2-1）。

表 2-1   PLC 及人机界面软元件分配

输入	功能	输出	功能
M100/X0	启动	Y000～Y006	霓虹灯字体的显示输出
M101/X1	停止	Y10～Y15	6 组 LED 的显示输出

（3）根据控制要求、PLC 及人机界面软元件分配，绘制系统接线图（见图 2-2），绘制系统接线图时，注意元器件符号画法要规范及 PLC 输入输出端子的分布。

3. 步骤三：根据控制要求进行 PLC 程序设计

（1）根据控制要求，拟定控制系统的工作流程图，如图 2-3 所示。

（2）根据控制要求、工作流程图及软元件分配设计状态转移图（或梯形图），如图 2-4 所示。

（3）使用编程软件输入程序，并下载到 PLC，进行离线仿真完善控制程序。

（4）细读控制要求，完善和优化 PLC 程序，最终形成控制程序。

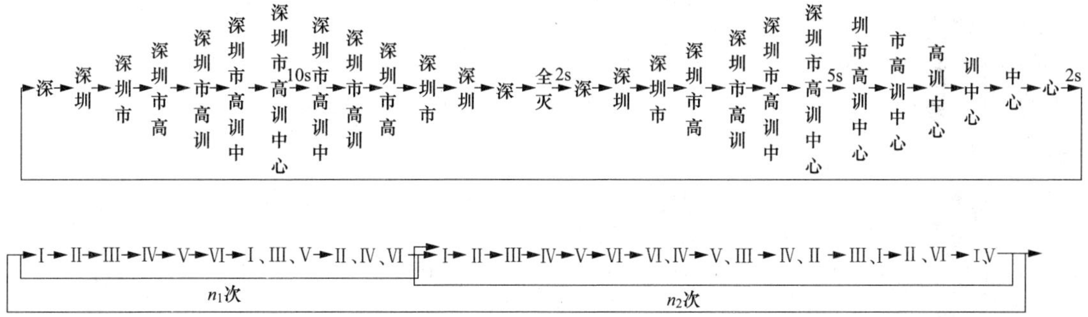

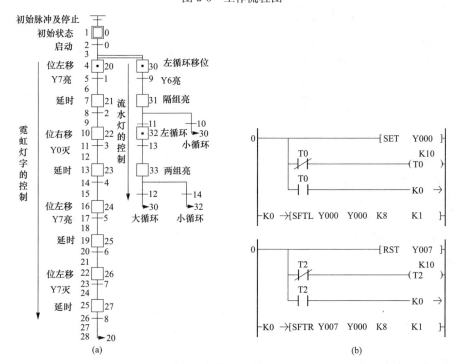

图 2-3 工作流程图

图 2-4 控制程序（一）

（a）状态转移图；（b）位左、右移程序

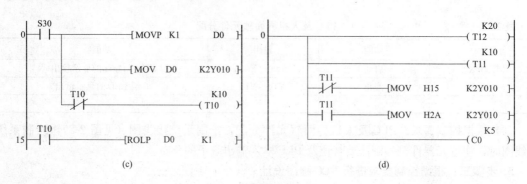

图 2-4　控制程序（二）

(c) 循环左移程序；(d) 隔组点亮程序

4. 步骤四：根据控制要求制作人机界面的画面图

(1) 根据控制要求及图 2-1 (a)，并参照上一实训制作文本对象。

(2) 人机界面的多页面的制作。

1) 按图 2-5 所示新建一个画面，即单击画面→新建→基本画面。

2) 按图 2-6 所示制作画面切换开关，即单击开关图标→画面切换开关，然后根据弹出的窗口进行相应设置即可。

图 2-5　新建画面 1

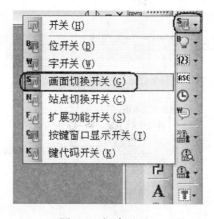

图 2-6　新建画面 2

(3) 根据控制要求及图 2-1 (b)，并参照上一实训制作文本对象、按钮、指示灯等的画面图。

(4) 制作画面图时，注意人机界面软元件与 PLC 软元件必须保持一致。

(5) 制作画面图时，注意 ON、OFF 状态时图形颜色、文字等的区别。

5. 步骤五：根据控制要求进行联机调试

(1) 关闭电源，检查工作环境是否安全，分析与比较实物连接与图 2-2 所示的接线图的关系，明白接线原理，接线时，220V 电源不能接到 PLC 的 COM 端，PLC 输出公共端（如 COM1、COM2 等）要接电源的 N。

(2) 将 PLC 程序及人机界面画面图分别下载到 PLC 和人机界面。

(3) 进行 PLC 与人机界面的调试，通过操作人机界面上的相关按键，观察其指示灯及 PLC 的输出指示灯是否点亮，否则修改程序及画面。

(4) 进行带载调试，连接好 PLC 的输出电路，根据控制要求进行功能调试，观察指示灯是否动作，否则检查程序及接线。

（5）自动运行程序，对照控制要求检查功能是否满足，否则进行相应修改及检查直至符合要求。

6. 步骤六：做好相关技术总结

（1）对于实际生产设备，在完成系统调试后，必须撰写技术总结、运行与管理等的相关技术资料。

（2）对于实训室的训练，要认真总结相关技能点、知识点、关键操作等，为下一训练任务打好基础。

2.4.3 活动三 根据所讲述和示范案例，完成下面任务

请在活动二的基础上进行如下修改，然后完成其控制系统的程序设计、画面制作、系统接线和运行调试。

（1）该广告屏中间为 8 个霓虹灯字（市高技能训练基地），启动时，其亮灭的时序为第 1 个字亮→第 2 个字亮→第 3 个字亮，直到 8 个字全亮，时间间隔均为 1s，8 个霓虹灯字全亮后显示2s；再反过来从第 8 个字→第 7 个字，直到第 1 个字熄灭，时间间隔均为 1s，全灭后，延时 3s；再从头开始循环运行。

（2）广告屏四周的流水灯共 32 个，每 4 个为 1 组，共 8 组，首先按Ⅰ～Ⅷ的顺序依次点亮1s，然后按Ⅰ、Ⅲ、Ⅴ、Ⅶ亮→Ⅱ、Ⅳ、Ⅵ、Ⅷ亮，依次点亮 1s；再从头开始循环运行。

（3）系统要求使用 PLC 对上述系统进行控制，使用人机界面对上述系统进行监视和操作（即启动和停止系统运行），画面图分为首页、监控页面及系统介绍页（即有介绍该系统的文字）共 3 页，且 3 个页面能相互切换。

2.5 相关知识与技能

为顺利完成本训练任务，需要学习三菱 PLC 的程序流程控制类指令、循环与移位指令、方便指令及人机界面流水灯和多页面的制作。主要内容如下，也可查阅 FX_{2N} 系列 PLC 和触摸屏的相关使用手册。

2.5.1 程序流程指令

程序流程指令是与程序流程控制相关的指令，程序流程指令见表 2-2。

表 2-2　　　　　　　　　程 序 流 程 指 令

FNC No.	指令记号	指令名称	FNC No.	指令记号	指令名称
00	CJ	条件跳转	05	DI	禁止中断
01	CALL	子程序调用	06	FEND	主程序结束
02	SRET	子程序返回	07	WDT	警戒时钟
03	IRET	中断返回	08	FOR	循环范围开始
04	EI	允许中断	09	NEXT	循环范围结束

这里仅介绍常用的跳转指令 CJ、子程序调用指令 CALL、子程序返回指令 SRET、主程序结束指令 FEND。

1. 跳转指令 CJ

	适合软元件		占用步数
FNC00 CJ（P）（16）	字元件	无	3 步
	位元件	无	

跳转指令 CJ 和 CJP 的跳转指针编号为 P0～P127。它用于跳过顺序程序中的某一部分，这样可以减少扫描时间，并使双线圈或多线圈成为可能。跳转发生时，要注意如下情况。

（1）如果 Y、M、S 被 OUT、SET、RST 指令驱动，则跳转期间即使 Y、M、S 的驱动条件改变了，它们仍保持跳转发生前的状态，因为跳转期间根本不执行这些程序。

（2）如果通用定时器或计数器被驱动后发生跳转，则暂停计时和计数，并保留当前值，跳转指令不执行时定时或计数继续工作。

（3）对于 T192～T199（专用于子程序）、积算定时器 T246～T255 和高速计数器 C235～C255，如被驱动后再发生跳转，则即使该段程序被跳过，计时和计数仍然继续，其延时触点也能动作。

2. 子程序调用指令 CALL 和子程序返回指令 SRET

	适合软元件		占用步数
FNC01 CALL（P）（16） FNC02 SRET	字元件	无	CALL：3 步 SRET：1 步
	位元件	无	

CALL 指令为 16 位指令，占 3 个程序步，可连续执行和脉冲执行。SRET 不需要触点驱动的单独指令。

3. 主程序结束指令 FEND

	适合软元件		占用步数
FNC06 FEND	字元件	无	1 步
	位元件	无	

FEND 指令为单独指令，不需要触点驱动的指令。

FEND 指令表示主程序结束，执行此指令时与 END 的作用相同，即执行输入处理、输出处理、警戒时钟刷新、向第 0 步程序返回，FEND 指令执行的过程如图 2-7 所示。

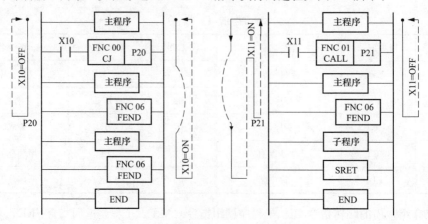

图 2-7　FEND 指令执行的过程

如图 2-8 所示，如果 X0 变 ON 后，则执行调用指令，程序转到 P10 处，当执行到 SRET 指令后返回到调用指令的下一条指令。

如图 2-9 所示，如果 X1 由 OFF 变 ON，CALLP P11 则只执行 1 次，在执行 P11 的子程序时，如果 CALL P12 指令有效，则执行 P12 子程序，由 SRET 指令返回 P11 子程序，再由 SRET 指令返回主程序。

调用子程序和中断子程序必须在 FEND 指令之后，且必须有 SRET（子程序返回）或 IRET（中断返回）指令。FEND 指令可以重复使用，但必须注意，在最后一个 FEND 指令和 END 指令之间必须写入子程序（供 CALL 指令调用）或中断子程序。

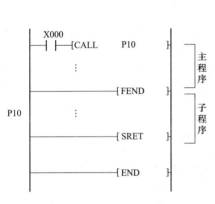

图 2-8　子程序调用程序 1

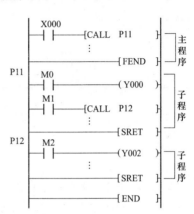

图 2-9　子程序调用程序 2

2.5.2　循环移位指令

循环与移位指令是使字数据、位组合的字数据向指定方向循环、移位的指令，见表 2-3。

表 2-3　　　　　　　　　　　　　　　循 环 与 移 位 指 令

FNC No.	指令记号	指令名称	FNC No.	指令记号	指令名称
30	ROR	右循环移位	35	SFTL	位左移
31	ROL	左循环移位	36	WSFR	字右移
32	RCR	带进位右循环移位	37	WSFL	字左移
33	RCL	带进位左循环移位	38	SFWR	移位写入
34	SFTR	位右移	39	SFRD	移位读出

这里仅介绍右循环移位指令 ROR、左循环移位指令 ROL、位右移指令 SFTR、位左移指令 SFTL 指令。

1. 右循环移位指令 ROR 和左循环移位指令 ROL

		适合软元件								占用步数
FNC30　ROR FNC31　ROL （P）（16/32）	字元件	K、H	KnX	KnY	KnM	KnS	T	C	D	V、Z	16 位：7 步 32 位：13 步
		n			D.						
	位元件										

ROR、ROL 是使 16 位数据的各位向右、左循环移位的指令，指令的执行过程如图 2-10 所示。

在图 2-10 中，每当 X0 由 OFF→ON（脉冲）时，D0 的各位向左或右循环移动 4 位，最后移出位的状态存入进位标志位 M8022。执行完该指令后，D0 的各位发生相应的移位，但奇/偶校验并不发生变化。32 位运算指令的操作与此类似。

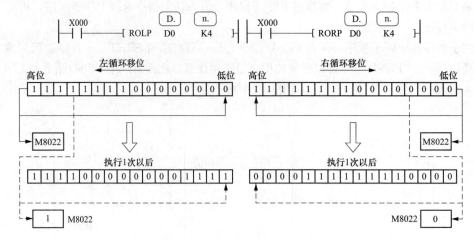

图 2-10 循环移位指令

对于连续执行的指令，则在每个扫描周期都会进行循环移位动作，所以一定要注意。对于位元件组合的情况，位元件前的 K 值为 4（16 位）或 8（32 位）才有效，如 K4M0、K8M0。

2. 位右移指令 SFTR 和位左移指令 SFTL

	适合软元件									占用步数
	字元件	K、H	KnX	KnY	KnM	KnS	T	C	D	V、Z	
FNC34 SFTR		n				D.					
FNC35 SFTL											16 位：7 步
(P) (16)	位元件		S.								
			X	Y	M	S					
			D.								

SFTR、SFTL 是使数据（16 位）的各位向右、左移位的指令，指令的执行过程如图 2-11 所示。

在图 2-11 中，每当 X10 由 OFF→ON（脉冲）时，指定目标操作数（即 M0）开始的 n1 个位向右或左移动 n2 个位，移动后不够的位使用 n2 个源操作数（即 X0～X3）补齐。

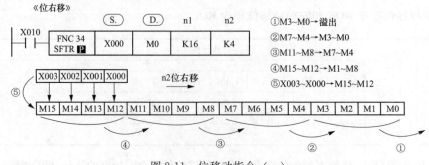

图 2-11 位移动指令（一）

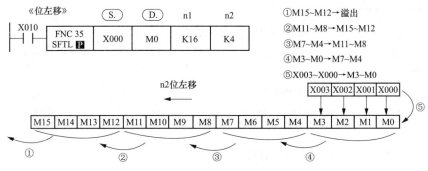

图 2-11 位移动指令（二）

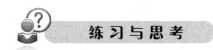

一、单选题

1. 触摸屏画面切换是通过向画面切换软元件写入与画面编号相同的数值来完成的，要实现画面切换时，必须指定（　　）。

　　A. 当前画面编号　　B. 目标画面编号　　C. 无所谓　　D. 视情况而定

2. 触摸屏一般由触摸检测装置和触摸屏控制器组成，触摸检测装置安装在显示器的（　　），用于检测用户的触摸位置。

　　A. 中间　　　　　　B. 前面　　　　　　C. 后面　　　　　D. 左边

3. 用塑料制作的触摸笔操作而没有反应的触摸屏是（　　）。

　　A. 电阻式触摸屏　　　　　　　　B. 电容式触摸屏

　　C. 红外线触摸屏　　　　　　　　D. 表面声波触摸屏

4. 红外触摸屏靠多对红外发射和（　　）来工作。

　　A. 传感器　　　　B. LED　　　　　C. 二极管　　　　D. 接收管

5. 触摸屏是由触摸屏检测元件和触摸屏（　　）组成。

　　A. 传感器　　　　B. 控制器　　　　C. 键盘　　　　　D. 开关

6. 电容式触摸屏是一块四层（　　）。

　　A. 复合玻璃屏　　B. 复合薄膜　　　C. 电涂层　　　　D. 金属薄膜

7. 红外线触摸屏的分辨率取决于（　　）和扫描频率。

　　A. 红外线对管数　B. 薄膜材料　　　C. 对比度　　　　D. 传感器

二、多选题

8. 常用的用户程序存储器类型有（　　）。

　　A. ROM　　　　　B. RAM　　　　　C. EPROM　　　　D. EEPROM

　　E. PROM

9. PLC 常用的 CPU 主要有（　　）。

　　A. PROM 存储器　　　　　　　　B. 微处理器

　　C. 单片机　　　　　　　　　　　D. 位片式微处理器

　　E. 点片式微处理器

10. 停电不丢失内容存储器有（　　）。

　　A. RAM　　　　　B. ROM　　　　　C. PROM　　　　　D. EPROM

　　E．EEPROM

11. 在 FX 系列 PLC 中，下列属于字移位指令的有（　　）。
   A．SFTR　　　　　　B．WSFR（P）　　　　C．SFT　　　　　　　D．WSFR
   E．RCR

12. 在 FX 系列 PLC 中，下列属于先入先出指令的有（　　）。
   A．SFWR　　　　　　B．SFWR（P）　　　　C．SFRD　　　　　　D．SFRD（P）
   E．RCR

13. 在 FX 系列 PLC 中，下列属于移位指令的有（　　）。
   A．SFTR　　　　　　B．SFTR（P）　　　　C．SFT　　　　　　　D．ROL（P）
   E．RCR

三、判断题

14. 触摸屏就是人机界面。（　　）

15. 电容式触摸屏是利用压力感应进行控制。（　　）

16. 电阻式触摸屏外导电层的划伤对于四线电阻式没有关系，对五线电阻式触摸屏是致命的。（　　）

17. 红外触摸屏的物理分辨率由框架中能容纳的红外管数目决定，因此分辨率较低。（　　）

18. 触摸屏则是一种绝对坐标系统，与相对定位系统有着本质的区别。（　　）

19. 在 FX 系列 PLC 中，WDT 指令是刷新程序的警戒时钟，它是在程序扫描时间超过 250ms 时起作用。（　　）

20. PLC 可以向扩展模块提供 24V 直流电源。（　　）

四、简答题

21. 写出 PLC 的触点比较指令及其中一条指令的用法。

22. 写出 PLC 的循环与移位指令及其中一条指令的用法。

23. 写出 PLC 的方便指令，并说明 IST 指令的用法。

24. 简述人机界面的主要功能。

25. 写出程序流程控制类的 10 条功能指令及其中一条指令的用法。

练习与思考题参考答案

1. B	2. B	3. B	4. D	5. B	6. A	7. A	8. BCD	9. BCD	10. BDE
11. BD	12. ABCD	13. AB	14. N	15. N	16. N	17. Y	18. Y	19. N	20. Y

任务 ③

交通灯的监控系统设计与调试

3.1 任务来源

城市道路的交叉路口都设有交通灯，有的夜晚时只有黄灯闪烁、有的夜晚和白天的红绿灯时间间隔不同、有的有倒计时显示等等，这些不同形式的交通灯又是如何控制的呢？有的使用专用控制器、有的使用单片机或者计算机、有的使用PLC和人机界面，那么，如何使用PLC和人机界面来制作交通灯的监控系统呢？这就是PLC控制系统设计岗位人员的工作内容之一，因此，掌握利用PLC与人机界面来设计交通灯的监控系统是非常实用的。

3.2 任务描述

请设计一个用PLC、人机界面控制的交通灯，并完成其控制系统的硬件配置、程序设计、画面制作、系统接线和运行调试，其具体要求如下。

(1) 交通灯要求有手动功能：手动时只有黄灯闪烁，闪烁频率为1Hz。

(2) 交通灯要求有自动功能：自动时系统按如下方式进行自动流程变换。

1) 第一时段为6点～22点，运行流程如下：东西行走方向：绿灯（亮20s）→绿灯（闪5s）→黄灯（亮3s）→红灯（亮28s）；南北行走方向：红灯（亮28s）→绿灯（亮20s）→绿灯（闪5s）→黄灯（亮3s）。

2) 第二时段为22点～6点，运行流程如下：东西行走方向：绿灯（亮10s）→绿灯（闪3s）→黄灯（亮2s）→红灯（亮15s）；南北行走方向：红灯（亮15s）→绿灯（亮10s）→绿灯（闪3s）→黄灯（亮2s）。

(3) 自动时，要求有停止功能，停止时，所有指示灯均熄灭。

(4) 要求使用PLC对上述系统进行控制，使用人机界面对上述系统进行监视（即交通灯及时段数据的显示）和操作（即启动和停止系统运行、设置时段数据），画面图分为首页和监控页面。

3.3 目标描述

3.3.1 技能目标

1. 关键技能

• 能（会）制作三菱人机界面的数据写入画面。

- 能（会）制作三菱人机界面的数据显示画面。
- 能（会）利用 PLC 的时钟运算指令设计程序。

2. 基本技能

- 能（会）正确运用人机界面制作按钮和指示灯控件。
- 能（会）正确运用传送指令设计程序。
- 能（会）正确使用 PLC 编程软件监控程序的运行情况。

3.3.2　知识目标

- 掌握人机界面字软元件的用法。
- 掌握 PLC 的时钟运算时的特殊数据寄存器。
- 掌握 PLC 时钟运算指令的用法。

3.3.3　职业素质目标

- 认真学习、认真听课，养成善于思考、敢于提问的学习习惯。
- 认真总结训练过程的得失，吃一堑长一智，养成善于总结的习惯。
- 交通灯是行车安全的重要保证，请养成科学、严谨的工作作风，保证行车和行人的安全。

3.4　任务实施

3.4.1　活动一　学员自学或教师讲授

1. PLC 的传送与比较指令

（1）传送与比较指令一般用法。

（2）重点讲解 MOV 指令的结构与程序设计。

2. PLC 的时钟运算指令

（1）时钟运算指令一般用法。

（2）重点讲解 TZCP、TRD、TWR 指令的结构与程序设计（难点）。

3. 了解 PLC 的外围设备 I/O 指令

（1）外围设备 I/O 指令一般用法。

（2）重点了解 SEGD 指令的结构与程序设计。

4. 人机界面软件的使用

（1）人机界面软件的一般操作。

（2）重点讲解人机界面软件的数据写入、数据显示的制作。

3.4.2　活动二　示范操作

1. 步骤一：分析控制需求，进行系统方案设计

（1）熟读并分析控制要求，确定系统设计方案（采用 PLC 进行系统控制，人机界面进行系统监控；PLC 程序设计采用并行性流程或单流程或功能指令，时段控制采用时钟运算指令）。

（2）根据系统控制要求，拟定人机界面的监控画面，如图 3-1 所示。

2. 步骤二：确定硬件配置，绘制控制系统接线图

（1）根据系统控制要求，确定系统的硬件配置（见图 3-2）。

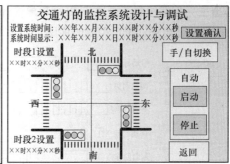

图 3-1　交通灯监控画面

（2）根据系统控制要求，进行 PLC 及人机界面软元件分配（见表 3-1）。

（3）根据控制要求、PLC 及人机界面软元件分配，绘制系统接线图（见图 3-2）。

表 3-1　　　　　　　　　　　　　　　　　　**软 元 件 分 配 表**

输入端		输出端	
X0	手动/自动切换	Y0	东西向绿灯
X1	自动启动	Y1	东西向黄灯
X2	停止	Y2	东西向红灯
M10	触摸屏手动/自动切换	Y4	南北向绿灯
M11	触摸屏自动启动	Y5	南北向黄灯
M14	触摸屏停止	Y6	南北向红灯
D10	设置年	D20	显示年
D11	设置月	D21	显示月
D12	设置日	D22	显示日
D13	设置时	D23	显示时
D14	设置分	D24	显示分
D15	设置秒	D25	显示秒
D16	设置星期	D26	显示星期
M13	时钟数据设置确认	D43	1 目标时间 6 点
D30	东西向绿灯亮结束时间	D44	1 目标时间 0 分
D31	东西向绿灯闪烁结束时间	D45	1 目标时间 0 秒
D32	东西向黄灯亮结束时间	D53	2 目标时间 22 点
D33	南北向绿灯亮结束时间	D54	2 目标时间 0 分
D34	南北向绿灯闪烁结束时间	D55	2 目标时间 0 秒
D35	南北向黄灯亮结束时间		

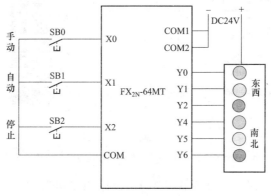

图 3-2　系统接线图

3. 步骤三：根据控制要求进行 PLC 程序设计

（1）根据控制要求，拟定控制时序图，如图 3-3 所示。

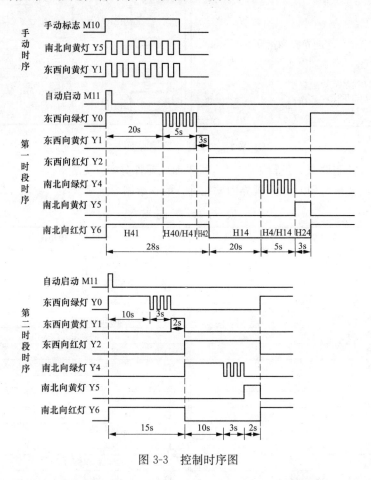

图 3-3　控制时序图

（2）根据控制要求、控制时序图，利用功能指令设计程序的思路如图 3-4（a）所示，利用顺控指令（单流程）设计程序的思路如图 3-4（b）所示。

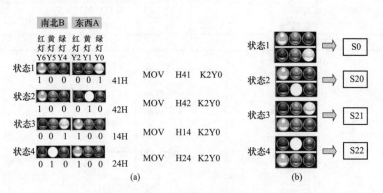

图 3-4　程序设计思路

（a）利用功能指令设计程序的思路；（b）利用顺控指令（单流程）设计程序的思路

（3）根据控制要求、工作流程图及软元件分配设计 PLC 程序。

1）设计程序框图，如图 3-5（a）所示。

2）设计读写系统时间程序，如图 3-5（b）所示。

3）设计设置时段程序，如图 3-5（c）所示。

4）设计设置时间区间比较程序，如图 3-5（d）所示。

5）将上述程序功能块综合、优化、整合，完成系统程序设计，如图 3-6 所示。

（4）使用编程软件输入程序，并下载到 PLC，进行离线仿真完善控制程序。

（5）细读控制要求，完善和优化 PLC 程序，最终形成最优程序。

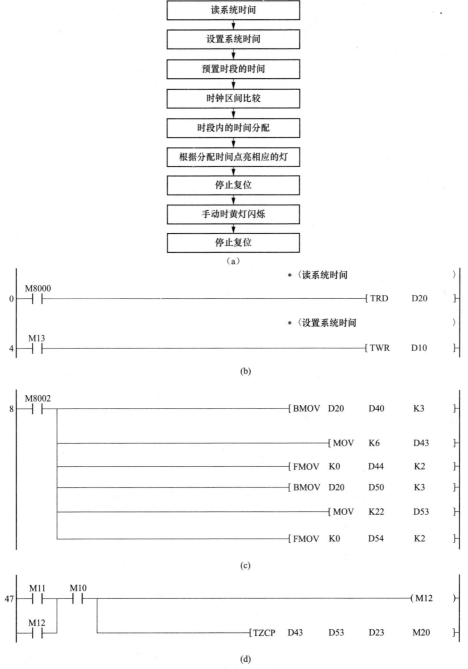

图 3-5 控制程序分解

（a）程序框图；（b）读写系统时间程序；（c）设置时段时间；（d）时钟区间比较

任务
3

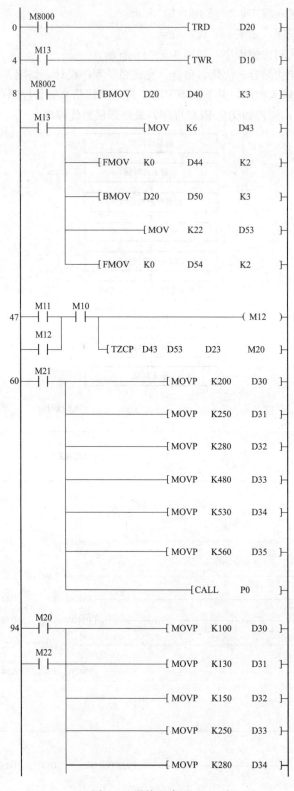

图 3-6　系统程序（一）

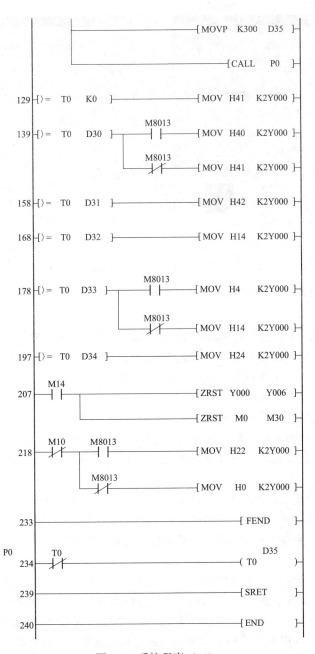

图 3-6　系统程序（二）

4. 步骤四：根据控制要求制作人机界面的画面图

（1）根据控制要求及图 3-1，并参照上一实训制作文本对象、按钮、指示灯等的画面图。

（2）数值输入和数值显示画面的制作。设置系统时间需要用数值输入对象来实现，单击对象工具栏 🔢 按钮，其设置如图 3-7 所示。在"基本"属性中输入软元件"D10"（年），在"显示方式"选项中选择"数据类型""数值色""显示位数""字体""数值尺寸"等，在"图形"选项中选择"图形""边框色""底色"等，其他为默认设置。显示实际时间需要用数值显示对象来实现，其设置如图 3-8 所示，设定方法与数值输入对象类似。

图3-7 数值输入对象的设置   图3-8 数值显示对象的设置

（3）制作画面图时，注意人机界面软元件与PLC软元件必须保持一致。

（4）制作画面图时，注意数据写入和数据显示的区别。

（5）制作画面图时，注意ON、OFF状态时图形颜色、文字等的区别。

（6）按上述操作完成画面制作，如图3-1所示。

5. 步骤五：根据控制要求进行联机调试

（1）关闭电源，检查工作环境是否安全，分析与比较实物连接与图3-2所示的接线图的关系，明白接线原理，接线时，220V电源不能接到PLC的COM端，PLC输出公共端（如COM1、COM2等）要接电源的N。

（2）将PLC程序及人机界面画面图分别下载到PLC和人机界面。

（3）进行PLC与人机界面的画面调试，通过操作人机界面上的相关按键，设置系统时间为5点55分，然后确认，观察显示的实际时间是否跟随变化；操作其他按钮，观察是否有显示；否则检查或修改画面。

（4）进行人机界面与PLC程序的调试，首先进行手动程序的调试，黄灯应该闪烁；然后进行自动程序的调试，设置系统时间为4点55分，然后确认并选择自动运行、按下启动按钮，观察PLC的输出指示灯及人机界面画面是否符合要求，否则修改程序及画面；再设置系统时间为5点58分，然后确认，观察6点后PLC的输出指示灯及人机界面画面是否符合要求，否则修改程序及画面；再设置系统时间为21点58分，然后确认，观察22点后PLC的输出指示灯及人机界面画面是否符合要求，否则修改程序及画面。

（5）进行带载调试，连接好PLC的输出电路，根据控制要求进行功能调试，观察指示灯是否动作，否则检查程序及接线。

6. 步骤六：做好相关技术总结

（1）对于实际生产设备，在完成系统调试后，必须撰写技术总结、运行与管理等的相关技术资料。

（2）对于实训室的训练，要认真总结相关技能点、知识点、关键操作等，为下一训练任务打好基础。

3.4.3 活动三 根据所讲述和示范案例，完成下面任务

请在活动二的基础上进行如下修改，然后完成其控制系统的程序设计、画面制作、系统接线和运行调试。

（1）交通灯要求有手动功能：手动时只有黄灯闪烁，闪烁频率为 nHz。

（2）交通灯要求有自动功能：自动时系统按如下方式进行自动流程变换。

1）第一时段为 7：10～22：20，运行流程如下：东西行走方向：红灯（亮 15s）→绿灯（亮 10s）→绿灯（闪 3s）→黄灯（亮 2s）；南北行走方向：绿灯（亮 10s）→绿灯（闪 3s）→黄灯（亮 2s）→红灯（亮 15s）。

2）第二时段为 22：20～7：10，运行流程如下：东西行走方向：红灯（亮 10s）→绿灯（亮 5s）→绿灯（闪 2s）→黄灯（亮 3s）；南北行走方向：绿灯（亮 5s）→绿灯（闪 2s）→黄灯（亮 3s）→红灯（亮 10s）。

（3）自动时，要求有停止功能，停止时，所有指示灯均熄灭。

（4）要求使用 PLC 对上述系统进行控制，使用人机界面对上述系统进行监视（即交通灯及红灯等待时间显示）和操作（即启动和停止系统运行、设置时段数据），画面图分为首页和监控页面。

3.5 相关知识与技能

为顺利完成本训练任务，需要学习三菱 PLC 的传送指令、时钟运算指令、外围设备 I/O 指令（主要为 SEGD）及人机界面数据显示和数据写入的画面制作。主要内容如下，也可查阅 FX_{2N} 系列 PLC 和触摸屏的相关使用手册。

3.5.1 传送与比较指令

传送与比较指令见表 3-2。

表 3-2 传 送 与 比 较 指 令

FNC No.	指令记号	指令名称	FNC No.	指令记号	指令名称
10	CMP	比较指令	15	BMOV	块传送
11	ZCP	区间比较	16	FMOV	多点传送
12	MOV	传送	17	XCH	数据交换
13	SMOV	移位传送	18	BCD	BCD 转换
14	CML	取反传送	19	BIN	BIN 转换

这里仅介绍比较指令 CMP、区间比较指令 ZCP、传送指令 MOV 3 条常用指令。

1. 比较指令 CMP

FNC10 CMP (P)(16/32)		适合软元件									占用步数
		K、H	KnX	KnY	KnM	KnS	T	C	D	V、Z	16 位：7 步 32 位：13 步
	字元件				S1、S2.						
	位元件			X	Y	M	S				
					D.						

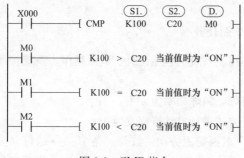

图 3-9　CMP 指令

CMP 指令是将 2 个操作数大小进行比较，然后将比较的结果通过指定的位元件（占用连续的 3 个点）进行输出的指令，指令的使用说明如图 3-9 所示。

CMP 指令的目标 [D.] 假如指定为 M0，则 M0、M1、M2 将被占用。当 X0 为 ON，则比较的结果通过目标元件 M0、M1、M2 输出；当 X0 为 OFF，则指令不执行，M0、M1、M2 的状态保持不变，要清除比较结果的话，可以使用复位指令或区间复位指令。

2. 区间比较指令 ZCP

FNC11　ZCP (P)（16/32）		适合软元件									占用步数
	字元件	K、H	KnX	KnY	KnM	KnS	T	C	D	V、Z	16 位：9 步 32 位：13 步
		S1. S2. S.									
	位元件		X	Y	M	S					
				D.							

ZCP 指令是将 1 个数据与 2 个源数据进行比较的指令。源数据 [S1.] 的值不能大于 [S2.] 的值，若 [S1.] 大于 [S2.] 的值，则执行 ZCP 指令时，将 [S2.] 看作等于 [S1.]。指令的使用说明如图 3-10 所示。

如图 3-10 所示，当 C30＜K100 时，M3 为 ON；当 K100≤C30≤K120 时，M4 为 ON；当 C30＞K120 时，M5 为 ON。当 X0＝OFF 时，不执行 ZCP 指令，但 M3、M4、M5 的状态保持不变。

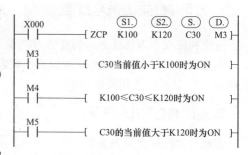

图 3-10　ZCP 指令

3. 传送指令 MOV

FNC12　MOV (P)（16/32）		适合软元件									占用步数
	字元件	S.									16 位：5 步 32 位：9 步
		K、H	KnX	KnY	KnM	KnS	T	C	D	V、Z	
		D.									
	位元件										

MOV 指令的使用说明如下。

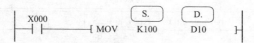

上述程序的功能是当 X0 为 ON 时，将常数 100 送入 D10；当 X0 变为 OFF 时，该指令不执行，但 D10 内的数据不变。

常数可以传送到数据寄存器，寄存器与寄存器之间也可以传送，此外定时器或计数器的当前值也可以被传送到寄存器，举例如下。

上述程序的功能是当 X1 变为 ON 时，T0 的当前值被传送到 D20 中。

MOV 指令除了进行 16 位数据传送外，还可以进行 32 位数据传送，但必须在 MOV 指令前加 D，举例如下。

```
X000
─┤├────[DMOV   D0      D10 ]     (D1、D0)送入(D11、D10)
X001
─┤├────[DMOV   C235    D20 ]     (C235的当前值)送入(D21、D20)
```

3.5.2 时钟数据运算和比较指令

FNC160～FNC169 是对时钟数据进行运算和比较的指令，也可以对 PLC 内置的实时时钟进行校准和时钟数据格式化操作，其指令见表 3-3。

表 3-3 时钟数据运算和比较的指令

FNC No.	指令助记符	《指令名称》
160	TCMP	时钟数据比较
161	TZCP	时钟数据区域比较
162	TADD	时钟数据加法运算
163	TSUB	时钟数据减法运算
164	—	—
165	—	—
166	TRD	时钟数据读取
167	TWR	时钟数据写入
168	—	—
169	HOUR	计时表

这里仅介绍时钟数据比较指令 TCMP、时钟数据区域比较指令 TZCP、时钟数据读取指令 TRD 和时钟数据写入指令 TWR 这 4 条常用指令。

1. 时钟数据比较指令 TCMP

FNC160 TCMP (P) (16)		适合软元件								占用步数
	字元件	S1. S2. S3.								
		K、H	KnX	KnY	KnM	KnS	T	C	D	V、Z	16 位：11 步
						S.				
	位元件			X	Y	M	S			
					D.					

TCMP 指令的使用说明如图 3-11 所示。

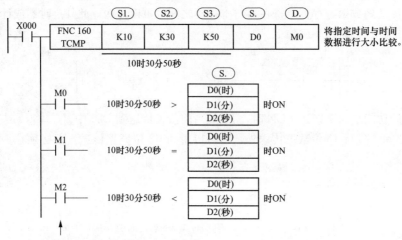

图 3-11　TCMP 指令

• 将源数据「S1.，S2.，S3.」的时间与 S.起始的 3 个数据寄存器指定的时间数据相比较，根据时间比较的结果输出 D.起始的 3 点 ON/OFF 状态。

S1.：指定比较基准时间的"时"。

S2.：指定比较基准时间的"分"。

S3.：指定比较基准时间的"秒"。

S.：指定时钟数据的"时"。

S.+1：指定时钟数据的"分"。

S.+2：指定时钟数据的"秒"。

D.：D.+1：D.+2：根据比较结果控制目标位软元件（3 点）的 ON/OFF 状态。

"时"的设定范围为「0～23」。

"分"的设定范围为「0～59」。

"秒"的设定范围为「0～59」。

• 使用可编程控制器的实时时钟数据时，在用后项所述时钟数据读取指令（FNC166）读取特殊数据寄存器中的数值后，请在各个操作数中指定该字元件。

2. 时钟数据区域比较指令 TZCP

		适合软元件									占用步数
FNC161 TZCP (P)（9）	字元件	S. S1. S2.									16 位：9 步
		K、H	KnX	KnY	KnM	KnS	T	C	D	V、Z	
	位元件		X	Y	M	S					
				D.							

TZCP 指令的使用说明如图 3-12 所示。

• 将 S.起始的 3 点时钟数据同上下两点的时钟比较范围相比较，根据区域大小输出 D.起始的 3 点 ON/OFF 状态。

S1.，S1.+1，S1.+2：以"时""分""秒"方式指定比较基准时间下限。

S2.，S2.+1，S2.+2：以"时""分""秒"方式指定比较基准时间上限。

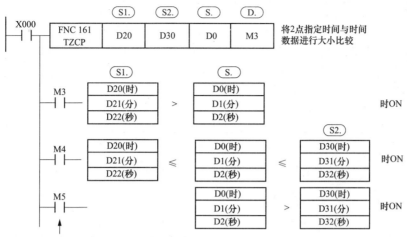

图 3-12　TZCP 指令

$\boxed{\text{S.}}$，$\boxed{\text{S.}}$+1，$\boxed{\text{S.}}$+2：以"时""分""秒"方式指定时钟数据。

$\boxed{\text{D.}}$，$\boxed{\text{D.}}$+1，$\boxed{\text{D.}}$+2：根据比较结果控制目标位软元件（3 点）的 ON/OFF 状态。

"时"的设定范围为「0～23」。

"分"的设定范围为「0～59」。

"秒"的设定范围为「0～59」。

• 使用可编程控制器的实时时钟数据时，在用后项所述时钟数据读取指令（FNC166）读取特殊数据寄存器中的数值后，请在各个操作数中指定该字元件。

3. 时钟数据读取指令 TRD

		适合软元件									占用步数
FNC166 TRD (P)（3）	字元件	K、H	KnX	KnY	KnM	KnS	T	C	D	V、Z	16 位：3 步
									D.		
	位元件										

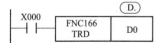

将可编程控制器的实时时钟的时钟数据读入 7 点数据寄存器中的指令。

• 按照下列格式读取可编程控制器中的实时时钟的时钟数据。

读取源为保存时钟数据的特殊数据寄存器（D8013～D8019）。

	元件	项目	时钟数据		元件	项目
特殊数据寄存器 实时时钟用	D8018	年（公历）	0~99（公历后两值）	→	D0	年（公历）
	D8017	月	1~12	→	D1	月
	D8016	日	1~31	→	D2	日
	D8015	时	0~23	→	D3	时
	D8014	分	0~59	→	D4	分
	D8013	秒	0~59	→	D5	秒
	D8019	星期	0（日）~6（六）	→	D6	星期

D8018（年）可以切换为 4 位模式。（见 FNC167，TWR）

任务 3

4. 时钟数据写入指令 TWR

FNC167 TWR (P)(3)		适合软元件									占用步数
	字元件	K、H	KnX	KnY	KnM	KnS	T	C	D	V、Z	16位：3步
									S.		
	位元件										

 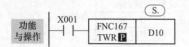　将时钟数据写入可编程控制器的实时时钟中的指令。

- 将设定时钟的数据写入可编程控制器的实时时钟中。

为了写入时钟数据，必须预先设定由 S. 指定的元件地址号起始的 7 点元件。

	元件	项目	时钟数据		元件	项目	
时钟设定用数据	D10	年(公历)	0~99(公历后两值)	→	D8018	年(公历)	特殊数据寄存器实时时钟用
	D11	月	1~12	→	D8017	月	
	D12	日	1~31	→	D8016	日	
	D13	时	0~23	→	D8015	时	
	D14	分	0~59	→	D8014	分	
	D15	秒	0~59	→	D8013	秒	
	D16	星期	0(日)~6(六)	→	D8019	星期	

将 2000 年 4 月 25 日（星期二）15 时 20 分 30 秒写入 PLC 的程序如图 3-13 所示。

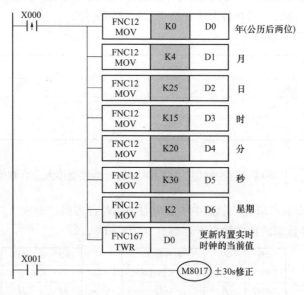

图 3-13　TWR 指令的使用说明

在进行时钟设定时，预先几分钟设定时间数据，当到达正确时间时接通 X000，则将设定值写入实时时钟中，修改当前时间。

当 X001 接通时，能够进行 ±30s 的修正操作。

当希望以公历 4 位方式表达年份数据时，请追加以下程序。

D8018 在可编程控制器运行后的第二个扫描周期开始以公历 4 位方式运行。

M8002		FNC 12 MOV	K2000	D8018
初始脉冲				

可编程控制器通常按公历后两位方式动作。当可编程控制器执行上述指令时，仅需在一个运算周期中将「K2000（固定值）」传送至 D8018（年份）中，即能切换至 4 位模式。

请在可编程控制器每次运行时执行本程序。而且即使通过传送 K2000 使显示切换为公历 4 位，也不会影响当前时间。

采用公历 4 位模式时，设定值「80～99」相当于「1980～1999 年」，「00～79」相当于「2000～2079 年」。例：80＝1980 年　99＝1999 年　00＝2000 年　79＝2079 年

当同 FX-10DU，FX-20DU，FX-25DU 型数据存取单元连接时，请设定为公历后两位模式。若采用公历 4 位模式，将无法正确显示这些 DU 的当前版本。

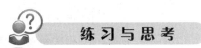

练 习 与 思 考

一、单选题

1. 触摸屏实现数值显示时，要对应 PLC 内部的（　　）。

　　A. 输入点 X　　　　　B. 输出点 Y　　　　　C. 中间继电器 M　　　D. 数据存储器 D

2. 发送端与接收端之间的（　　）问题是触摸屏与 PLC 之间进行数据通信的重要问题。

　　A. 异步　　　　　　B. 同步　　　　　　C. 上载　　　　　　D. 下载

3. M0～M15 中，M0、M2 为 ON，其他都为 OFF，那么 K4M0 数值等于（　　）。

　　A. 11　　　　　　B. 10　　　　　　C. 9　　　　　　　D. 5

4. FX 系列 PLC 面板上的出错指示灯"ERROR"在运行时变常亮则表明（　　）。

　　A. I/O 构成出错　　　　　　　　B. PLC 的硬件有故障

　　C. 程序有错误　　　　　　　　　D. 通信有错误

5. 信号传输过程中，产生干扰的原因是（　　）。

　　A. 信号是缓变的　　　　　　　　B. 信号是快变的

　　C. 干扰的耦合通道　　　　　　　D. 信号是交流的

6. 工业中控制电压一般是（　　）V。

　　A. 24　　　　　　B. 36　　　　　　C. 110　　　　　　D. 220

7. 三菱 FX 系列 PLC 普通输入点输入响应时间大约是（　　）。

　　A. 100ms　　　　　B. 30ms　　　　　C. 15ms　　　　　D. 10ms

8. FX$_{1S}$ 系列最多可以有（　　）个点的 PLC。

　　A. 10　　　　　　B. 30　　　　　　C. 128　　　　　　D. 256

9. FX$_{2N}$ 系列最多能扩展到（　　）个点。

　　A. 10　　　　　　B. 30　　　　　　C. 128　　　　　　D. 256

10. 当 PLC 外部触点坏时，换到另外一个好的点上后，最好使用软件中的（　　）菜单进行操作。

　　A. 寻找　　　　　　B. 指令寻找　　　　　C. 元件寻找　　　　　D. 替换

二、多选题

11. 在 FX 系列 PLC 中，下列属于数制变换指令的有（　　）。

　　A. INT　　　　　　B. XCH　　　　　　C. BIN　　　　　　D. BCD

E. FLT

12. 在 FX 系列 PLC 中，下列属于除法类指令的有（　　）。

 A. TDIV   B. DIV（P）   C.（D）DIV   D. EDIV

 E. DI

13. 在 FX 系列 PLC 中，下列属于数据交换指令的有（　　）。

 A. XCH   B. XCH（P）   C. SMOV   D. MOV（P）

 E. TWR

14. 在 FX 系列 PLC 中，传送类指令源操作数可以存放在（　　）中。

 A. 定时器   B. 计数器   C. 数据寄存器   D. 变址寄存器

 E. 中间继电器

15. PLC 的系统程序包括（　　）。

 A. 管理程序   B. 供系统调用的标准程序模块

 C. 用户指令解释程序   D. 开关量逻辑控制程序

 E. 用户程序

三、判断题

16. 在 FX 系列 PLC 中，每个中断指针占用一个步序，可设置 10 个中断点。（　　）

17. 在 FX 系列 PLC 中，输入输出刷新指令用于在某段程序处理时读入最新信息或在某一操作结束之后立即将结果输出，即输入端和输出端的立即刷新。（　　）

18. PLC 输出接口电路全部采用光电耦合隔离方式。（　　）

19. PLC 中输出接口电路的作用是把由 CPU 处理过的数字信号送给输出端的电路元件，以控制其通断。（　　）

20. PLC 中扩展接口的作用是为连接各种扩展模块设计的专用接口。（　　）

21. 编程器可用来对用户程序进行编制编译调试和监视。（　　）

22. 各种型号的 PLC 都配有专用编程器。（　　）

23. 系统程序是由 PLC 生产厂家编写的，固化到 RAM 中。（　　）

四、简答题

24. 请分别写出人机界面的位元件和字元件。

25. 写出 PLC 的 10 条时钟运算指令及其中一条指令的用法。

26. 写出 PLC 时钟运算指令所用到的特殊数据寄存器。

练习与思考题参考答案

1. D	2. B	3. D	4. B	5. C	6. A	7. D	8. B	9. D	10. D
11. ACDE	12. BCD	13. AB	14. ABCD	15. ABC	16. N	17. Y	18. N	19. Y	20. Y
21. Y	22. N	23. N							

第二单元

PLC、变频器、人机界面通信及其应用

任务 4

人机界面与变频器的通信监控系统设计与调试

4.1 任务来源

在电气控制系统的设计与维护时，经常需要利用人机界面来监控变频器的运行，如火车车厢的电气监控系统、变频恒压供水的电气监控系统等，其核心的工作之一就是人机界面与变频器的通信，因此，掌握人机界面与变频器的通信是PLC控制系统设计（三级）职业能力培训的基本内容。

4.2 任务描述

请设计一个人机界面与变频器的通信控制系统，并完成其控制系统的参数设置、画面制作、系统接线和运行调试，其具体要求如下。

（1）能在人机界面画面上显示当前时间以及变频器的输出频率、输出电流、输出电压（只能显示不能修改）。

（2）能在人机界面上通过"特殊监视器选择"设定参数，并在"特殊监视"栏显示变频器的输出功率值。

（3）能在人机界面上设置"上限频率、下限频率、加速时间、减速时间、运行频率"等参数的设定值。

（4）能进行主画面和参数设定画面的相互切换。

（5）能通过人机界面控制电动机的正转、反转、停止。

4.3 目标描述

4.3.1 技能目标

1. 关键技能

• 能（会）设置变频器与人机界面通信时的通信参数。

• 能（会）通过人机界面向变频器写入控制数据。

• 能（会）通过人机界面读取变频器的运行数据。

2. 基本技能

• 能（会）制作三菱人机界面的数据写入和数据显示画面。

- 能（会）制作变频器与人机界面的通信线。
- 能（会）进行变频器的一般操作。

4.3.2　知识目标

- 掌握变频器与人机界面通信参数的含义。
- 掌握人机界面与变频器通信时特殊数据寄存器的含义。
- 掌握变频器 RS-485 通信端口的定义。
- 掌握三相交流异步电动机的基础知识。

4.3.3　职业素质目标

- 遵守电气控制系统调试标准规范，养成严谨科学的工作态度。
- 认真学习、认真听课，养成善于思考、敢于提问的学习习惯。
- 认真总结训练过程的得失，吃一堑长一智，养成善于总结的习惯。
- 通信是社会发展的必然，请自觉遵守通信协议，不要窃取他人隐私和商业机密，保证通信畅通与安全运行。

4.4　任务实施

4.4.1　活动一　学员自学或教师讲授

1. 变频器基础知识

（1）电动机的相关知识。

（2）变频器基础知识。

2. 人机界面与变频器通信

（1）人机界面的通信参数的设置。

（2）重点讲解变频器的相关通信参数。

（3）人机界面与变频器通信的连接数据线的制作。

3. 人机界面软件的使用

（1）人机界面软件的一般操作。

（2）重点讲解人机界面控制数据写入画面的制作。

（3）重点讲解人机界面读取数据画面的制作。

4.4.2　活动二　示范操作

1. 步骤一：分析控制需求，进行系统方案设计

（1）熟读并分析控制要求，确定哪些信号为数据写入和数据显示，见表 4-1。

表 4-1　　　　　　　　　　　　　　　数据写入和数据显示

数据写入	上下限频率、加减速时间、电子保护、运行频率、特殊监视选择
数据显示	输出频率、输出电流、输出电压、特殊监视、现时时间

（2）根据系统控制要求，拟定人机界面的监控画面，如图 4-1 所示。

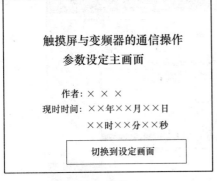
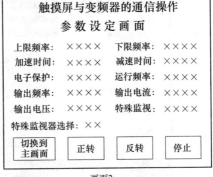

图 4-1　人机界面的监控画面

2. 步骤二：确定硬件配置，绘制控制系统接线图

（1）根据系统控制要求，确定系统的硬件配置。

（2）根据系统控制要求，进行人机界面软元件分配，见表 4-2。

表 4-2　　　　　　　　　　　　**软 元 件 分 配 表**

数据输入		数据显示	
上限频率	Pr1：0	输出频率	SP111：0
下限频率	Pr2：0	输出电流	SP112：0
加速时间	Pr7：0	输出电压	SP113：0
减速时间	Pr8：0	特殊监视器（输出功率）	SP114：0
过电流保护	Pr9：0	特殊监视器选择	SP115：0
运行频率	SP109：0		

（3）根据控制要求，绘制控制系统接线图，如图 4-2 所示。

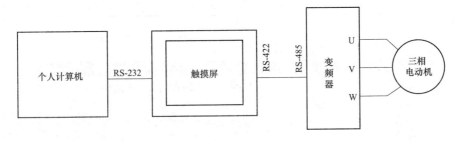

图 4-2　控制系统接线图

3. 步骤三：触摸屏通信设定

（1）在新建项目向导中"连接机器设置"选择"FREQROL.500/700 系列"，如图 4-3 所示，并选择相应的驱动程序如图 4-4 所示。

（2）进入画面编辑状态后，在系统菜单"公共设置"中执行"系统环境"项，也可在工程管理器中启动"系统环境"项，出现如图 4-5 所示的设定窗口。

（3）选择"连接机器设置"，出现图 4-6 所示窗口，点"详细设置"进行通信设置，如图 4-7 所示。

（4）设置完毕，单击"确定"即完成设置，最后将设定好的参数与用户画面下载至触摸屏中。

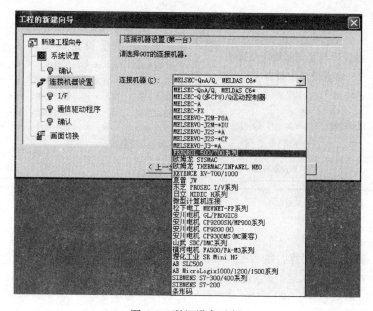

图 4-3　联机设备选择

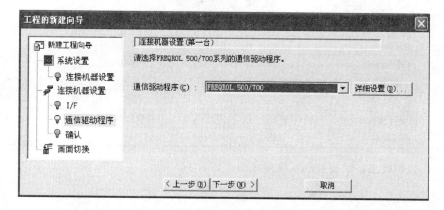

图 4-4　驱动程序选择

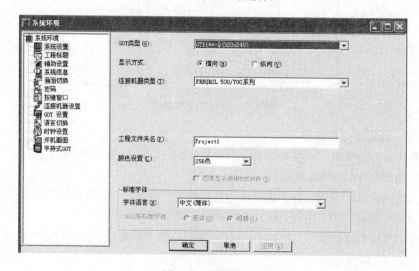

图 4-5　环境设置 1

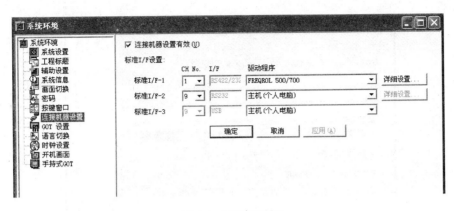

图 4-6　环境设置 2

　　(5) 注意：变频器的设置必须和触摸屏的设置一致，否则可能无法通信；变频器通信参数设置完毕后需关闭电源，重新启动变频器，设置方才有效，否则无效。

　　4. 步骤四：根据控制要求制作人机界面的画面图

　　(1) 文本对象制作，参考上一实训进行制作。

　　(2) 数据输入对象。以设置上限频率为例，在工具栏中点 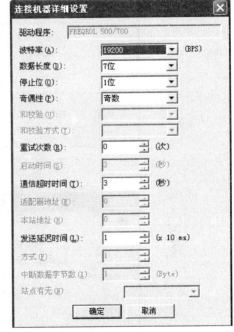，在编辑栏合适位置再单击（放置位置），再按 Esc 键，双击刚才添加的对象，出现如图 4-8 所示窗口，单击"软元件"设置为 Pr.1 和站号为 0；数字类型选择"实数"；显示位数设置为 5 位；小数位数设置 2 位；数值尺寸选 1×1；外形选择喜欢的外形即可，如图 4-8 所示。

　　(3) 数据显示对象。以设置输出频率为例，在工具栏中点 123，在编辑栏合适位置再单击，再按 Esc 键，双击刚才添加的对象，出现如图 4-9 所示窗口，设置方法与数字输入设置方法类似。

　　(4) 按钮对象。以正转启动按钮为例，在工具

图 4-7　通信设置

栏中点 下的数据写入开关，在编辑区合适位置单击，再按 Esc 键，双击刚才添加的按钮对象，出现如图 4-10 所示窗口，软元件选择 SP122，站号为 0，设定值选中固定值并输入 2，显示方式分别设置 ON 和 OFF 下的图形样式和颜色，设置完毕，单击"文本/指示灯"标签。

　　在 OFF/ON 状态下，选择合适的文本色和字体及尺寸，在 OFF 状态下，文本输入"正转"，在 ON 状态下，文本输入"正转中"，在指示灯功能选中"字"软元件，输入 SP122，站号为 0，在 ON 状态设置范围 SP122==2，在 OFF 状态设置范围 SP122==0，如图 4-11 所示。

　　反转按钮、停止按钮设置方法与正传启动按钮设置方法基本相同，反转按钮在动作设置中输入固定值为 4，停止按钮则设置为 0，指示灯功能中也做相应的设置。

　　5. 步骤五：根据控制要求及人机界面通信参数设定变频器通信参数

　　首先清除变频器的所有设置项 CLEAR ALL，并设置以下参数，设置完毕，关闭变频器电源重启变频器。

　　(1) Pr.79=1，PU 运行模式。

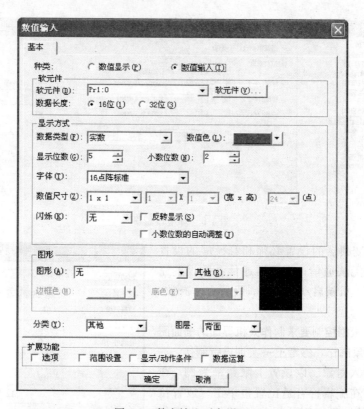

图 4-8 数字输入对象设置

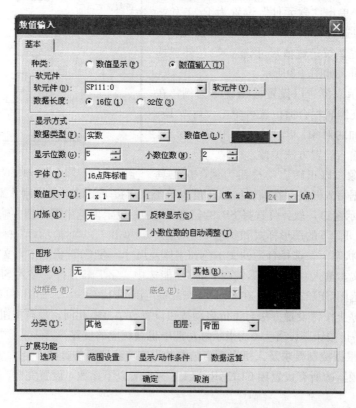

图 4-9 数字显示对象设置（数据输入改数据显示，黑点左移）

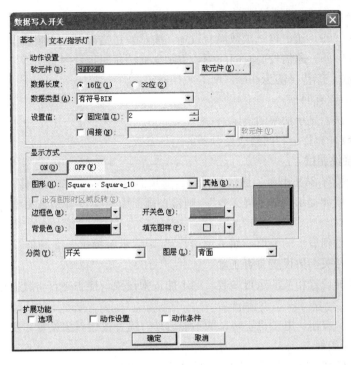

图 4-10　数据写入开关设置 1

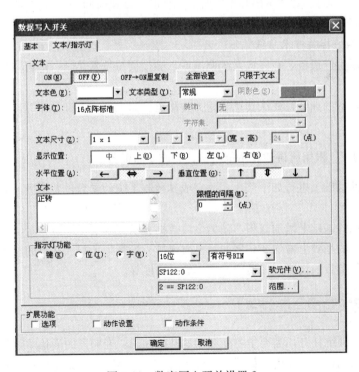

图 4-11　数字写入开关设置 2

（2）Pr. 117＝0，变频器站台号设置为 00♯。

（3）Pr. 118＝192，通信速率设置为 19.2K 波特。

（4）Pr. 119＝10，数据长度设置为 7 位，停止位 1 位。

（5）Pr.120＝1，奇校验。

（6）Pr.121＝9999，通信再试次数没有设定，表示发送错误时，变频器没有报警停止。

（7）Pr.122＝9999，通信校验时间间隔，表示无通信超时报警停止。

（8）Pr.123＝0，等待时间为 0ms。

（9）Pr.124＝1，有回车。

（10）Pr.52＝14，显示功率的设定。

（11）Pr.77＝2，允许运行时修改变频器的运行参数。

6. 步骤六：系统调试

（1）连接好触摸屏 24V 电源、通信数据线、变频器主电路，并将画面传入触摸屏。

（2）画面传入后如提示"显示屏无效"，则检查画面中对象设置是否完整，重新设置后再传入修改后的画面。

（3）查看能否看到显示的数值，如显示"???"则表示触摸屏与变频器没有正常通信，检查数据电缆和变频器相关参数设置是否正确。

（4）通过触摸屏设置相关的运行参数，如不能正常设置，检查是否将数据输入功能设置为数字显示功能。

（5）按"正转"按钮，电动机正转，如不能启动，检查按钮对象设置和变频器参数，"反转""停止"按钮的操作类似。

（6）观察输出频率、输出功率、输出电压的数据显示是否正确。

（7）分别按"上限频率""下限频率""加速时间""减速时间""运行频率"按钮，改变相关设置，观察其运行情况是否正常。

7. 步骤七：做好相关技术总结

（1）对于实际生产设备，在完成系统调试后，必须撰写技术总结、运行与管理等的相关技术资料。

（2）对于实训室的训练，要认真总结相关技能点、知识点、关键操作等，为下一训练任务打好基础。

4.4.3 活动三　根据所讲述和示范案例，完成下面任务

请在活动二的基础上进行如下修改，并完成其控制系统的参数设置、画面制作、系统接线和运行调试。

（1）在活动二的基础上增加变频器输出电流数据显示。

（2）在活动二的基础上增加变频器的过电流保护、参数禁止写入选择的参数写入。

（3）改变通信参数的设置，如通信速率、数据长度等。

4.5　相关知识与技能

为顺利完成本训练任务，需要学习变频器的基础知识、变频器的通信参数、人机界面的设置以及通信数据线的制作。主要内容如下，也可查阅 FX$_{2N}$ 系列 PLC 和人机界面的相关使用手册。

4.5.1　变频器基础知识

1. 电动机调速的原理

我们知道，当把三相交变电流（即在相位上互差 120°电角度）通入三相定子绕组（即在空间

位置上互差120°电角度）后，该电流将产生一个旋转磁场，该旋转磁场的转速（即同步转速n）由定子电流的频率f_1所决定，即

$$n = \frac{60 f_1}{p} \qquad (4\text{-}1)$$

式中　n——同步转速，r/min；

　　　f_1——电源频率，Hz；

　　　p——磁极对数。

而位于该旋转磁场中的转子绕组将切割磁力线，并在转子绕组中产生相应感应电动势和感应电流，此感应电流也处在定子绕组所产生的旋转磁场中，因此，转子绕组将受到旋转磁场的作用而产生电磁力矩（即转矩），使转子跟随旋转磁场旋转，转子的转速n_M（即电动机的转速）为

$$n_M = (1-s)n = (1-s)\frac{60 f_1}{p} \qquad (4\text{-}2)$$

式中　n_M——转子的转速，r/min；

　　　s——转差率。

因此，要对三相异步电动机进行调速，可以通过改变电动机的极对数p、改变电动机的转差率s及改变电动机的电源频率f_1。

2. 调速的基本方法

由式（4-2）可知，异步电动机调速的基本途径有：改变电动机的极对数p即变极调速、改变电动机的转差率s即变转差率调速和改变电动机的电源频率f_1即变频调速。

3. 变频器的结构

变频器的内部结构如图4-12所示。主要包括了整流器、逆变器、中间储能环节、采样电路、驱动电路、主控电路和控制电源。有关的详细介绍请参考《PLC、变频器、触摸屏综合应用实训》第6章。

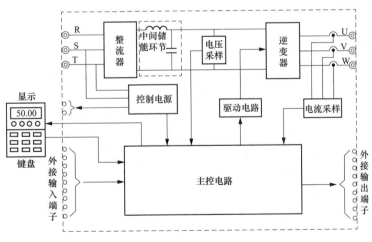

图4-12　变频器内部结构框图

4. 变频器的工作原理

由式（4-2）可知，改变异步电动机的供电频率f_1，可以改变其同步转速n，实现电动机的调速运行。但是，根据电动机理论可知，三相异步电动机每相定子绕组的电动势有效值为

$$E_1 = 4.44 k_{r1} f_1 N_1 \Phi_M \qquad (4\text{-}3)$$

式中　E_1——每相定子绕组在气隙磁场中感应的电动势有效值，V；

f_1——定子频率，Hz；

N_1——定子每相绕组的有效匝数；

k_{r1}——与绕组有关的结构常数；

Φ_M——每极气隙磁通量，Wb。

由式（4-3）可知，如果定子每相绕组的电动势有效值 E_1 不变，而单纯改变定子的频率时会出现如下两种情况。

（1）如果 f_1 大于电动机的额定频率 f_{1N}，则气隙磁通 Φ_M 就会小于额定气隙磁通，结果是电动机的铁芯得不到充分利用，造成浪费。

（2）如果 f_1 小于电动机的额定频率，气隙磁通 Φ_M 就会大于额定气隙磁通，结果是电动机的铁芯出现过饱和，电动机处于过励磁状态，励磁电流过大，使电动机功率因数、效率下降，严重时会因绕组过热而烧坏电动机。

因此，要实现变频调速，且在不损坏电动机的情况下充分利用铁芯，应使每极气隙磁通 Φ_M 保持额定值不变，即 E_1/f_1＝常数。

有关的详细介绍请参考《PLC、变频器、触摸屏综合应用实训》一书第 6 章。

4.5.2 变频器通信参数

A500 变频器有一个 PU 口，用于与 PU 单元连接，A700 系列变频器有一个 PU 口和一个（并出两路）RS-485 接口，当 PU 通信口不与 PU 单元相连时，可用专用电缆与计算机、PLC、其他自动化设备连接起来，实现变频器与外部设备通信。利用此端口我们能通过用户程序控制变频器的运行、监视其运行状态以及进行参数的读写操作，也可通过专用电缆与触摸屏进行通信。以下介绍变频器与触摸屏通信时的参数设置及触摸屏的相应设置。

Pr. 117～Pr. 124、Pr. 331～Pr. 337、Pr. 341 是关于 RS-485 通信设置的参数区，其中 Pr. 117～Pr. 124 是 PU 口通信的相关参数区，Pr. 331～Pr. 337、Pr. 341 是 RS-485 端口（对于 A700 系列变频器）通信的相关参数区。

（1）Pr. 117（Pr. 331）站号设置。当变频器与其他设备进行通信时，需要设定变频器的站号，站号设定范围 0～31。

（2）Pr. 118（Pr. 332）通信速率设置。可以设为 48、96、192 即 4.8K、9.6K、19.2K 波特，A700 系列还可以设为 384 即 38.4K。

（3）Pr. 119（Pr. 333）字节长/停止位长设置。设定字节的长度和停止位的长度，设定范围为 0、1、10、11，设定为 0 时，字节长 8 位，停止位 1 位；设定为 1 时，字节长 8 位，停止位 2 位；设定为 10 时，字节长 7 位，停止位 1 位；设定为 11 时，字节长 7 位，停止位 2 位。

（4）Pr. 120（Pr. 334）奇偶校验有/无设置。设定范围为 0、1、2，设定为 0 无校验，设定为 1 奇校验，设定为 2 偶校验。

（5）Pr. 121（Pr. 335）通信校验再试次数设置。设定范围为 0～10、9999，设定发生数据接收错误允许的再试次数，如果超过设定值，变频器报警停止。设定为 9999，通信错误发生时，变频器不报警停止，只能通过输入 MRS、RES 信号使变频器停止。

（6）Pr. 122（Pr. 336）通信校验时间间隔设置。设定范围为 0～9999，设定为 0 表示不进行通信，设定为 1～9998 即 0.1～999.8s，设定为 9999 表示无通信状态持续时间超过允许时间时，变频器报警停止。

（7）Pr. 123（Pr. 337）等待时间设置。即设定变频器收到数据后信息返回的等待时间，设定范围为 0～150、9999。设定为 0～150 即 0～150ms，设定为 9999 时表示用通信数据进行设定。

（8）Pr.124（Pr.341）CR.LF 有/无设置。即回车和换行的有/无设定，设定范围 0、1、2，0 表示无回车和换行，1 表示有回车无换行，2 表示有回车有换行。

4.5.3 通信线的连接

通信数据线采用专用数据线，一般需要自己制作，三菱 FR 变频器的 485 端口定义如图 4-13 所示，连接方式如图 4-14 所示，A740 系列变频器的 RS-485 端口定义如图 4-15 所示。

变频器本体
（插座侧）
从下面看
⑧ ~ ①

插针编号	名称	内容
①	SG	接地 （与端子5导通）
②	—	参数单元电源
③	RDA	变频器接收+
④	SDB	变频器发送-
⑤	SDA	变频器发送+
⑥	RDB	变频器接收-
⑦	SG	接地 （与端子5导通）
⑧	—	参数单元电源

图 4-13　变频器的 485 端口定义

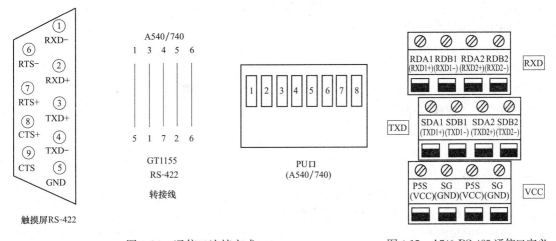

图 4-14　通信口连接方式　　　　　图 4-15　A740 RS-485 通信口定义

变频器端 PU 口定义 1 与 7 脚 SG；2 和 8 脚 PS5；3 脚 RDA；4 脚 SDB；5 脚 SDA；6 脚 RDB。

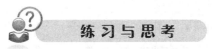

练 习 与 思 考

一、单选题

1. 三相异步电动机启动后，随着转速的升高，转子的感应电流会（　　）。

　　A. 减小　　　　　　B. 增大　　　　　　C. 不变　　　　　　D. 0

2. 同功率而转速不同的四台电动机其中（　　）台空载电流较小。

　　A. 2970r/min　　B. 1460r/min　　C. 980r/min　　D. 736r/min

3. 异步电动机转子中电动势和电流的频率与转差率成（　　）。

A. 反比　　　　　　B. 无比　　　　　　C. 正比　　　　　　D. 指数

4. 用 丫-△ 启动时，鼠笼电动机启动转矩减小到直接启动时的（　　）。

A. $1/\sqrt{3}$　　　　B. 1/3　　　　　C. 1/2　　　　　D. $1/\sqrt{2}$

5. GOT 与三菱变频器的通信端口通常为（　　）COM。

A. CC-LINK　　　B. USB　　　　　C. RS-485　　　　D. RS-422

二、多选题

6. 三相异步电动机的转速与（　　）有关。

A. 电源频率　　　B. 电动机极对数　　　C. 电动机转差率　　　D. 电压高低

E. 电动机额定电流

7. 变频器的额定值有（　　）。

A. 输出电压 U_N　　　　　　　　　　B. 输出电流 I_N

C. 输出容量 S_N　　　　　　　　　　D. 配用电动机容量 P_N

E. 过载能力

8. 当三菱 FR 系列变频器的 Pr77 等于 1 时，除下列（　　）参数可以写入外，其他均禁止写入。

A. Pr. 7　　　　B. Pr. 75　　　　C. Pr. 77　　　　D. Pr. 79

E. Pr. 9

9. 异步电动机调速的途径有（　　）。

A. 星-三角启动调速　　　　　　　　　B. 串级调速

C. 变频调速　　　　　　　　　　　　D. 变转差率调速

E. 变极调速

10. Pr. 118（或 Pr. 332）为 A500 系列变频器的通信速率设置，可以设为（　　）。

A. 48　　　　　B. 96　　　　　C. 192　　　　　D. 384

E. 768

三、判断题

11. 三菱 FR 系列变频器下限频率设定值一般与点动频率设定值相等。（　　）

12. 三菱 FR 系列变频器上限频率设定值要与电动机频率额定值相等。（　　）

13. 变频器的控制电路主要是完成对逆变器的开关控制、对整流器的电压控制及完成各种保护功能。（　　）

14. 三相异步电动机定子每相绕组的电动势有效值 $E_1 = 4.44 f_1 N_1 \Phi$。（　　）

15. 从公式 $E_1 = 4.44 f_1 N_1 \Phi_m$ 可知，对 E_1 和 f_1 进行适当控制即可维持磁通量 Φ_m 不变。（　　）

16. A700 系列变频器有一个 PU 口和一个 RS-485 接口，当 PU 通信口不与 PU 单元相连时，可用专用电缆与计算机、PLC、其他自动化设备连接。（　　）

17. 变频器通信参数设置完毕后需关闭电源，重新启动变频器，设置方才有效，否则无效。（　　）

四、简答题

18. 人机界面与变频器通信时，需要设定哪些参数？

19. 人机界面与变频器通信时，需要使用人机界面的哪些软元件？

20. 如何制作人机界面与变频器的通信线？

练习与思考题参考答案

1. A	2. A	3. C	4. B	5. D	6. ABC	7. ABCDE	8. BCD	9. CDE	10. ABC
11. N	12. N	13. Y	14. N	15. Y	16. Y	17. Y			

任务 ❺

PLC一主一从的通信控制系统设计与调试

5.1 任务来源

在电气控制系统的设计与维护时，经常需要进行两台 PLC 之间的数据通信，以实现数据的共享和互联互通，其核心的工作就是 PLC 一主一从的通信控制，即并行通信控制，因此，掌握两台 PLC 的并行通信控制是 PLC 控制系统设计（三级）职业能力培训的基本内容。

5.2 任务描述

请设计一个具有两台 PLC 一主一从（即并行）的通信系统，并完成其控制系统的设备选型、系统接线、程序设计和运行调试，具体要求如下。

（1）该系统设有 2 个站，其中 1 个主站，1 个从站，采用 FX_{2N}-485-BD 板通过 1：1 通信的一般模式进行通信。

（2）主站输入信号（X0～X7）的 ON/OFF 状态要求从两台 PLC 的 Y0～Y7 输出。

（3）从站输入信号（X0～X7）的 ON/OFF 状态要求从两台 PLC 的 Y10～Y17 输出。

（4）主、从 PLC 的计数器 C0 分别对各自输入信号 X10 进行计数；当两个站的计数器 C0 的计数之和（在主站求和）小于 5 时，系统输出 Y20；当大于等于 5 小于等于 10 时，系统输出 Y21；当大于 10 时，系统输出 Y22。

5.3 目标描述

5.3.1 技能目标

1. 关键技能

- 能（会）正确使用并行通信的字数据通信。
- 能（会）正确使用并行通信的位数据通信。
- 能（会）正确设置并行通信的通信标志。

2. 基本技能

- 能（会）正确安装 RS-485BD 板。
- 能（会）制作 PLC 并行通信的通信线。
- 能（会）正确使用相关功能指令进行程序设计。

5.3.2 知识目标

- 掌握并行通信的数据寄存器的分配。
- 掌握并行通信的辅助继电器的分配。
- 掌握并行通信的通信模式。
- 掌握工业网络基础知识。

5.3.3 职业素质目标

- 遵守电气控制系统调试标准规范，养成严谨科学的工作态度。
- 认真学习、认真听课，养成善于思考、敢于提问的学习习惯。
- 两人为一组，既有分工又有合作，养成团结协作的习惯。
- 工业网络通信是计算机技术、网络技术在工业领域的具体应用，自觉遵守网络通信技术规范和网络时代的职业道德。

5.4 任务实施

5.4.1 活动一 学员自学或教师讲授

1. 工业网络基础

（1）工业网络通信系统的组成、通信介质、通信协议。

（2）重点讲解通信方式及传输方向。

2. RS-485BD 板介绍

（1）RS-485BD 板的功能。

（2）重点讲解 RS-485BD 的接线（单对子与双对子布线）。

3. PLC 的 1∶1 通信

（1）1∶1 的通信规格。

（2）1∶1 的通信标志。

（3）重点讲解 1∶1 通信时的软元件分配。

5.4.2 活动二 示范操作

1. 步骤一：分析控制需求，进行系统方案设计

（1）熟读并分析控制要求，确定系统程序设计方案（采用并行通信的一般模式）。

（2）根据系统控制要求，确定系统硬件设计方案（采用双对子布线）。

（3）系统由 2 台 PLC 组成的 1∶1 通信网络，2 台 PLC 分别设为主站和从站。每个站除了将本站的信息挂到网上，同时，还要从网上接收需要的信息，然后进行处理，执行相应的操作。实训时可以将相邻的 2 组同学组合成一个系统，2 组同学既有分工又有合作，共同制订与讨论实施方案。

2. 步骤二：确定硬件配置，绘制控制系统接线图

（1）根据系统控制要求，确定系统的硬件配置（见图 5-1）。

（2）根据系统的控制要求、设计思路，PLC 的 I/O 分配如下：X0～X10：SB0～SB8；Y0～Y7：对应主站的输入信号 X0～X7，Y10～Y17：对应从站的输入信号 X0～X7，Y20：计数之和小于 5 指示，Y21：计数之和大于等于 5 小于等于 10 指示，Y22：计数之和大于 10 指示。

（3）根据控制要求、PLC 软元件分配，绘制系统接线图，如图 5-1 所示。

3. 步骤三：根据控制要求进行 PLC 程序设计

（1）根据控制要求、程序设计思路及软元件分配设计 PLC 程序。

（2）首先设计主站程序，然后设计从站程序，且二者必须符合通信协议的要求。

（3）使用编程软件输入程序，并下载到 PLC，进行离线仿真完善控制程序。

（4）细读控制要求，完善和优化 PLC 程序，最终形成如图 5-2 所示程序。

4. 步骤四：根据控制要求进行联机调试

（1）按图 5-2 输入程序，下载至 PLC。

（2）按图 5-1 接线图连接好 PLC 输入电路及 RS-485 总线。

（3）闭合主站 PLC 输入信号 SB0（X0）～SB7（X7）中的任意若干个，则 2 个站的对应输出信号 Y0～Y7 指示亮。

（4）闭合从站 PLC 输入信号 SB0（X0）～SB7（X7）中的任意若干个，则 2 个站的对应输出信号 Y10～Y17 指示亮。

（5）闭合任意站的输入信号 SB8（X10）若干次，当所闭合次数之和小于 5 时，2 个站的输出 Y20 指示亮；当大于等于 5 小于 10 时，2 个站的输出 Y21 指示亮；当大于 10 时，2 个站的输出 Y22 指示亮。

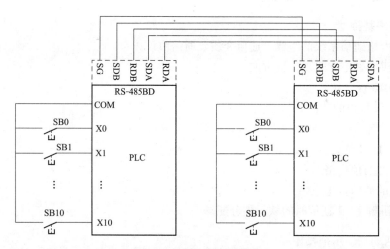

图 5-1　控制系统接线图

5. 步骤五：做好相关技术总结

（1）对于实际生产设备，在完成系统调试后，必须撰写技术总结、运行与管理等的相关技术资料。

（2）对于实训室的训练，要认真总结相关技能点、知识点、关键操作等，为下一训练任务打好基础。

5.4.3 活动三　根据所讲述和示范案例，完成下面任务

请在活动二的基础上按如下要求设计一个两台 PLC 的并行通信控制系统，并完成其控制系统的设备选型、系统接线、程序设计和运行调试。

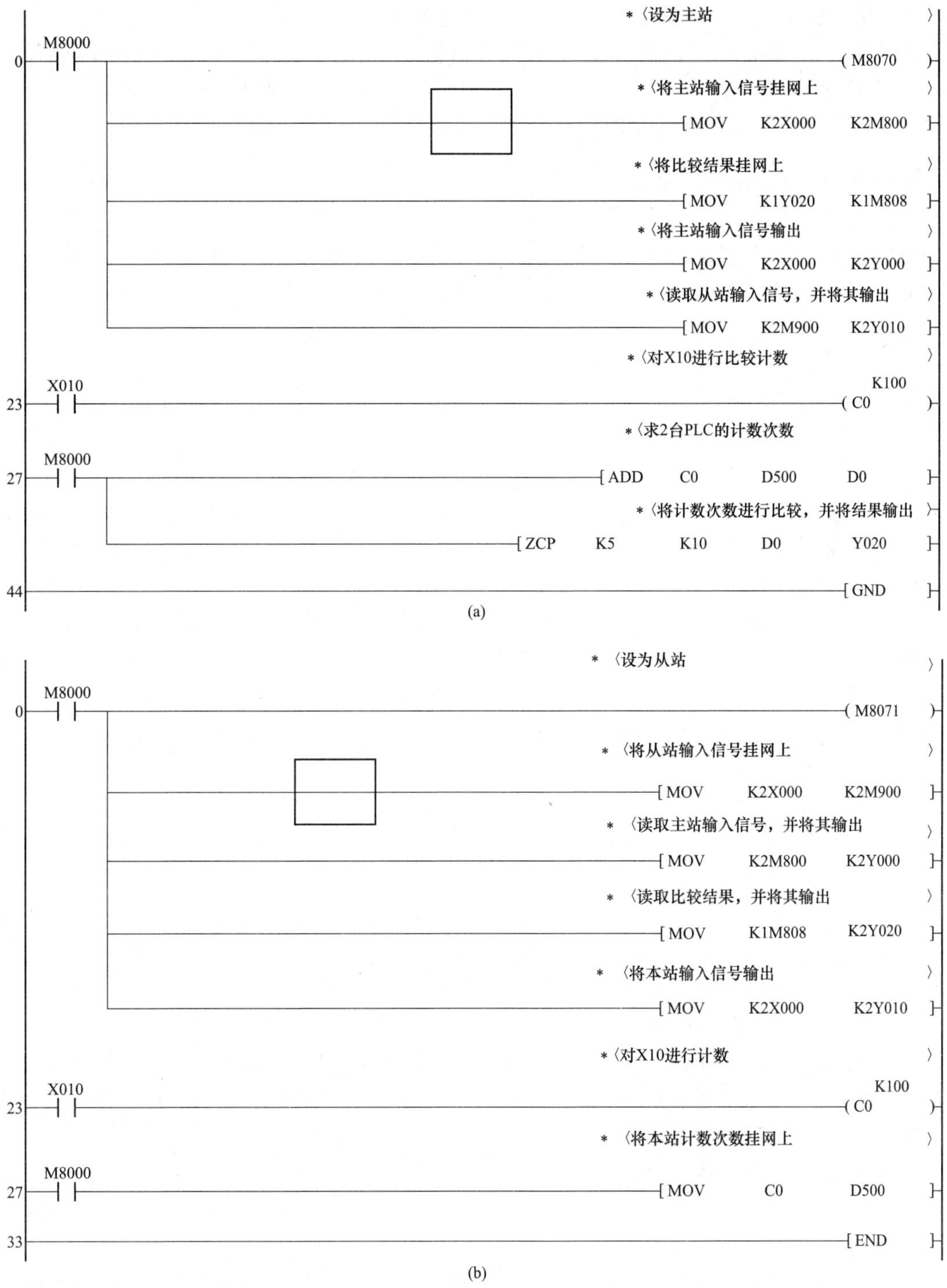

```
      M8000                                          *〈设为主站                    〉
0 ────┤├──┬──────────────────────────────────────────────────────────( M8070 )
          │                                         *〈将主站输入信号挂网上          〉
          │              ┌─────────┐                ──[ MOV    K2X000    K2M800 ]
          │              │         │
          │              │         │                *〈将比较结果挂网上            〉
          │              └─────────┘                ──[ MOV    K1Y020    K1M808 ]
          │                                         *〈将主站输入信号输出          〉
          │                                         ──[ MOV    K2X000    K2Y000 ]
          │                                         *〈读取从站输入信号,并将其输出   〉
          └──────────────────────────────────────────[ MOV    K2M900    K2Y010 ]
      X010                                           *〈对X10进行比较计数          〉
                                                                            K100
23 ───┤├──────────────────────────────────────────────────────────────────( C0 )
      M8000                                          *〈求2台PLC的计数次数          〉
27 ───┤├──┬─────────────────────────────────[ ADD    C0    D500    D0 ]
          │                                         *〈将计数次数进行比较,并将结果输出 〉
          └─────────────────────────────[ ZCP    K5    K10    D0    Y020 ]
44 ───────────────────────────────────────────────────────────────────────[ GND ]
```

(a)

```
      M8000                                          *〈设为从站                    〉
0 ────┤├──┬──────────────────────────────────────────────────────────( M8071 )
          │                                         *〈将从站输入信号挂网上          〉
          │         ┌─────────┐                     ──[ MOV    K2X000    K2M900 ]
          │         │         │
          │         │         │                     *〈读取主站输入信号,并将其输出   〉
          │         └─────────┘                     ──[ MOV    K2M800    K2Y000 ]
          │                                         *〈读取比较结果,并将其输出       〉
          │                                         ──[ MOV    K1M808    K2Y020 ]
          │                                         *〈将本站输入信号输出          〉
          └──────────────────────────────────────────[ MOV    K2X000    K2Y010 ]
      X010                                           *〈对X10进行计数              〉
                                                                            K100
23 ───┤├──────────────────────────────────────────────────────────────────( C0 )
      M8000                                          *〈将本站计数次数挂网上         〉
27 ───┤├────────────────────────────────────────────[ MOV    C0    D500 ]
33 ───────────────────────────────────────────────────────────────────────[ END ]
```

(b)

图 5-2　控制程序

(a) 主站程序;(b) 从站程序

　　(1)该系统设有2个站,其中1个主站,1个从站,采用 FX_{2N}-485-BD 板通过1:1通信的高速模式进行通信。

　　(2)主站输入信号(X0~X17)的 ON/OFF 状态要求从两台 PLC 的 Y0~Y17 输出。

（3）从站输入信号（X0～X17）的 ON/OFF 状态要求从两台 PLC 的 Y20～Y27 输出。

（4）主、从站各自 PLC 的输入信号 X20 分别对各自的计数器 C0 进行计数；当两个站的计数器 C0 的计数之和（在从站求和）小于 5 时，系统输出 Y30；当大于等于 5 小于等于 10 时，系统输出 Y31；当大于 10 时，系统输出 Y32。

5.5 相关知识与技能

为顺利完成本训练任务，需要学习三菱 PLC 的 485BD 板、PLC 的 1：1 通信。主要内容如下，也可查阅《任务引领型 PLC 技术应用教程》的模块 8 的相关部分。

5.5.1 工业网络基础

数据通信就是将数据信息通过适当的传输线路从一台机器传输到另一台机器。所谓数据信息，就是具有一定编码、格式和位长要求的数字信号（"0"和"1"），这里的机器可以是计算机、PLC、触摸屏、变频器以及远程 I/O 模块。那么，PLC 通信就是指 PLC 与计算机（即 PC）、PLC 与 PLC、PLC 与现场设备（如变频器、触摸屏等）或远程 I/O 之间的信息交换。如给 PLC 输入程序就是 PC（或 HPP）输入程序到 PLC 及 PC（或 HPP）从 PLC 中读取程序的简单的数据通信。

1. 通信系统的组成

图 5-3 为通信系统的组成框图，由传送设备（含发送器和接收器）、传送控制设备（通信软件、通信协议）和通信介质（总线）等部分组成。

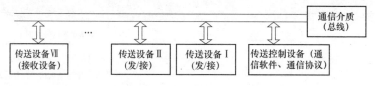

图 5-3　通信系统的组成框图

传送设备至少有两个，其中有的是发送设备，有的是接收设备，有的既是发送设备又是接收设备。对于多台设备之间的数据传送，有时还有主、从之分。主设备起控制、发送和处理信息的主导作用，从设备被动地接收、监视和执行主设备的信息。主从关系在实际通信时由数据传送的结构来确定。在 PLC 通信系统中，传送设备可以是 PLC、PC 以及各种外围设备。

传送控制设备主要用于控制发送与接收之间的同步协调，以保证信息发送与接收的一致性，这种一致性靠通信协议和通信软件来保证。通信协议是指通信过程中必须严格遵守的数据传送规则，是通信得以顺利进行的法规。通信软件是一种用于通信交流的互动式软件，用于对通信的软、硬件进行统一调度、控制和管理。

通信介质是信息传输的物质基础和重要渠道，是 PLC 与计算机及外部设备之间相互联系的桥梁。

2. 通信方式

数据通信时，按照同时传送数据的位数，可以分为并行通信和串行通信；按照数据传输时的时钟控制方式，串行通信又可分为同步通信和异步通信两种方式；按照数据传送的方向，可以分为单工方式、半双工方式和全双工方式三种。

3. 数据传输方向

从通信双方数据传输的方向看，串行通信有三种基本工作方式：单工方式、半双工方式和全双工方式。单工方式是指信息的传递始终保持一个固定的方向，不能进行反方向的传递。单工方式不能实现双方的信息交流，故在 PLC 网络中极少使用。半双工方式是指两个通信设备同一时刻只能有一个设备发送数据，而另一个设备接收数据，即这两个设备不能同时发送或接收数据，同一时刻只能有一个方向的数据传输。半双工通信线路简单，只需两条通信线，因此得到广泛应用。全双工方式是指两个通信设备可以同时发送和接收数据，线路上任一时刻都可以进行双向的数据流动。

4. 通信介质

通信介质是信息传输的物理基础和通道。PLC 对通信介质的基本要求是通信介质必须具有传输速率高、能量损耗小、抗干扰能力强、性价比高等特性。目前 PLC 网络普遍使用的介质有屏蔽双绞线、同轴电缆和光缆等，它们的性能比较见表 5-1。

屏蔽双绞线是把两根导线扭绞在一起，可以减少外部的电磁干扰，并用金属织网加以屏蔽，增强抗干扰能力。屏蔽双绞线成本低、安装简单。

表 5-1　　　　　　　　　　　　常用传输介质性能比较

性　能	通信介质		
	屏蔽双绞线	同轴电缆	光缆
通信速率	9.6kbit/s～2Mbit/s	1～450Mbit/s	10～500Mbit/s
连接方法	点对点连接，可多点连接，1.5km 内不用中继站	点对点连接，可多点连接，宽带时 10km 内不用中继站，基带时 3km 内不用中继站	点对点连接，50km 内不用中继站
传输信号	数字信号、模拟信号、调制信号	数字信号、调制信号、声音图像信号	
支持网络	星形网、环形网、小型交换机	总线型网、环形网	
抗干扰能力	一般	好	极好
抗恶劣环境能力	好	好，但必须将电缆与腐蚀物隔离	极好，耐高温和其他恶劣环境

5. 通信协议

为了保证通信的正常进行，除需具备良好、可靠的通信信道外，还需通信各方遵守共同的协议，才能保证高效、可靠的通信。所谓通信协议，即是数据通信时所必须遵守的各种规则和协议。通信协议一般采用分层设计的方法，分层设计可以便于实现网间互联，因为它只需修改相应的某层协议及接口，而不影响其他各层，各层之间相互独立，通过接口发生联系。

1978 年，国际标准化组织（ISO）提出了开放系统互联参考模型 OSI（Open System Interconnection/Reference Model）。该模型规定了 7 个功能层，每层都使用自己的协议。OSI 参考模型如图 5-4 所示。

5.5.2　FX$_{2N}$-485-BD 通信板

RS-232、RS-422 与 RS-485 都是串行数据接口标准，最初都是由电子工业协会（EIA）制定并发布的，RS-232 在 1962 年发布，命名为 EIA-232-E，作为工业标准，以保证不同厂家产品之间的兼容。RS-422 由 RS-232 发展而来，它是为弥补 RS-232 之不足而提出的。为改进 RS-232 通信距离短、速率低的缺点，RS-422 定义了一种平衡通信接口，将传输速率提高到 10Mbit/s，传输距离延长到 4000 英尺（速率低于 100kbit/s 时），并允许在一条平衡总线上连接最多 10 个接收器。RS-422 是一种单机发送、多机接收的单向、平衡传输规范，被命名为 TIA/EIA-422-A 标准。为扩展应用范围，EIA 又于 1983 年在 RS-422 基础上制定了 RS-485 标准，增加了多点、双

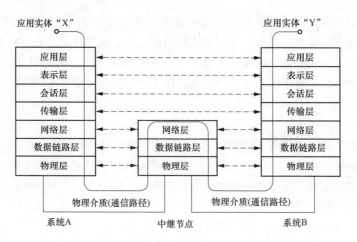

图 5-4　OSI 参考模型

向通信能力，即允许多个发送器连接到同一条总线上，同时增加了发送器的驱动能力和冲突保护特性，扩展了总线共模范围，后命名为 TIA/EIA-485-A 标准。由于 EIA 提出的建议标准都是以"RS"作为前缀，所以在通信工业领域，仍然习惯将上述标准以 RS 作前缀称谓。

RS-485 与 RS-422 一样，数据信号采用差分传输方式，也称作平衡传输，它使用一对双绞线，将其中一线定义为 A，另一线定义为 B。通常情况下，发送驱动器 A、B 之间的正电平在＋2～＋6V，是一个逻辑状态，负电平在−2～6V，是另一个逻辑状态。另有一个信号地 C，在 RS-485 中还有一"使能"端，而在 RS-422 中这是可用可不用的。"使能"端是用于控制发送驱动器与传输线的切断与连接。当"使能"端起作用时，发送驱动器处于高阻状态，称作"第三态"，即它是有别于逻辑"1"与"0"的第三态。

RS-485 和 RS-232 的基本的通信机理是一致的，它的优点在于弥补了 RS-232 通信距离短，不能进行多台设备同时进行联网管理的缺点。

通信距离：最远的设备（控制器）到计算机的连线理论上的距离是 1200m，建议客户控制在 800m 以内，能控制在 300m 以内效果最好。如果距离超长，可以选购 485 中继器（延长器）（请向专业的转换器生产公司购买，中继器的放置位置是在总线中间还是开始，请参考相关厂家的说明书）。选购中继器理论上可以延长到 3000m。

负载数量：一条 485 总线可以带多少台设备（控制器），这个取决于控制器的通信芯片和 485 转换器的通信芯片的选型，一般有 32 台、64 台、128 台、256 台几种选择，这个是理论的数字，实际应用时，根据现场环境、通信距离等因素，负载数量达不到指标数。

485 通信总线（必须用双绞线，或者网线的其中一组），如果用普通的电线（没有双绞）干扰将非常大，通信不畅，甚至通信不上。

每台控制器设备必须手牵手地串下去，不可以有星形连接或者分叉。如果有星形连接或者分叉，干扰将非常大，通信不畅，甚至通信不上。

FX_{2N}-485-BD（简称 485BD）是用于 RS-485 通信的特殊功能板，可连接 FX_{2N} 系列 PLC，其功能和接线如下。

1. 485BD 的功能

（1）无协议的数据传送。通过 RS-485 转换器，可在各种带有 RS-232C 单元的设备之间进行数据通信（如个人计算机、条形码阅读机和打印机）。此时，数据的发送和接收是通过 RS 指令指定的数据寄存器来进行的，整个系统的扩展距离为 50m。

（2）专用协议的数据传送。使用专用协议，可在 1：N 的基础上通过 RS-485（或 422）进行数据传送。在专用协议系统中，整个系统的扩展距离与无协议时相同，最多 16 个站（包括 A 系列的 PLC）。

（3）并行连接的数据传送。两台 FX$_{2N}$ 系列 PLC，可在 1：1 的基础上进行数据传送，可对 100 个辅助继电器和 10 个数据寄存器进行数据传送，整个系统的扩展距离为 50m（最大 500m）。

（4）N：N 网络的数据传送。通过 FX$_{2N}$ 系列 PLC，可在 N：N 的基础上进行数据传送，整个系统的扩展距离为 50m（最大为 500m），最多为 8 个站。

2. 485BD 的接线

图 5-5 为 FX$_{2N}$-485-BD 板，其接线可分为双对子布线和单对子布线，如图 5-6 所示。

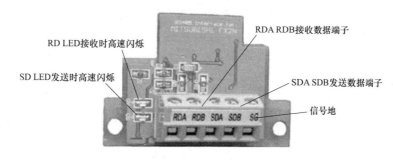

图 5-5　FX$_{2N}$-485-BD 板

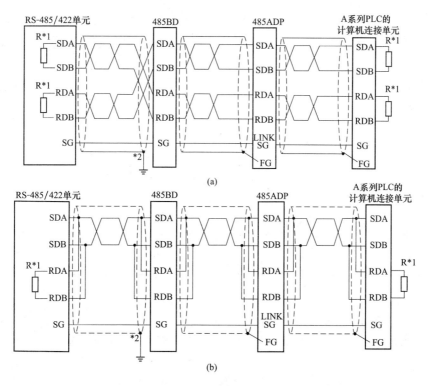

图 5-6　485BD 的接线

（a）双对子布线；（b）单对子布线

说明：*1 为终端电阻（330Ω），接在端子 RDA 和 RDB 及 SDA 和 SDB 之间。

*2 为屏蔽双绞电缆的屏蔽线接地（100Ω 或更小）。

5.5.3 PLC 的 1∶1 通信

FX 系列 PLC 的并行通信即 1∶1 通信，它应用特殊辅助继电器和数据寄存器在 2 台 PLC 间进行自动的数据传送。并行通信有普通模式和高速模式两种，由特殊辅助继电器 M8162 识别；主、从站分别由 M8170 和 M8171 特殊辅助继电器来设定。

1. 通信规格

FX$_{2N(C)}$、FX$_{1N}$ 和 FX$_{3U}$ 系列 PLC 的数据传输可在 1∶1 的基础上，通过 100 个辅助继电器和 10 个数据寄存器来完成；而 FX$_{1S}$ 和 FX$_{0N}$ 系列 PLC 的数据传输可在 1∶1 的基础上，通过 50 个辅助继电器和 10 个数据寄存器来完成。其通信规格见表 5-2。

表 5-2　　　　　　　　　　　　　　　1∶1 通信规格

项目	规格	
通信标准	与 RS-485 及 RS-422 一致	
最大传送距离	500m（使用通信适配器），50m（使用功能扩展板）	
通信方式	半双工通信	
传送速度	19200bit/s	
可连接站点数	1∶1	
通信时间	一般模式：70ms	包括交换数据、主站运行周期和从站运行周期
	高速模式：20ms	

2. 通信标志

在使用 1∶1 通信时，FX 系列 PLC 的部分特殊辅助继电器被用作通信标志，代表不同的通信状态，其作用见表 5-3。

表 5-3　　　　　　　　　　　　　　通信标志

元件	作用
M8070	并行通信时，主站 PLC 必须使 M8070 为 ON
M8071	并行通信时，从站 PLC 必须使 M8071 为 ON
M8072	并行通信时，PLC 运行时为 ON
M8073	并行通信时，当 M8070、M8071 被不正确设置时为 ON
M8162	并行通信时，刷新范围设置，ON 为高速模式，OFF 为一般模式
D8070	并行通信监视时间，默认：500ms

3. 软元件分配

在使用 1∶1 通信时，FX 系列 PLC 的部分辅助继电器和部分数据存储器被用于存放本站的信息，其他站可以在 1∶1 网络上读取这些信息，从而实现信息的交换，其辅助继电器和数据存储器的分配如下。

（1）一般模式。在使用 1∶1 通信时，若使特殊辅助继电器 M8162 为 OFF，则选择一般模式进行通信，其通信时间为 70ms。对于 FX$_{2N(C)}$、FX$_{1N}$ 系列 PLC，其部分辅助继电器和数据寄存器被用于传输网络信息，其分配如图 5-7 所示。对于 FX$_{0N}$、FX$_{1S}$ 系列 PLC，其辅助继电器和数据寄存器的分配如图 5-8 所示。

图 5-7　辅助继电器和数据寄存器分配 1

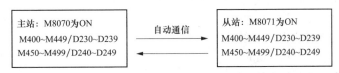

图 5-8　辅助继电器和数据寄存器分配 2

（2）高速模式。在使用 1：1 网络时，若使特殊辅助继电器 M8162 为 ON，则选择高速模式进行通信，其通信时间为 20ms。对于 $FX_{2N(C)}$、FX_{1N} 系列 PLC，其 4 个数据寄存器被用于传输网络信息，其分配如图 5-9 所示。对于 FX_{0N}、FX_{1S} 系列 PLC，其 4 个数据寄存器的分配如图 5-10 所示。

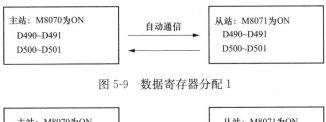

图 5-9　数据寄存器分配 1

图 5-10　数据寄存器分配 2

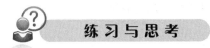

练习与思考

一、单选题

1. FX 系列 PLC RS-485 通信适配器是（　　　）。

　　A. FX_{2N}-485-BD　　　B. FX_{2N}-485ADP　　　C. FX_{2N}-422-BD　　　D. FX_{2N}-232IF

2. 在同步传输过程中，一个字符可以对应（　　　）。

　　A. 3～5bit　　　B. 5～8bit　　　C. 8～12bit　　　D. 6～9bit

3. 串行通信速率为 19200bit/s，如果采用 10 位编码表示一个字节，包括 1 位起始位、8 位数据位、1 位结束位，那么每秒最多可传输（　　　）个字节。

　　A. 1200　　　B. 2400　　　C. 1920　　　D. 19200

4. 屏蔽双绞线的通信速率范围为（　　　）。

　　A. 3.2kbit/s～1.2Mbit/s　　　　　　B. 9.6kbit/s～2Mbit/s

　　C. 1～450Mbit/s　　　　　　　　　D. 10～500Mbit/s

5. 在并行通信系统中，其通信的方式为（　　　）。

　　A. 单工　　　B. 双工　　　C. 半双工　　　D. 全双工

6. 在 N∶N 通信系统中，其通信的方式为（　　　）。

    A. 单工　　　　　　B. 双工　　　　　　C. 半双工　　　　　　D. 全双工

7. 通过 485BD 通信板进行并联连接时的传输速率为（　　　）bit/s。

    A. 4800　　　　　　B. 9600　　　　　　C. 19200　　　　　　D. 38400

8. 并行数据通信是指以（　　　）为单位的数据传输方式。

    A. 位或双字　　　　B. 位或字　　　　　C. 字或双字　　　　　D. 字节或字

9. 在并行通信系统中，整个系统的最大距离为（　　　）。

    A. 500m　　　　　　B. 50m　　　　　　C. 30m　　　　　　D. 15m

10. 创新对企事业和个人发展的作用体现在（　　　）。

    A. 创新对企事业和个人发展不会产生巨大动力

    B. 创新对个人发展无关紧要

    C. 创新是提高企业市场竞争力的重要途径

    D. 创新对企事业和个人来说就是要独立自主

二、多选题

11. FX_{2N}-485-BD 板具有（　　　）的功能。

    A. 无协议的数据传送　　　　　　　　B. 专用协议的数据传送

    C. 并行连接的数据传送　　　　　　　D. 使用 N∶N 网络的数据传送

    E. 都对

12. 有关 FX_{2N}-232-BD 通信扩展板的叙述正确的有（　　　）。

    A. 在 RS-232C 设备之间进行数据传输

    B. 在 RS-232C 设备之间使用专用协议进行数据传输

    C. 连接编程工具

    D. 传输距离为 15m

    E. 通过 232BD 向 FX_{2N} 系列 PLC 传送程序

13. PLC 的数据传输可在 1∶1 的基础上通过 100 个辅助继电器和 10 个数据寄存器完成的有（　　　）。

    A. FX_{0N}　　　　　B. FX_{1N}　　　　　C. FX_{1S}　　　　　D. FX_{2N}

    E. FX_{2NC}

14. 在使用 1∶1 通信时，FX_{0N} 系列 PLC 的（　　　）辅助继电器被用于传输网络信息。

    A. M400～M449　　　　　　　　　　B. M450～M499

    C. M600～M699　　　　　　　　　　D. M800～M899

    E. M900～M999

15. 在使用 1∶1 通信时，FX_{2NC} 系列 PLC 的（　　　）数据寄存器被用于传输网络信息。

    A. D230～D239　　　　　　　　　　B. D240～D249

    C. D490～D499　　　　　　　　　　D. D500～D509

    E. D510～D519

16. 在使用 1∶1 高速通信时，FX_{3U} 系列 PLC 的（　　　）数据寄存器被用于传输网络信息。

    A. D230～D231　　　　　　　　　　B. D240～D241

    C. D490～D491　　　　　　　　　　D. D500～D501

    E. D510～D511

三、判断题

17. 在 PLC 与 PLC 通信中，接在端子 RDA 和 RDB 及 SDA 和 SDB 之间的终端电阻为 300Ω。（　　）

18. 屏蔽双绞电缆的屏蔽线接地电阻为 100Ω 或更小。（　　）

19. 并行链接有普通模式和高速模式两种，M8162 为 ON 时为普通模式。（　　）

20. 在使用 1∶1 网络时，若使特殊辅助继电器 M8162 为 ON，则选择一般模式进行通信，其通信时间为 70ms。（　　）

21. FX 系列 PLC 在 1∶1 通信时，只能采用单对子方式布线。（　　）

四、简答题

22. 画出 PLC 并行通信的连接图。

23. 写出并行通信时的通信标志。

24. 写出并行通信时的软元件分配情况。

练习与思考题参考答案

1. B	2. B	3. C	4. B	5. C	6. C	7. C	8. D	9. A	10. C
11. ABCDE	12. ABCDE	13. BDE	14. AB	15. CD	16. CD	17. N	18. Y	19. N	20. N
21. N									

任务 6

PLC一主多从的通信监控系统设计与实现

6.1 任务来源

在电气控制系统的设计与维护时，经常需要进行多台（3台以上）PLC之间的数据通信，以实现数据的共享和互联互通，其核心的工作就是PLC一主多从的通信控制，即N：N通信控制，因此，掌握多台PLC的并行通信控制是PLC控制系统设计（三级）职业能力培训的基本内容。

6.2 任务描述

请设计1个具有3台PLC的一主多从（即N：N）的网络通信监控系统，并完成其控制系统的设备选型、系统接线、画面制作、程序设计和运行调试，具体要求如下。

（1）该系统设有3个站，其中1个主站，2个从站，要求采用FX$_{2N}$-485-BD板进行通信。其通信参数为：刷新范围（1）、重试次数（4）和通信超时（50ms）。

（2）每个站的输入信号X4分别为各站PLC计数器C0的输入信号；当3个站的计数器C0的计数次数之和（主站求和）小于5时，系统输出Y0；当大于等于5小于等于10时，系统输出Y1；当大于10时，系统输出Y2。

（3）主站的输入信号X0～X3的状态分别用3个站的输出信号Y10～Y13显示。

（4）1#站的输入信号X0～X3的状态分别用3个站的输出信号Y14～Y17显示。

（5）2#站的输入信号X0～X3的状态分别用3个站的输出信号Y20～Y23显示。

（6）在3台人机界面上同时实现上述所有显示。

6.3 目标描述

6.3.1 技能目标

1. 关键技能

（1）能（会）正确使用一主多从通信的字数据通信。

（2）能（会）正确使用一主多从通信的位数据通信。

（3）能（会）正确设置一主多从通信的通信用数据寄存器。

2. 基本技能

（1）能（会）正确使用软件界面软件制作监控画面。

（2）能（会）制作 PLC 一主多从通信的通信线。

（3）能（会）正确使用相关功能指令进行程序设计。

6.3.2 知识目标

（1）掌握一主多从通信的数据寄存器的分配。

（2）掌握一主多从通信的辅助继电器的分配。

（3）掌握一主多从通信的通信用数据寄存器的作用。

（4）掌握 PLC 的通信接口知识。

6.3.3 职业素质目标

（1）遵守电气控制系统调试标准规范，养成严谨科学的工作态度。

（2）认真学习、认真听课，养成善于思考、敢于提问的学习习惯。

（3）多人为一组，既有分工又有合作，养成不推诿、团结协作的习惯。

（4）工业网络通信是计算机技术、网络技术在工业领域的具体应用，自觉遵守网络通信技术规范和网络时代的职业道德。

6.4 任务实施

6.4.1 活动一 学员自学或教师讲授

1. PLC 的通信接口

（1）PLC 通信接口的功能与用法。

（2）重点讲解 PLC 通信接口的特性。

2. PLC 的 N∶N 通信

（1）N∶N 的通信规格。

（2）N∶N 的通信标志。

（3）重点讲解 N∶N 通信时的软元件的分配。

6.4.2 活动二 示范操作

1. 步骤一：分析控制需求，进行系统方案设计

（1）熟读并分析控制要求，确定系统程序设计方案（采用一主多从通信控制）。

（2）根据系统控制要求，确定系统硬件设计方案（采用单对子布线）。

（3）系统由 3 台 PLC 组成的 N∶N 网络，3 台 PLC 分别设为网络的 0♯站（即主站）、1♯站和 2♯站。每个站除了设置通信参数外，还要将本站的信息挂到网上，同时，还要接收网上相应的信息，然后进行处理后，执行相应的操作。实训时可以将相邻的 3 组同学组合成一个系统，3 组同学既有分工又有合作，共同制订与讨论实施方案。

2. 步骤二：确定硬件配置，绘制控制系统接线图

（1）根据系统控制要求，确定系统的硬件配置。

（2）根据系统的控制要求、设计思路，PLC 的 I/O 分配如下：X0：SB0；X1：SB1；X2：SB2；X3：SB3；X4：SB4；Y0：计数之和小于 5 指示；Y1：计数之和大于等于 5 小于等于 10 指示；Y2：计数之和大于 10 指示；Y10～Y23 为相应站的输入指示。

（3）根据控制要求、PLC 软元件分配，绘制系统接线图，如图 6-1 所示。

3. 步骤三：根据控制要求进行 PLC 程序设计和人机界面画面制作

（1）进一步熟悉控制要求、程序设计思路及软元件分配，初步设计人机界面的画面图，如图 6-2 所示。

（2）首先设计主站程序，然后分别设计 1 号、2 号从站程序，且三者必须符合通信协议的要求。

（3）使用编程软件输入程序，并下载到 PLC，进行离线仿真完善控制程序。

（4）细读控制要求，完善和优化 PLC 程序，最终形成如图 6-3 所示程序。

（5）按图 6-2 制作人机界面画面，并下载到人机界面。

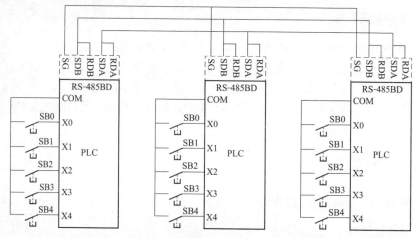

（说明：对于单对子布线，要在 RDA 与 RDB 之间并联 330Ω 的电阻）

图 6-1　控制系统接线图

PLC—主多从的通信监控系统设计与实现

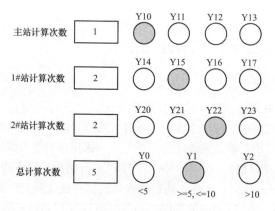

图 6-2　人机界面简易图

4. 步骤四：根据控制要求进行联机调试

（1）按图 6-3 输入程序，下载至 PLC。

（2）按图 6-1 接线图连接好 PLC 输入线路及 RS-485 总线（将 RDA 和 SDA 连接作为 DA，将 RDB 和 SDB 连接作为 DB）。

（3）PLC 与人机界面的通信测试。PLC 与人机界面连接后，界面显示正常，并能显示本站的有关信息，否则检查通信线与通信设置。

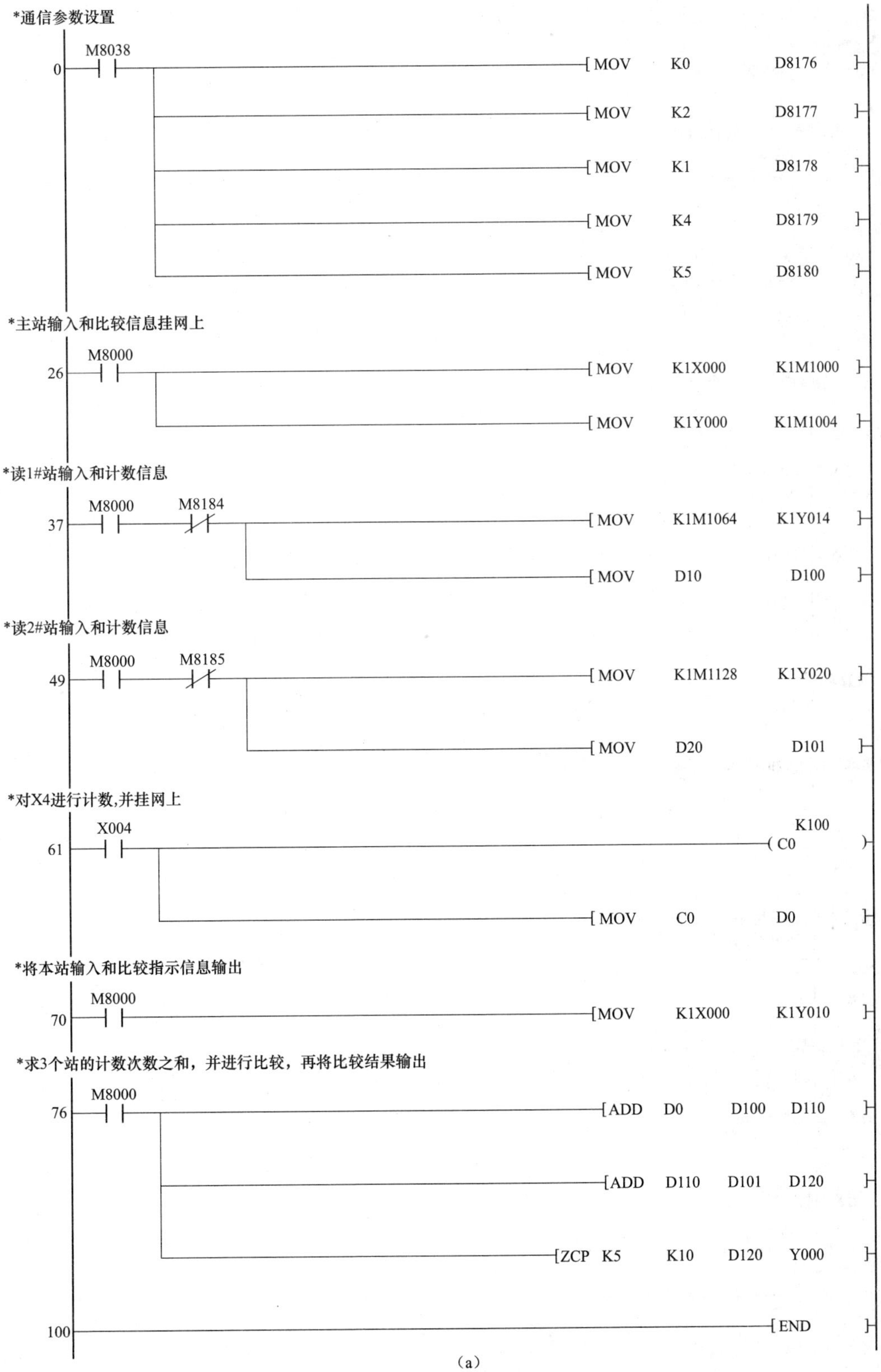

*通信参数设置

```
         M8038
    0 ───┤├──────┬─────────────────────────────[ MOV    K0       D8176 ]
                 │
                 ├─────────────────────────────[ MOV    K2       D8177 ]
                 │
                 ├─────────────────────────────[ MOV    K1       D8178 ]
                 │
                 ├─────────────────────────────[ MOV    K4       D8179 ]
                 │
                 └─────────────────────────────[ MOV    K5       D8180 ]
```

*主站输入和比较信息挂网上

```
         M8000
   26 ───┤├──────┬─────────────────────────────[ MOV  K1X000   K1M1000 ]
                 │
                 └─────────────────────────────[ MOV  K1Y000   K1M1004 ]
```

*读1#站输入和计数信息

```
         M8000    M8184
   37 ───┤├────────┤/├────┬───────────────────[ MOV  K1M1064   K1Y014 ]
                          │
                          └───────────────────[ MOV   D10       D100 ]
```

*读2#站输入和计数信息

```
         M8000    M8185
   49 ───┤├────────┤/├────┬───────────────────[ MOV  K1M1128   K1Y020 ]
                          │
                          └───────────────────[ MOV   D20       D101 ]
```

*对X4进行计数,并挂网上

```
         X004                                               K100
   61 ───┤├──────┬──────────────────────────────────────────( C0 )
                 │
                 └─────────────────────────────[ MOV   C0        D0 ]
```

*将本站输入和比较指示信息输出

```
         M8000
   70 ───┤├──────────────────────────────────[ MOV  K1X000   K1Y010 ]
```

*求3个站的计数次数之和,并进行比较,再将比较结果输出

```
         M8000
   76 ───┤├──────┬─────────────────────────[ ADD   D0    D100   D110 ]
                 │
                 ├─────────────────────────[ ADD  D110   D101   D120 ]
                 │
                 └─────────────────────[ ZCP  K5   K10   D120   Y000 ]

  100 ──────────────────────────────────────────────────────[ END ]
```

(a)

图 6-3　控制程序（一）

（a）主站程序

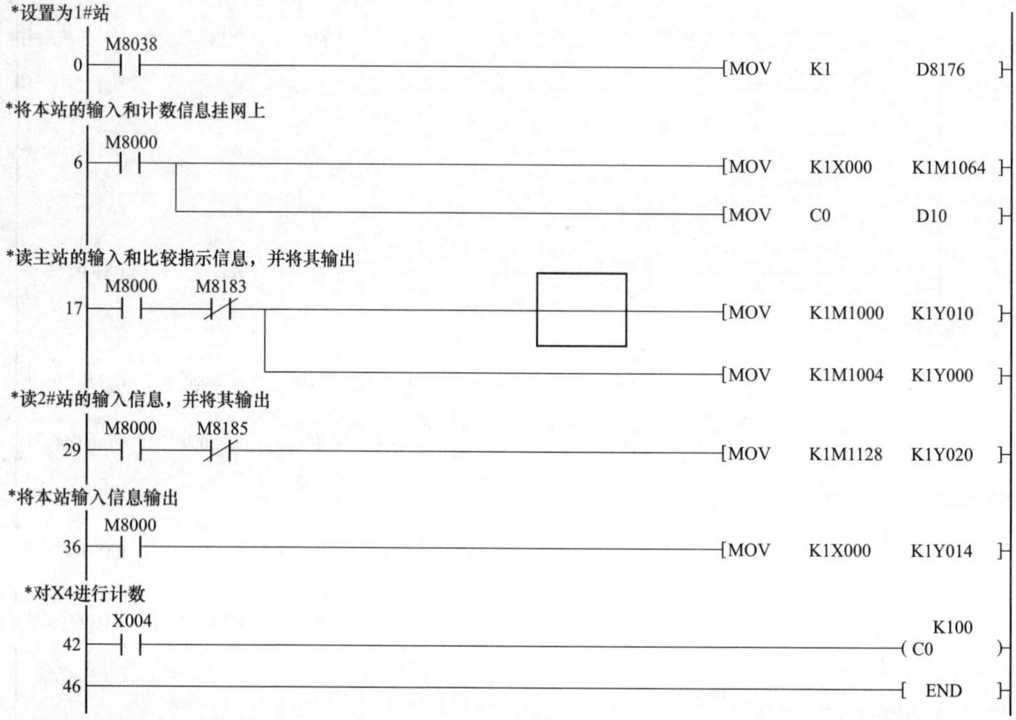

任务
6

*设置为1#站

```
        M8038
0   ┤├─────────────────────────────────────────[MOV    K1       D8176 ]
```

*将本站的输入和计数信息挂网上

```
        M8000
6   ┤├─────────────────────────────────────────[MOV    K1X000   K1M1064 ]
        └──────────────────────────────────────[MOV    C0       D10 ]
```

*读主站的输入和比较指示信息，并将其输出

```
        M8000    M8183
17  ┤├─────┤╱├──────────────────────────────────[MOV    K1M1000  K1Y010 ]
        └───────────────────────────────────────[MOV    K1M1004  K1Y000 ]
```

*读2#站的输入信息，并将其输出

```
        M8000    M8185
29  ┤├─────┤╱├──────────────────────────────────[MOV    K1M1128  K1Y020 ]
```

*将本站输入信息输出

```
        M8000
36  ┤├─────────────────────────────────────────[MOV    K1X000   K1Y014 ]
```

*对X4进行计数

```
        X004                                              K100
42  ┤├────────────────────────────────────────────────( C0 )
46  ───────────────────────────────────────────────────[ END ]
```

(b)

*设置为2#站

```
        M8083
0   ┤├─────────────────────────────────────────[MOV    K2       D8176 ]
```

*将本站的输入和计数信息挂网上

```
        M8000
6   ┤├─────────────────────────────────────────[MOV    K1X000   K1M1128 ]
        └──────────────────────────────────────[MOV    C0       D20 ]
```

*读主站的输入和比较指示信息，并将其输出

```
        M8000    M8183
17  ┤├─────┤╱├──────────────────────────────────[MOV    K1M1000  K1Y010 ]
        └───────────────────────────────────────[MOV    K1M1004  K1Y000 ]
```

*读1#站的输入信息，并将其输出

```
        M8000    M8184
29  ┤├─────┤╱├──────────────────────────────────[MOV    K1M1064  K1Y014 ]
```

*将本站输入信息输出

```
        M8000
36  ┤├─────────────────────────────────────────[MOV    K1X000   K1Y020 ]
```

*对X4进行计数

```
        X004                                              K100
42  ┤├────────────────────────────────────────────────( C0 )
46  ───────────────────────────────────────────────────[ GND ]
```

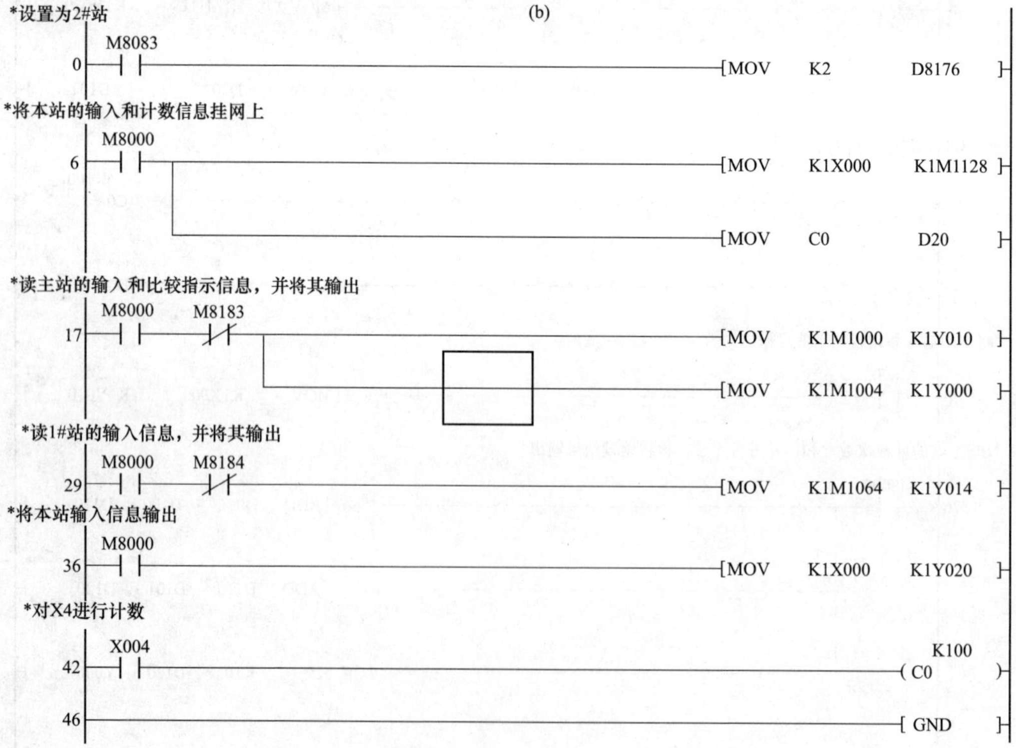

(c)

图 6-3　控制程序（二）

（b）1#站程序；（c）2#站程序

（4）按主站的输入信号 SB0（X0）、SB1（X1）、SB2（X2）、SB3（X3）中的任意 1 个或 2 个或 3 个或 4 个，则 3 个站的对应输出信号 Y10、Y11、Y12、Y13 指示亮。

（5）按 1♯站的输入信号 SB0（X0）或 SB1（X1）或 SB2（X2）或 SB3（X3）中的任意 1 个或 2 个或 3 个或 4 个，则 3 个站的对应输出信号 Y14、Y15、Y16、Y17 指示亮。

（6）2♯站的输入信号 SB0（X0）或 SB1（X1）或 SB2（X2）或 SB3（X3）中的任意 1 个或 2 个或 3 个或 4 个，则 3 个站的对应输出信号 Y20、Y21、Y22、Y23 指示亮。

（7）按任意站的输入信号 SB4（X4）若干次，当所按次数之和小于 5 时，3 个站的输出 Y0 指示亮；当大于等于 5 小于等于 10 时，3 个站的输出 Y1 指示亮；当大于 10 时，3 个站的输出 Y2 指示亮。

5. 步骤五：做好相关技术总结

（1）对于实际生产设备，在完成系统调试后，必须撰写技术总结、运行与管理等的相关技术资料。

（2）对于实训室的训练，要认真总结相关技能点、知识点、关键操作等，为下一训练任务打好基础。

6.4.3 活动三　根据所讲述和示范案例，完成下面任务

请在活动二的基础上按如下要求设计 1 个具有 3 台 PLC 的一主多从（即 N∶N）的网络通信监控系统，并完成其控制系统的设备选型、系统接线、画面制作、程序设计和运行调试。

（1）该系统设有 3 个站，其中 1 个主站，2 个从站，要求采用 RS-485BD 板进行通信。其通信参数为刷新范围（2）、重试次数（3）和通信超时（40ms）。

（2）每个站的输入信号 X10 分别对各站 PLC 计数器 C0 进行计数；当 3 个站的计数器 C0 的计数次数之和（1♯站求和）小于 5 时，系统输出 Y0；当大于等于 5 小于等于 10 时，系统输出 Y1；当大于 10 时，系统输出 Y2。

（3）主站的输入信号 X0～X7 的状态分别用 3 个站的输出信号 Y10～Y17 显示。

（4）1♯站的输入信号 X0～X7 的状态分别用 3 个站的输出信号 Y20～Y27 显示。

（5）2♯站的输入信号 X0～X7 的状态分别用 3 个站的输出信号 Y30～Y37 显示。

（6）在 3 台人机界面上同时实现上述所有显示。

6.5　相关知识与技能

为顺利完成本训练任务，需要学习三菱 PLC 的 485BD 板、PLC 的 N∶N 通信。主要内容如下，也可查阅《任务引领型 PLC 技术应用教程》的模块 8 的相关部分。

6.5.1　PLC 的通信接口

FX 系列 PLC 的通信接口主要有功能扩展板（FX_{2N}-232-BD、FX_{2N}-485-BD、FX_{2N}-422-BD、FX_{2N}-CNV-BD）、特殊适配器（FX_{2N}-485-ADP、FX_{2N}-232-ADP）和特殊功能模块（FX_{2N}-232IF、FX-485PC-IF）及 CC-Link 通信模块，这里将介绍用于 RS-232C、RS-422 和 RS-485 通信及其主要接口。

1. RS-232C 通信及接口

（1）接口标准。RS-232C 是美国电子工业协会 EIA 于 1962 年公布的一种标准化接口。"RS"

是英文"推荐标准"的缩写;"232"是标识号;"C"表示此接口标准的修改次数。它既是一种协议标准,又是一种电气标准,规定通信设备之间信息交换的方式与功能。它采用按位串行通信的方式传送数据,波特率规定 19200bit/s、9600bit/s、4800bit/s 等几种。

在电气性能上,RS-232C 采用负逻辑,规定逻辑"1"电平在−5~−15V 范围内;逻辑"0"在 5~15V 范围内。串行接口能够识别的逻辑"1"小于−3V,而逻辑"0"则大于+3V,显然具有较强的抗干扰能力。RS-232C 只能进行一对一的通信。

在机械性能上,RS-232C 接口是标准的 25 针的 D 形连接器。实际使用时通常仅用 9 针,最简单的通信只需 3 针。所以,当 PLC 与计算机通信时,使用的连接器有 25 针的,也有 9 针的,用户可根据需要自行配置。

RS-232C 的电气接口为非平衡型,每个信号用一根导线,所有信号回路共用一根地线,由于是单线,线间干扰较大。在通信距离较近,通信速率要求不高(最高为 20kbit/s)的场合可以直接采用该接口实现联网通信,既简单又方便。但是,由于 RS232C 接口采用单端发送、单端接收,所以,有数据通信速率低、通信距离近、抗共模干扰能力差等。PLC 与上位机的通信就是通过 RS-232C 接口完成的。

(2) FX$_{2N}$-232-BD。FX$_{2N}$-232-BD(简称 232BD)为 RS-232C 通信功能扩展板,FX$_{2N}$ 系列 PLC 基本单元内可安装一块 232BD 板,通过它可与外部各种设备的 RS-232C 接口连接进行通信。232BD 的传输距离为 15m,通信方式为全双工双向(2.00 版通信协议),最大传输速率为 19200bit/s。除了与各种 RS-232C 设备通信外,个人计算机(安装有专用编程软件)可通过 232BD 向 FX$_{2N}$ 系列 PLC 传送程序,或通过它监视 PLC 的运行状态,其主要功能如下。

1) 在 RS-232C 设备之间进行数据传输,如个人电脑、条形码阅读机和打印机。

2) 在 RS-232C 设备之间使用专用协议进行数据传输。

3) 连接编程工具。

2. RS-422 通信及接口

(1) 接口标准。RS-422 接口是 EIA 于 1977 年推出的新接口标准 RS-449 的一个子集。它定义 RS-232C 所没有的 10 种电路功能,规定用 37 脚的连接器。RS-422 串行通信接口规定了双端电气接口形式。它采用差动接收、差动发送的工作方式,利用双端线来传送信号。如果其中的一条线是逻辑 1 状态,则另一条就是逻辑 0。在电路中规定,只允许有一个发送器,可有多个接收器。因此,通常采用点对多点的双向通信方式。该标准允许驱动器输出电平为 ±2~±6V,接收器可以检测到的输入信号电平可低到 200mV。又由于 RS-422 串行通信接口的电压传输回路是双端的,因而可以大大改善通信性能。当采用此接口标准通信时,其允许的最大通信速率为 10Mb/s,在此速率下,允许的通信距离为 120m。如适当降低其通信速率,可增加其通信距离。例如,当其速率降为 100kbit/s 时,其最大通信距可达 1200m。

(2) FX$_{2N}$-422-BD。FX$_{2N}$-422-BD 通信功能扩展板(简称 422BD)可安装在 PLC 内,不需要外部安装空间,传送距离为 50m,通信方式为半双工,最大传输速率为 19200bit/s。422BD 可以为 FX 系列 PLC 提供一个额外的 RS-422 通信端口,可与具有 RS-422 端口的外部设备通信。利用 422BD 可连接两个数据存储单元(DU)或一个 DU 系列单元和一个编程工具,但一次只能连接一个编程工具。每一个基本单元只能连接一个 422BD,且不能与 FX$_{2N}$-485-BD 或 232BD 一起使用。使用 422BD 时,不要使用任何其他的通信格式或参数。只能有一个编程工具(如 FX-10P、FX-20P 等)连接到编程端口或 422BD 端口上。422BD 通信板的性能指标见表 6-1。

表 6-1   422BD 通信板的性能指标

项目	内容	项目	内容
接口	遵照 RS-422A	最大通信距离	总扩展限制在 50m 内
连接器	MINI DIN 8 针	通信方法	半双工通信系统
协议	编程协议	隔离	不隔离

3. RS-485 通信及接口

（1）接口标准。RS-485 通信接口实际上是 RS-422 的变形，它与 RS-422 的不同点在于 RS-422 为全双工，RS-485 为半双工；RS-422 采用两对平衡差分的信号线，而 RS-485 只需其中的一对。信号传输是用两根导线间的电位差来表示逻辑 1、0 的，这样 RS-485 接口仅需两根通信线就可完成信号的发送与接收。由于通信线也采用平衡驱动、差分接收的工作方式，而且输出阻抗低、无接地回路问题，所以它的干扰抑制性很好，通信距离可达 1200m，通信速率可达 10Mbit/s。RS-485 以半双工方式传输数据，能够在远距离高速通信中利用屏蔽双绞线完成通信任务，因此在 PLC 的控制网络中广泛应用。

（2）FX_{2N}-485-BD。FX_{2N}-485-BD（简称 485BD）是用于 RS-485 通信的特殊功能板，一台 FX_{2N} 系列 PLC 内可以安装一块 485BD 功能扩展板，其功能和接线如下。

1）无协议的数据传送。通过 RS-485 转换器，可在各种带有 RS-232C 单元的设备之间进行数据通信（如个人计算机、条形码阅读机和打印机）。此时，数据的发送和接收是通过 RS 指令指定的数据寄存器来进行的，整个系统的扩展距离为 50m。

2）专用协议的数据传送。使用 FX_{2N}-485-BD 和 RS-48-ADP，将计算机作为主站，通过 FX-485PC-IF 与 N 台 FX、A 系列 PLC（作为从站）进行连接（系统的扩展距离为 50m，最多 16 个站），形成通信网络（即 1：N 连接），实现生产线、车间或整个工厂的监视和自动化。

3）并行连接的数据传送。两台 FX_{2N} 系列 PLC，可在 1：1 的基础上进行数据传送，可对 100 个辅助继电器和 10 个数据寄存器进行数据传送，整个系统的扩展距离为 50m（最大 500m）。当系统中使用 FX_{2N}-40AW 时，此距离为 10m。

4）N：N 网络的数据传送。可以将若干台 FX_{0N} 或 FX_{2N} 系列 PLC 通过 FX_{0N}-485ADP 或 FX_{2N}-485-BD 并接相连，组成 N：N（总线上 N 个 PLC）的 RS-485 通信网络，整个系统的扩展距离为 50m（最大 500m），最多为 8 个站。

（3）特性。485BD 通信板的特性见表 6-2。

表 6-2   485BD 通信板的特性

项目	内容	项目	内容
通信标准	遵照 RS-485A 和 RS-422A	通信距离	最大 50m
通信方法和协议	N：N 网络 专用协议（格式 1 或格式 4） 半双工通信 并行链接	传输速率	专用协议和无协议：300～19200bit/s 并行链接：19200bit/s N：N 网络：38400bit/s
LED 指示	SD，RD	隔离	无隔离

4. FX_{2N}-232IF 接口

FX_{2N}-232IF（简称 "232IF"）为通信接口模块，将 232 IF 和功能扩展板连接到 PLC 上，可与个人计算机、打印机、条形码读出器等装有 RS-232C 的外部设备通信，通信时可使用串行数据传送指令（RS）。串行通信接口的波特率、数据长度、奇偶性等可由特殊数据寄存器（D8120）设置，最大传输距离为 15m，通信方式为全双工，最大传输速率为 19200bit/s，占用 8 个 I/O 点。在传送和接收信息时，可对十六进制数和 ASCII 码进行自动换算，一台 FX$_{2N}$ 系列 PLC 上最多可连接 8 个 232IF。它用光电耦合器隔离，可用 FROM/TO 指令与 PLC 交换数据。232IF 接口模块的特性见表 6-3。

表 6-3　　　　　　　　　　　　　　　232IF 接口模块的特性

项目	内　　容
传输标准	遵照 RS-232C
通信距离	最大 15m
连接数目	1∶1
LED 指示	POWER，SD，RD
通信方法	全双工异步无协议
传输速率/（bit/s）	300，600，1200，2400，4800，9600，19200
隔离	光耦合
占用的 I/O 点数目	占用了 PLC 控制总线的 8 个点（可作为输入或输出）
与 PLC 的通信	FROM/TO 指令

5. FX-485PC-IF 和 FX$_{0N}$-485-ADP 接口

FX 系列 PLC 通信时，除了使用上述接口进行连接之外，还经常使用如下接口。

（1）FX-485PC-IF 模块。FX-485PC-IF 为 RS-232C/RS-485 接口转换模块，若 PLC 是 RS-485 接口信号，可通过 FX-485PC-IF 转换为 RS-232C 信号，以便与 RS-232C 接口的计算机通信。一台计算机最多可与 16 台 PLC 通信。传送距离为 500m（RS-485，RS-422）/15m（RS-232C），通信方式为全双工，最大传输速率为 19200bit/s。

（2）FX$_{0N}$-485-ADP 通信适配器。FX$_{0N}$-485-ADP（简称 485ADP）是 RS-485C 通信适配器，是一种光电隔离型通信适配器，除了 FX$_{2NC}$ 之外的 PLC 之间都要用该适配器连接。485ADP 适配器不用通信协议（即无协议通信）就能完成数据传输功能，传输距离为 500m，通信方式为半双工，最大传输速率为 19200bit/s（并联）。一台 FX$_{0N}$ 系列 PLC 可安装一个 485ADP，可实现两台 PLC 并行通信，也可用于 N∶N 通信。

6.5.2　PLC 的 N∶N 通信

FX 系列 PLC 进行的数据传输可建立 N∶N 的通信，通信时必须有一台 PLC 为主站，其他 PLC 为从站，最多能够连接 8 台 FX 系列 PLC，如图 6-4 所示。在被连接的站点中，位元件（0 至 64 点）和字元件（4 至 8 点）可以被自动连接，每一个站可以监控其他站的共享数据。通信时所需的设备有 RS-485 适配器（FX$_{0N}$-485-ADP）或功能扩展板（FX$_{2N}$-485-BD、FX$_{1N}$-485-BD）。

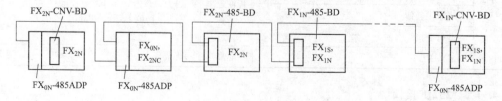

图 6-4　PLC 与 PLC 之间的 N∶N 通信

1. 通信规格

N：N 网络的通信规格如表 6-4 所示。

表 6-4   **N：N 通 信 规 格**

项目		规格	备注
通信标准		RS-485	
最大传送距离		500m（使用通信适配器），50m（使用功能扩展板）	
通信方式		半双工通信	
传送速度		38400bit/s	
可连接站点数		最多 8 个站	
刷新范围	模式 0	位元件：0 点，字元件：4 点	若使用了 1 个 FX$_{1S}$，则只能用模式 0
	模式 1	位元件：32 点，字元件：4 点	
	模式 2	位元件：64 点，字元件：8 点	

2. 通信标志继电器

在使用 N：N 网络时，FX 系列 PLC 的部分辅助继电器被用作通信标志，代表不同的通信状态，其作用见表 6-5。

表 6-5   **通信标志继电器的作用**

辅助继电器		名称	作用
FX$_{0N}$、FX$_{1S}$	FX$_{1N}$、FX$_{2N(C)}$		
M8038		网络参数设置标志	用于设置 N：N 网络参数
M504	M8183	主站通信错误标志	当主站通信错误时为 ON
M505～M511	M8184～M8190	从站通信错误标志	当从站通信错误时为 ON
M503	M8191	数据通信标志	当与其他站通信时为 ON

3. 数据寄存器

在使用 N：N 网络时，FX 系列 PLC 的部分数据存储器被用于设置通信参数和存储错误代码，其作用见表 6-6。

表 6-6   **数 据 寄 存 器 的 作 用**

数据寄存器		名称	作用
FX$_{0N}$、FX$_{1S}$	FX$_{1N}$、FX$_{2N(C)}$		
D8173		站号存储	用于存储本站的站号
D8174		从站总数	用于存储从站的总数
D8175		刷新范围	用于存储刷新范围
D8176		站号设置	用于设置站号，0 为主站，1～7 为从站
D8177		从站数设置	用于在主站中设置从站的总数（默认 7）
D8178		刷新范围设置	用于设置刷新范围，0～2 对应模式 0～2（默认 0）
D8179		重试次数设置	用于在主站中设置重试次数 0～10（默认 3）
D8180		通信超时设置	设置通信超时的时间 50～2550ms，对应设置为 5～255（默认 5）

续表

数据寄存器		名称	作用
FX$_{0N}$、FX$_{1S}$	FX$_{1N}$、FX$_{2N(C)}$		
D201	D8201	当前网络扫描时间	存储当前网络扫描时间
D202	D8202	网络最大扫描时间	存储网络最大扫描时间
D203	D8203	主站通信错误数目	存储主站通信错误数目
D204～D210	D8204～D8210	从站通信错误数目	存储从站通信错误数目
D211	D8211	主站通信错误代码	存储主站通信错误代码
D212～D218	D8212～D8218	从站通信错误代码	存储从站通信错误代码

4. 软元件分配

在使用 N∶N 网络时，FX 系列 PLC 的部分辅助继电器和部分数据存储器被用于存放本站的信息，其他站可以在 N∶N 网络上读取这些信息，从而实现信息的交换，其辅助继电器和部分数据存储器的分配见表 6-7。

表 6-7　　　　　　　　　　　软 元 件 的 分 配

站号	模式 0	模式 1		模式 2	
	字元件（D）	位元件（M）	字元件（D）	位元件（M）	字元件（D）
	4 点	32 点	4 点	64 点	8 点
0#站	D0～D3	M1000～M1031	D0～D3	M1000～M1063	D0～D7
1#站	D10～D13	M1064～M1095	D10～D13	M1064～M1127	D10～D17
2#站	D20～D23	M1128～M1159	D20～D23	M1128～M1191	D20～D27
3#站	D30～D33	M1192～M1223	D30～D33	M1192～M1255	D30～D37
4#站	D40～D43	M1256～M1287	D40～D43	M1256～M1319	D40～D47
5#站	D50～D53	M1320～M1351	D50～D53	M1320～M1383	D50～D57
6#站	D60～D63	M1384～M1415	D60～D63	M1384～M1447	D60～D67
7#站	D70～D73	M1448～M1479	D70～D73	M1448～M1511	D70～D77

5. 参数设置程序例

在进行 N∶N 网络通信时，需要在主站设置站号（0）、从站总数（2）、刷新范围（1）、重试次数（3）和通信超时（60ms）等参数，为了确保参数设置程序作为 N∶N 网络参数，通信参数设置程序必须从第 0 步开始编写，其程序如图 6-5 所示。

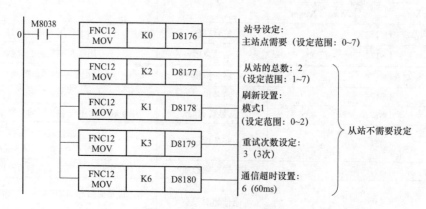

图 6-5　主站参数设置程序

练 习 与 思 考

一、单选题

1. 采用 RS-422 接口标准通信，在其允许的最大通信速率为 10Mbit/s 时，允许的通信距离为（　　）。

　　A. 10m　　　　　B. 30m　　　　　C. 50m　　　　　D. 120m

2. 采用 RS-422 接口标准通信，在通信速率为 100kbit/s 时，允许的通信距离为（　　）。

　　A. 30m　　　　　B. 50m　　　　　C. 120m　　　　　D. 1200m

3. PLC 设计规范中 RS-232 通信的距离是（　　）。

　　A. 1300m　　　　B. 200m　　　　　C. 30m　　　　　D. 15m

4. PLC 的 RS-485 专用通信模块的通信距离为（　　）。

　　A. 1300m　　　　B. 200m　　　　　C. 30m　　　　　D. 15m

5. PLC 的 RS-485 专用通信板的通信距离为（　　）。

　　A. 500m　　　　　B. 50m　　　　　C. 30m　　　　　D. 15m

6. 在无协议通信系统中使用 485BD 时，整个系统的扩展距离为（　　）。

　　A. 500m　　　　　B. 50m　　　　　C. 30m　　　　　D. 15m

7. 在 N∶N 系统中使用 485BD 时，整个系统的扩展距离为（　　）。

　　A. 500m　　　　　B. 50m　　　　　C. 30m　　　　　D. 15m

8. 在 N∶N 系统中，整个系统扩展的最大距离为（　　）。

　　A. 500m　　　　　B. 50m　　　　　C. 30m　　　　　D. 15m

9. FX 系列 PLC 无协议的数据传送，采用 RS 指令发送和接收数据时，整个系统的扩展距离为（　　）。

　　A. 30m　　　　　B. 50m　　　　　C. 120m　　　　　D. 1200m

10. 通过 485BD 通信板进行 N∶N 连接时的传输速率为（　　）。

　　A. 4800bit/s　　B. 9600bit/s　　　C. 19200bit/s　　　D. 38400bit/s

11. 232IF 通过（　　）指令来进行数据传输。

　　A. TO、FROM　　B. PRUN　　　　C. RS　　　　　D. MOV

12. 在使用 N∶N 通信时，表示将主站信息在网络上共享的是（　　）。

　　A. MOV K2X0 K2M1050　　　　　B. MOV K2X0 K2M1070

　　C. MOV K2X0 K2M1130　　　　　D. MOV K2X0 K2M1200

13. 在使用 N∶N 通信时，表示将 1 号站信息在网络上共享的是（　　）。

　　A. MOV K2X0 K2M1050　　　　　B. MOV K2X0 K2M1070

　　C. MOV K2X0 K2M1130　　　　　D. MOV K2X0 K2M1200

14. 以下对诚实守信的认识正确的是（　　）。

　　A. 诚实守信与经济发展相矛盾

　　B. 在激烈的市场竞争中，信守承诺者往往失败

　　C. 是否诚实守信要视具体对象而定

　　D. 诚实守信是市场经济应有的市场法则

15. 成年男性能自主摆脱电源的最大电流为（　　）。

　　A. 约 1mA　　　B. 9mA　　　　　C. 约 100mA　　　D. 约 1A

二、多选题

16. 通过 485BD 板进行通信时，有关通信方法和协议正确的是（　　　）。

  A. N：N 网络   B. 专用协议

  C. 半双工通信   D. 并行链接

  E. 全双工通信

17. FX 系列 PLC 进行 N：N 通信时，模式 1 有（　　　）被自动连接。

  A. 32 个位元件   B. 32 个字元件

  C. 4 个位元件   D. 4 个字元件

  E. 64 个位元件

18. 在使用 N：N 通信时，FX$_{2N}$系列 PLC 的（　　　）辅助继电器被用作通信标志。

  A. M8038   B. M8183

  C. M8184～M8190   D. M8191

  E. M1000～M1511

19. 在使用 N：N 通信时，FX$_{0N}$系列 PLC 的（　　　）辅助继电器被用作通信标志。

  A. M8038   B. M8183   C. M503   D. M504

  E. M505～M511

20. 在使用 N：N 通信时，程序 MOV K2X0 K2M1020 表示将本站信息在网络上共享，此时使用的是（　　　）。

  A. 模式 0   B. 模式 1

  C. 模式 2   D. 模式 1 或模式 2

  E. 肯定不是模式 0

三、判断题

21. RS-232C 是 EIA 的一种标准化接口，它既是一种协议标准，又是一种电气标准。（　　　）

22. RS-232C 只能进行一对一的通信。（　　　）

23. RS-232C 接口是标准的 25 针的 D 形连接器，实际使用时通常仅用 9 针，最简单的通信只需 3 针。（　　　）

24. RS232C 接口采用单端发送、单端接收，所以，通信速率低、通信距离近、抗共模干扰能力差。（　　　）

25. 利用 422BD 可连接两个数据存储单元（DU），因此可以连接两个编程工具。（　　　）

26. 电气性能上，RS-232C 采用负逻辑，逻辑"1"小于－3V，逻辑"0"大于＋3V，因此，其抗干扰能力较差。（　　　）

27. RS-485 采用两对平衡差分的信号线，而 RS-422 只需其中的一对。（　　　）

28. 232IF 的最大传输距离为 15m，通信方式为半双工，占用 8 个 I/O 点。（　　　）

29. 全双工方式是指两个通信设备同一时刻只能有一个设备发送数据，而另一个设备接收数据，即这两个设备都参与数据的传输。（　　　）

30. RS-232、RS-422 与 RS-485 不都是串行数据接口标准。（　　　）

四、简答题

31. 画出 PLC 一主多从通信时的通信标志继电器的分配情况。

32. 写出 PLC 一主多从通信时的特殊数据寄存器的分配。

33. 写出 PLC 一主多从通信时的软元件分配情况。

练习与思考题参考答案

1. D	2. D	3. D	4. C	5. B	6. B	7. B	8. A	9. B	10. D
11. A	12. A	13. B	14. D	15. B	16. ABCD	17. AD	18. ABCD	19. ACDE	20. DE
21. Y	22. Y	23. Y	24. Y	25. N	26. N	27. N	28. N	29. N	30. N

任务 ⑦

PLC与PLC的RS-485通信监控系统设计与调试

7.1 任务来源

PLC 与 PLC 的 RS-485 通信是一种无协议的通信方式，在生产现场，三菱 FX 系列 PLC 经常要与其他设备进行通信（如其他厂商 PLC、打印机、智能仪表等），由于不同厂商设备使用的通信协议不同，所以相互之间不能直接进行通信连接，因此需要采用 RS-485 方式进行通信。RS-485 通信方式可以很灵活地按照对方设备的通信协议编写通信程序，实现互联互通，因而 RS-485 无协议通信是一种应用广泛的通信方式。

7.2 任务描述

请设计一个具有两台 PLC 的 RS-485 通信监控系统，并完成其控制系统的设备选型、系统接线、画面制作、程序设计和运行调试，具体要求如下。

（1）该系统设有两个站，其中 1 个主站，1 个从站，采用 RS-485BD 板通过 RS-485 进行通信。

（2）主站输入信号（X0～X17）的 ON/OFF 状态要求从从站 PLC 的 Y10～Y27 输出。

（3）从站输入信号（X0～X17）的 ON/OFF 状态要求从主站 PLC 的 Y10～Y27 输出。

（4）主、从站 PLC 的输入信号 X20 分别为各自计数器 C0 的计数输入；当两个站的计数器 C0 的计数之和（在主站求和）小于 5 时，系统输出 Y0；当大于等于 5 小于等于 10 时，系统输出 Y1；当大于 10 时，系统输出 Y2。

（5）上述显示均通过人机界面显示。

7.3 目标描述

7.3.1 技能目标

1. 关键技能

- 能（会）正确设置 RS 指令的通信格式。
- 能（会）正确使用 RS-485 通信的特殊辅助继电器。
- 能（会）正确使用串行数据 RS 传送指令设计控制程序。

2. 基本技能

- 能（会）制作 PLC 与 PLC 通信的通信线。
- 能（会）人机界面硬件和软件的应用。

- 能（会）正确使用相关功能指令进行程序设计。

7.3.2 知识目标

- 掌握 RS-485 通信格式设定用数据寄存器各位的定义。
- 掌握 RS-485 通信的特殊辅助继电器作用。
- 掌握 RS-485BD 板端子定义。
- 了解 PLC 的无协议通信和专用协议通信的相关知识。

7.3.3 职业素质目标

- 认真学习、认真听课，养成善于思考、敢于提问的学习习惯。
- 两人为一组，既有分工又有合作，养成团结协作的习惯。
- 不同厂商设备通信时，要求不偏袒任何一方的设备，力求公平、公正、主持公道。

7.4 任务实施

7.4.1 活动一 学员自学或教师讲授

1. RS-485 无协议通信

（1）无协议通信的系统设置。

（2）重点讲解无协议通信方式的数据处理指令 RS（难点）。

（3）重点讲解无协议通信方式的通信格式的设定。

（4）重点讲解无协议通信方式的特殊辅助继电器的使用。

2. 专用协议通信

（1）了解专用协议的通信格式的设定。

（2）了解专用协议的通信格式 1 和 4。

7.4.2 活动二 示范操作

1. 步骤一：分析控制需求，进行系统方案设计

（1）熟读并分析控制要求，确定系统程序设计方案（采用 RS-485 通信模式）。

（2）根据系统控制要求，确定系统硬件设计方案（采用单对子或双对子布线）。

（3）输入、输出点的状态及数据的显示通过人机界面来显示。

（4）系统由 2 台 PLC 采用 RS-485 无协议通信组成网络，2 台 PLC 分别设为主站和从站。每个站除了将本站的信息挂到网上，同时，还要从网上接收需要的信息，然后进行处理后，执行相应的操作。实训时可以将相邻的 2 组同学组合成一个系统，2 组同学既有分工又有合作，共同制定与讨论实施方案。

2. 步骤二：确定硬件配置，绘制控制系统接线图

（1）根据系统控制要求，确定系统的硬件配置（见图 7-1）。

（2）根据系统的控制要求、设计思路，PLC 的 I/O 分配如下：X0～X17；SB0～SB15；Y10～Y27；对应输入信号 X0～X17，Y0：计数之和小于 5 指示，Y1：计数之和大于等于 5 小于等于 10 指示，Y2：计数之和大于 10 指示。

（3）根据控制要求、PLC 软元件分配，绘制系统接线图，如图 7-1 所示。

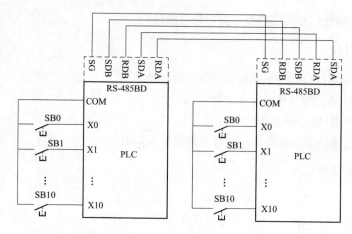

图 7-1 控制系统接线图

3. 步骤三：根据控制要求进行人机界面和 PLC 程序的设计

（1）根据控制要求、程序设计思路及软元件分配设计设计人机界面的画面图（参考图 6-2 来进行设计）。

（2）首先设计主站程序，然后设计从站程序，且二者必须符合通信协议的要求。

（3）使用编程软件输入程序，并下载到 PLC，进行离线仿真完善控制程序。

（4）细读控制要求，完善和优化 PLC 程序，最终形成如图 7-2 所示程序。

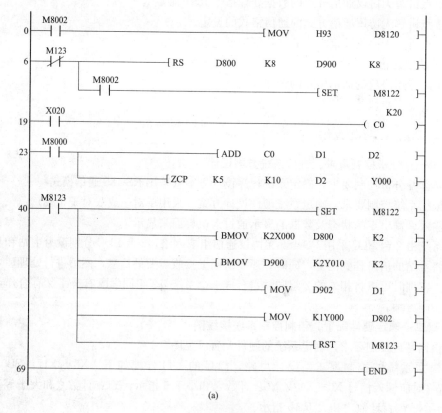

(a)

图 7-2 控制程序（一）

（a）主站程序

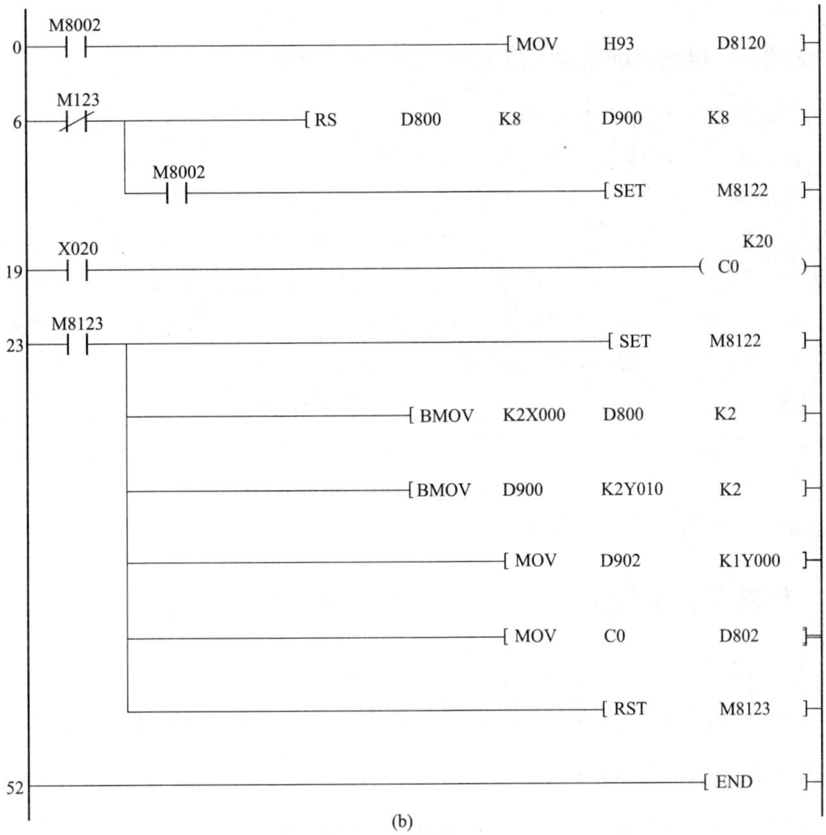

图 7-2　控制程序（二）
（b）从站程序

（5）按要求制作人机界面画面图，并下载到人机界面。

4. 步骤四：根据控制要求进行联机调试

（1）按图 7-2 输入程序，分别下载至 PLC，并进行 PLC 与人机界面的通信测试。

（2）按图 7-1 接线图连接好 PLC 输入电路及 RS-485 总线。

（3）按主站的输入信号 SB0（X0）～SB15（X17）中的任意若干个，则从站的对应输出信号 Y10～Y27 指示亮，且人机界面的相应指示灯亮。

（4）按从站的输入信号 SB0（X0）～SB15（X17）中的任意若干个，则主站的对应输出信号 Y10～Y27 指示亮，且人机界面的相应指示灯亮。

（5）按任意站的输入信号 SB16（X20）若干次，当所按次数之和小于 5 时，2 个站的输出 Y0 指示亮；当大于等于 5 小于等于 10 时，2 个站的输出 Y1 指示亮；当大于 10 时，2 个站的输出 Y2 指示亮，且两个人机界面的相应指示灯亮。

5. 步骤五：做好相关技术总结

（1）对于实际生产设备，在完成系统调试后，必须撰写技术总结、运行与管理等的相关技术资料。

（2）对于实训室的训练，要认真总结相关技能点、知识点、关键操作等，为下一训练任务打好基础。

7.4.3　活动三　根据所讲述和示范案例，完成下面任务

请在活动二的基础上按如下要求设计一个具有 3 台 PLC 的 RS-485 通信监控系统，并完成其控制系统的设备选型、系统接线、程序设计和运行调试。

（1）该系统设有 2 个站，其中 1 个主站，1 个从站，采用 RS-485-BD 板进行 RS-485 通信。

（2）主站输入信号（X0～X27）的 ON/OFF 状态要求从从站 PLC 的 Y10～Y37 输出。

（3）从站输入信号（X0～X27）的 ON/OFF 状态要求从主站 PLC 的 Y10～Y37 输出。

（4）主、从 PLC 的输入信号 X20、X22 分别为各自计数器 C0、C1 的输入信号；当 2 个站的计数器 C0 的计数之和（在主站求和）小于 5 时，系统输出 Y0；当大于等于 5 小于等于 10 时，系统输出 Y1；当大于 10 时，系统输出 Y2；当 2 个站的计数器 C1 的计数之和（在从站求和）小于 5 时，系统输出 Y3；当大于等于 5 小于等于 10 时，系统输出 Y4；当大于 10 时，系统输出 Y5。

（5）系统要求以 9600bit/s 速率通信，数据处理模式为 16 位。

（6）上述显示均通过人机界面显示。

7.5　相关知识与技能

为顺利完成本训练任务，需要学习三菱 PLC 的 RS-485 无协议通信，同时了解专用协议通信，主要内容如下，也可查阅《任务引领型 PLC 技术应用教程》的模块 8 的相关部分。

7.5.1　无协议通信（即 RS 串行通信）

无协议通信就是用 RS 串行通信指令进行数据传输的一种通信方式，通信时，必须配置相应的通信接口、设置相应的通信格式、使用相关的指令来完成，现简要介绍如下。

1. 系统配置

FX$_{2N}$ 系列 PLC 与表 7-1 所示的通信接口连接，可实现 RS-232C 或 RS-485A（422A）的无协议通信。

表 7-1　　　　　　　　　　无协议通信时 PLC 与通信接口的配置

传输标准	PLC 型号	使用接口	最大通信距离/m
RS-232C	FX$_{2N}$	FX$_{2N}$-232-BD	15
		FX$_{2N}$-CNV-BD＋FX$_{0N}$-232ADP	
		FX$_{2NC}$-CNV-IF＋FX$_{2N}$-232IF	
RS-485A（422A）		FX$_{2N}$-485-BD	50
		FX$_{2N}$-CNV-BD＋FX$_{0N}$-485ADP	500
		使用计算机的 RS-232C 接口连接时，需要 RS-485A/RS-232C 信号转换器	

2. 通信数据的处理

无协议通信的数据处理是通过串行数据通信指令 RS 来完成的，因此，首先介绍与通信有关的功能指令。

（1）串行数据通信指令 RS。RS 指令是串行数据传送指令，该指令为 16 位指令，用于对 RS-232 及 RS-485 等扩展功能板及特殊适配器进行串行数据的发送和接收的指令，其指令形式如图 7-3 所示。

在图 7-3 中 m 和 n 是发送和接收数据的字节数，可以用数据寄存器（D）或直接用 K、H 常

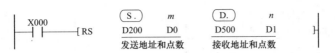

图 7-3 RS 指令

数来设定。在不进行数据发送（或接收）的系统中，请将发送（或接收）的字节数设定为K0。

注：本指令在编程时可以多次使用，但在运行时任一时刻只能有一条指令被激活。

（2）通信格式的设定（D8120）。在 PLC 中，特殊功能数据寄存器 D8120 用于设定通信格式，D8120 除了用于 RS 指令的无顺序通信外，还可用于计算机链接通信，D8120 的位定义见表 7-2。

表 7-2 D8120 位 信 息 表

位号	名称	内容	
		0（OFF）	1（ON）
B0	数据长	7 位	8 位
B1 B2	奇偶性	B2，B1 （0，0）：无 （0，1）：奇数（ODD） （1，1）：偶数（EVEN）	
B3	停止位	1 位	2 位
B4 B5 B6 B7	传送速率 （bit/s）	B7，B6，B5，B4 （0，0，1，1）：300 （0，1，0，0）：600 （0，1，0，1）：1200 （0，1，1，0）：2400	B7，B6，B5，B4 （0，1，1，1）：4800 （1，0，0，0）：9600 （1，0，0，1）：19200
B8	起始符	无	有（D8124）初始值 STX（02H）
B9	终止符	无	有（D8125）初始值 ETX（03H）
B10 B11	控制线	无顺序 B11，B10 （0，0）：无（RS-232 接口） （0，1）：普通模式（RS-232 接口） （1，0）：互锁模式（RS-232 接口） （1，1）：调制解调器模式（RS-232 接口，RS-485 接口）	
		计算机链接通信 B11，B10 （0，0）：RS-485 接口 （1，0）：RS232 接口	
B12		不可使用	
B13	和校验	不附加	附加
B14	协议	不使用	使用
B15	控制顺序	格式 1	格式 4

若通信格式的设定为数据长度（7 位）、奇数偶性（奇数）、停止位（1 位）、传输速率（19200）、起始符（无）、终止符（无）、控制线（无）。则 D8120 的设定程序如图 7-4 所示。

（3）RS 指令收发数据的程序。RS 指令指定 PLC 发送数据的起始地址与字节数以及接收数据的起始地址与字节数，其接收和发送数据的程序如图 7-5 所示。

（4）发送请求标志（M8122）。在图 7-5 中，RS 指令的驱动输入 X000 为 ON 时，PLC 即进入发送和接收等待状态。在发送和接收等待状态时，用脉冲指令置位特殊辅助继电器 M8122，就开始发送从 D200 开始的 D0 长度的数据，数据发送完毕，系统自动使 M8122 复位。

（5）接收完成标志（M8123）。数据接收完成后，系统自动使接收完成标志特殊辅助继电器

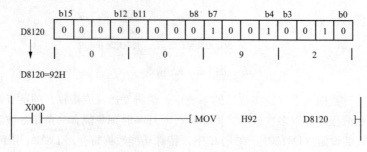

图 7-4　D8120 的设定程序

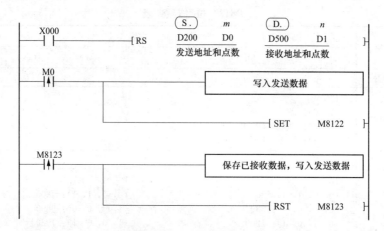

图 7-5　RS 程序格式

M8123 置位，M8123 需通过程序复位，但在复位前，请将接收的数据进行保存，否则接收的数据将被下一次接收的数据覆盖。复位完成后，则再次进入接收等待状态。

（6）数据处理模式（M8161）。特殊辅助继电器 M8161 是 RS、HEX、ASCI 和 CCD 指令公用的特殊标志。当 M8161＝OFF 时，即 16 位数据处理模式，在 16 位数据处理模式下，先发送或接收数据寄存器的低 8 位，然后是高 8 位；当 M8161＝ON 时，即 8 位数据处理模式，忽略高 8 位，仅低 8 位有效，即只发送或接收数据寄存器的低 8 位。

（7）HEX→ASCII 变换指令 ASCI。ASCI 指令是将十六进制数转换成 ASCII 码的指令，其使用说明如图 7-6、图 7-7 所示。

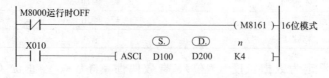

图 7-6　16 位模式的 ASCII 码转换

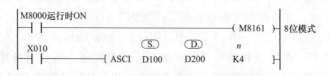

图 7-7　8 位模式的 ASCII 码转换

图 7-6 中，当 M8161＝OFF 时，[S.] 中的 HEX 数据的各位按低位到高位的顺序转换成 ASCII 码后，向目标元件 [D.] 的高 8 位、低 8 位分别传送、存储 ASCII 码，传送的字符数由 n 指定。如 (D100)＝0ABCH，当 n＝4 时，则 (D200)＝0030H 即 ASCII 码字符 "0"，(D201)＝0041H 即 ASCII 码字符 "C" 和 "B"；当 n＝2 时，则 (D200)＝4342H 即 ASCII 码字符 "C" 和 "B"。

图 7-7 中，当 M8161＝ON 时，[S.] 中的 HEX 数据的各位转换成 ASCII 码后，向目标元件 [D.] 的低 8 位传送、存储 ASCII 码，高 8 位将被忽略（为 0），传送的字符数由 n 指定。如 (D100)＝0ABCH，当 n＝4 时，则 (D200)＝0030H 即 ASCII 码字符 "0"，(D201)＝0041H 即 ASCII 码字符 "A"，(D202)＝0042H 即 ASCII 码字符 "B"，(D203)＝0043H 即 ASCII 码字符 "C"；当 n＝2 时，则 (D200)＝0042H 即 ASCII 码字符 "B"，(D201)＝0043H 即 ASCII 码字符 "C"。

（8）校验码指令 CCD。CCD 指令是计算校验码的专用指令，可以计算总和校验和水平校验数据。在通信数据传输时，常常用 CCD 指令生成校验码，其使用说明如图 7-8、图 7-9 所示。

图 7-8 16 位模式的求校验码

图 7-9 8 位模式的求校验码

图 7-8 中，当 M8161＝OFF 时，将 [S.] 指定的元件为起始的 n 个字节，将其高低各 8 位的数据总和与水平校验数据存于 [D.] 和 [D.]＋1 的元件中，总和校验溢出部分无效。

图 7-9 中，当 M8161＝ON 时，将 [S.] 指定的元件为起始的 n 个数据的低 8 位，将其数据总和与水平校验数据存于 [D.] 和 [D.]＋1 的元件中，[S.] 的高 8 位将被忽略，总和校验溢出部分无效。

3. 应用实例

（1）利用 FX_{2N}-232-BD 通信板连接 FX_{2N} 系列 PLC 和打印机，编写 PLC 的控制程序，使得打印机可以打印从 PLC 发送的数据，具体要求如下：打印机每打一条信息下移一行，在信息的末尾写 CR（换行）（000DH）和 LF（回车）（000AH）；利用 X0 驱动 RS 指令；每次闭合 X1（↑）时，将 D10～D20 的内容发送到打印机，并打印 "测试行"，其通信格式设置见表 7-3（即 D8120＝H006F），控制程序如图 7-10 所示。

表 7-3　　　　　　　　　　　通　信　格　式

数据长度	8 位	起始符	无
奇偶校验	偶	终止符	无
停止位	2 位	控制线	不用
传输速率	2400bit/s	通信协议	无

（2）个人计算机通过 232BD 与 PLC 连接，使个人计算机与 PLC 交换数据，其通信格式为数据长度 8 位、偶校验、1 位停止位、波特率为 2400bit/s，因此，D8120＝H67，其通信程序如图 7-11 所示。

7.5.2　专用协议通信（即计算机链接）

专用协议通信又叫作计算机链接，适用于串行通信中，其传输的是指令而非直接的信息，这些指令是预先制定的一些协议。通信时，传输的是 ASCII 字符串，双方需对接收到的字符串进行分析。

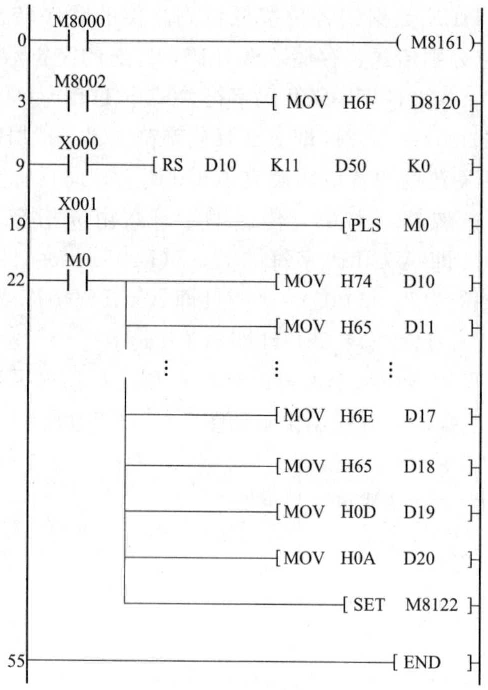

图 7-10　控制程序

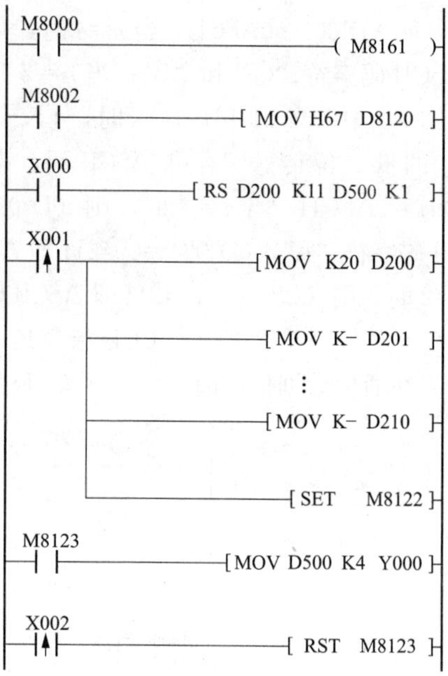

图 7-11　通信程序

由 FX 系列 PLC 构成的计算机链接系统，有两种规定的协议通信格式，可以通过设置特殊数据寄存器 D8120 的 b15 来进行选择格式 1（b15＝0）或格式 4（b15＝1）。特殊数据寄存器 D8120 定义见表 7-2。

1. 协议通信格式 1

（1）用于计算机从 PLC 读取数据，其读取过程可分为以下三步来执行。

1）计算机向 PLC 发送读取数据命令。

2）PLC 接收到计算机的读取命令后执行相应的操作，将要读取的数据发送给计算机。

3）计算机在接收到相应的数据后向 PLC 发送确认响应，表示数据已接收到。

（2）用于计算机向 PLC 写数据，其过程可分如下两步来执行。

1）计算机首先向 PLC 发送写数据命令。

2）PLC 接收到写数据命令后执行相应的操作，执行完成后向计算机发送确认信号，表示写数据操作已完成。

例如，已知传输站号为 0，PC 号为 FFH，命令为 BR（元件存储器或批读），消息等待时间为 30ms，字符区域的数据为 ABCD，计算和校验码。

如图 7-12 所示，将和校验区域内的所有字符的十六进制 ASCII 码相加，所得和（30H＋30H＋46H＋46H＋42H＋52H＋33H＋41H＋42H＋43H＋44H＝2BDH）的最低两位数为 BDH，即为和校验码（42H、44H）。

E N Q	站号 0 0	PC号 F F	命令 B R	消息等待时间 3	字符区域 A B C D	和校验代码 B D
05H	30H　30H	46H　46H	42H　52H	33H	41H　42H　43H　44H	42H　44H

图 7-12　和校验码的计算

2. 通信协议格式 4

通信协议格式 4 与通信协议格式 1 的差别在于：通信协议格式 4 的每一个传输数据块上都添加终结码 CR＋LF。使用通信协议格式 4 时，PLC 与计算机之间读/写数据的传输格式如图 7-13 和图 7-14 所示。

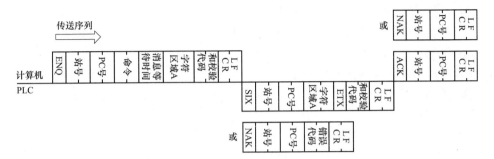

图 7-13　通信协议格式 4 下计算机从 PLC 读取数据

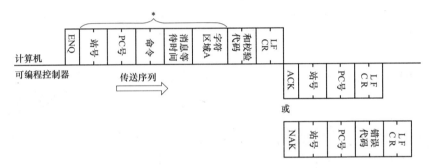

图 7-14　通信协议格式 4 下计算机向 PLC 写数据

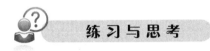

练习与思考

一、单选题

1. FX 系列 PLC 无协议的数据传送，其数据的发送和接收是通过（　　）指令来进行的。

    A. TO、FROM　　　　B. PRUN　　　　　　C. RS　　　　　　　　D. MOV

2. PLC 与计算机之间的通信一般是通过（　　）口进行的。

    A. RS-485　　　　　　B. RS-232C　　　　　　C. MPI　　　　　　　D. RS-485 和 RS-232C

3. 当数据发送指令的使能端为（　　）时将执行该指令。

    A. 1　　　　　　　　B. 0　　　　　　　　　C. 由 1 变 0　　　　　D. 由 0 变 1

4. 若波特率为 1200，若每个字符有 12 位二进制数，则每秒钟传送的字符数为（　　）个。

    A. 120　　　　　　　B. 100　　　　　　　　C. 1000　　　　　　　D. 1200

5. FX 系列 PLC 用于 ASCII-HEX 变换的指令是（　　）。

    A. RS　　　　　　　B. PRUN　　　　　　　C. ASCI　　　　　　　D. HEX

6. FX 系列 PLC 通信接口模块是（　　）。

    A. FX$_{2N}$-4AD　　　　B. FX$_{2N}$-2DA　　　　　C. FX$_{2N}$-232IF　　　　D. FX$_{2N}$-1PC

7. FX 系列 PLC 通信接口板是（　　）。

    A. FX$_{2N}$-4AD　　　　B. FX$_{2N}$-2DA　　　　　C. FX$_{2N}$-10GM　　　D. FX$_{2N}$-232-BD

8. FX 系列 PLC 通信接口板是（　　）。

    A. FX_{2N}-485-BD   B. FX_{2N}-2DA   C. FX_{2N}-4AD   D. FX_{2N}-1PC

9. FX 系列 PLC 通信接口板是（　　）。

    A. FX_{2N}-4AD   B. FX_{2N}-2DA   C. FX_{2N}-422-BD   D. FX_{2N}-232IF

10. FX 系列 PLC 的 RS-232 通信适配器是（　　）。

    A. FX_{2N}-232-BD   B. FX_{2N}-232AD   C. FX_{2N}-422-BD   D. FX_{2N}-232ADP

二、多选题

11. FX 系列 PLC 用于通信的指令是（　　）。

    A. PRUN   B. FS   C. FEND   D. RS

    E. SEND

12. FX 系列 PLC 通信适配器模块是（　　）。

    A. FX_{2N}-4AD   B. FX_{2N}-222ADP   C. FX_{2N}-232ADP   D. FX_{2N}-485ADP

    E. FX_{2N}-2DA

13. FX 系列 PLC 通信接口板包括（　　）。

    A. FX_{2N}-485-BD   B. FX_{2N}-232-BD   C. FX_{2N}-4AD   D. FX_{2N}-422-BD

    E. FX_{2N}-1PC

14. 异步串行通信接口有（　　）。

    A. RS-232   B. RS-485   C. RS-422   D. RS-486

    E. 全对

15. 通信系统由（　　）等部分组成。

    A. 发送器   B. 通信软件   C. 通信协议   D. 通信介质

    E. 接收器

16. 数据通信时，按数据传送的方向，可以分为（　　）。

    A. 同步通信   B. 异步通信   C. 单工方式   D. 半双工方式

    E. 全双工方式

17. PLC 对通信介质的基本要求是（　　）。

    A. 传输速率高   B. 经济适用

    C. 能量损耗小   D. 抗干扰能力强

    E. 性价比高

18. 电气工作的安全措施可分为（　　）。

    A. 停电措施   B. 组织措施   C. 验电措施   D. 技术措施

    E. 送电措施

三、判断题

19. M8166 是 FX 系列 PLC 用于通信的辅助继电器。（　　）

20. FX 系列 PLC 使用 RS 指令进行无协议通信时，数据发送完成后 M8122 自动置"1"。（　　）

21. 数据通信的树形结构，可以直接在同级站点间进行数据传输，不必要通过上一级站点的转接。（　　）

22. 并行数据通信常用于近距离、高速度的数据传输场合，通常计算机内部各部件之间的数据交换都采用并行通信。（　　）

23. RS-485 总线带负载越多，信号能传输的距离就越短。（　　）

四、简答题

24. 写出 D8120 通信格式寄存器各位的含义。

25. 写出 RS-485 通信的特殊辅助继电器的功能和作用。

26. 写出 RS D100 D0 D200 D1 指令中各数据寄存器的作用。

练习与思考题参考答案

1. C	2. D	3. D	4. B	5. D	6. C	7. D	8. A	9. C	10. D
11. AD	12. CD	13. ABD	14. AB	15. ABCDE	16. CDE	17. ACDE	18. BD	19. N	20. Y
21. N	22. Y	23. Y							

任务 8

PLC与变频器的RS-485通信控制系统设计与调试

8.1 任务来源

在生产现场，三菱 FX 系列 PLC 经常要与其他设备进行通信（如其他厂商 PLC、变频器、打印机、智能仪表等），由于不同厂商设备使用的通信协议不同，所以 PLC 与变频器的通信需要采用 RS-485 通信方式。通信时 PLC 只需要按照变频器的通信协议编写通信程序就可以实现互联互通，因而 PLC 与变频器的 RS-485 通信是 PLC 控制系统设计（三级）职业能力培训的基本内容。

8.2 任务描述

请设计一个 PLC 与变频器的 RS-485 通信控制系统，并完成其控制系统的设备选型、系统接线、程序设计和运行调试，其具体要求如下。

（1）使用 PLC 的输入信号和 RS-485 总线，控制变频器的正转、反转、停止。

（2）使用 PLC 的输入信号和 RS-485 总线，在运行中直接修改变频器的运行频率。

（3）使用触摸屏设置变频器运行频率，也可以通过触摸屏实现上述操作。

8.3 目标描述

8.3.1 技能目标

1. 关键技能

- 能（会）正确设置变频器的通信参数。
- 能（会）正确设计主程序和子程序。
- 能（会）正确向变频器发送控制命令。

2. 基本技能

- 能（会）进行变频器的一般操作。
- 能（会）制作变频器与 PLC 的通信线。
- 能（会）正确使用串行数据传送指令设计控制程序。

8.3.2 知识目标

- 掌握变频器通信参数的定义。
- 掌握 RS-485 通信求校验码的方法。

• 掌握 PLC 与变频器通信的通信格式。

8.3.3 职业素质目标

• 认真学习、认真听课，养成善于思考、敢于提问的学习习惯。

• 两人为一组，既有分工又有合作，养成团结协作的习惯。

• 不同厂商设备通信时，要求不偏袒任何一方的设备，力求公平、公正、主持公道。

8.4 任务实施

8.4.1 活动一　学员自学或教师讲授

1. PLC 的 10 条外围设备 SER 指令

（1）熟悉 RS 指令的应用。

（2）重点讲解 ASCI 指令的应用（难点）。

（3）重点讲解 CCD 指令的应用（难点）。

2. 变频器的 RS 通信

（1）变频器的 RS 通信的通信协议。

（2）重点讲解变频器 RS 通信的通信格式及其通信参数设置（难点）。

8.4.2 活动二　示范操作

1. 步骤一：分析控制需求，进行系统方案设计

（1）熟读并分析控制要求，确定系统程序设计方案（采用 RS-485 通信）。

（2）根据系统控制要求，确定系统硬件设计方案（采用双对子布线）。

（3）系统由 1 台 PLC 与 1 台变频器组成 RS-485 通信组网络，PLC 设为主站，变频器设为 0 号站，由 PLC 向变频器发送控制信号。

2. 步骤二：确定硬件配置，绘制控制系统接线图

（1）根据系统控制要求，确定系统的硬件配置（见图 8-1）。

（2）根据系统的控制要求，PLC 的 I/O 分配如下：X0（M10）：正转按钮；X1（M11）：反转按钮；X2（M12）：停止按钮；Y0：正转指示；Y1：反转指示；Y2：停止指示；X3（M3）：每闭合一次增加 1Hz，X4（M4）：每闭合一次减少 1Hz。

（3）根据控制要求、PLC 软元件分配，绘制系统接线图，如图 8-1 所示。

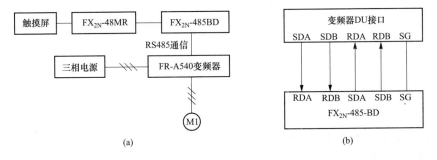

图 8-1　控制系统接线图

（a）系统接线原理图；（b）RS-485 通信板的接线

3. 步骤三：根据控制要求进行 PLC 程序设计

（1）确定数据传输格式。PLC 与变频器的 RS-485 通信就是在 PLC 与变频器之间进行数据的传输，只是传输的数据必须以 ASCII 码的形式表示。一般按照通信请求→站号→指令代码→数据内容→校验码的格式进行传输，即格式 A 或 A'；校验码是求站号、指令代码、数据内容的 ASCII 码的总和，然后取其低 2 位的 ASCII 码。如求站号（00H）、指令代码（FAH）、数据内容（02H）的校验码。首先将待传输的数据变为 ASCII 码，站号（30H30H）、指令代码（46H41H）、数据内容（30H32H），然后求待传输的数据的 ASCII 码的总和（149H），再求低 2 位（49H）的 ASCII 码（34H39H）即为校验码。

（2）确定 PLC 通信格式。通信格式设置是通过特殊数据寄存器 D8120 来设置的，根据控制要求，其通信格式设置如下。

1）设数据长度为 8 位，即 D8120 的 b0=1。

2）奇偶性设为偶数，即 D8120 的 b1=1，b2=1。

3）停止位设为 2 位，即 D8120 的 b3=1。

4）通信速率设为 19200bit/s，即 D8120 的 b4=b7=1，b5=b6=0。

5）D8120 的其他各位均设为 0。

因此，通信格式设置为 D8120=9FH。

（3）确定变频器参数。根据上述的通信设置，变频器必须设置如下参数。

1）操作模式选择（PU 运行）Pr.79=1。

2）站号设定 Pr.117=0（设定范围为 0～31 号站，共 32 个站）。

3）通信速率 Pr.118=192（即 19200bit/s，要与 PLC 的通信速率相一致）。

图 8-2 程序框图

4）数据长度及停止位长 Pr.119=1（即数据长为 8 位，停止位长为 2 位，要与 PLC 的设置相一致）。

5）奇偶性设定 Pr.120=2（即偶数，要与 PLC 的设置相一致）。

6）通信再试次数 Pr.121=2（数据接收错误后允许再试的次数，设定范围为 0～10，9999）。

7）通信校验时间间隔 Pr.122=9999（即无通信时，不报警，设定范围为 0，0.1～999.8s，9999）。

8）等待时间设定 Pr.123=5（设定数据传输到变频器的响应时间，设定范围为 0～150ms，9999）。

9）换行/回车有无选择 Pr.124=0（即无换行/回车）。

10）其他参数按出厂值设置。

（4）根据控制要求、软元件分配及通信格式，设计 PLC 的程序框图，如图 8-2 所示。

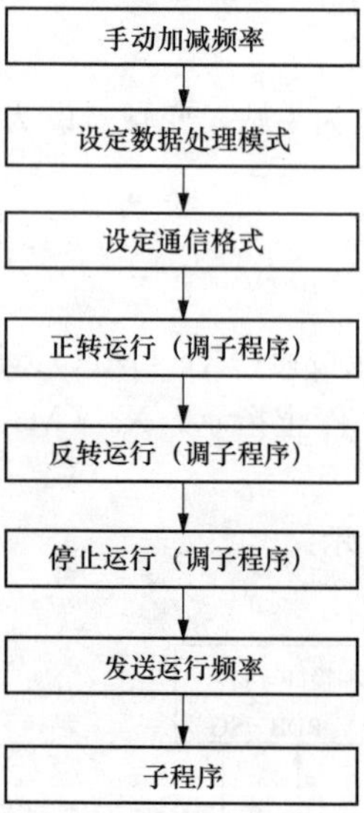

（5）使用编程软件输入程序，并下载到 PLC，进行离线仿真，完善控制程序。

（6）细读控制要求，完善和优化 PLC 程序，最终形成如图 8-3 所示程序。

4. 步骤四：根据控制要求进行联机调试

（1）按图 8-3 输入程序，分别下载至 PLC。

（2）按图 8-1 接线图连接好 PLC 输入电路及 RS-485 总线。

（3）设定参数，按上述变频器的参数值设定变频器的参数。

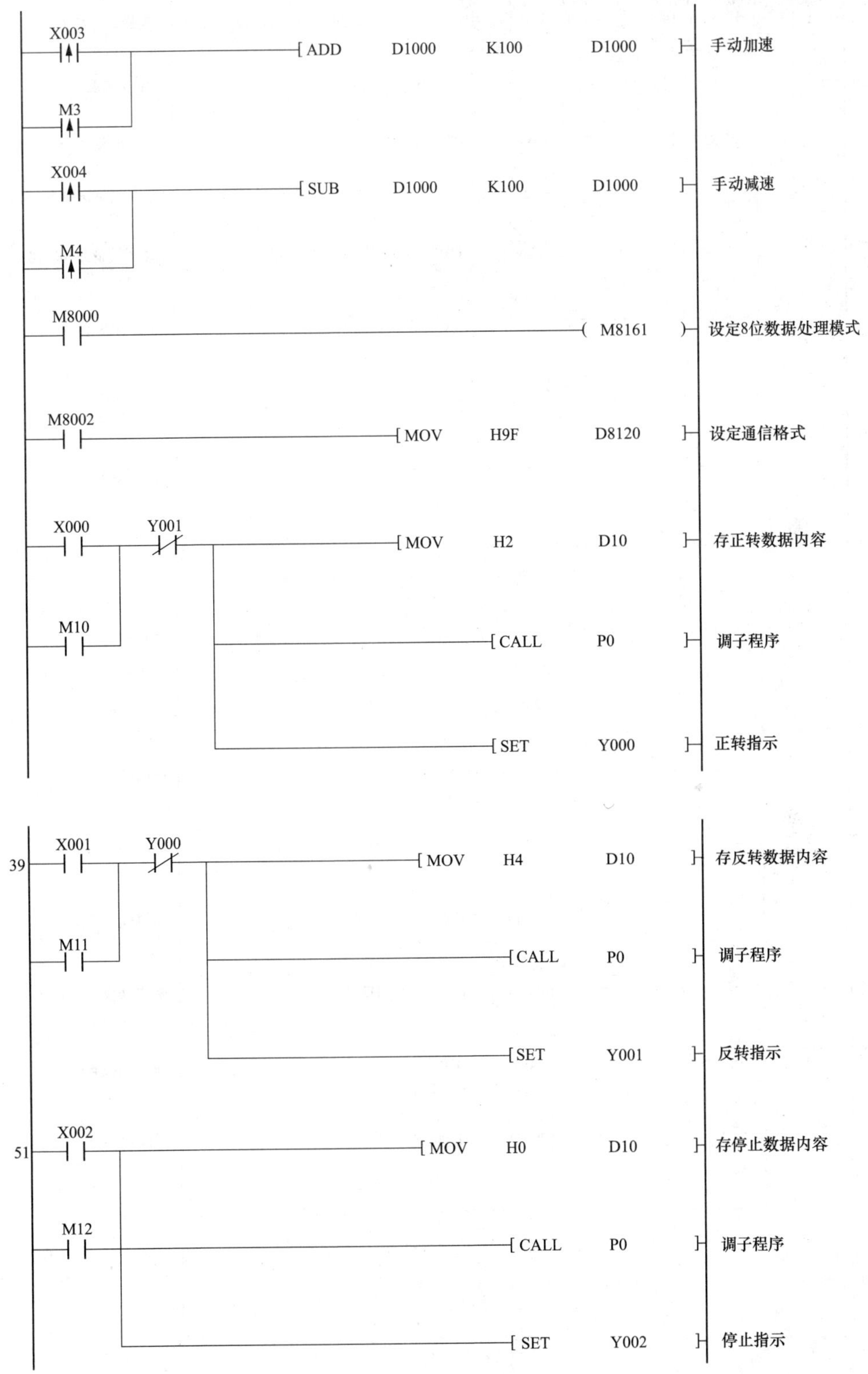

```
  X003
──┤↑├──┬────────────────────[ ADD    D1000    K100     D1000  ]──手动加速
  M3   │
──┤↑├──┘

  X004
──┤↑├──┬────────────────────[ SUB    D1000    K100     D1000  ]──手动减速
  M4   │
──┤↑├──┘

  M8000
──┤├──────────────────────────────────────────( M8161 )──设定8位数据处理模式

  M8002
──┤├─────────────────────────[ MOV    H9F      D8120  ]──设定通信格式

  X000   Y001
──┤├────┤/├──┬───────────────[ MOV    H2       D10    ]──存正转数据内容
  M10        │
──┤├─────────┤               [ CALL   P0       ]──调子程序
             │
             └───────────────[ SET    Y000     ]──正转指示

     X001   Y000
39 ──┤├────┤/├──┬─────────────[ MOV    H4       D10    ]──存反转数据内容
     M11        │
   ──┤├─────────┤             [ CALL   P0       ]──调子程序
               │
               └─────────────[ SET    Y001     ]──反转指示

     X002
51 ──┤├──┬───────────────────[ MOV    H0       D10    ]──存停止数据内容
     M12 │
   ──┤├──┤                   [ CALL   P0       ]──调子程序
         │
         └───────────────────[ SET    Y002     ]──停止指示
```

图 8-3　控制程序（一）

101

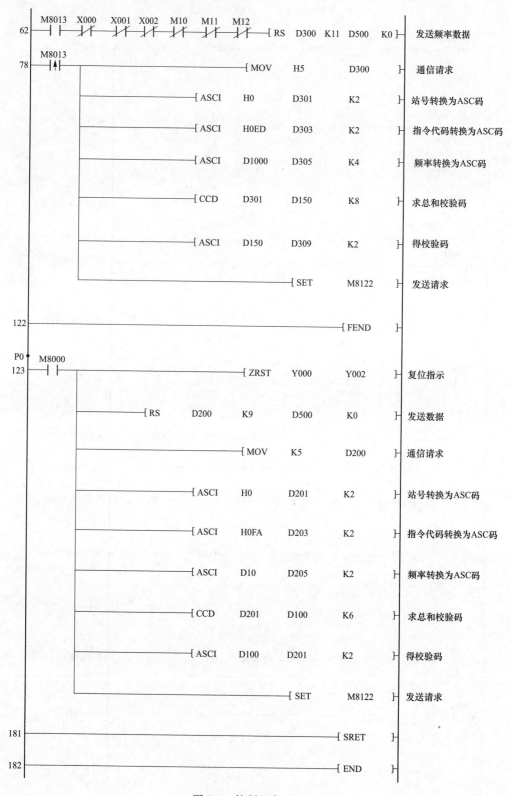

图 8-3 控制程序（二）

（4）空载调试，按图 8-1（b）正确连接好 RS-485 的通信线（变频器不接电动机），进行 PLC、变频器的空载调试。观察变频器的操作面板和 PLC 的输出指示灯的状态是否符合要求，否则，检查系统接线、变频器参数、PLC 程序，直至按要求指示。

（5）系统调试，按要求正确连接好全部设备，进行系统调试，观察电动机能否按控制要求运行，否则，检查系统接线、变频器参数、PLC 程序，直至电动机按控制要求运行。

5. 步骤五：做好相关技术总结

（1）对于实际生产设备，在完成系统调试后，必须撰写技术总结、运行与管理等的相关技术资料。

（2）对于实训室的训练，要认真总结相关技能点、知识点、关键操作等，为下一训练任务打好基础。

8.4.3 活动三 根据所讲述和示范案例，完成下面任务

请在活动二的基础上按如下要求设计一个 PLC 与变频器 RS-485 通信监控系统，并完成其控制系统的设备选型、系统接线、程序设计和运行调试。

（1）该通信系统采用 7 位数据、奇校验、1 位停止位、9600bit/s 进行通信。

（2）通过 PLC 的 RS-485 总线控制变频器的正转（或反转）、停止。

（3）通过 PLC 的 RS-485 总线在运行中直接修改变频器的运行频率。

（4）通过 PLC 的 RS-485 总线监视变频器的输出电流（或输出电压、或输出频率）。

（5）上述所有操作和显示均通过人机界面实现。

8.5 相关知识与技能

为顺利完成本训练任务，需要学习三菱 PLC 的外围设备指令和 PLC 与变频器的 RS-485 无协议通信。主要内容如下，也可查阅《任务引领型 PLC 技术应用教程》的模块 8 的相关部分。

RS-485 串行总线标准是目前被工业控制广泛采用的通信方式，其距离为几十米到上千米，RS-485 采用平衡发送和差分接收，因此，具有抑制共模干扰的能力。RS-485 采用半双工或全双工工作方式，多点互联时非常方便，可以省掉许多信号线，应用 RS-485 可以联网构成分布式系统，其最多允许并联 32 台驱动器或接收器。

8.5.1 PLC 的外部设备 SER 指令

外部设备 SER 指令是对连接在串行接口上的特殊适配器进行控制的指令，此外 PID 指令也包含其中，见表 8-1。

表 8-1 外 部 设 备 SER 指 令

FNC No.	指令记号	指令名称	FNC No.	指令记号	指令名称
80	RS	串行数据传送	85	VRRD	电位器读出
81	PRUN	8 进制位传送	86	VRSC	电位器刻度
82	ASCI	HEX→ASCII 转换	87	…	…
83	HEX	ASCII→HEX 转换	88	PID	PID 运算
84	CCD	求校验码	89	…	…

在本训练任务中将用到 RS、HEX→ASCII 转换指令 ASCI、求校验码指令 CCD，可以参考

任务 7 的相关内容。

8.5.2 变频器的 RS-485 通信

变频器的运行可以用 PU 面板控制、外部端子控制，还可以用 RS-485 通信方式进行控制。A 系列和 D 系列变频器都具有 RS-485 通信功能。A500 系列变频器的 PU 口就是 RS-485 通信口，此外 A500 系列还可以用 FR-A5NR 扩展板扩展 RS-485 通信口；A700 系列在 A500 系列基础上还新增了专用 RS-485 端口。

1. RS-485 通信的数据格式

变频器与计算机、PLC 等进行 RS-485 通信时，其通信格式有多种，分别是 A、A′、B、C、D、E、E′、F 格式，现介绍如下。

（1）数据写入时从计算机到变频器的通信请求数据格式（见表 8-2）。

表 8-2　　　　　　　　　　计算机通信请求时的数据格式

格式	字符排列												
	1	2	3	4	5	6	7	8	9	10	11	12	13
A	ENQ	变频器站号		指令代码		等待时间	数据				总和校验码		CR/LF
A′	ENQ	变频器站号		指令代码		等待时间	数据		总和校验码		CR/LF		
B	ENQ	变频器站号		指令代码		等待时间	总和校验码		CR/LF				

（2）数据写入时从变频器到计算机的应答数据格式见表 8-3。

表 8-3　　　　　　　　　　变频器应答时的数据格式

格式	字符排列				
	1	2	3	4	5
C	ACK	变频器站号		CR/LF	
D	NAK	变频器站号		错误代码	CR/LF

（3）读出数据时变频器到计算机的应答数据格式见表 8-4。

表 8-4　　　　　　　　　　读数据时变频器的应答数据格式

格式	字符排列										
	1	2	3	4	5	6	7	8	9	10	11
E	STX	变频器站号		读的数据				ETX	总和校验码		CR/LF
E′	STX	变频器站号		读的数据		ETX	总和校验码		CR/LF		
D	NAK	变频器站号		错误代码	CR/LF						

（4）读出数据时从计算机到变频器的发送数据格式见表 8-5。

表 8-5　　　　　　　　　　读数据时计算机的发送数据格式

格式	数据排列			
	1	2	3	4
C	ACK	变频器站号		CR/LF
F	NAK	变频器站号		CR/LF

在以上通信格式中其控制代码的意义见表8-6。

表8-6 控 制 代 码

控制符	ASCII码	内容
STX（Start of text）	H02	数据开始
ETX（End of text）	H03	数据结束
ENQ（Enquiry）	H05	通信请求
ACK（Acknowledge）	H06	无数据错误
LF（Line feed）	H0A	换行
CR（Carriage return）	H0D	回车
NAK（Negative acknowledge）	H15	有数据错误

"变频器站号"是指与计算机、PLC通信的变频器的站号，可指定为0～31。"指令代码"是指计算机、PLC等发送到变频器，指定变频器需要执行的操作代码，如运行、停止、监视等。"数据"是指与变频器运行相关的数据，如频率、参数等。"等待时间"是指变频器收到计算机、PLC的数据和传输应答数据之间的等待的时间，它由Pr.123来设定；若Pr.123设定为9999时，才在此通信数据中进行设定；若Pr.123设定为0～150时，则通信数据不用设定等待时间，通信数据则少一个字符。"总和校验码"是指通信数据的ASCII码的代数和，取其低2位（16进制数）数字的ASCII码。求总和校验码的方法见表8-7和表8-8。

表8-7 总 和 校 验 1

A格式	ENQ	站号		指令代码		等待时间	数据				总和校验码	
数据位	1	2	3	4	5	6	7	8	9	10	11	12
原始数据	H05	0	1	E	1	1	0	7	A	D	F	4
ASCII码	H05	H30	H31	H45	H31	H31	H30	H37	H41	H44	H46	H34
求总校验和	H30＋H31＋H45＋H31＋H31＋H30＋H37＋H41＋H44＝H1F4 所以，HF4为总和校验原始数据											

表8-8 总 和 校 验 2

E格式	STX	站号		读出数据				ETX	总和校验码	
数据位	1	2	3	4	5	6	7	8	9	10
原始数据	H02	0	1	1	7	7	0	H03	3	0
ASCII码	H02	H30	H31	H31	H37	H37	H30	H03	H33	H30
求总校验和	H30＋H30＋H31＋H37＋H37＋H30＝H130 所以，H30为校验总和原始数据									

2. 运行指令代码

变频器是通过执行计算机或PLC发送来的指令代码［HFA和HF9（扩展时）］和相关数据来运行的，其相关数据的数据位定义见表8-9。

表 8-9 运行指令代码的数据位定义

指令代码	位长	数据位定义	指令代码	位长	数据位定义
HFA	8 位	b0：AU（电流输入选择） b1：正转指令 b2：反转指令 b3：RL（低速指令） b4：RM（中速指令） b5：RH（高速指令） b6：RT（第 2 功能选择） b7：MRS（输出停止）	HF9 扩展时	16	b0～b7：与 HFA 指令代码相同 b8：JOG（点动运行） b9：CS（瞬时停电再启动选择） b10：STOP（启动自动保持） b11：RES（复位） b12～b15：未定义

如设定正转启动，则可将 HFA 运行指令代码的数据位设定为 b1＝1，即将数据设定为 H02，如要反转，则将 HFA 运行指令代码的数据位设定 b2＝1，即将数据设定为 H04。

3. 运行状态监视指令代码

变频器运行状态监视是指通过读取该指令代码的数据位数据，来监视变频器的运行状态，其数据位定义见表 8-10。

表 8-10 运行状态监视指令代码的数据位定义

指令代码	位长	数据位定义	指令代码	位长	数据位定义
H7A	8 位	b0：RUN（变频器运行中） b1：正转中 b2：反转中 b3：SU（频率到达） b4：OL（过负荷） b5：IPF（瞬时停电） b6：FU（频率检测） b7：ABC1（异常）	H79 扩展时	16	B0～b7：与 H7A 指令代码相同 b8：ABC2（异常） b15：发生异常 b9～b14：未定义

4. 其他指令代码

其他指令代码包括监视器、频率的写入、变频器复位、参数清除等指令功能，其说明见表 8-11。

表 8-11 其他指令代码的数据位定义

序号	项目名称		读/写	指令代码	数据位定义	指令格式
1	运行模式		读	H7B	H0000：网络运行；H0001：外部运行； H0002：PU 运行	B，E，D
			写	HFB		A，C，D
2	监视器	输出频率/转速	读	H6F	H0000～HFFFF：输出频率单位 0.01Hz （转速单位 1r/min，Pr. 37＝1～9998 或者 Pr. 144＝2～12，102～112 时）	B，E，D
		输出电流	读	H70	H0000～HFFFF：输出电流（16 进制） 单位 0.01A（55K 以下）/0.1A（75K 以上）	B，E，D
		输出电压	读	H71	H0000～HFFFF：输出电压（16 进制）单位 0.1V	B，E，D
		特殊监视器	读	H72	H0000～HFFFF：根据指令代码 HF3 选择的监视器数据	B，E，D
		特殊监视器选择代码	读	H73	H01～H36	B，E'，D
			写	HF3		A，C，D
		异常内容	读	H74～H77	H0000～HFFFF b15～b8　　　b7～b0 H74：2 次前的异常　最新异常 H75：4 次前的异常　3 次前的异常 H76：6 次前的异常　5 次前的异常 H77：8 次前的异常　7 次前的异常	B，E，D

续表

序号	项目名称	读/写	指令代码	数据位定义	指令格式
3	运行指令（扩展）	写	HF9	略	A′, C, D
	运行指令	写	HFA		A, C, D
4	变频器状态监视器（扩展）	读	H79	略	B, E, D
	变频器状态监视器	读	H7A		B, E, D
5	读取设定频率（RAM）	读	H6D	在 RAM 或 EEPROM 中读取设定频率/旋转数。范围 H0000～HFFFF；设定频率，单位 0.01Hz，设定旋转数，单位 r/min（Pr. 37＝1～9998 或 Pr. 144＝2～12，102～112 时）	B, E, D
	读取设定频率（EEPROM）	读	H6E		
	写入设定频率（RAM）	写	HED	在 RAM 或 EEPROM 中写入设定频率/旋转数。频率范围 H0000～H9C40（0～400.00Hz）；频率单位 0.01Hz（16 进制） 旋转数范围 H0000～H270E（0～9998）；旋转数单位 r/min（Pr. 37＝1～9998，Pr. 144＝2～12，102～112 时）	A, C, D
	写入设定频率（RAM，EEPROM）	写	HEE		
6	变频器复位	写	HFD	H9696：先复位变频器，由于变频器复位无法向计算机发送返回数据	A, C, D
				H9966：先向计算机返回 ACK 后，变频器复位	A, D
7	异常内容一揽子清除	写	HF4	H9696：一揽子清除异常历史记录	A, C, D
8	参数全部清除	写	HFC	有以下几种不同的清除方式：	A, C, D
9	参数	读	H00～H63	请参照指令代码，根据需要实施写入、读取。设定 Pr. 100 以后的参数时，需要进行链接参数扩展设定	B, E, D
10		写	H80～HE3		A, C, D
11	链接参数扩展设定	读	H7F	根据 H00～H09 的设定，进行参数内容的切换	B, E′, D
		写	HFF		A′, C, D
12	第 2 参数切换（指令代码 HFF＝1, 9）	读	H6C	设定校正参数时： H00：补偿/增益； H01：设定参数的模拟值； H02：从端子输入的模拟值	B, E′, D
		写	HEC		A′, C, D

参数全部清除的清除方式：

数据 \ Pr	通信参数	校准	其他参数	HEC HF3 HFF
H9696	✓	✕	✓	✓
H9966	✓	✓	✓	✓
H5A5A	✕	✕	✓	✓
H55AA	✕	✓	✓	✓

执行 H9696 或 H9966 时，所有参数清除，只有 Pr. 75 不被清除。

 练习与思考

一、单选题

1. 当 M8161＝OFF 时，如（D100）＝0ABCH，则执行 ASC D100 D200 K4 后，D201 为（ ）。

    A. 4130H   B. 3041H   C. 4342H   D. 4243H

2. 当 M8161＝ON 时，如（D100）＝0ABCH，则执行 ASC D100 D200 K4 后，D201 为（　　）。

    A. 0041H   B. 3041H   C. 4342H   D. 0042H

3. 在 PLC 与变频器的 RS-485 通信时，发送的数据有：1 站号、2 通信请求、3 数据内容、4 指令代码、5 校验码，发送时的先后顺序为（　　）。

    A. 1、2、3、4、5   B. 1、3、2、5、4

    C. 2、1、3、5、4   D. 2、1、4、3、5

4. 在 FX 系列 PLC 中，指令 MEAN D0 D4Z K3 中的 K3 指的是（　　）。

    A. 有 3 个数参与平均值计算   B. 目标寄存器

    C. 源寄存器   D. 有 K3 个数参与平均值计算

5. 在 FX 系列 PLC 中，要实现解码功能，可以选用（　　）指令。

    A. DECO   B. SFTR   C. ZRST   D. ENCO

6. 在 FX 系列 PLC 中，要实现编码功能，可以选用（　　）指令。

    A. DECO   B. ENCO   C. ZRST   D. MEAN

7. 在 FX 系列 PLC 中，平方根运算指令 SQR D0 D2 中，D0 指的是（　　）。

    A. 存放开平方后整数的元件   B. 存放开平方后小数的元件

    C. 存放开平方前整数的元件   D. 存放开平方前小数的元件

8. 职业道德的"五个要求"既包含基础性的要求也有较高的要求，其中最基本的要求是（　　）。

    A. 爱岗敬业   B. 诚实守信   C. 服务群众   D. 办事公道

9. 为防止间接电击，可采用（　　）等安全措施。

    A. 保护接地、保护接零   B. 绝缘、屏护

    C. 过载保护   D. 间距

二、多选题

10. 若通信格式为：数据长度 8 位、偶校验、1 位停止位、波特率为 2400B/s，则 D8120＝（　　）。

    A. K103   B. H37   C. H67   D. H9F

11. 在 FX 系列 PLC 中，下列属于带进位循环移位指令的有（　　）。

    A. RCR（P）   B. RCL（P）   C. RCL   D. ROL（P）

    E. RCR

12. 在 FX 系列 PLC 中，下列属于逻辑异或运算指令的有（　　）。

    A. XOR   B. XOR（P）   C. OR   D. MUL（P）

    E. MUL

13. 在 FX 系列 PLC 中，下列属于循环移位指令的有（　　）。

    A. ROR   B. ROR（P）   C. ROL   D. RCL（P）

    E. RCL

14. 在 FX 系列 PLC 中，下列属于字移位指令的有（　　）。

    A. SFTR   B. WSFR（P）   C. SFT   D. WSFR

    E. RCR

三、判断题

15. 在编程时，RS 指令可以多次使用，但在运行时任一时刻只能有一条指令被激活。（　　）

16. 在 PLC 与三菱变频器的 RS-485 通信时，若 Pr. 123 设定为 0～150，则 PLC 的通信数据

不用设定等待时间。（　　）

　　17. 系统程序是用来控制和完成 PLC 各种功能的程序。（　　）

　　18. 系统程序是由 PLC 生产厂家编写的，固化到 ROM 中。（　　）

　　19. 用户指令解释程序的作用是对控制程序加以解释说明。（　　）

四、简答题

　　20. PLC 与变频器通信时需要设定哪些参数？

　　21. 写出 PLC 的 10 条外围设备 SER 指令及 RS 指令的用法。

　　22. 简述 CCD、SACI 指令用法。

练习与思考题参考答案

1. C	2. A	3. D	4. A	5. A	6. B	7. C	8. A	9. A	10. AC
11. ABCE	12. AB	13. ABC	14. BD	15. Y	16. Y	17. Y	18. Y	19. N	

任务 ⑨

PLC与多台变频器的RS-485通信监控系统设计与实现

9.1 任务来源

在生产现场，三菱 FX 系列 PLC 经常要与其他设备进行通信（如其他厂商 PLC、变频器、打印机、智能仪表等），由于不同厂商设备使用的通信协议不同，所以 PLC 与变频器的通信需要采用 RS-485 通信方式。通信时 PLC 只需要按照变频器的通信协议编写通信程序就可以实现互联互通，因而 PLC 与多台变频器的 RS-485 通信是 PLC 控制系统设计（三级）职业能力培训的基本内容。

9.2 任务描述

请设计一个通过 PLC 的 RS-485 通信控制两台电动机变频运行的监控系统，并完成其控制系统的设备选型、系统接线、画面制作、程序设计和运行调试，其具体要求如下。

（1）用一台 PLC 与两台变频器进行 RS-485 通信控制，实现两台变频器驱动的电动机的正转、反转和停止。

（2）能改变两台变频器的运行频率。

（3）能监视两台变频器的运行频率、输出电流。

（4）上述所有操作与显示均通过人机界面实现。

9.3 目标描述

9.3.1 技能目标

1. 关键技能

• 能（会）正确连接网络通信线路。

• 能（会）正确使用相关指令求校验码。

• 能（会）正确读取变频器的有关运行参数。

2. 基本技能

• 能（会）制作三菱人机界面的数据写入和数据显示画面。

• 能（会）正确设计主程序和子程序。

• 能（会）正确向变频器发送控制命令。

9.3.2 知识目标

- 掌握求校验码的相关指令。
- 掌握 PLC 与变频器的 RS-485 通信的通信格式。
- 掌握 PLC 调子程序的程序设计方法。
- 了解构成变频器的电力电子的相关器件。
- 了解三菱 PLC 的 CC-Link 现场总线及其工业网络。

9.3.3 职业素质目标

- 认真学习、认真听课，养成善于思考、敢于提问的学习习惯。
- 两人为一组，既有分工又有合作，养成团结协作的习惯。
- 不同厂商设备通信时，要求不偏袒任何一方的设备，力求公平、公正、主持公道。

9.4 任务实施

9.4.1 活动一 学员自学或教师讲授

1. PLC 与计算机的通信

（1）了解 PLC 与计算机通信系统设置。

（2）了解使用 RS-232C 接口的通信。

（3）了解使用 RS-485 接口的通信。

2. CC-Link 通信

（1）了解 CC-Link 主站模块。

（2）了解 CC-Link 远程模块。

3. 三菱 PLC 的其他通信网络

（1）了解 ASI 网络。

（2）了解现场总线 PROFIBUS。

（3）了解现场总线 Device Net。

（4）了解 MELSEC-I/O 链接。

9.4.2 活动二 示范操作

1. 步骤一：分析控制需求，进行系统方案设计

（1）熟读并分析控制要求，确定系统程序设计方案（采用 RS-485 通信）。

（2）根据系统控制要求，确定系统硬件设计方案（采用双对子布线）。

（3）系统由 1 台 PLC 与 2 台变频器组成 RS-485 通信网络，PLC 设为主站，变频器分别设为 0 号、1 号站，由 PLC 向变频器发送控制信号。

2. 步骤二：确定硬件配置，绘制控制系统接线图

（1）根据系统控制要求，确定系统的硬件配置（见图 9-1）。

（2）根据系统的控制要求，PLC 的 I/O 分配如下。

1）PLC 的 I/O 分配：X1：0♯正转启动；X2：0♯反转启动；X3：0♯停止；X11：1♯正转启动；X12：1♯反转启动；X13：1♯停止；D1000：0♯频率写入；D1001：1♯频率写入；

D1003：0#加速时间写入；D1004：1#加速时间写入；D1020：0#频率读出；D1021：1#频率读出。

2）触摸屏的软元件分配：M1：0#正转启动；M2：0#反转启动；M3：0#停止；M4：0#频率确认；M5：0#加减速时间确认；M11：1#正转启动；M12：1#反转启动；M13：1#停止；M14：1#频率确认；M15：1#加减速时间确认。

（3）根据控制要求、PLC软元件分配，绘制系统接线图，如图9-1所示。

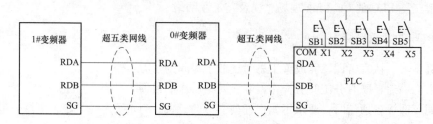

图9-1　控制系统接线图

3. 步骤三：根据控制要求进行 PLC 程序设计

（1）确定数据传输格式。PLC与变频器的RS-485通信就是在PLC与变频器之间进行数据的传输，只是传输的数据必须以ASCII码的形式表示。一般按照通信请求→站号→指令代码→数据内容→校验码的格式进行传输，即格式A或A′；校验码是求站号、指令代码、数据内容的ASCII码的总和，然后取其低2位的ASCII码。

（2）确定PLC通信格式。通信格式设置是通过特殊数据寄存器D8120来设置的，根据控制要求，其通信格式设置如下。

1）设数据长度为8位，即D8120的b0＝1。

2）奇偶性设为偶数，即D8120的b1＝1，b2＝1。

3）停止位设为2位，即D8120的b3＝1。

4）通信速率设为19200bit/s，即D8120的b4＝b7＝1，b5＝b6＝0。

5）D8120的其他各位均设为0（请参考表8-8）。

因此，通信格式设置为D8120＝9FH。

（3）确定变频器参数。根据上述的通信设置，变频器必须设置如下参数。

1）操作模式选择（PU运行）Pr.79＝1。

2）站号设定Pr.117＝0（设定范围为0~31号站，共32个站）。

3）通信速率Pr.118＝192（即19200bit/s，要与PLC的通信速率相一致）。

4）数据长度及停止位长Pr.119＝1（即数据长为8位，停止位长为2位，要与PLC的设置相一致）。

5）奇偶性设定Pr.120＝2（即偶数，要与PLC的设置相一致）。

6）通信再试次数Pr.121＝2（数据接收错误后允许再试的次数，设定范围为0~10，9999）。

7）通信校验时间间隔Pr.122＝9999（即无通信时，不报警，设定范围为0，0.1~999.8s，9999）。

8）等待时间设定Pr.123＝4（设定数据传输到变频器的响应时间，设定范围为0~150ms，9999）。

9）换行/回车有无选择Pr.124＝0（即无换行/回车）。

10）其他参数按出厂值设置。

（4）参照图9-2的画面图制作人机界面的画面并下载。

（5）根据控制要求、程序设计思路、软元件分配及通信格式设计PLC的程序框图，如图9-3所示。

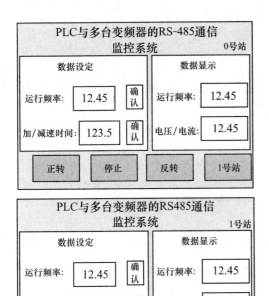

图9-2　人机界面画面图

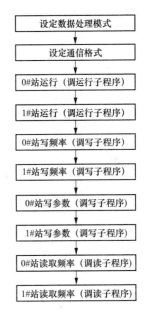

图9-3　程序框图

（6）使用编程软件输入程序，并下载到PLC，进行离线仿真完善控制程序。

（7）细读控制要求，完善和优化PLC程序，最终形成如图9-4所示程序（监视运行频率、输出电流的程序请读者自行完善）。

4. 步骤四：根据控制要求进行联机调试

（1）按图9-4输入程序，并下载至PLC。

（2）按图9-1接线图连接好PLC输入线路及变频器主电源，连接好RS-485总线（将RDA和SDA连接作为DA，将RDB和SDB连接作为DB）。

（3）先清除变频器所有设置，再分别设置好两台变频器参数，重起电源。

（4）通过触摸屏设定运行频率40Hz，观察触摸屏显示的数据。

（5）按0#变频器启动（正转或反转）按钮，通信板上SD和RD指示灯闪烁，变频器运行，频率为40Hz，若不闪烁，检查PLC程序，如只有SD指示灯闪烁，检查变频器设置。

（6）按0#变频器加速（减速）按钮，变频器加速（减速），每按一次加速（减速）1Hz。

（7）按停止按钮，SD和RD指示灯闪烁，变频器停止运行。

（8）在上述过程中，能通过触摸屏看到变频器的运行频率和输出电流会跟随变频器的运行情况发生变化。

（9）1#变频器的调试与上述相似。

5. 步骤五：做好相关技术总结

（1）对于实际生产设备，在完成系统调试后，必须撰写技术总结、运行与管理等的相关技术资料。

（2）对于实训室的训练，要认真总结相关技能点、知识点、关键操作等，为下一训练任务打好基础。

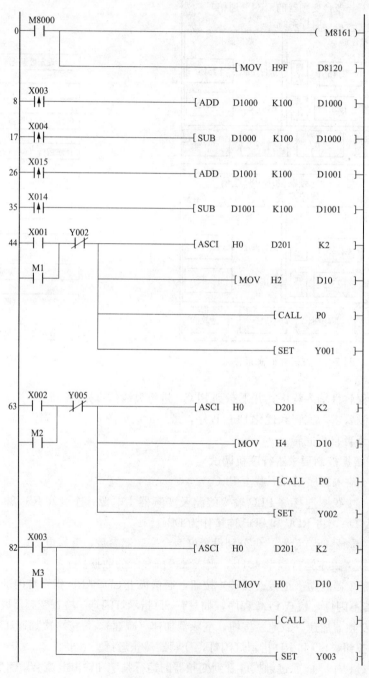

图 9-4　控制程序（一）

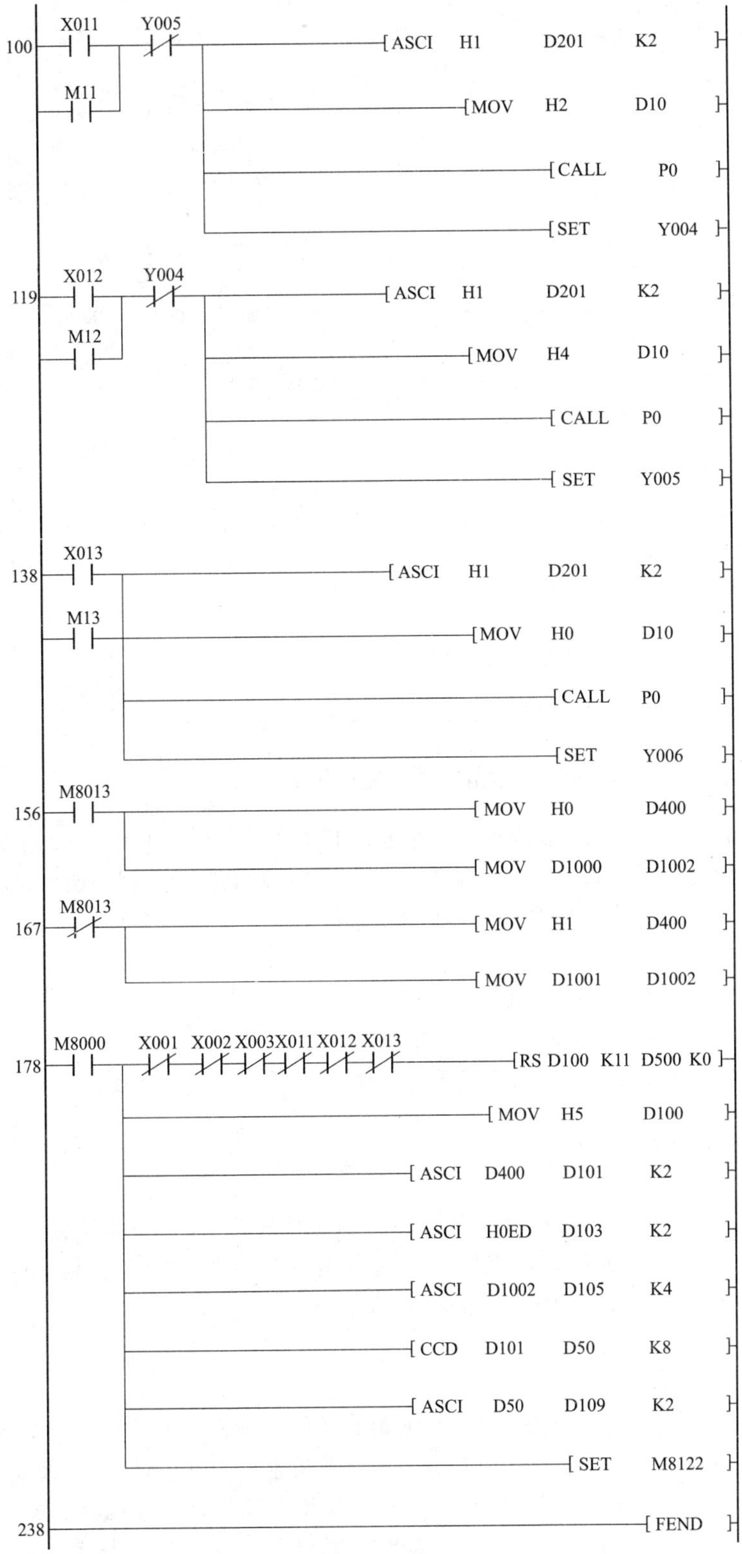

```
100  X011   Y005
     ─┤├──┤/├──┬─────────────────────[ASCI   H1      D201    K2  ]─
      M11      │
     ─┤├───────┤
               ├─────────────────────[MOV    H2      D10 ]─
               │
               ├─────────────────────[CALL   P0  ]─
               │
               └─────────────────────[SET    Y004]─

119  X012   Y004
     ─┤├──┤/├──┬─────────────────────[ASCI   H1      D201    K2  ]─
      M12      │
     ─┤├───────┤
               ├─────────────────────[MOV    H4      D10 ]─
               │
               ├─────────────────────[CALL   P0  ]─
               │
               └─────────────────────[SET    Y005]─

138  X013
     ─┤├──────┬─────────────────────[ASCI   H1      D201    K2  ]─
      M13     │
     ─┤├──────┤
              ├─────────────────────[MOV    H0      D10 ]─
              │
              ├─────────────────────[CALL   P0  ]─
              │
              └─────────────────────[SET    Y006]─

156  M8013
     ─┤├──────┬─────────────────────[MOV    H0      D400]─
              │
              └─────────────────────[MOV    D1000   D1002]─

167  M8013
     ─┤/├─────┬─────────────────────[MOV    H1      D400]─
              │
              └─────────────────────[MOV    D1001   D1002]─

178  M8000  X001 X002 X003 X011 X012 X013
     ─┤├──┬─┤/├─┤/├─┤/├─┤/├─┤/├─┤/├────[RS D100 K11 D500 K0]─
          │
          ├─────────────────────────[MOV    H5      D100]─
          │
          ├─────────────────────────[ASCI   D400    D101    K2  ]─
          │
          ├─────────────────────────[ASCI   H0ED    D103    K2  ]─
          │
          ├─────────────────────────[ASCI   D1002   D105    K4  ]─
          │
          ├─────────────────────────[CCD    D101    D50     K8  ]─
          │
          ├─────────────────────────[ASCI   D50     D109    K2  ]─
          │
          └─────────────────────────[SET    M8122]─

238  ──────────────────────────────────[FEND]─
```

图 9-4　控制程序（二）

任务
9

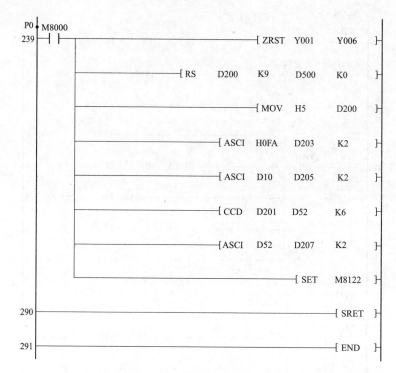

图 9-4 控制程序（三）

9.4.3 活动三 根据所讲述和示范案例，完成下面任务

请在活动二的基础上按如下要求设计一个通过 PLC 的 RS-485 通信控制 2 台电动机变频运行的监控系统，并完成其控制系统的设备选型、系统接线、画面制作、程序设计和运行调试。

（1）用一台 PLC 与 2 台变频器进行 RS-485 通信控制，实现 2 台变频器驱动的电动机的正转、反转和停止。

（2）能改变 2 台变频器的运行频率或加速时间。

（3）能监视 2 台变频器的运行频率或输出电压。

（4）上述所有操作与显示均通过人机界面实现。

9.5 相关知识与技能

为顺利完成本训练任务，需要学习三菱 PLC 与多台变频器的 RS-485 通信，同时了解 PLC 与计算机的通信、CC-Link 通信以及三菱 PLC 的其他通信方式。主要内容如下，也可查阅《任务引领型 PLC 技术应用教程》的模块 8 的相关部分。

9.5.1 PLC 与计算机的通信

PLC 与计算机通信是 PLC 通信中最简单、最直接的一种通信方式。目前，几乎所有种类的 PLC 都具有与计算机通信的功能，与 PLC 通信的计算机常称为上位计算机，PLC 与计算机之间的通信又叫上位通信。由于计算机直接面向用户，应用软件丰富，人机界面友好，编程调试方便，网络功能强大，因此在进行数据处理、参数修改、图像显示、打印报表、文字处理、系统管理、工作状态监视、辅助编程、网络资源管理等方面有绝对的优势；而直接面向生产现场、面向设备进行实时控制是 PLC 的特长，因此把 PLC 与计算机连接起来，实现数据通信，可以更有效地发挥各自的优势，互补应用上的不足，扩大 PLC 的应用范围。PLC 与计算机通信后，在计算机上可以实现以下 8 个基本功能。

（1）可以在计算机上编写、调试、修改应用程序。PLC 与计算机通信后，利用辅助编程软件，直接在计算机上编写梯形图或功能图或指令表程序，它们之间均可以互相转换。此外还有自动查错、自动监控等功能。

（2）可用图形、图像、图表的形式在计算机上对整个生产过程进行运行状态的监视。

（3）可对 PLC 进行全面的系统管理，包括数据处理、生成报告、参数修改、数据查询等。

（4）可对 PLC 实施直接控制。PLC 直接接收现场控制信号，经分析、处理转化为 PLC 内部软元件的状态信息，计算机不断采集这些数据，进行分析与监测，随时调整 PLC 的初始值和设定值，实现对 PLC 的直接控制。

（5）可以实现对生产过程的模拟仿真。

（6）可以打印用户程序和各种管理信息资料。

（7）可以利用各种可视化编程语言在计算机上编制多种组态软件。

（8）由于 Internet 发展很快，通过计算机可以随时随地地获得网上有用的信息和其他 PLC 厂家、用户的 PLC 控制信息，也可以将本地的 PLC 控制信息发送上网，实现控制系统的资源共享。

计算机与 FX 系列 PLC 之间的通信，既可以使用 RS-232C 接口，又可以使用 RS-485 接口。对于 RS-485 系统，一台计算机最多可与 16 台 FX 系列 PLC 连接（即 1∶N）；对于 RS-232 系统，一台计算机只能与 1 台 FX 系列 PLC 连接（即 1∶1）。

1. 使用 RS-232C 接口

对于小型现场设备的监控可以使用单机系统，其控制对象非常明确，与上位计算机通信可采用标准的 RS-232C 接口，其最大通信距离为 15m。

2. 使用 RS-485 接口

用一台计算机对多个现场设备进行监控时，可以采用单机扩展系统，各分布点上的 PLC 通过 RS-485A 总线与上位计算机通信，而各 PLC 之间不能通信，如图 9-5 所示。采用 RS-485A 接口的单机扩展系统，从传输速率和通信距离上来讲完全能够适应大规模的集散控制系统的要求，能够很方便地解决现场设备比较分散的问题，适应规模比较大的控制系统，但其应用的局限性也比较突出，各分布的 PLC 间无法直接通信，只有通过上位机才能实现各分布点之间的联控，这样对上位机依赖程度较高，影响了系统的可靠性。

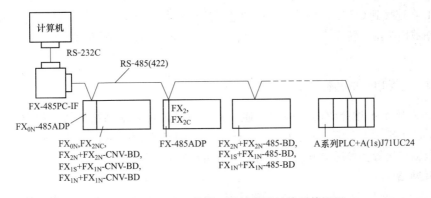

图 9-5　使用 RS-485A 接口的计算机链接系统配置

FX_{2N}系列 PLC 进行数据传输时，用 RS-485 接口进行的数据传输可使用专用协议，在 1∶N（N 最大为 16 个站点）的基础上完成。系统中除了 FX_{2N} 系列 PLC 外，还可链接 FX_{2NC}、FX_{1N}、FX_{1S}、FX_{0N}、FX_{2C} 以及 A 系列 PLC。若使用 $FX_{2N(1N)}$-485-BD 通信板，最大通信距离仅为 50m，若使用其他 RS-485 接口，则最大通信距离为 500m。

9.5.2 CC-Link 现场总线

CC-Link 是 1996 日本三菱公司推出的 PLC 等设备网络运行的通信协定方式，全称 Control & Communication-Link，它通过专门的通信模块将分散的 I/O 模块、特殊功能模块等连接起来，并且通过 PLC 的 CPU 来控制相应的模块。它融合了控制与信息处理的现场总线 CC-Link（Control & Communication Link），是一种省配线、信息化的网络，不但具备高实时性、分散控制、与智能设备通信、RAS 等功能，而且提供了开放式的环境。

CC-Link 总线网络是一种开放式工业现场控制网络，可完成大数据量、远距离的网络系统实时控制，在 156kbit/s 的传输速率下，控制距离达到 1.2km，如采用中继器，可以达到 13.2km，并具有性能卓越、应用广泛、使用简单、节省成本等突出优点。

FX_{2N} 系列 PLC 在 CC-Link 网络中可作主站或远程站使用，可将最多 7 个远程 I/O 站和 8 个远程设备站连接到主站上。网络中还可以连接三菱和其他厂家的符合 CC-Link 通信标准的产品，如变频器、AC 伺服装置、传感器和变送器等，最适合于生产线的分散控制和集中管理以及小规模高速网络的构建等。三菱常用的网络模块有 CC-Link 通信模块（FX_{2N}-16CCL-M、FX_{2N}-32CCL）、CC-Link/LT 通信模块（FX_{2N}-64CL-M）、LINK 远程 I/O 链接模块（FX_{2N}-16LINK-M）和 AS-i 网络模块（FX_{2N}-32ASI-M），下面仅介绍 FX_{2N}-16CCL-M、FX_{2N}-32CCL 模块。

1. FX_{2N}-16CCL-M

CC-Link 主站模块 FX_{2N}-16CCL-M 是特殊扩展模块，它将与之相连的 FX 系列 PLC 作为 CC-Link 的主站。主站在整个网络中是控制数据链接系统的站。

远程 I/O 站仅仅处理位信息，远程设备站可以处理位信息和字信息。当 FX 系列的 PLC 作为主站单元时，只能以 FX_{2N}-16CCL-M 作为主站通信模块，整个网络最多可以连接 7 个 I/O 站和 8 个远程设备站，另外还必须满足一些条件。

2. FX_{2N}-32CCL

在 CC-Link 网络中，FX_{2N}-32CCL 是将 PLC 连接到 CC—Link 网络中的接口模块，可连接的 PLC 有 FX_{0N}/FX_{2N}/FX_{2NC} 系列的小型 PLC，与之连接的 PLC 将作为远程设备站，并占用 PLC 的 8 个 I/O 点。

32CCL 在连接到 CC-Link 网络时，必须进行站号和占用点数的设定。站号由 2 位旋转开关设定，占用站数由 1 位旋转开关设定，站号可在 1～64 设定，超出此范围将出错，占用站数在 1～4 设定。

9.5.3 三菱 PLC 的其他网络

三菱 PLC 除了上述介绍的几种网络通信外，还可采用其他网络模块（如 Profibus、DeviceNet、MODBUS、AS-I 等）进行 RS-232/RS-422/RS-485 等串行数据通信，通过数据专线、电话线进行数据传送等多种通信方式，常用的网络还有如下几种。

1. ASI 网络

ASI（Actuator Sensor Interface）是执行器/传感器接口，ASI 总线是四大工业总线之一，属于底层自动控制设备的工业数据通信网络，用于在控制器和传感器或执行器之间实现双向数据通信。ASI 传输的字节很短，有效数据一般只有 4～5 位，被称为设备层总线。ASI 已被纳入 IEC62026 国际标准。

ASI 属于主从式网络，每个网段只能有一个主站。主站是网络通信的中心，负责网络的初始化以及设置从站的地址和参数等。从站是 ASI 系统的输入通道和输出通道，仅在被 ASI 主站访问时才被激活。接到命令时，它们触发动作或将现场信息传输给主站。当从站发生故障时，自动地址分配功能可以很容易地替换从站。

ASI 使用非屏蔽双绞线，由总线提供电源，由电缆直接连接现场传感器和执行器，系统中不需要终端电阻，可以采用 T 形分支。当前世界上主要的传感器和执行器生产厂家都支持 ASI，它特别适用于连接具有开关量特征的传感器和执行器，如行程开关、位置开关、阀门、报警器、继电器及接触器等。

三菱的 FX_{2N}-32ASI-M 是 ASI 网络的主站模块，响应时间小于 5ms，最大通信距离为 100m，使用两个中继器可扩展到 300m，传输速率为 167kbit/s。FX_{2N}-32ASI-M 模块最多可接 31 个从站，占用 8 个输入/输出点。

2. 现场总线 PROFIBUS

工业现场总线 PROFIBUS（Process Field Bus）是用于车间级和设备级的通信系统，是开放式的现场总线，已被纳入现场总线的国际标准 IEC61158。PROFIBUS 有三个兼容版本：PROFIBUS-DP（分布 I/O 系统）特别适用于 PLC 与现场级分散的远程 I/O 设备之间的高速数据交换通信；PROFIBUS-PA（过程自动化）是标准的本质安全的传输技术，用于与过程自动化的现场传感器和执行器进行低速数据传输；PROFIBUS-FMS（现场总线信息规范）用于不同供应商的自动化系统之间传输数据，处理单元级（PLC 和 PC）的通用控制层多主站数据通信，为解决复杂的通信任务提供了很大的灵活性。

FX_{0N}-32NT-DP PROFIBUS 接口模块可将 FX_{2N} 系列 PLC 作为从站连接到 PROFIBUS-DP 网络中，从主站最多可发送或接收 20 个字的数据。使用 TO/FROM 命令与 FX_{2N} 系列 PLC 进行通信，占用 8 个 I/O 点，传输速率可达 12Mbit/s（对应最大通信距离 100m），最大通信距离为 1200m（对应传输速率 93.75kbit/s）。

FX_{2N}-32DP-IF PROFIBUS 接口模块用于将最多 8 个 FX_{2N} 系列扩展 I/O 单元或特殊功能模块连接到 PROFIBUS-DP 网络中，最多 256 个 I/O 点，一个总线周期可发送或接收 200 个字节的数据。

3. 现场总线 Device Net

Device Net 已被纳入 IEC62026 标准。其节点不分主从，网络上任一节点均可在任意时刻主动向网络上其他节点发起通信；各网络节点嵌入 CAN 通信控制器芯片，其网络通信的物理信令和媒体访问控制完全遵循 CAN 协议。Device Net 最多可连接 64 个节点，可实现点对点、多主或主/从通信，可带电更换网络节点，在线修改网络配置。

Device Net 采用的典型拓扑结构为总线型结构，采用总线分支连接方式，粗缆多用作主干总线，细缆多用作支线，非总线供电的线缆应包括 24V 直流电源线、信号线这两组双绞线以及信号屏蔽线。在设备连接方式上可以灵活选用开放式和密封式的连接器。

FX_{2N}-64DNET 模块将 FX_{2N} 系列 PLC 作为从站连接到 Device Net 网络中，可使用屏蔽双绞线电缆，最高传输速率为 500kbit/s，占用 8 个 I/O 点。

4. MELSEC-I/O 链接

MELSEC NET 是三菱 PLC 的数据通信网络，它不仅可以执行数据控制和数据管理，而且也能完成工厂自动化所需要的绝大部分功能，是一个大型的网络控制系统。MELSEC NET 由两个数据通信环路——主环与副环构成，反向工作，互为备用，每一时刻只允许有一个环路工作。当主环路或子站发生故障时，网络的"回送功能"将通信自动切换到副环路，并将子站故障断开。如果主、副环路均发生故障，它又能够把主、副环路在故障处自动接通，形成回路，实现"回送功能"。这样，可以保证在任何故障下整个通信系统不发生中断而可靠工作。另外，系统还具有电源瞬间断电校正功能，保证了通信的可靠。

对于不必采用大型网络系统的地方，有时也希望将小型PLC以及其他控制装置综合起来构成集散控制系统，考虑到经济成本，可以组成MELSEC-I/O链接网络系统，它是在MELSEC NET基础上开发的小型网络系统。

FX_{2N}-16LNK-M是MELSEC-I/O LINK远程I/O链接系统的主站模块，可将FX_{2N}系列PLC作为主站连接到MELSEC-I/O LINK中。每个主站模块最大支持16个4点远程模块（128点）。整个系统总通信距离最大为200m，传输速率为38400bit/s。主站及远程I/O模块可以用屏蔽双绞线连接，不需要设置终端电阻，所有电缆可以分支。该网络适用于远程输入/输出设备的开关量控制。

练习与思考

一、单选题

1. PLC与三菱变频器485通信时，PLC向变频器发送上限频率的指令代码是（　　）。

    A. H6F   B. H70   C. H81   D. HED

2. 计算机与FXPLC之间的通信，对于RS-485系统，一台计算机最多可与（　　）PLC连接（即1∶N）。

    A. 1台   B. 8台   C. 16台   D. 32台

3. 下面（　　）属于智能控制方式。

    A. 转差频率控制   B. 矢量控制   C. V/f控制   D. 神经网络控制

4. 交直交电流型变频器其输出电流波形为（　　）。

    A. 矩形波   B. 近似正弦波   C. 三角波   D. 锯齿波

5. 变频器的不可控整流电路使用的器件为（　　）。

    A. 电力二极管（PD）   B. 普通晶闸管（SCR）

    C. GTO   D. IGBT

6. 变频器的可控整流电路使用的器件为（　　）。

    A. 电力二极管（PD）   B. 普通晶闸管（SCR）

    C. 门极可关断晶闸管（GTO）   D. 电力晶体管（GTR）

7. 变频器的可控整流电路使用的器件为（　　）。

    A. 电力二极管（PD）   B. 普通晶闸管（SCR）

    C. 门极可关断晶闸管（GTO）   D. 电力晶体管（GTR）

8. 下列（　　）是绝缘栅双极型晶体管。

    A. GTR   B. SCR   C. GTO   D. IGBT

9. 下列（　　）是电力晶体管。

    A. GTR   B. SCR   C. GTO   D. IGBT

10. 下列（　　）是门极可关断晶闸管。

    A. GTR   B. SCR   C. GTO   D. IGBT

11. 由于逆变器的负载为异步电动机，所以，在中间直流环节和电动机之间总会有无功功率的交换，这种无功能量要靠中间直流环节的（　　）储能元件来缓冲。

  A. 大电阻   B. 电感线圈   C. 电容器   D. IGBT

12. 脉冲宽度调试方式简称（　　）。

  A. PAM   B. PWM   C. GTO   D. IGBT

13. 正弦脉冲宽度调试方式简称（　　）。

  A. SPAM   B. SPM   C. SPWM   D. IGBT

14. SPWM的三角波调制信号频率决定（　　）频率。

  A. 变频器的输入   B. 变频器的输出

  C. 变频器中开关元件   D. 变频器制动元件

15. 交直交电流型变频器其输出电压波形为（　　）。

  A. 矩形波   B. 近似正弦波   C. 三角波   D. 锯齿波

16. 交直交电压型变频器其输出电流波形为（　　）。

  A. 矩形波   B. 近似正弦波   C. 三角波   D. 锯齿波

17. 交直交电压型变频器其输出电压波形为（　　）。

  A. 矩形波   B. 近似正弦波   C. 三角波   D. 锯齿波

18. 对于动态性能要求高的冶金设备宜采用（　　）变频器。

  A. 转差频率控制   B. 矢量控制

  C. V/f 控制   D. PWM 控制

19. 给电动机提供调压调频电源的电力变换部分，称为（　　）。

  A. 运算电路 B. 制动回路 C. 控制回路 D. 主回路

20. 个人要取得事业的成功，实现自我价值，关键是（　　）。

  A. 运气好   B. 人际关系好

  C. 掌握一门实用技术   D. 德才兼备

二、多选题

21. PLC与三菱变频器485通信时，PLC向变频器发送的指令代码是HFA，则以下说法正确的有（　　）。

  A. 读取运行频率 B. 发送运行频率 C. 发送正转   D. 发送反转

  E. 发送停止

22. PLC与计算机通信后，在计算机上可以实现以下（　　）基本功能。

  A. 可对PLC进行全面的系统管理

  B. 可对PLC实施直接控制

  C. 可以实现对生产过程的模拟仿真

  D. 可以利用各种可视化编程语言在计算机上编制多种组态软件

  E. 可在计算机上对整个生产过程进行运行状态的监视

23. 常见的三菱PLC网络有（　　）。

  A. ASI 网络   B. 现场总线 PROFIBUS

  C. 现场总线 Device Net   D. MELSEC-I/O 链接

  E. CC-Link 网络

24. 由于逆变器的负载为异步电动机，所以，在中间直流环节和电动机之间总会有无功功率的交换，这种无功能量要靠中间直流环节的（　　）储能元件来缓冲。

A. 大电阻　　　　　B. 电感线圈　　　　C. 电容器　　　　　D. 电抗器

25. 三菱 FR 系列变频器运行方式有（　　　）。

A. 外部信号操作　　　　　　　　　B. 参数单元操作

C. 外部信号与参数单元同时操作　　D. 外部信号启动参数单元设定频率操作

E. 多段速度操作

26. 同步信号为锯齿波的触发电路主要由（　　）组成。

A. 同步环节　　　　B. 锯齿波形成　　　C. 脉冲形成放大移相　　D. 双窄脉冲形成

E. 强脉冲形成

27. 一般造成逆变失败的原因有（　　　）。

A. 触发脉冲丢失　　B. 逆变角太小　　　C. 逆变角太大　　　　　D. 电压太高

E. 负载为感性

三、判断题

28. 通信协议是指通信过程中必须严格遵守的数据传送规则，是通信得以顺利进行的法规。（　　　）

29. RS-422 由 RS-232 发展而来，它是为弥补 RS-232 之不足而提出的。（　　　）

30. RS-485 与 RS-422 一样，数据信号采用差分传输方式。（　　　）

31. 计算机与 FX 系列 PLC 之间的通信，既可以使用 RS-232C 接口，又可以使用 RS-485 接口。（　　　）

32. 通常 GTR 开关元件的逆变器，在功率晶体管旁反并联一个二极管，其作用是为滞后的负载电流反馈到电源提供通路。（　　　）

33. 通常变频器的主回路设有再生回路是电动机减速时再生能量的释放通路。（　　　）

34. 采用 GTR 或 GTO 构成的变频器可以省掉专门的换流电路。（　　　）

35. 绝缘栅双极型晶体管是复合型全控器件，具有输入阻抗高、工作速度快、通态电压低、阻断电压高、承受电流大等优点。（　　　）

36. 基频以下的恒磁通变频调速属于恒转矩调速方式。（　　　）

37. 脉宽调制是在逆变电路部分同时对输出电压或电流的有效值和频率进行控制的控制方式。（　　　）

四、简答题

38. PLC 与变频器通信时需要设定哪些参数？

39. 写出 PLC 的 10 条外围设备 SER 指令及 RS 指令的用法。

40. 简述 CCD、SACI 指令用法。

练习与思考题参考答案

1. C	2. C	3. D	4. A	5. A	6. B	7. B	8. D	9. A	10. C
11. C	12. B	13. C	14. C	15. B	16. B	17. A	18. B	19. D	20. D
21. CDE	22. ABCDE	23. ABCDE	24. CD	25. ABCD	26. ABCDE	27. AB	28. Y	29. Y	30. Y
31. Y	32. Y	33. Y	34. Y	35. Y	36. Y	37. N			

第三单元

PLC、变频器、人机界面在自动生产线上的应用

任务 ⑩

步进电动机的控制系统设计与调试

10.1 任务来源

本项目是采用 PLC 的输出点直接控制步进电动机的运行，这种控制方式，目前很少使用，但对于学员更好地理解步进电动机的工作原理和工作过程很有帮助，有利于学员掌握步进电动机的基本概念（如相数、节拍、步距角等），为后面的步进电动机的控制打好基础。

10.2 任务描述

请设计一个 PLC 直接驱动步进电动机运行的控制系统，并完成其控制系统的硬件配置、程序设计、系统接线和运行调试，其具体要求如下。

（1）步进电动机要求采用三相六拍方式输出，即正转 A→AB→B→BC→C→CA→A（或反转 A→CA→C→BC→B→AB→A），如此循环，脉冲串频率为 1Hz（即一拍 1s）。

（2）若按正转启动按钮，步进电动机正转。

（3）若按反转启动按钮，步进电动机反转。

（4）正转到正方向行程开关位置，步进电动机停止；反转到反方向行程开关位置，步进电动机停止。

（5）运行过程中，按停止按钮，步进电动机停止。

（6）运行过程中，可以切换电动机的运行方向，但需要延时 2s 再启动。

10.3 目标描述

10.3.1 技能目标

1. 关键技能
- 能（会）实现步进电动机的正反转控制。
- 能（会）进行步进电动机的调速控制。
- 能（会）步进电动机的线路连接。

2. 基本技能
- 能（会）设计选择性流程程序。

- 能（会）进行 PLC 与三相三拍步进电动机的连接。
- 能（会）正确安装与调试步进电动机。

10.3.2 知识目标

- 掌握步进电动机的结构。
- 掌握步进电动机的工作原理。
- 掌握步进电动机的正反转调速的基本原理。

10.3.3 职业素质目标

- 着装整齐，不穿奇装异服，不穿拖鞋。
- 工作态度积极，有责任感。
- 认真总结训练过程的得失，吃一堑长一智，养成善于总结的习惯。
- 养成善于思考、敢于提问、不懂就问的学习习惯。
- 养成工作前进行安全隐患检查的习惯。

10.4 任务实施

10.4.1 活动一 学员自学或教师讲授

1. 步进电动机的工作原理

（1）重点掌握步进电动机的常用概念。

（2）了解单极性步进电动机原理。

（3）了解双极性步进电动机原理。

2. 步进电动机的接线方法

（1）了解两相步进电动机的接线方法。

（2）重点掌握三相步进电动机的接线方法。

3. 步进驱动脉冲的形式

（1）重点掌握三相三拍和三相六拍脉冲。

（2）了解两相四拍和两相八拍脉冲。

4. 了解步进驱动的运行特性

（1）了解静态特性。

（2）了解步进运行特性。

（3）了解连续运行特性。

（4）重点掌握主要技术数据和性能指标。

10.4.2 活动二 示范操作

1. 步骤一：控制需求分析与系统设计

（1）硬件需求：PLC 需要晶体管源型输出，步进电动机的额定电流应小于 0.5A（24V），否则不能直接驱动输出。

（2）软件需求：需要按照输出时序控制输出脉冲及其占空比，而且输出频率不能过高；设计程序时可以采用选择性流程，也可以采用 DECO 编码指令来实现（自行完成）。

（3）在系统设计时，由于 PLC 输出点的容量和脉冲频率的限制，尽量不要采用直接输出控制步进电动机。

2. 步骤二：根据控制要求对步进电动机主电路进行正确的连接

（1）接线之前要了解步进电动机的各端子功能。

（2）了解步进电动机的各项参数。

（3）根据控制要求绘制步进电动机连接图，如图 10-1 所示。

3. 步骤三：按要求进行 PLC 的 I/O 分配

（1）了解 PLC 的 I/O 端子的分布情况。

（2）了解控制所需的输入输出端。

（3）根据控制要求，PLC 的 I/O 分配表见表 10-1。

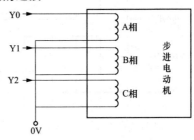

图 10-1　步进电动机连接图

表 10-1　　　　　　　　　　I/O 分　配　表

输入端		输出端	
X1	电动机正转	Y0	电动机 A 相得电
X2	电动机反转	Y1	电动机 B 相得电
X3	正转行程开关	Y2	电动机 C 相得电
X4	反转行程开关		
X0	电动机停止		

4. 步骤四：根据控制要求设计控制线路图

（1）注意元器件符号画法要规范。

（2）注意步进电动机需要外加 24V 电源。

（3）该型 PLC 输出只能采用源型接线。

（4）根据控制要求及 PLC 的 I/O 分配绘制控制线路图，如图 10-2 所示。

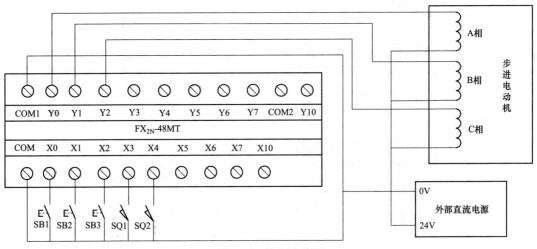

图 10-2　控制线路图

5. 步骤五：根据控制要求设计 PLC 程序

（1）根据控制要求，画出时序图。脉冲串频率为 1Hz，即定子绕组脉冲变化周期为 6s，因此，根据三相六拍步进电动机的工作过程 A→AB→B→BC→C→CA→A，其时序图如图 10-3 所示。

任务 ⑩

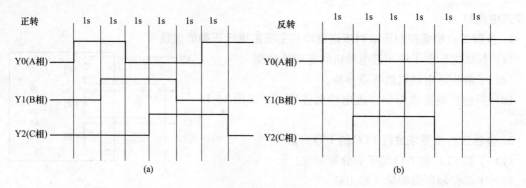

图 10-3 时序图

(a) 正转时序；(b) 反转时序

（2）根据控制要求，画出流程图。分析三相六拍步进电动机的工作过程，整个过程可以分为如下几个阶段（正转）：复位，A相得电、延时，A相和B相得电、延时，B相得电、延时，B相和C相得电、延时，C相得电、延时，C相和A相得电、延时，然后又回到A相得电，如此循环；反转即反过来就是了。复位包括初始复位、停止复位、正转行程复位和反转行程复位。各个阶段之间只要延时时间到就可以转移到下一阶段，因此，流程图如图 10-4 所示。

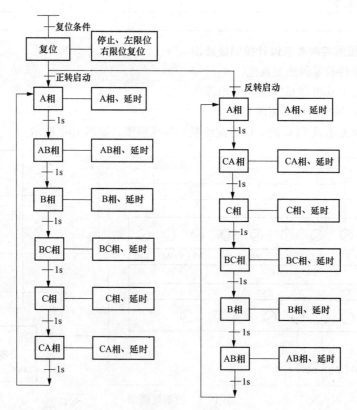

图 10-4 流程图

（3）设计控制程序，如图 10-5 所示，注意步进电动机正反转实现方法（参考步进电动机工作原理）；加减速控制只需要改变时间继电器的设定时间即可。

（4）通过编程软件输入程序，并下载到 PLC。

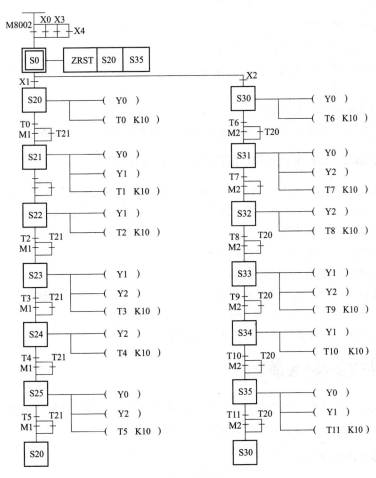

图 10-5　控制程序

6. 步骤六：系统调试

（1）关闭电源，检查工作环境是否安全。

（2）接入 PLC 输入电路，根据任务描述进行离线调试，观察输出指示灯状态，如不正确，则检查程序。

（3）离线调试正确后，接入输出线路到步进电动机，观察步进电动机的运动状态。

（4）如步进电动机不正确，检查接线。

7. 步骤七：做好相关技术总结

（1）对于实际生产设备，在完成系统调试后，必须撰写技术总结、运行与管理等的相关技术资料。

（2）对于实训室的训练，要认真总结相关技能点、知识点、关键操作等，为下一训练任务打好基础。

10.4.3 活动三　根据所讲述和示范案例，完成下面任务

用 PLC 直接驱动两相双级步进电动机工作，Y0 为＋A 相，Y1 为－A 相，Y2 为 B 相，Y3 为－B 相，脉冲串频率为 1Hz，要求采用两相八拍方式输出，即正转 A→AB→B→－AB→－A→－A－B→－B→－BA（或反转 A→－BA→－B→－A－B→－A→－AB→B→AB），如此循环，具体控制过程如下。

（1）若按正转启动按钮，步进电动机正转。

（2）若按反转启动按钮，步进电动机反转。

（3）正转到正方向行程开关位置，步进电动机停止；反转到反方向行程开关位置，步进电动机停止。

（4）运行过程中，按停止按钮，步进电动机停止。

（5）运行过程中，可以切换电动机的运行方向，但需要延时 2s 再启动。

10.4.4 活动四　根据所讲述和示范案例，完成下面任务

用 PLC 直接驱动步进电动机工作，Y0 为＋A 相，Y1 为 B 相，Y2 为 C 相，脉冲串频率为 1Hz，要求采用三相六拍方式输出，即正转 A→AB→B→BC→C→CA（或反转A→AC→C→CB→B→AB），如此循环，具体控制过程如下。

（1）若按正转启动按钮，步进电动机正转。

（2）若按反转启动按钮，步进电动机反转。

（3）在正转运行时，若按加速（或减速），步进电动机则加速（或减速）运行；在反转运行时，若按加速（或减速），步进电动机则加速（或减速）运行。

（4）运行过程中，按停止按钮，步进电动机停止。

10.5　相关知识与技能

为顺利完成本训练任务，需要学习步进电动机的基本概念、基本结构、工作原理、分类、接线以及注意事项。主要内容如下，也可查阅相关使用手册。

10.5.1　步进电动机概述

步进电动机是将电脉冲信号转变为角位移或线位移的开环控制器件。在非超载的情况下，电动机的转速、停止的位置只取决于脉冲信号的频率和脉冲数，而不受负载变化的影响，即给电动机加一个脉冲信号，电动机则转过一个步距角。这一线性关系的存在，加上步进电动机只有周期性的误差而无累积误差等特点，使得在速度、位置等控制领域用步进电动机来控制变得非常的简

单。虽然步进电动机已被广泛地应用，但步进电动机并不能像普通的直流电动机、交流电动机在常规下使用，它必须由双环形脉冲信号、功率驱动电路等组成控制系统方可使用。下面介绍步进电动机的几个重要概念。

（1）相数。产生不同对极 N、S 磁场的励磁线圈对数，是指电动机内部的线圈组数，目前常用的有二相、三相、四相、五相步进电动机。电动机相数不同，其步距角也不同，一般二相电动机的步距角为 0.9°/1.8°、三相的为 0.75°/1.5°、五相的为 0.36°/0.72°。在没有细分驱动器时，用户主要靠选择不同相数的步进电动机来满足自己步距角的要求。如果使用细分驱动器，则"相数"将变得没有意义，用户只需在驱动器上改变细分数，就可以改变步距角。目前应用最广泛的是两相和四相，四相电动机一般用作两相，五相的成本较高。

（2）拍数。完成一个磁场周期性变化所需脉冲数或导电状态用 n 表示，或指电动机转过一个齿距角所需脉冲数，以四相电动机为例，有四相四拍运行方式即 AB-BC-CD-DA-AB，四相八拍运行方式即 A-AB-B-BC-C-CD-D-DA-A。

（3）固有步距角。对应一个脉冲信号，电动机转子转过的角位移用 θ_b 表示。$\theta_b=360°$/（转子齿数 J×运行拍数），以常规二、四相，转子齿为 50 齿电动机为例。四拍运行时步距角为 $\theta_b=360°$/（50×4）=1.8°（俗称整步），八拍运行时步距角为 $\theta_b=360°$/（50×8）=0.9°（俗称半步）。这个步距角可以称为"电机固有步距角"，它不一定是电动机实际工作时的真正步距角，真正的步距角和驱动器有关。根据以上讨论可得出步进电动机的步距角公式为

$$\theta_b = \frac{360°}{NZ_r}$$

式中　N——拍数，$N=mC$；

　　　Z_r——转子齿数。

（4）转速。增加拍数和转子的齿数可减小步距角，有利于提高控制精度。增加电动机的相数可增加拍数，从而减小步距角。但相数越多，电源及电动机的结构越复杂，目前步进电动机一般做到六相。所以增加转子齿数是减小步距角的一个有效途径。由上式可求得步进电动机的转速公式为

$$n = \frac{60f}{NZ_r}$$

式中　f——步进电动机的脉冲频率（拍/s 或脉冲数/s）。

　　　n——转速，r/min。

由此可知，步进电动机的转速与拍数 N、转子齿数 Z_r 及脉冲频率 f 有关。当转子齿数一定时，转速与输入的脉冲频率成正比，与拍数成反比。

（5）定位转矩（Detent Torque）。是指步进电动机在没有通电的情况下，定子锁住转子的力矩（由磁场齿形的谐波以及机械误差造成的），Detent Torque 在国内没有统一的翻译方式，容易使大家产生误解；由于反应式步进电动机的转子不是永磁材料，所以它没有定位转矩。

（6）最大静转矩。也叫保持转矩（Holding Torque），是指电动机在额定静态电作用下（通电），电动机不做旋转运动时，电动机转轴的锁定力矩，即定子锁住转子的力矩。此力矩是衡量电动机体积（几何尺寸）的标准，与驱动电压及驱动电源等无关。通常步进电动机在低速时的力矩接近保持转矩。由于步进电动机的输出力矩随速度的增大而不断衰减，输出功率也随速度的增大而变化，所以保持转矩就成为衡量步进电动机最重要的参数之一。比如，当人们说 2N·m 的步进电动机，在没有特殊说明的情况下是指保持转矩为 2N·m 的步进电动机。

虽然静转矩与电磁励磁安匝数成正比，与定齿转子间的气隙有关，但过分采用减小气隙，增

加励磁安匝来提高静力矩是不可取的，这样会造成电动机的发热及机械噪声。

10.5.2 步进电动机的分类

1. 按照极性分类

按照极性可将步进电动机分为单极性和双极性。

（1）单极性步进电动机。这种步进电动机之所以称为单极性是因为每个绕组中电流仅沿一个方向流动。它也称为两线步进电动机，因为它只含有两个线圈。两个线圈的极性相反，卷绕在同一铁芯上，具有同一个中间抽头。单极性步进电动机还称为 4 相步进电动机，因为它有 4 个激励绕组。单极性步进电动机的引线有 5 或 6 根。如果步进电动机的引线是 5 根，那么其中一根是公共线，其他 4 根分别连到电动机的 4 相。如果步进电动机的引线是 6 根，那么它是多段式单极性步进电动机，有两个绕组，每个绕组分别有一个中间抽头引线。

（2）双极性步进电动机。双极性步进电动机之所以如此命名，是因为每个绕组都可以两个方向通电，因此每个绕组既可以是 N 极，又可以是 S 极。它又称为单绕组步进电动机，因为每极只有单一的绕组，它还称为两相步进电动机，因为具有两个分离的线圈。双极性步进电动机有四根引线，每个绕组两条。与同样尺寸和质量的单极性步进电极相比，双极性步进电动机具有更大的驱动能力，原因在于其磁极（不是中间抽头的单一线圈）中的场强是单极性步进电动机的两倍。双极性步进电动机的每个绕组需要一个可逆电源，通常由 H 桥驱动电路提供。由于双极性步进电动机比单极性步进电动机的输出力矩大，因此总是应用于空间有限的设计中。这也是软盘驱动器的磁头步进机械系统的驱动之所以总是采用双极性步进电动机的原因。双极性步进电动机的步距通常是 1.8°，也就是每周 200 步。

2. 按照励磁方式

（1）反应式步进电动机。反应式步进电动机，是一种传统的步进电动机，由磁性转子铁芯通过与由定子产生的脉冲电磁场相互作用而产生转动。反应式步进电动机工作原理比较简单，转子上均匀分布着很多小齿，定子齿有三个励磁绕组，其几何轴线依次分别与转子齿轴线错开。电动机的位置和速度由导电次数（脉冲数）和频率成一一对应关系。而方向由导电顺序决定。市场上一般以二、三、四、五相的反应式步进电动机居多。

（2）永磁式步进电动机。永磁式步进电动机是由磁性转子铁芯通过与由定子产生的脉冲电磁场相互作用而产生转动。永磁式步进电动机一般为两相，转矩和体积较小，步进角一般为 7.5°或 15°。电动机里有转子和定子两部分：可以是定子式线圈，转子式永磁铁；也可以是定子式永磁铁，转子式线圈。

（3）混合式步进电动机。混合式步进电动机是指混合了永磁式和反应式的优点。它又分为两相、三相和五相：两相步进角一般为 1.8°而五相步进角一般为 0.72°，混合式步进电动机随着相数（通电绕组数）的增加，步进角减小，精度提高，这种步进电动机的应用最为广泛。

3. 按相数分

步进电动机按相数分一般有两相、三相、四相和五相，两相步进电动机一般是双极性反应式、永磁式或混合式；三相和五相步进电动机一般是双极性反应式或混合式；四级步进电动机一般为单极性反应式。

10.5.3 步进电动机的结构

1. 组成

步进电动机的主要构成包括：线圈、定子磁极、转子铁芯、转子磁极等。

（1）线圈。其作用是产生转矩磁场和静止磁场，使步进电动机转动或是保持静止转矩，线圈都由多相线圈构成，各相线圈间在空间上保持对称。

（2）定子磁极。由多个定子齿构成，定子磁极距离转子磁极相对较近，因此其齿产生的磁力作用相对于定子其他部位要强很多，当某相线圈通电时，其相对应的齿产生的强大磁力与转子齿对齐，实现精确定位。

（3）转子磁极。由多个转子齿构成，其磁化作用是定子磁极产生，是步进电动机产生转矩最重要的部分。如果是永磁式步进电动机，其转子由永磁体构成。

2. 典型结构

三相反应式步进电动机的典型结构如图 10-6 所示。它的定子和转子是用硅钢片或其他软磁材料制成的。定子上共有 6 个磁极，每个磁极上都有许多小齿。在径向相对的两个磁极上的线圈串联起来组成一相绕组，三相绕组接成星形。转子上没有绕组，沿圆周也有许多小齿。根据工作要求，定子磁极上小齿的齿距和转子上小齿的齿距必须相等，而且转子上齿数有一定限制。图中所示转子的齿数 $Z_r = 40$，定子每个磁极上有 5 个小齿。

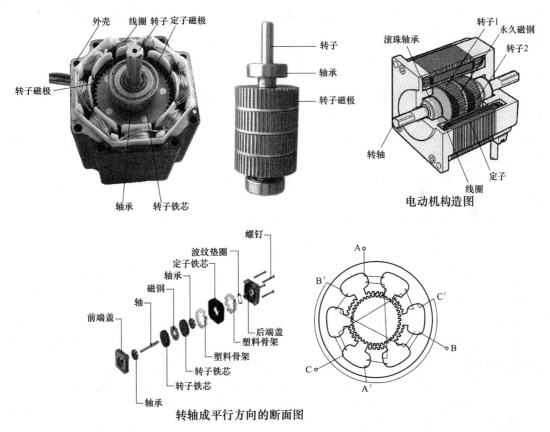

图 10-6　步进电动机定转子展开图

10.5.4　步进电动机工作原理

1. 三相反应式步进电动机原理

电动机转子均匀分布着很多小齿，定子齿有三个励磁绕组，其几何轴线依次分别与转子齿轴线错开 0、$1/3\tau$、$2/3\tau$（相邻两转子齿轴线间的距离为齿距，以 τ 表示），即 A 与齿 1 相对齐，B 与齿 2 向右错开 $1/3\tau$，C 与齿 3 向右错开 $2/3\tau$，A′ 与齿 5 相对齐（A′就是 A，齿 5 就是齿 1），其定转子的展开图如图 10-7 所示。

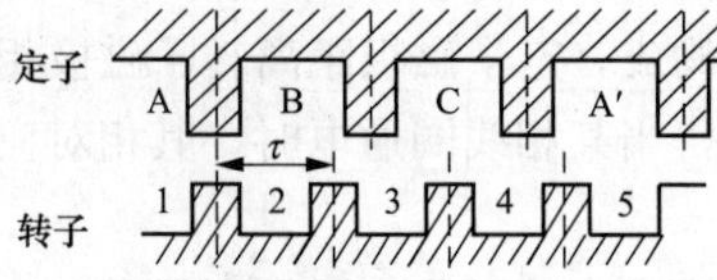

图 10-7 三相反应式步进电动机工作原理（三相三拍）

如 A 相通电，B、C 相不通电时，由于磁场作用，齿 1 与 A 对齐。如 B 相通电，A、C 相不通电时，齿 2 应与 B 对齐，此时转子向右移 1/3τ，此时转子齿 3 与 C 偏移为 1/3τ，齿 4 与 A 偏移 2/3τ。如 C 相通电，A、B 相不通电，齿 3 应与 C 对齐，此时转子又向右移 1/3τ，齿 4 与 A 偏移为 1/3τ。如 A 相通电，B、C 相不通电，齿 4 与 A 对齐，转子又向右移过 1/3τ，这样经过 A、B、C、A 分别通电状态，电动机转子向右转过一个齿距，如果不断地按 A、B、C、A…通电，电动机就每步（每脉冲）1/3τ，向右旋转。如按 A、C、B、A…通电，电动机就反转。由此可见：电动机的位置和速度与导电次数（脉冲数）和频率呈一一对应关系，而方向由导电顺序决定。不过，出于对力矩、平稳、噪声及减少角度等方面考虑，往往采用 A—AB—B—BC—C—CA—A 这种导电状态，其定转子的展开图如图 10-8 所示，这样将原来每步 1/3τ 改变为 1/6τ。

甚至通过二相电流不同的组合，使其 1/3τ 变为 1/12τ、1/24τ，这就是电动机细分驱动的基本理论依据。不难推出：电动机定子上有 m 相励磁绕组，其轴线分别与转子齿轴线偏移 1/m，2/m，…，(m−1)/m，1。并且导电按一定的相序，电动机就能实现正反转控制，这就是步进电动机旋转的物理条件。

综上所述，反应式步进电动机可以有不同的相数，如三相、四相、五相等，也可以有不同的运行拍数，但其基本工作原理是相同的。

由步进电动机工作原理的讨论可知，步进电动机每来一个脉冲，转子转过的角度称为步距角，用 θ_b 表示，步距角的大小与转子齿数和拍数的关系为

$$\theta_b = \frac{360°}{NZ_r}$$

式中　Z_r——转子齿数；

N——运行拍数，$N=Km$，K 为状态系数，m 为相数，当采用单三拍或双三拍分配方式时，运行拍数等于相数，$K=1$，即 $N=m$，称为单拍制，当采用单、双六拍分配方式时，运行拍数等于相数的两倍，$K=2$，即 $N=2m$，称为双拍制。

上式表明，步距角和转子齿数、电动机相数及拍数有关。同一相数的步进电动机，若转子齿数不同，则步距角大小不同。采用的分配方式不同，步距角也有两个不同的值。增加相数或齿数可以减小步距角，但相数的增加受到电动机外形尺寸及驱动电源的限制，只能适当增加；而转子齿数在一定条件下可以增加。目前，国内外常用的小步距角的反应式步进电动机就是通过增加转子齿数来实现的，其步距角可以做得很小，以满足生产实践中实现微量进给的需要。

由步进电动机的工作原理还可以知道，步进电动机在电脉冲信号作用下，每来一个脉冲转过一个角度，每分钟转过的角度为 $60f\theta_b$。因此，电动机转速与电脉冲频率 f 的关系为

$$n = \frac{60f\theta_b}{360°} = \frac{f\theta_b}{6°}(\text{r/min}) \text{ 或 } n = \frac{60f}{NZ_r}(\text{r/min})$$

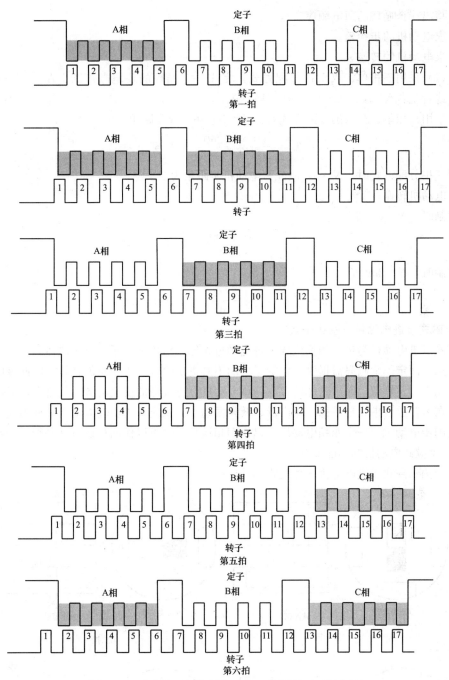

图 10-8　反应式三相步进电动机工作原理（三相六拍）

因此，电动机转速与脉冲源频率保持严格的正比关系。步进电动机可以在恒定脉冲作用下作为同步电动机使用，也可以在受控脉冲源作用下很方便地实现速度控制。此外，步进电动机转过的角度 θ 与脉冲个数 k 保持严格的比例关系，即 $Q=CK$（机械角度）。

这个特点在许多工程实践中是很有用的。如在一个自动控制系统中，用步进电动机带动管道阀门，为了控制流量，要求阀门能按精确的角度开启，这就要求能对步进电动机进行精确的角度控制。

例如，一台三相反应式步进电动机，采用三相单、双六拍分配方式，转子上共有 40 个齿，已知脉冲源频率为 600Hz，试完成下列要求。

（1）写出一个循环的通电顺序。

（2）求电动机的步距角。

（3）求电动机的转速 n。

解 （1）采用三相单、双六拍分配方式，完成一个循环的通电顺序为：A—AB—B—BC—C—CA，或者是：A—AC—C—CB—B—BA—A。

（2）采用三相单、双六拍分配方式时，$N=2m=6$，故步距角

$$\theta_b = \frac{360°}{NZ_r} = \frac{360°}{6 \times 40} = 1.5°$$

采用三拍分配方式时，$N=3$，故此台电动机步距角为 3°。

（3）电动机转速

单拍制时，$N=m=3$

$$n = \frac{60f}{NZ_r} = \frac{60 \times 600}{3 \times 40} = 300(\text{r/min})$$

双拍制时，$N=2m=6$

$$n = \frac{60f}{NZ_r} = \frac{60 \times 600}{6 \times 40} = 150(\text{r/min})$$

2. 永磁式步进电动机（感应子式）

永磁式步进电动机与传统的反应式步进电动机相比，结构上转子加有永磁体，以提供软磁材料的工作点，而定子励磁只需提供变化的磁场而不必提供磁材料工作点的耗能，因此该电动机效率高，电流小，发热低。因永磁体的存在，该电动机具有较强的反电动势，其自身阻尼作用比较好，使其在运转过程中比较平稳、噪声低、低频振动小。感应子式步进电动机某种程度上可以看作是低速同步电动机。一个四相电动机可以作四相运行，也可以作两相运行（必须采用双极电压驱动），而反应式电动机则不能如此。

两相四拍永磁式步进电动机工作过程如图 10-9 所示。

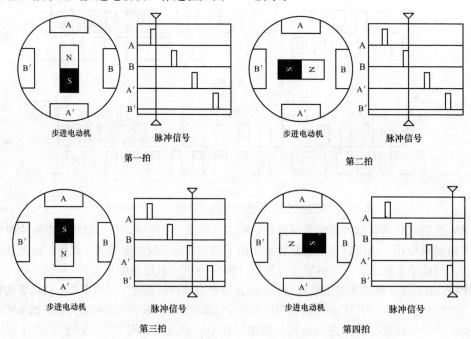

图 10-9 两相四拍永磁式步进电动机工作原理

两相八拍步进电动机工作过程如图 10-10 所示。

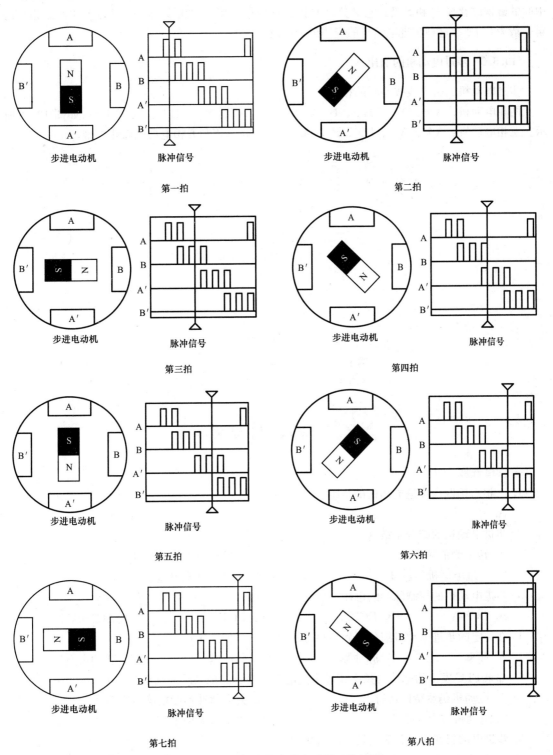

第一拍　　　　　　　　　　　　　　第二拍

第三拍　　　　　　　　　　　　　　第四拍

第五拍　　　　　　　　　　　　　　第六拍

第七拍　　　　　　　　　　　　　　第八拍

图 10-10　两相八拍步进电动机工作过程

3. 混合式步进电动机

混合式步进电动机是指混合了永磁式和反应式的优点。混合式步进电动机就是步进电动机的转子是由磁铁和纯铁芯片组成的，中间一个高磁能积磁铁，两边是纯铁芯片，两边的芯片分别被中间的磁铁磁化成 N 和 S 极。它又分为两相、三相和五相：两相步进角一般为 1.8°而五相步进角一般为 0.72°。这种步进电动机的应用最为广泛。

10.5.5　步进电动机的引出线

步进电动机的引出线按不同的相数有：

两相电动机：A＋、A－、B＋、B－或者 A＋、AC、A－，B＋、BC、B－，如图 10-11 所示。三相电动机：A＋、A－、B＋、B－、C＋、C－，四相和五相电动机以此类推。

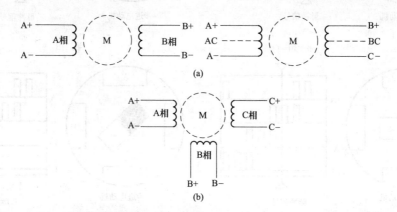

图 10-11　步进电动机引出线示意图
（a）两相电动机接线图；（b）三相电动机接线图

练 习 与 思 考

一、单选题

1. 三相六拍四齿步进电动机的步距角 θ_b 为（　　）。
   A. 30°　　　　　　　B. 20°　　　　　　　C. 15°　　　　　　　D. 10°

2. 步进电动机的细分是指（　　）。
   A. 转一圈的频率　　　　　　　　　　B. 转过一个步距角的脉冲数
   C. 步进电动机的速度　　　　　　　　D. 步进电动机电流

3. 步进电动机的控制脉冲的电压一般是（　　）。
   A. DC24V　　　　　B. DC12V　　　　　C. DC5V　　　　　D. AC220V

4. 在一定的步进电动机细分下旋转角度和（　　）参数有关。
   A. 频率　　　　　　B. 脉冲数　　　　　C. 脉冲电压　　　　D. 脉冲占空比

5. 如果 PLC 发出的脉冲的频率超过步进电动机接收的最高脉冲频率会发生（　　）。
   A. 电动机仍然精确运行　　　　　　　B. 丢失脉冲不能精确运行
   C. 电动机方向会变化　　　　　　　　D. 电动机方向不变

6. 步进电动机在超过其额定转速时扭矩会（　　）。
   A. 增大　　　　　　B. 减小　　　　　　C. 不变　　　　　　D. 都有可能

7. 步进电动机如果用的是 DC5V 的脉冲输入信号，目前 PLC 有 DC24V 的脉冲输出应（　　　）。
   A. 并联一个电阻 2kΩ2W　　　　　　　B. 并联一个电阻 1kΩ1W

C. 串联一个电阻 2kΩ1W   D. 串联一个电阻 2kΩ2kW

8. 要想立足社会并成就一番事业，从业人员除了要刻苦学习现代专业知识和技能外，还需要（   ）。

     A. 搞好人际关系   B. 得到领导的赏识

     C. 加强职业道德休养   D. 建立自己的小集团

9. 触电者伤势严重，呼吸停止或心脏停止跳动，应竭力施行（   ）和胸外心脏按压。

     A. 推拿按摩   B. 点穴   C. 揉肚   D. 人工呼吸

二、多选题

10. 步进电动机控制程序设计三要素分别为（   ）。

     A. 速度   B. 方向   C. 时间   D. 加速度

     E. 转矩

11. 步进电动机按照励磁方式可以分为（   ）。

     A. 反应式   B. 永磁式   C. 电动式   D. 感应式

     E. 混合式

12. 步进电动机的构成主要包括（   ）。

     A. 定子线圈   B. 转子线圈   C. 定子磁极   D. 转子磁极

     E. ABCD 都是

13. 步进电动机的应用范围包括（   ）。

     A. 转速控制   B. 定位控制   C. 转矩控制   D. 闭环控制

     E. 开环控制

14. 市场上步进电动机的步距角一般有（   ）。

     A. $0.36°/0.72°$ B. $0.9°/1.8°$

     C. $1.5°/3°$ D. $3°/6°$

     E. ABCD 都是

15. 常用的步进电动机的相数有（   ）。

     A. 二相   B. 三相   C. 四相   D. 五相

     E. ABCD 都是

16. 步进电动机的主要参数有（   ）。

     A. 相数   B. 拍数   C. 步距角   D. 控制角

     E. 保持转矩和定位转矩

17. 以下对步进电动机的描述正确的有（   ）。

     A. 步进电动机的精度会产生累积

     B. 步进电动机的转矩随转速的升高而下降

     C. 步进电动机启动频率过高或过低，会产生丢步和堵转现象

     D. 步进电动机定位精度为 $3\%\sim5\%$

     E. ABCD 都是

18. 步进电动机出现振动现象，可能的原因有（   ）。

     A. 运行频率过低   B. 运行频率过高

     C. 负载过大   D. 启动频率过高

     E. 负载过小

19. 步进电动机的选择应考虑的因素包括（   ）。

A. 静力矩　　　　　　　　　　B. 转速

C. 定位精度及振动　　　　　　D. 电流和细分

E. ABCD 都是

三、判断题

20. 步进电动机的转速与脉冲周期成正比。（　　　）

21. 爱岗敬业是社会主义职业道德的重要规范，是职业道德的基础和基本精神，是对人们职业工作态度的一种最普遍、最重要的要求。（　　　）

22. 电动机停转的时候具有最大的转矩。（　　　）

23. 电动机的响应仅由数字输入脉冲确定，因而可以采用闭环控制，这使得电动机的结构可以比较简单而且控制成本。（　　　）

24. 步进电动机超过负载时会破坏同步，低速工作时会发出振动和噪声。（　　　）

25. 步进电动机最好不使用整步状态，整步状态时振动大。（　　　）

26. 步进电动机高精度定位时，应通过机械减速、提高电动机速度，或采用高细分数的驱动器来解决。（　　　）

27. 步进电动机的调速范围比普通交流异步电动机的调速范围窄一些。（　　　）

四、简答题

28. 简述三相六拍步进电动机调速的原理。

29. 简述三相六拍步进电动机正反转的方法。

30. 简述三相六拍步进电动机的工作原理。

练习与思考题参考答案

1. C	2. B	3. C	4. B	5. B	6. B	7. C	8. C	9. D	10. ABD
11. ABE	12. ACD	13. AB	14. ABC	15. ABD	16. ABCE	17. BD	18. BCD	19. ABCDE	20. N
21. Y	22. Y	23. N	24. N	25. Y	26. Y	27. N			

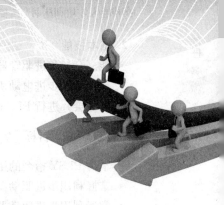

任务 ⑪

带驱动器的步进电动机的控制系统设计与调试

11.1 任务来源

由于 PLC 的高速输出端数量和 PLC 输出端驱动能力的限制,用 PLC 直接控制步进电动机运行一般很少使用,普遍采用 PLC 给定控制信号(如脉冲数量、运行方向、停止信号等),由驱动器拖动步进电动机运行(驱动器的作用是将输入的脉冲信号和控制信号转化为具有驱动力的带相序的多相脉冲信号),这种方式广泛地应用在开环定位系统中,如点胶机、贴标机、雕刻机、激光设备、医疗设备、电子设备、广告设备等自动化设备,具有广泛的市场前景。

11.2 任务描述

请设计一个利用 PLC 输出的脉冲来驱动步进驱动器,实现精准定位的控制系统,并完成其控制系统的硬件配置、程序设计、系统接线和运行调试,其控制要求如下。

1. 手动运行功能

(1)按左行按钮,手臂左行,频率 $400 \times L$(L 表示细分数)Hz,到左限位时停止。

(2)按右行按钮,手臂右行,频率 $640 \times L$Hz,到右限位时停止。

(3)运行中,松开手动按钮,手臂立即停止运行。

2. 自动运行功能

(1)选择自动运行后,按下启动按钮,手臂先向左运行,到左边的限位时暂停 2s;然后向右运行,到右边的限位时暂停 2s 后再向左运行;如此循环不止(运行频率为 $800 \times L$Hz)。

(2)运行中按急停按钮则立即停机。

11.3 目标描述

11.3.1 技能目标

1. 关键技能

- 能(会)使用 PLSY 指令进行定位控制。
- 能(会)使用步进驱动器进行正反转控制。
- 能(会)使用步进驱动器进行调速。

2. 基本技能

- 能（会）步进驱动器与步进电动机的线路连接。
- 能（会）步进电动机的正反转控制。
- 能（会）进行 PLC 简单程序的设计。

11.3.2 知识目标

- 掌握 PLSY 指令的用法。
- 掌握利用步进驱动器进行调速的基本原理。
- 掌握利用步进驱动器进行正反转控制的基本原理。

11.3.3 职业素质目标

- 着装整齐，不穿奇装异服，不穿拖鞋。
- 工作态度积极，有责任感。
- 认真总结训练过程的得失，吃一堑长一智，养成善于总结的习惯。
- 养成善于思考、敢于提问、不懂就问的学习习惯。
- 养成工作前进行安全隐患检查的习惯。

11.4 任务实施

11.4.1 活动一 学员自学或教师讲授

1. 步进驱动器的原理和常用端子功能

（1）步进驱动器的原理。

（2）重点掌握步进驱动器的主驱动端子和控制端子功能。

2. 步进驱动器的设置

（1）步进驱动器的驱动方式设置。

（2）重点掌握步进驱动器的细分设置。

3. 脉冲输出指令

（1）重点掌握 PLSY 指令的用法和程序设计。

（2）掌握 PLSR 指令的用法和程序设计。

（3）了解 SPD 等其他高速处理指令的用法和程序设计。

11.4.2 活动二 示范操作

1. 步骤一：控制需求分析与系统设计

（1）硬件需求：硬件需求如图 11-1 所示。

（2）使用 PLSY 或 PLSR 定位指令进行程序设计。

2. 步骤二：按要求进行 PLC I/O 分配

（1）了解步进驱动器的 I/O 需求。

（2）了解手动按钮的 I/O 需求。

（3）了解行程保护的 I/O 需求。

（4）根据控制要求，PLC 的 I/O 分配表见表 11-1。

表 11-1　　　　　　　　　　I/O 分 配 表

输入	功能	输出	功能	
X0	手动/自动选择 SA	Y1	方向信号输出	
X1	右移信号输入 SB1	Y0	输出脉冲	
X2	左移信号输入 SB2	D1	脉冲频率	
X3	左限位信号输入 SQ1			
X4	右限位信号输入 SQ2			
X5	停止按钮 SB3			
X6	自动运行的启动按钮 SB4			

3. 步骤三：根据控制要求设计控制线路图

（1）注意驱动器的控制电压。

（2）步进驱动器需要外加 24V 电源。

（3）该型 PLC 输出只能采用源型接线。

（4）根据控制要求，PLC 的 I/O 分配，绘制控制线路图，如图 11-1 所示。

4. 步骤四：步进驱动器设置

（1）认真观察步进驱动器的结构及各种标记的功能和作用。

（2）将 SW6～SW1 设置为 001100，将步进驱动器设置为外部脉冲驱动、脉冲＋方向、细分设置为 5，其设置方法参考相关知识与技能。

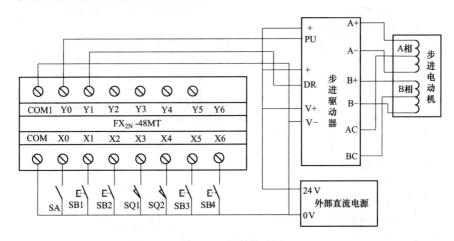

图 11-1　控制线路图

5. 步骤五：根据控制要求设计 PLC 程序

（1）根据控制要求画出其时序图，如图 11-2 所示。

（2）根据控制要求及其时序图，画出其程序框图，如图 11-3 所示。

（3）根据控制要求、时序图及其程序框图，设计控制程序，如图 11-4 所示。

（4）使用编程软件输入程序，并下载到 PLC。

6. 步骤六：系统调试

（1）关闭电源，检查工作环境是否安全。

（2）根据任务描述用仿真软件调试 PLC 程序。

（3）进行空载调试，连接好 PLC 的输入电路，通过对手动按钮和自动按钮进行操作，查看是否有脉冲输出和方向信号的输出，如果没有，则检查 PLSY 指令是否被驱动以及是否有效。

（4）进行联机调试，接入所有输出，测试手动和自动程序，观察运行情况，如果步进电动机

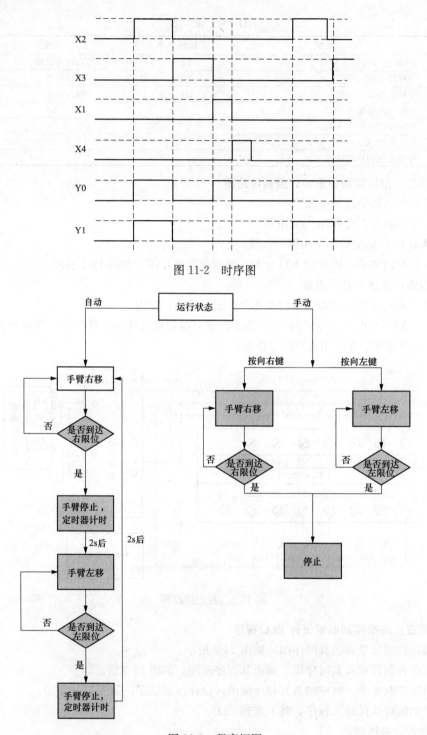

图 11-2 时序图

图 11-3 程序框图

不工作，请检查外部接线和电源接线是否正确。

（5）测试行程保护是否正确。

7. 步骤七：做好相关技术总结

（1）对于实际生产设备，在完成系统调试后，必须撰写技术总结、运行与管理等的相关技术

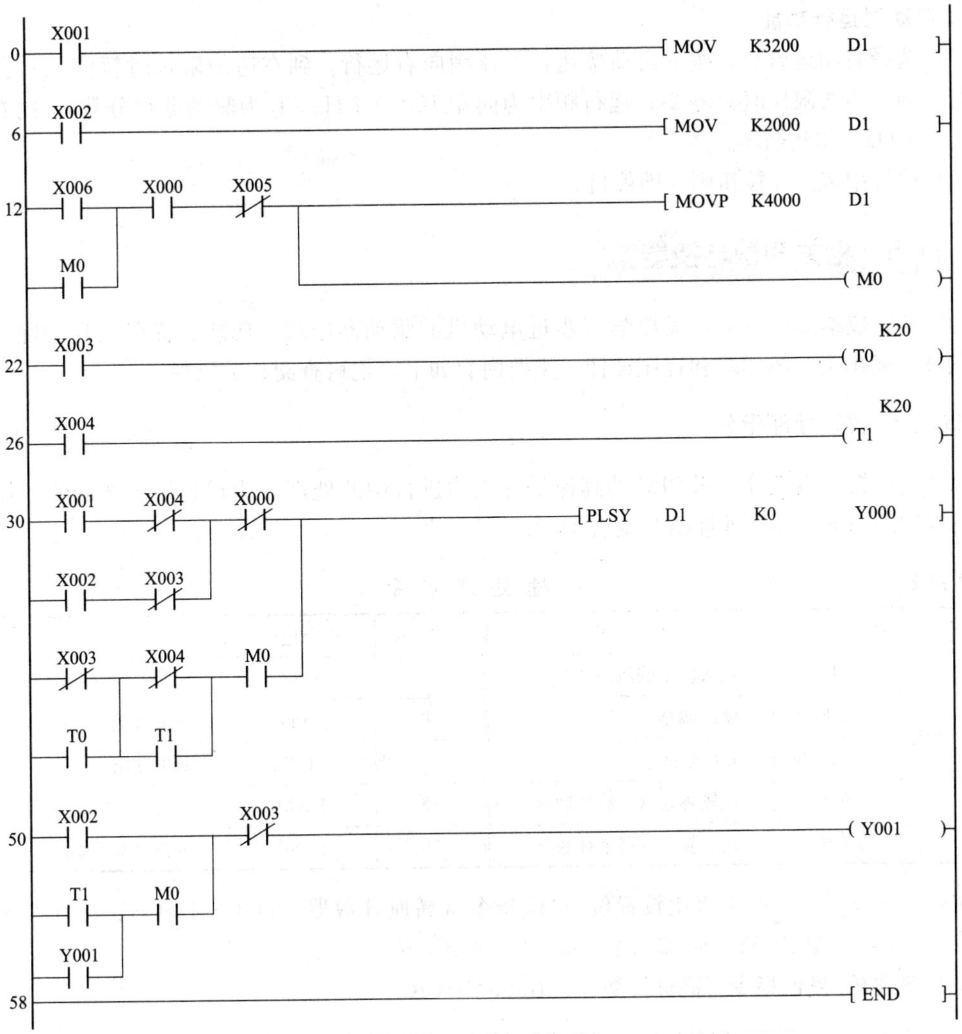

图 11-4　控制程序

资料。

（2）对于实训室的训练，要认真总结相关技能点、知识点、关键操作等，为下一训练任务打好基础。

11.4.3 活动三　根据所讲述和示范案例，完成下面任务

请按下面的要求设计一个利用PLC输出的脉冲来驱动步进驱动器，实现精准定位的监控系统，并完成其控制系统的硬件配置、程序设计、系统接线和运行调试，其控制要求如下。

1. 手动运行功能

（1）按左行按钮，手臂左行，频率为 $400 \times L\,\mathrm{Hz}$（$L$ 为驱动器细分数），到左限位时停止。

（2）按右行按钮，手臂右行，频率为 $600 \times L\,\mathrm{Hz}$（$L$ 为驱动器细分数），到右限位时停止。

（3）运行中，松开运行按钮，立即停止。

（4）设置手动加速按钮和手动减速按钮，每按一次频率增加或减少 50Hz，且最低频率为 1000Hz，最高频率为 15000Hz。

143

2. 自动时运行功能

（1）选择自动运行后，按下启动按钮，手臂则向右运行，到右边的限位时暂停2s；然后向左运行，到左边的限位时暂停2s；运行频率为向左 $1000 \times L$Hz（L 为驱动器细分数），向右运行时 $1200 \times L$Hz，如此循环。

（2）运行中按急停按钮则立即停机。

11.5 相关知识与技能

为顺利完成本训练任务，需要学习步进电动机的驱动器原理、功能、特点及其设置，学习PLC的脉冲输出指令的用法和程序设计。主要内容如下，也可查阅相关资料。

11.5.1 高速处理指令

高速处理指令能充分利用PLC的高速处理能力进行中断处理，达到利用最新的输入输出信息进行控制的目的，高速处理指令见表11-2。

表11-2 高 速 处 理 指 令

FNC No.	指令记号	指令名称	FNC No.	指令记号	指令名称
50	REF	输入输出刷新	55	HSZ	区间比较（高速计数器）
51	REFF	滤波调整	56	SPD	速度检测
52	MTR	矩阵输入	57	PLSY	脉冲输出
53	HSCS	比较置位（高速计数器）	58	PWM	脉宽调制
54	HSCR	比较复位（高速计数器）	59	PLSR	可调速脉冲输出

在高速处理指令中仅介绍比较置位/复位指令（高速计数器）HSCS/HSCR、速度检测指令SPD、脉冲输出指令PLSY和可调速脉冲输出指令PLSR。

1. 比较置位/复位指令（高速计数器）HSCS/HSCR

FNC53 HSCS (P) (32)		适合软元件								占用步数
	字元件	K、H	KnX	KnY	KnM	KnS	T	C	D	V、Z	13步
						S1. / S2.					
	位元件			X	Y	M	S				
					D.						

HSCS 和 HSCR 指令是对高速计数器当前值进行比较，并通过中断方式进行处理的指令，指令形式如下。

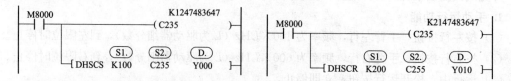

上述程序是以中断方式对相应高速计数输入端进行计数处理。左边程序是当计数器的当前值由99到100（加计数）或由101到100（减计数）时，Y0输出立即执行，不受系统扫描周期的

影响。右边程序是当计数器的当前值由 199 到 200 或 201 到 200 时，Y10 立即复位，不受系统扫描周期的影响。如果使用如下程序，则向外输出要受扫描周期的影响。如果等到扫描完后再进行输出刷新，计数值可能已经偏离了设定值。

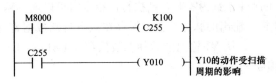

2. 速度检测指令 SPD

		适合软元件								占用步数
FNC56 SPD (16)	字元件				S2					7 步
		K、H	KnX	KnY	KnM	KnS	T	C	D	V、Z	
									D		
	位元件		X	Y	M	S	S1：X0~X5			
			S1								

SPD 是采用中断输入方式对指定时间内的输入脉冲进行计数的指令，指令形式如下。

```
  X010
──┤├──────[ SPD   (S1.)    (S2.)       (D.)  ]──
                 X000     K100        D0
```

当 X10 闭合时，在 [S2.] 指定的时间内（ms）对 [S1.] 指定的输入继电器（X0~X5）的输入脉冲进行计数，[S2.] 指定的时间内输入的脉冲数存入 [D.] 指定的寄存器内，计数的当前值存入 [D.]+1 所指定的寄存器内，剩余时间存入 [D.]+2 所指定的寄存器内，所以，其转速公式为

$$N = \frac{60}{nt} \times 10^3 \, (\text{r/min})$$

式中　N——转速，r/min；

　　　n——脉冲个数/转；

　　　t——[S2.] 指定的时间，ms；

　　D·——在 [S2.] 指定的时间内的脉冲个数。

3. 脉冲输出指令 PLSY

		适合软元件								占用步数
FNC57 PLSY (16/32)	字元件				S1. S2					16 位：7 步
		K、H	KnX	KnY	KnM	KnS	T	C	D	V、Z	32 位：13 步
	位元件		X	Y	M	S	D：Y0 或 Y1			
			D.								

PLSY 是以指定的频率对外输出定量脉冲信号的指令，是晶体管输出型 PLC 特有的指令，指令形式如下。

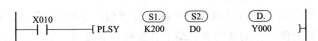

当X10闭合时，PLC则以〔S1.〕指定的数据为频率，在〔D.〕指定的输出继电器中输出〔S2.〕指定的脉冲个数。脉冲的占空比50％，输出采用中断方式，不受扫描周期的影响，设定脉冲发送完毕后，执行结束标志M8029动作，若中途不执行该指令，则M8029复位，且停止脉冲输出。当〔S2.〕指定的脉冲个数为零时，则执行该指令时可以连续输出脉冲。

对于PLSY和PLSR指令输出的脉冲总数，保存在以下特殊数据寄存器中，从Y0输出的脉冲总数保存在D8141、D8140，从Y1输出的脉冲总数保存在D8143、D8142。

4. 可调速脉冲输出指令PLSR

		适合软元件									占用步数
FNC59 PLSR (16/32)	字元件	S1. S2. S3									16位：9步 32位：17步
		K、H	KnX	KnY	KnM	KnS	T	C	D	V、Z	
	位元件		X	Y	M	S		D：Y0或Y1			
				D							

PLSR是带加减速的脉冲输出指令，是晶体管输出型PLC特有的指令，指令形式如下。

当X10闭合时，PLC则以〔S1.〕指定的数据为频率，在〔D.〕指定的输出继电器中输出〔S2.〕指定的脉冲个数，频率的加减速时间由〔S3.〕指定，其执行情况与PLSY相似。

11.5.2 步进电动机驱动器

1. 概述

步进电动机是一种作为控制用的特种电动机，它的旋转是以固定的角度，一步一步运行的，其特点是没有积累误差（精度为100％），所以广泛应用于各种开环控制。步进电动机的运行要有一电子装置进行驱动，这种装置就是步进电动机驱动器，它是把控制系统发出的脉冲信号转化为步进电动机的角位移，或者说控制系统每发一个脉冲信号，通过驱动器就使步进电动机旋转一步距角。所以步进电动机的转速与脉冲信号的频率成正比。控制步进脉冲信号的频率，可以对电动机精确调速；控制步进脉冲的个数，可以实现精确定位的目的。

步进电动机驱动器主要由环形分配器、信号放大与处理、推动级、驱动级和保护电路组成，如图11-5所示。其中，环形分配器有环形脉冲分配器、软件环形脉冲分配器、专用集成芯片环形脉冲分配器等，其作用是将输入的脉冲信号转换成多相的环形脉冲。

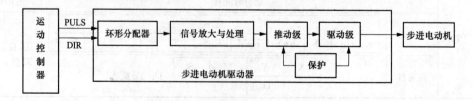

图11-5 步进电动机驱动器原理

2. YKA2404MC脉冲驱动器特点

目前，市场上的步进驱动器的结构和操作都比较类似，下面以YKA2404MC高性能二相混合式步进电动机驱动器为例，介绍其特点、端子分配和功能设置，YKA2404MC步进电动机驱动

器如图 11-6 所示。YKA2404MC 为等角度恒力矩细分型驱动器，驱动
电压 DC12～40V，电流在 4A 以下。该产品广泛应用于雕刻机、激光打
标、激光内雕机等分辨率较高的小型数控设备上，其特点如下。

（1）高性能、低价格。

（2）采用独特的控制电路。

（3）设有 12/8 挡等角度恒力矩细分，最高 200 细分。

（4）最高反应频率可达 200Kpps。

（5）步进脉冲停止超过 100ms 时，线圈电流自动减半。

（6）双极恒流斩波方式。

（7）光电隔离信号输入/输出。

（8）驱动电流从 0.1～4A/相连续可调。

（9）单电源输入，电压范围：DC12～40V。

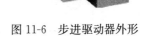

图 11-6　步进驱动器外形

3. YKA2404MC 设置

YKA2404MC 步进电动机驱动器在使用前需要进行设置，其设置的
内容有电动机的额定电流 I_m 设定、脉冲源设定、控制方式设定、细分设定等，如图 11-7 所示。
额定电流的设定是通过带箭头的旋钮开关进行设定。

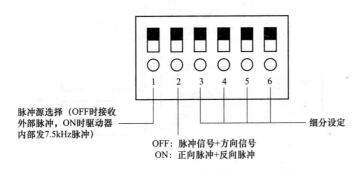

图 11-7　步进驱动器的设置开关

4. YKA2404MC 端子及指示灯功能

YKA2404MC 驱动器端子功能及接线方法如图 11-8 所示，端子功能说明见表 11-3。

表 11-3　　　　　　　　　　　步进驱动器端子功能

标记符号	功能	注　　释
＋	输入信号光电隔离正端	接＋5V 供电电源，＋5～＋24V 均可驱动，高于＋5V 需接限流电阻，请参见输入信号
PU	D2＝OFF，PU 为步进脉冲信号	下降沿有效，每当脉冲由高变低时电动机走一步。输入电阻 220Ω，要求：低电平 0～0.5V，高电平 4～5V，脉冲宽度＞2.5μs
	D2＝ON，PU 为正向步进脉冲信号	
＋	输入信号光电隔离正端	接＋5V 供电电源，＋5～＋24V 均可驱动，高于＋5V 需接限流电阻，请参见输入信号
DR	D2＝OFF，DR 为方向控制信号	用于改变电动机转向。输入电阻 220Ω，要求：低电平 0～0.5V，高电平 4～5V，脉冲宽度＞2.5μs
	D2＝ON，DR 为反向步进脉冲信号	

续表

标记符号	功能	注释
＋	输入信号光电隔离正端	接＋5V供电电源，＋5～＋24V均可驱动，高于＋5V需接限流电阻，请参见输入信号
MF	电动机释放信号	有效（低电平）时关断电动机线圈电流，驱动器停止工作，电动机处于自由状态
＋V	电源正极	DC12～40V
－V	电源负极	
A＋、A－、B＋、B－	电动机接线	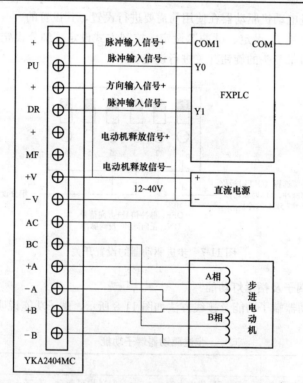

图 11-8　驱动器端子接线图

接线时应该注意以下几个方面。

（1）千万不要将电源接反，输入电压不要超过 DC40V。

（2）输入控制信号电平为 5V，当高于 5V 时需要接限流电阻。

（3）此型号驱动器由于采用特殊的控制电路，故必须使用 6 出线或 8 出线电动机。

（4）驱动器温度超过 70℃时，驱动器停止工作，故障 O.H 指示灯亮，直到驱动器温度降到 50℃，驱动器自动恢复工作，若出现过热保护请加装散热器。

（5）过电流（负载短路）故障指示灯 O.H 亮，请检查电动机接线及其他短路故障，排除后需要重新上电恢复。

（6）欠电压（电压小于 DC12V），故障指示灯 O. H 亮。

5. 细分设定

YKA2404MC 细分设定见表 11-4。

表 11-4　　　　　　　　　　　　　　YKA2404MC 细分设定

细分数	1	2	4	5	8	10	20	25	40	50	100	200	200	200	200	200
D6	ON	OFF	ON	OFF	ON	OFF	ON	OFF	ON	OFF	ON	OFF	ON	OFF	ON	OFF
D5	ON	ON	OFF	OFF	ON	ON	OFF	OFF	ON	ON	OFF	OFF	ON	ON	OFF	OFF
D4	ON	ON	ON	OFF	OFF	ON	OFF	ON	ON	ON	ON	OFF	OFF	OFF	OFF	OFF
D3	ON	ON	ON	ON	ON	ON	ON	OFF	OFF	OFF	OFF	OFF	OFF	OFF	OFF	OFF
D2	ON，双脉冲：PU 为正向步进脉冲信号，DR 为反向步进脉冲信号															
	OFF，单脉冲：PU 为步进脉冲信号，DR 为方向控制信号															
D1	自检测开关（OFF 时接收外部脉冲，ON 时驱动器内部发 7.5kHz 脉冲）															

11.5.3　步进电动机的主要技术数据和性能指标

1. 额定电压

额定电压是指加在步进电动机各相绕组主回路的电压。它一般不等于加在绕组两端的电压，而是绕组两端电压、限流电阻压降和晶体管上电压的总和。该电压的纹波系数不易过大，应小于 5%。为了步进电动机及其配套电源的标准化，国家标准规定步进电动机的额定电压为

单电压驱动：6，12，27，48，60，80（V）；

双电压驱动：60/12，80/12（V）。

2. 额定电流

在额定电压作用下，电动机不转时一相绕组允许通过的电流定为额定电流。电动机连续运行时电流表测出的是脉冲电流的平均值，这个平均电流小于额定电流。

3. 步距角 θ_b

每输入一个电脉冲信号转子转过的机械角度称为步距角。理论上的步距角 $\theta_b = 360°/ZrN$。步距角的大小会直接影响启动和运行频率。

4. 静态步距角误差 $\Delta\theta_b$

静态步距角误差即实际的步距角与理论的步距角之间的差值，通常用理论步距角的百分数或绝对值来衡量，可用来表示电动机精度。静态步距角误差小表示电动机精度高。

5. 最大静转矩 T_{max}

最大静转矩是指步进电动机在规定的通电相数下矩角特性上的最大转矩值。绕组电流越大，最大静转矩也越大。最大静转矩随绕组电流变化的曲线叫作步进电动机的转矩特性，通常技术数据中给出的最大静转矩是指每相绕组通入额定电流时的最大静转矩。一般来讲，最大静转矩大的电动机，负载能力强。负载转矩与最大静转矩的比值通常取为 0.3～0.5 左右，即

$$T_L = (0.3 \sim 0.5)T_{max}$$

6. 启动频率 f_q

启动频率又称突跳频率，是指步进电动机能够不失步启动的最高脉冲频率。启动频率分为空载启动频率和负载启动频率两种，负载启动频率与负载转矩的大小有关。

7. 连续运行频率 f

步进电动机启动后，脉冲频率连续上升能不失步运行的最高脉冲频率称为连续运行频率。连

续运行频率比启动频率高得多。

8. 启动矩频特性

在一定的负载惯量下，启动频率与负载转矩的关系称为启动矩频特性。

9. 运行矩频特性

在负载惯量不变的情况下，运行频率与负载转矩的关系称为运行矩频特性。

 练习与思考

一、单选题

1. FX_{2N} 系列 PLC 只能利用（　　）来计数 Y0、Y1 所发生的高速脉冲个数。

    A. 高速计数器　　　　B. 一般计数器　　　　C. 定时器　　　　　　D. 累加器

2. 下列说法不正确的是（　　）。

    A. Y0 在作为脉冲发生器使用时不能当一般输出用

    B. Y1 在作为脉冲发生器使用时不能当一般输出用

    C. Y0 能够同时作为脉冲发生器与一般输出用

    D. 脉冲发生器产生的脉冲频率受硬件性能所限制

3. 驱动器细分是指（　　）。

    A. 驱动器的型号分类

    B. 固有步距角（整步）与运行时的真正步距角的倍数

    C. 步距角

    D. 电动机每转一周的脉冲数

4. 细分与运行速度、控制精度的关系是（　　）。

    A. 细分越大，速度越慢，精度越低　　　　B. 细分越大，速度越快，精度越高

    C. 细分越大，速度越快，精度越低　　　　D. 细分越大，速度越慢，精度越高

5. 在 FX 系列 PLC 中，速度检测指令 SPD　X00　K100　D0 中，K100 指的是（　　）。

    A. 需要计数的脉冲数　　　　　　　　　　B. 脉冲计数时间

    C. 存放脉冲的单元地址　　　　　　　　　D. 输出端口

6. 在 FX 系列 PLC 中，要实现速度检测功能，可选用（　　）指令。

    A. HSCS　　　　B. HSCR　　　　C. SPD　　　　D. MEAN

7. 一般步进电动机的精度为步进角的（　　）。

    A. 1%～3%　　　B. 3%～5%　　　C. 5%～8%　　　D. 10%～15%

8. 现实生活中，一些人不断地从一家公司"跳槽"到另一家公司，虽然这种现象在一定意义上有利于人才的流动，但是同时在一定意义上也说明这些从业人员（　　）。

    A. 缺乏感恩意识　　　　　　　　　　　　B. 缺乏奉献精神

    C. 缺乏理想信念　　　　　　　　　　　　D. 缺乏敬业精神

9. 防止触电事故的措施有很多，其中最有意义的是（　　）。

    A. 做好设备保养　　　　　　　　　　　　B. 严格执行安全操作规程

    C. 贯彻安全教育　　　　　　　　　　　　D. 掌握触电急救方法

二、多选题

10. FX_{2N} 系列 PLC 中，Y0 为高速脉冲串输出，它不能输出一定周期的占空比为（　　）的脉冲。

A. 40%　　　　　B. 80%　　　　　C. 50%　　　　　D. 90%

E. 20%

11. 步进驱动器由（　　）组成。

A. 环形分配器　　　　　　　　　　B. 信号放大与处理

C. 推动级　　　　　　　　　　　　D. 驱动级

E. 以上都是

12. 步进驱动器在选用时应遵循的原则（　　）。

A. 先选电动机，再选驱动器　　　　B. 先选驱动器，再选电动机

C. 尽量选用高细分　　　　　　　　D. 尽量选用低细分

13. 步进驱动器的接线方法（　　）。

A. NPN 型 PLC 输出与 PNP 型 PLC 输出接线方法相同

B. NPN 型 PLC 输出时，驱动器输入端负端并联

C. PNP 型 PLC 输出时，驱动器输入端正端并联

D. 步进驱动器的控制电源与 PLC 输出所接电源要匹配

E. 以上都是

14. 当步进电动机通电后，电动机轴不转的原因有（　　）。

A. 过载堵转　　　　　　　　　　　B. 电动机已损坏

C. 电动机处于脱机状态　　　　　　D. PLSY 指令中脉冲数量设为 K0

E. 以上都是

15. 步进电动机驱动器通电后，电动机抖动不能运转的检查方法有（　　）。

A. 检查电动机的绕组与驱动器连接有没有接错

B. 检查输入脉冲信号频率是否太高

C. 检查输入脉冲信号频率是否升降频设计不合理

D. 可能是驱动器缺相

E. 以上都是

16. YKA2404MC 步进电动机驱动器在使用前需要进行设置，其设置的内容有（　　）。

A. 电动机的额定电压　　　　　　　B. 脉冲源设定

C. 控制方式设定　　　　　　　　　D. 细分设定

E. 电动机的额定电流

17. 步进电动机不应在振动区内工作，如若必须可通过改变（　　）来解决。

A. 电压　　　　B. 电流　　　　　C. 电容　　　　　D. 电感

E. 加一些阻尼

三、判断题

18. 细分数越大精度越容易控制。（　　）

19. 调整两相步进电动机通电后的转动方向的简单方法是将电动机与驱动器接线的 A+ 和 A−对调即可。（　　）

20. 一般步进电动机的精度为步进角的 3%～5%，且不累积。（　　）

21. 保持转矩是指步进电动机通电但没有转动时，定子锁住转子的力矩。（　　）

22. DETENT TORQUE 是指步进电动机通电的情况下，定子锁住转子的力矩。（　　）

23. 两相步进电动机与四相步进电动机的整步均为 0.9°。（　　）

24. PWM 为脉宽调制输出，它可输出周期一定占空比可调的脉冲。（　　）

四、简答题

25. PLC 与步进驱动器的使能、脉冲、方向线路连接方法。

26. 步进驱动器的细分如何设定？

27. PLC 的脉冲输出指令有哪些？各用在什么场合？

练习与思考题参考答案

1. A	2. C	3. B	4. D	5. B	6. C	7. B	8. D	9. B	10. ABDE
11. ABCDE	12. AC	13. BCD	14. ABCDE	15. ABCDE	16. BCDE	17. ABE	18. N	19. Y	20. Y
21. Y	22. N	23. N	24. Y						

任务 ⑫

单轴步进定位的监控系统设计与调试

12.1 任务来源

随着自动控制技术的发展，如今出现了许多结构相对简单、定位准确、控制可靠的自动控制设备，如点胶机、贴标机、钻孔机等，这些设备只需通过人机界面进行数据设定或修改，就可以灵活调整加工工件的位置，实现精准的定位控制，具有广泛的市场前景。因此，单轴步进定位控制是 PLC 控制系统设计（三级）职业能力培训的主要内容。

12.2 任务描述

请设计一个利用 PLC 输出的脉冲来驱动步进驱动器，实现精确定位的监控系统，并完成其控制系统的硬件配置、程序设计、系统接线和运行调试，其控制要求如下。

1. 手动运行功能

（1）按左行按钮，手臂左行，频率 f_1 Hz，到左限位时停止。

（2）按右行按钮，手臂右行，频率 f_2 Hz，到右限位时停止。

（3）运行中，松开手动按钮，手臂立即停止运行。

2. 自动运行功能

（1）选择自动运行后，按下启动按钮，手臂自动回归左边的原点位，再次按启动按钮后即以频率 f_3 Hz 向右运行 X cm 后暂停 T s；然后再向左运行 X cm 后暂停 T s；如此循环不止。

（2）运行中按急停按钮手臂则立即停止运行。

3. 人机界面功能

（1）通过人机界面实现对整个系统的控制。

（2）具有运行速度显示、距离显示。

（3）能设定运行距离 X、运行频率 f 和暂停时间 T。

说明：步进电动机步距角 $1.8°$，驱动器细分设置为 5，采用丝杠传动，丝杠螺距 5mm。

12.3 目标描述

12.3.1 技能目标

1. 关键技能

• 能（会）正确使用光电传感器进行位置控制。

- 能（会）使用 PLSY、PLSR 指令进行定位控制。
- 能（会）进行距离与丝距、脉冲数的换算。

2. 基本技能

- 能（会）正确操作步进电动机和驱动器。
- 能（会）进行步进电动机的正反转控制。
- 能（会）进行步进电动机的调速控制。

12.3.2 知识目标

- 掌握与 PLSY、PLSR 指令对应的特殊辅助继电器的功能和作用。
- 掌握与 PLSY、PLSR 指令对应的特殊数据寄存器的功能和作用。
- 掌握步进定位精度与步距角、细分数的关系。

12.3.3 职业素质目标

- 着装整齐，不穿奇装异服，不穿拖鞋。
- 工作态度积极，有责任感。
- 认真总结训练过程的得失，吃一堑长一智，养成善于总结的习惯。
- 养成善于思考、敢于提问、不懂就问的学习习惯。
- 注意机械设备安全，严格执行相关安全标准，提高安全意识。

12.4 任务实施

12.4.1 活动一 学员自学或教师讲授

1. 步进电动机转速、细分数、步距角、距离之间的关系

（1）重点掌握固有步距角与实际步距角的关系。

（2）重点掌握如何计算步进电动机的转速。

（3）重点掌握如何计算步进电动机的运行距离。

2. 了解如何选择步进电动机的参数

（1）了解速度的选择因素。

（2）了解精度的选择因素。

（3）了解力矩的选择因素。

3. 了解步进电动机使用过程中的常见问题及处理方法

（1）了解步进驱动系统的常见问题及处理方法。

（2）了解步进电动机与交流伺服电动机的性能。

12.4.2 活动二 示范操作

1. 步骤一：控制需求分析与系统设计

（1）硬件需求：硬件需求与上一任务类似。

（2）使用 PLSY 或 PLSR 定位指令进行程序设计。

（3）系统设有自动和手动两种运行方式，用人机界面执行参数的设定（运行频率、运行距离、暂停时间等）、数据的显示（速度、距离等）和运行命令（手动/自动切换、启动、停止）的输入。

（4）确定距离、速度、脉冲数量的关系。因为电动机固有步距角 $Q_b = 1.8°$，驱动器细分数 $N = 5$，丝杠螺距 $L = 5mm$（设脉冲个数存于数据寄存器 D20）。所以，运行距离 $X = (D20)Q_bL/(N360°)$，即 $(D20) = 5 \times 360X/(1.8 \times 5) = 200X$。转速 $n = 60fQ_b/(N360) = 60 \times f \times 1.8/(5 \times 360) = 6f/100$ (r/min)。

2. 步骤二：按要求进行 PLCI/O 分配

（1）了解 PLC 的 I/O 端子的需求。

（2）了解人机界面的软元件的需求。

（3）了解步进驱动器的 I/O 需求。

（4）根据控制要求，PLC 的 I/O 分配表见表 12-1。

表 12-1　　　　　　　　　　I/O 分 配 表

输入	功能	输出	功能
X2	正向行程开关 SQ1（即右限）	Y0	脉冲输出
X3	反向行程开关 SQ2（即左限）	Y1	方向输出
M1	手动右行	D70	设定运行频率（Hz）
M2	手动左行	D50	设定运行距离（mm）
M3	手动/自动切换	D5、D4	距离对应脉冲数量
M4	自动启动	D80	速度显示（r/min）
M5	自动停止	D20	输出脉冲个数
D60	设定暂停时间（s）	D40	设定距离对应的脉冲数量
D30	时间常数	D7、D6	所在位置对应的脉冲数量
		D8	显示当前位置（mm）

3. 步骤三：根据控制要求设计控制线路图

（1）注意驱动器的控制电压。

（2）步进驱动器需要外加 24V 电源。

（3）该型 PLC 输出只能采用源型接线。

（4）该控制线路图与图 11-1 类似，增加了人机界面和参考点位置 SQ3，减少了操作按钮，请自行完成控制线路图。

4. 步骤四：步进驱动器设置

（1）认真观察步进驱动器的结构及各种标记的功能和作用。

（2）将 SW6~SW1 设置为 001100，将步进驱动器设置为外部脉冲驱动、脉冲＋方向、细分设置为 5，其设置方法与上一任务完全相同。

5. 步骤五：根据控制要求制作人机界面的画面图

（1）根据控制要求设计人机界面画面，如图 12-1 所示。

（2）制作文字对象并进行相关设置。

（3）制作按钮对象并进行相关设置。

（4）制作数据输入和显示对象并进行相关设置。触摸屏画面如图 12-1 所示。

6. 步骤六：根据控制要求设计 PLC 程序

（1）根据控制要求画出其时序图，参考图 11-2 所示。

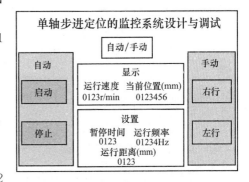

图 12-1　触摸屏画面

（2）根据控制要求及其时序图，画出其程序框图，如图 12-2 所示。

（3）根据控制要求设计控制程序，如图 12-3 所示。

（4）使用编程软件输入程序，并下载到 PLC。

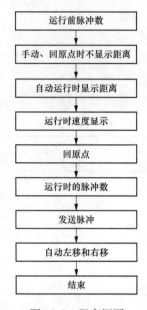

图 12-2　程序框图

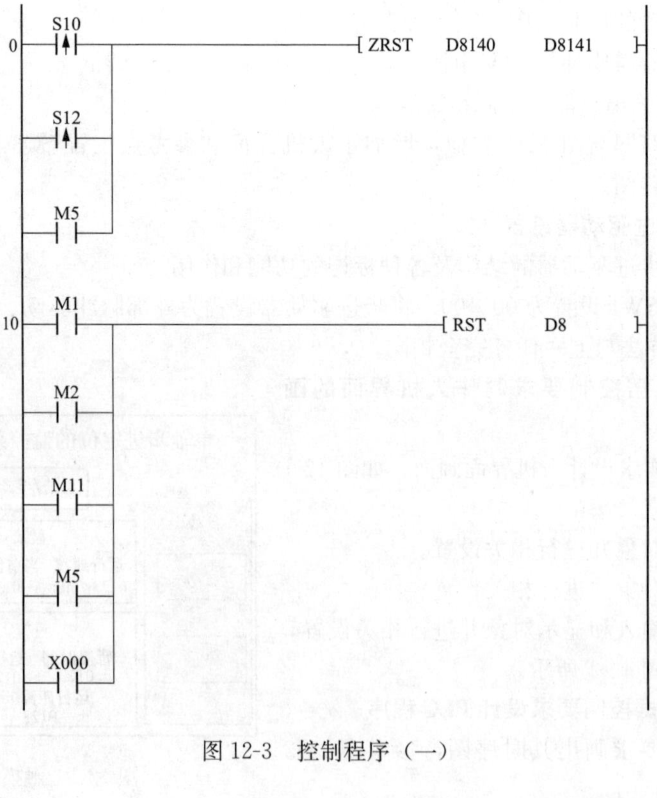

图 12-3　控制程序（一）

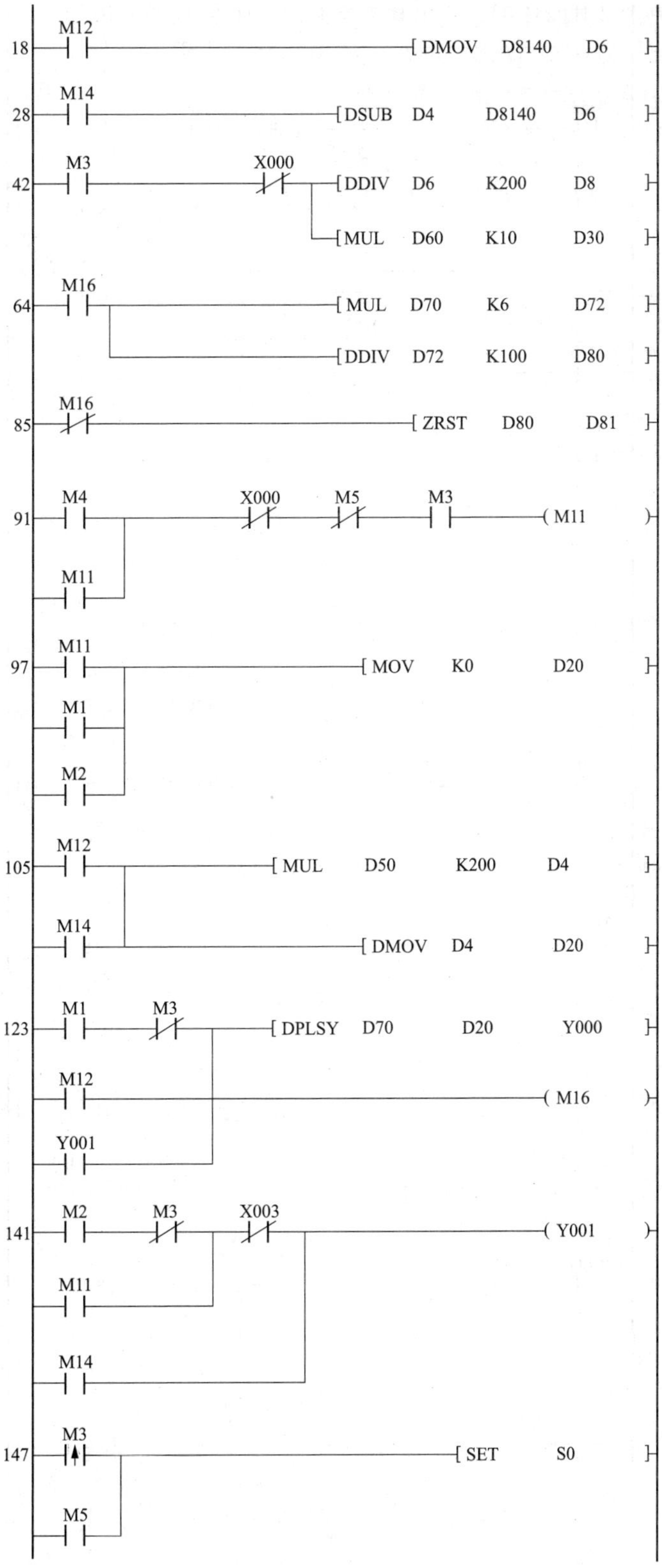

```
        M12
18 ─┤├─────────────────────────────[ DMOV   D8140   D6 ]

        M14
28 ─┤├─────────────────────────────[ DSUB   D4    D8140   D6 ]

        M3              X000
42 ─┤├──────────────┤/├──────┬──[ DDIV   D6    K200    D8 ]
                              │
                              └──[ MUL    D60   K10     D30 ]

        M16
64 ─┤├──────────────┬──────────[ MUL    D70   K6      D72 ]
                    │
                    └──────────[ DDIV   D72   K100    D80 ]

        M16
85 ─┤/├─────────────────────────[ ZRST   D80   D81 ]

        M4          X000     M5      M3
91 ─┤├───────┬──┤/├────┤/├────┤├──────( M11 )
             │
        M11  │
    ─┤├──────┘

        M11
97 ─┤├───────┬───────────────[ MOV    K0      D20 ]
             │
        M1   │
    ─┤├──────┤
             │
        M2   │
    ─┤├──────┘

        M12
105 ─┤├──────┬──────────[ MUL    D50   K200    D4 ]
             │
        M14  │
    ─┤├──────┴──────────[ DMOV   D4      D20 ]

        M1          M3
123 ─┤├────────┤/├──┬──[ DPLSY   D70   D20     Y000 ]
                    │
        M12         │
    ─┤├─────────────┼──────────────────( M16 )
                    │
        Y001        │
    ─┤├─────────────┘

        M2          M3      X003
141 ─┤├────────┤/├────┤/├──┬──────────( Y001 )
                          │
        M11               │
    ─┤├───────────────────┤
                          │
        M14               │
    ─┤├───────────────────┘

        M3
147 ─┤↑├──────┬──────────────[ SET    S0 ]
             │
        M5   │
    ─┤├──────┘
```

图 12-3 控制程序（二）

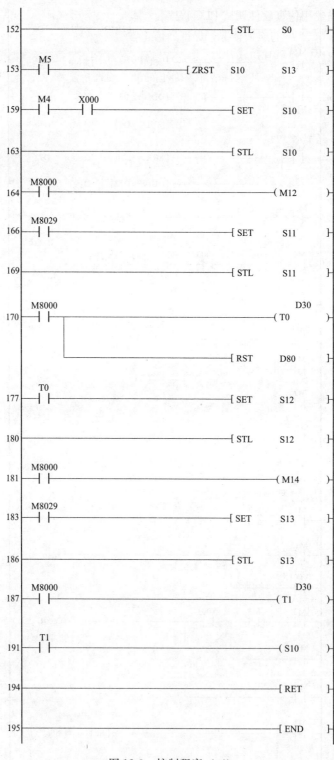

图 12-3　控制程序（三）

7. 步骤七：系统调试

（1）关闭电源，检查工作环境是否安全。

（2）根据任务描述用仿真软件调试 PLC 程序。

（3）检查触摸屏与 PLC 的通信情况，保证通信正常。

（4）测试手动程序，观察其运行情况，如不正确，查看 PLSY 指令和输出是否正确。

（5）测试回原点程序，观察其运行情况，如不正确，检查控制程序是否正确。

（6）测试自动程序是否正确，如不正确检查控制程序，如果正确还要修改 X、Y、f、Ts，进行多次测试。

（7）测试时要注意各行程保护功能是否生效。

8. 步骤八：做好相关技术总结

（1）对于实际生产设备，在完成系统调试后，必须撰写技术总结、运行与管理等的相关技术资料。

（2）对于实训室的训练，要认真总结相关技能点、知识点、关键操作等，为下一训练任务打好基础。

12.4.3 活动三 根据所讲述和示范案例，完成下面任务

请按下面的要求设计一个利用 PLC 输出的脉冲来驱动步进驱动器，实现精确定位的监控系统，并完成其控制系统的硬件配置、程序设计、系统接线和运行调试，其控制要求如下。

1. 手动运行功能

（1）按左行按钮，手臂左行，频率 f_1 Hz（与活动二的细分数不同），到左限位时停止。

（2）按右行按钮，手臂右行，频率 f_1 Hz，到右限位时停止。

（3）运行中，松开运行按钮，立即停止。

2. 自动时运行功能

（1）选择自动运行后，按下启动按钮，手臂自动回归左边的原点位；然后按启动按钮后，电动机以频率 f_2 Hz 向右运行 X mm 后暂停 Ts；再向左运行 X mm 后暂停 Ts；如此循环不止。

（2）运行中按急停按钮则立即停机。

3. 人机界面功能

（1）通过人机界面实现对整个系统的控制。

（2）具有运行速度显示、距离显示。

（3）能设定运行距离 X、运行频率 f 和暂停时间 T。

（教师可根据关键技能点更改步进电动机的细分数实现调速控制、改变脉冲数量进行位置控制、改变 Y_0、Y_1 实现正反转控制）

12.5 相关知识与技能

为顺利完成本训练任务，需要学习步进电动机的固有步距角、实际步距角与转速的关系，电压和电流与转速、转矩的关系，步进电动机的选择，步进系统常见问题等。主要内容如下，也可查阅相关资料。

12.5.1 步进电动机的运行特性

1. 静态运行特性

步进电动机在电脉冲信号作用下，各相绕组轮流通电，电动机就一步一步地转动。停止输入脉冲信号，电动机的一相或多相绕组（如三相步进电动机的 A 相）通入恒定不变的直流电流，

转子在该电流所形成的磁场作用下固定于某一位置保持不动，这种状态称为静态。此时，转子停留在一个初始稳定平衡位置上，在这个位置上，即使有小小的扰动，电磁力也会把转子拉回到该平衡位置。转子偏离初始稳定平衡位置的电角度称为失调角，用 θ 表示。静态时产生的电磁转矩称为静态转矩，用 T 表示。静态转矩 T 与失调角 θ 的关系 $T=f(\theta)$ 称为步进电动机的矩角特性。步进电动机的静态运行状态可以是一相绕组通电，也可以是多相绕组同时通电。

（1）单相通电。当步进电动机一相绕组通入恒定不变的直流电流时，该相极下定子齿与转子齿的相对位置及所产生的转矩情况是相同的。因此，可以用一对定子齿、转子齿的相对位置及转矩情况来讨论，电动机所产生的总转矩应该是该极下各个定子齿、转子齿间转矩之和。

用电角度表示转子相邻两齿中心线之间的夹角，则齿距角为 $\theta_t=360°$（电角度）$=2\pi$（电弧度）。对于理想空载情况，当某相绕组通入恒定不变的直流电流时，该相极下定子齿与转子齿轴线重合，此时转子只受径向力作用，不产生转矩，即当失调角 $\theta_t=0°$ 时，静态转矩 $T=0$，如图 12-4（a）所示。此时，如果使转子转过某一个角度，静态转矩 T 随着失调角 θ 的增加而增大。当 $\theta=90°$ 时，静态转矩为最大，称为最大静转矩，如图 12-4（b）所示。继续增大 θ，静态转矩反而变小，当 $\theta=180°$ 时，如图 12-4（c）所示，此时相邻两个定子齿对转子齿的作用互相平衡，因此静态转矩为零，即 $T=0$。当 $\theta>180°$ 时，静态转矩改变方向且随 θ 增大而增大，如图 12-4（d）所示。

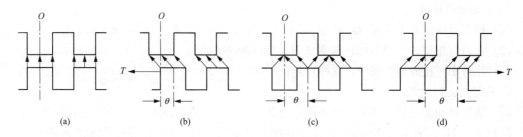

图 12-4　反应式步进电动机静转矩与失调角的关系
(a) $\theta=0°$ 时 $T=0$；(b) $\theta=90°$ 时 T 为最大；(c) $\theta=180°$ 时 $T=0$；(d) T 随 θ 增大而增大

如果规定转矩方向与正的失调角增加方向一致时为正，那么转矩方向与正的失调角增加方向相反时即为负。因此，图 12-4（b）中最大静转矩为负，用 $-T_{max}$ 表示。同理，当 θ 在 $0\sim-\pi$ 变化时，静态转矩的方向与正的失调角增加方向一致，故为正值。

当在一相绕组中通入恒定直流电流时，所产生的静态转矩 T 与失调角 θ 的关系用曲线表示出来，称其为步进电动机的矩角特性，如图 12-5 所示。在理想情况下这条曲线近似为正弦曲线。由矩角特性可以看出，对应不同的转子位置，静态转矩是不同的。

当失调角 $\theta=0°$ 时，静态转矩 $T=0$，称此位置为初始稳定平衡位置或协调位置。由矩角特性还可以看出，当外力使转子偏离平衡位置，使失调角 θ 在 $-\pi\sim+\pi$ 的范围内时，一旦外力消失，在静态转矩作用下，转子仍能回到初始稳定平衡位置。因此，$-\pi<\theta<+\pi$ 的区域称为步进电动机的静态稳定区。

$\theta=\pm\pi$ 为两个不稳定平衡位置，在这个位置，如果外力使 θ 偏离 $\pm\pi$，则一旦外力消失，转子在静态转矩作用下不会回到初始稳定平衡位置，而是向前一个齿或后一个齿的平衡位置运动。矩角特性上静态转矩的最大值称为最大静转矩并用 T_{max} 表示。最大静转矩表示步进电动机的负载能力，是步进电动机最重要的性能指标之一，通常在技术数据中都会给出此值。

（2）多相通电。由于 T_{max} 与通电状态及绕组中电流的大小有关，因而当两相或多相同时通电时，其矩角特性由多个单相通电时的矩角特性叠加而成。矩角特性是由总磁通形成的，显然其最大转矩比单相绕组通电时要大，因此功率较大的步进电动机相数较多，多为五相或六相。

2. 步进运行状态

（1）动态稳定区。前面讨论了静态转矩、矩角特性、静态稳定区、稳定平衡点与不稳定平衡点等概念，它们都是用来描述步进电动机不改变通电状态时的运行特性（即静态特性）的。下面研究改变通电状态时的运行特性。在图 12-6 中，当步进电动机三相单三拍工作时，A 相绕组通电，其矩角特性如图中的曲线 A 所示，设电动机空载运行，转子平衡点为矩角特性上的 O_A 点。A 相断电而 B 相通电时，矩角特性如图中的曲线 B 所示，转子新的平衡位置为 O_B，这两条特性曲线的横轴截距就是步距角 θ_b。

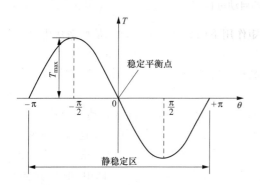

图 12-5　步进电动机的矩角特性

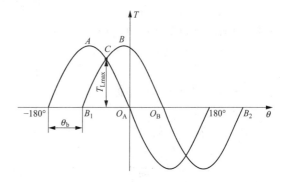

图 12-6　步进电动机的动态稳定区

当改变通电状态时，转子位置只要在曲线 B 的稳定区 $(-\pi+\theta_b)<\theta<(+\pi+\theta_b)$，转子即可向 O_B 点运动进入稳定位置。因此，空载状态下，区间 $B_1\sim B_2$ 为动稳定区。动稳定区是指步进电动机从一种通电状态切换到另一种通电状态时，不致引起失步的区域。拍数越多，步距角越小，动稳定区就越接近静稳定区，在运行中就越不易失步。由 θ_b 的公式可知，增加转子齿数以及拍数均可缩小步距角。因为拍数与相数及通电方式有关，所以增加相数也有利于动态稳定。

（2）最大负载转矩（最大启动转矩）T_{Lmax}。在图 12-6 中，矩角特性曲线 A 与矩角特性曲线 B 的交点 C 所对应的电磁转矩为 T_{Lmax}。若负载转矩 $T_L<T_{Lmax}$，当控制脉冲切换通电绕组时，电动机能够在电磁转矩的作用下前进一个步矩角达到新的平衡位置；若 $T_L>T_{Lmax}$，当控制脉冲切换通电绕组时，电动机不能做步进运动。T_{Lmax} 是步进电动机单步运行时所能带的极限负载，称为最大负载转矩，也称为最大启动转矩，电动机实际所带的负载只有小于 T_{Lmax} 才能运行。

（3）启动频率和起动特性。若步进电动机原来静止在某一相的平衡位置上，当输入一定频率的脉冲时，电动机就开始转动，但其转速不能立刻达到稳定值，而需要有一个过程，这就是启动过程。

步进电动机在启动过程中，如果脉冲频率低于某一极限频率，当第一个脉冲到来时，绕组由 A 相通电切换为 B 相通电，如图 12-7 所示，电动机的工作点就由初始稳定平衡点瞬时移到 b 点，并在电磁转矩 T_b 作用下加速运动。在第二个脉冲到来时，若电动机工作点已经到 b' 点，因为通电状态改变，所以工作点由 b' 点移到第二拍矩角特性上的 c 点，电动机在此转矩作用下继续转动。这表明当第二拍到来时，只要电动机处于稳定区 $d\sim c$ 范围内，就能保证电动机不失步地启动起来。

如果脉冲频率高于某一极限值，则当第一个脉冲到来时，电动机工作点由 O_a 点一跃到达 b 点并开始加速，电动机转到 b'' 点时第二个脉冲到来，工作点由 b'' 点移到第二拍矩角特性的 c' 点，此时电磁转矩变为负值，因此电动机在该转矩作用下不是加速而是减速。如果在速度降低到零时

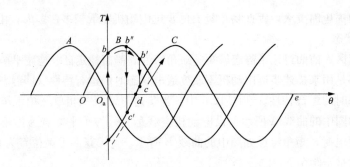

图 12-7　步进电动机的启动过程

转子还不能进入动稳定区内，则电动机将在负电磁转矩作用下向相反方向运动，从而造成电动机失步或振荡，这样电动机就无法启动。

电动机正常启动（不丢步、不失步）所能加的最高控制脉冲频率称为启动频率，它是衡量步进电动机快速性能的重要指标。

步进电动机的启动频率要比连续运行时的频率低得多，这是由于电动机刚启动时转速为零。在启动过程中，电磁转矩除了要克服负载转矩外，还要提供产生加速度的转矩，并且由于机械系统存在惯性，因而转速不能突变。为了能正常启动，启动频率不能过高，但是电动机一旦启动起来以后，如果再继续升高频率，则由于转子加速度比较小，惯性转矩不大，因而电动机仍能升速。显然连续运行频率要比启动频率高。

当电动机带负载启动时，作用在电动机转子上的加速转矩为电磁转矩和负载转矩之差。负载转矩越大，加速转矩就越小，电动机就不易转起来。只有当每步有较长的加速时间（即较低的脉冲频率）时，电动机才可能启动。因此，随着负载的增加，启动频率是下降的。在一定的负载惯量下，启动频率随负载转矩变化的特性称为启动矩频特性，如图 12-8 所示。

3. 连续运行特性

步进电动机一旦启动以后，如果再逐渐升高脉冲频率，则电动机仍能不丢步地运行，连续旋转。连续运行时，电动机动态平均转矩比启动时要小。频率越高，电动机转速越快，动态平均转矩也越小。显然连续运行频率要比启动频率高得多。步进电动机启动后，当控制脉冲频率继续上升时，电动机能不失步运行的最高控制脉冲频率称为连续运行频率，简称运行频率，它可以比启动频率高几倍甚至十几倍。当电动机参数和驱动电路一定时，它与负载有关。在负载惯量不变的情况下，运行频率与负载转矩的关系称为运行矩频特性，如图 12-9 所示。

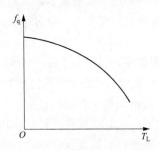

图 12-8　步进电动机启动矩频特性

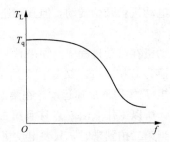

图 12-9　步进电动机运行矩频特性

从运行矩频特性曲线可以看出，随着频率的升高，步进电动机能带动的负载转矩下降。这主要是由于电路时间常数的影响。电动机的每相绕组是一个电感线圈，它具有一定的电感量，而电感元件的主要特性是流过它的电流不能够跃变，脉冲电压的接入与断开引起定子绕组中的电流按由时间常数决定的指数规律增长或衰减。图 12-10 为不同频率时，定子绕组在相同幅值脉冲电压作用下电流的波形。

当输入脉冲频率比较低时，每相绕组的通电和断电周期比较长，电流波形接近于稳态值，电流的平均值比较大。频率升高以后，电流波形与理想波形差别加大。

如图 12-10（c）所示，电流平均值减小，因此电动机所产生的转矩下降。脉冲信号的频率升高到一定值以后，电动机根本就不能转动了。从图 12-9 所示的运行矩频特性可见，随频率 f 的增加，步进电动机所能带的负载转矩减小。要减小频率 f 对负载转矩的影响，可采用同时多相通电（如 A—AB—B—BC—C，相当于降低了某一相通电电源的频率）。

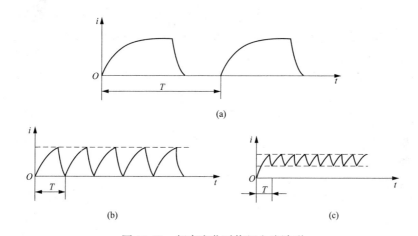

图 12-10　频率变化时绕组电流波形

（a）低频率时的电流波形；（b）中频率时的电流波形；（c）高频率时的电流波形

12.5.2　步进电动机选型计算方法

选择电动机一般应遵循以下步骤（见图 12-11）。

1. 电动机最大速度选择

步进电动机最大速度一般为 600～1200r/min。

交流伺服电动机额定速度一般为 3000r/min，最大转速为 5000r/min。

机械传动系统要根据此参数设计。

2. 电动机定位精度的选择

机械传动比确定后，可根据控制系统的定位精度选择步进电动机的步距角及驱动器的细分等级。一般选电动机的一个步距角对应于系统定位精度的 1/2 或更小。

注意：当细分等级大于 1/4 后，步距角的精度不能保证。

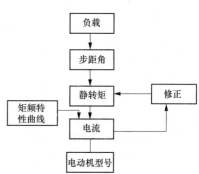

图 12-11　选择电动机一般遵循的步骤

伺服电动机编码器的分辨率选择：分辨率要比定位精度高一个数量级。

3. 电动机力矩选择

步进电动机的动态力矩一下很难确定，往往先确定电动机的静力矩。静力矩选择的依据是电动机工作的负载，负载可分为惯性负载和摩擦负载两种。直接启动时（一般由低速）两种负载均要考虑，加速启动时主要考虑惯性负载，恒速运行时只要考虑摩擦负载。一般情况下，静力矩应为摩擦负载的 2～3 倍。静力矩一旦选定，电动机的机座及长度便能确定下来（几何尺寸）。

（1）转动惯量计算。物体的转动惯量（单位：kgm^2）为

$$J = \int r^2 \rho \cdot \mathrm{d}V$$

式中　$\mathrm{d}V$——体积元；

　　　ρ——物体密度；

　　　r——体积元与转轴的距离。

将负载质量换算到电动机输出轴上转动惯量，常见传动机构与公式如下。

1）滚珠丝杠（见图 12-12）。其公式如下

$$J = W\left(\frac{1}{2x} \times \frac{\mathrm{BP}}{10^3}\right)^2 \times \mathrm{GL}^2$$

式中　W——可动部分总质量，kg；

　　　BP——丝杠螺距，mm；

　　　GL——减速比（无单位）。

2）齿条和小齿轮、传送带、链条传动（见图 12-13）。其公式如下

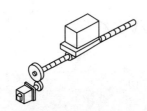

图 12-12　滚珠丝杠

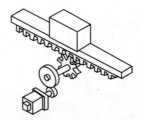

图 12-13　齿条和小齿轮、传送带、链条传动

$$J = W\left(\frac{1}{2} \times \frac{D}{10^3}\right)^2 \times \mathrm{GL}^2$$

式中　W——可动部分总质量，kg；

　　　D——小齿轮直径，mm，链轮直径，mm；

　　　GL——减速比（无单位）。

3）旋转体、转盘驱动（见图 12-14）。其公式如下

$$J = \left[J_\mathrm{L} + W\left(\frac{L}{10^3}\right)^2\right] \times \mathrm{GL}^2$$

式中　J_L——转盘的惯性矩；

　　　W——转盘上物体的质量，kg；

　　　L——物体与旋转轴的距离，mm；

　　　GL——减速比（无单位）。

（2）加速度计算。控制系统要定位准确，物体运动必须有加减速过程，如图 12-15 所示。已知加速时间 Δt、最大速度 $W_{\max}$，可得电动机的角加速度

$$\varepsilon = \frac{\omega_{\max}}{\Delta t} (\mathrm{rad/s}^2)$$

（3）电动机力矩计算。力矩计算公式为

$$T = (J \times \varepsilon + T_\mathrm{L})/\eta$$

式中　T_L——系统外力折算到电动机上的力矩；

　　　η——传动系统的效率。

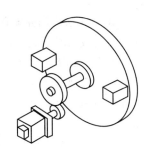

图 12-14　旋转体、转盘驱动

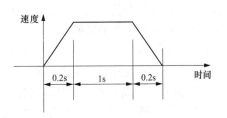

图 12-15　速度-时间曲线

12.5.3　步进驱动系统的常见问题

1. 什么是步进电动机？在什么情况下使用步进电动机？

步进电动机是一种将电脉冲转化为角位移的执行机构。通俗一点讲，当步进驱动器接收到一个脉冲信号，它就驱动步进电动机按设定的方向转动一个固定的角度（即步进角）。

因此，可以通过控制脉冲个数来控制角位移量，从而达到准确定位的目的；同时也可以通过控制脉冲频率来控制电动机转动的速度和加速度，从而达到调速的目的。所以，在需要精确定位或调速控制时均可以使用步进电动机。

2. 步进电动机分哪几种？

步进电动机分三种：永磁式（PM）、反应式（VR）和混合式（HB）。永磁式一般为两相，转矩、体积较小，步进角（即步距角）一般为 7.5°或 15°；反应式一般为三相，可实现大转矩输出，步进角一般为 1.5°，但噪声和振动都很大，在欧美等发达国家 20 世纪 80 年代已被淘汰；混合式步进电动机是指混合了永磁式和反应式的优点，它又分为两相和五相，两相的步进角一般为 1.8°，而五相的步进角一般为 0.72°，这种步进电动机的应用最为广泛。

3. 什么是保持转矩（HOLDING TORQUE）？

保持转矩（HOLDING TORQUE）是指步进电动机通电但没有转动时，定子锁住转子的力矩。它是步进电动机最重要的参数之一，通常步进电动机在低速时的力矩接近保持转矩。由于步进电动机的输出力矩随速度的增大而不断衰减，输出功率也随速度的增大而变化，所以保持转矩就成为衡量步进电动机最重要的参数之一。例如，当人们说 2N·m 的步进电动机，在没有特殊说明的情况下是指保持转矩为 2N·m 的步进电动机。

4. 什么是定位转矩（DETENT TORQUE）？

定位转矩（DETENT TORQUE）是指步进电动机没有通电的情况下，定子锁住转子的力矩。由于反应式步进电动机的转子不是永磁材料，所以它没有定位转矩（DETENT TORQUE）。

5. 步进电动机精度为多少？是否累积？

一般步进电动机的精度为步进角的 3%～5%，且不累积。

6. 步进电动机的外表温度允许达到多少？

步进电动机温度过高首先会使电动机的磁性材料退磁，从而导致力矩下降乃至失步，因此电动机外表允许的最高温度应取决于不同电动机磁性材料的退磁点；一般来讲，磁性材料的退磁点都在 130℃以上，有的甚至高达 200℃以上，所以步进电动机外表温度在 80～90℃完全正常。

7. 为什么步进电动机的力矩会随转速的升高而下降？

当步进电动机转动时，电动机各相绕组的电感将形成一个反向电动势；频率越高，反向电动势越大。在它的作用下，电动机随频率（或速度）的增大而相电流减小，从而导力矩下降。

8. 为什么步进电动机低速时可以正常运转，但若高于一定速度就无法启动并伴有啸叫声？

步进电动机有一个技术参数：空载启动频率，即步进电动机在空载情况下能够正常启动的脉冲频率，如果脉冲频率高于该值，电动机不能正常启动，可能发生丢步或堵转。在有负载的情况下，启动频率应更低。如果要使电动机达到高速转动，脉冲频率应该有加速过程，即启动频率较低，然后按一定加速度升到所希望的高频（电动机转速从低速升到高速）。

9. 如何克服两相混合式步进电动机在低速运转时的振动和噪声？

步进电动机低速转动时振动和噪声大是其固有的缺点，一般可采用以下方案来克服。

（1）如步进电动机正好工作在共振区，可通过改变减速比等机械传动避开共振区。

（2）采用带有细分功能的驱动器，这是最常用的、最简便的方法。

（3）换成步距角更小的步进电动机，如三相或五相步进电动机。

（4）换成交流伺服电动机，几乎可以完全克服震动和噪声，但成本较高。

（5）在电动机轴上加磁性阻尼器，市场上已有这种产品，但机械结构改变较大。

10. 细分驱动器的细分数是否能代表精度？

步进电动机的细分技术实质上是一种电子阻尼技术（请参考有关文献），其主要目的是减弱或消除步进电动机的低频振动，提高电动机的运转精度只是细分技术的一个附带功能。比如对于步进角为 $1.8°$ 的两相混合式步进电动机，如果细分驱动器的细分数设置为 4，那么电动机的运转分辨率为每个脉冲 $0.45°$，电动机的精度能否达到或接近 $0.45°$，还取决于细分驱动器的细分电流控制精度等其他因素。不同厂家的细分驱动器精度可能差别很大；细分数越大精度越难控制。

11. 四相混合式步进电动机与驱动器的串联接法和并联接法有什么区别？

四相混合式步进电动机一般由两相驱动器来驱动，因此，连接时可以采用串联接法或并联接法将四相电动机接成两相使用。串联接法一般在电动机转速较低的场合使用，此时需要的驱动器输出电流为电动机相电流的 0.7 倍，因而电动机发热小；并联接法一般在电动机转速较高的场合使用（又称高速接法），所需要的驱动器输出电流为电动机相电流的 1.4 倍，因而电动机发热较大。

12. 如何确定步进电动机驱动器的直流供电电源？

（1）电压的确定。混合式步进电动机驱动器的供电电源电压一般是一个较宽的范围（比如 IM483 的供电电压为 12～48VDC），电源电压通常根据电动机的工作转速和响应要求来选择。如果电动机工作转速较高或响应要求较快，那么电压取值也高，但注意电源电压的纹波不能超过驱动器的最大输入电压，否则可能损坏驱动器。

（2）电流的确定。供电电源电流一般根据驱动器的输出相电流 I 来确定。如果采用线性电源，电源电流一般可取 I 的 $1.1～1.3$ 倍；如果采用开关电源，电源电流一般可取 I 的 $1.5～2.0$ 倍。

13. 混合式步进电动机驱动器的脱机信号 FREE 一般在什么情况下使用？

当脱机信号 FREE 为低电平时，驱动器输出到电动机的电流被切断，电动机转子处于自由状态（脱机状态）。在有些自动化设备中，如果在驱动器不断电的情况下要求直接转动电动机轴（手动方式），就可以将 FREE 信号置低，使电动机脱机，进行手动操作或调节。手动完成后，再将 FREE 信号置高，以继续自动控制。

14. 如何用简单的方法调整两相步进电动机通电后的转动方向？

只需将电动机与驱动器接线的 A＋和 A－（或者 B＋和 B－）对调即可。

15. 关于驱动器的细分原理及一些相关说明？

在国外，对于步进系统，主要采用二相混合式步进电动机及相应的细分驱动器。但在国内，广大用户对"细分"还不是特别了解，有的只是认为，细分是为了提高精度，其实不然，细分主要是改善电动机的运行性能，现说明如下：步进电动机的细分控制是由驱动器精确控制步进电动机的相电流来实现的，以二相电动机为例，假如电动机的额定相电流为3A，如果使用常规驱动器（如常用的恒流斩波方式）驱动该电动机，电动机每运行一步，其绕组内的电流将从0突变为3A或从3A突变到0，相电流的巨大变化，必然会引起电动机运行的振动和噪声。如果使用细分驱动器，在10细分的状态下驱动该电动机，电动机每运行一微步，其绕组内的电流变化只有0.3A而不是3A，且电流是以正弦曲线规律变化，这样就大大地改善了电动机的振动和噪声，因此，在性能上的优点才是细分的真正优点。由于细分驱动器要精确控制电动机的相电流，所以对驱动器要有相当高的技术要求和工艺要求，成本也会较高。注意，国内有一些驱动器采用"平滑"来取代细分，有的也称为细分，但这不是真正的细分，希望广大用户一定要分清两者的本质不同。

（1）"平滑"并不精确控制电动机的相电流，只是把电流的变化率变缓一些，所以"平滑"并不产生微步，而细分的微步是可以用来精确定位的。

（2）电动机的相电流被平滑后，会引起电动机力矩的下降，而细分控制不但不会引起电动机力矩的下降，相反，力矩会有所增加。

16. 如何控制步进电动机的旋转方向？

（1）可以改变控制系统的方向电平信号。

（2）可以调整电动机的接线来改变方向，具体做法为：对于两相电动机，只需将其中一相的电动机线交换接入步进电动机驱动器即可，如A＋和A－交换。对于三相电动机，不能将其中一相的电动机线交换，而应顺序交换其中的两相，如把A＋和B＋交换，A－和B－交换。

17. 步进电动机的噪声特别大，没有力，并且电动机振动，怎么办？

遇到这种情况是因为步进电动机工作在振荡区，解决办法如下。

（1）改变输入信号频率CP来避开振荡区。

（2）采用细分驱动器，使步距角减少，运行平滑些。

18. 当步进电动机通电后，电动机轴不转怎么办？

有以下几种原因会造成电动机不转。

（1）过载堵转。

（2）电动机是否已损坏。

（3）电动机是否处于脱机状态。

（4）脉冲信号CP是否到零。

19. 步进电动机驱动器通电后，电动机在抖动，不能运转，怎么办？

遇到这种情况，首先检查电动机的绕组与驱动器连接又没有接错，如没有接错，再检查输入脉冲信号频率是否太高，是否升降频设计不合理。若以上原因都不是，可能是驱动器缺相，请速与厂家联系。

20. 如何做好步进电动机的升降曲线？

步进电动机的转速是随输入脉冲信号的变化而变化的。从理论上说，只要给驱动器脉冲信号即可。每给驱动器一个脉冲（CP），步进电动机就旋转一个步距角（细分时为一个细分步距角）。但是，由于步进电动机性能关系，CP信号变化太快，步进电动机将跟不上电信号的变化，这时会产生堵转和丢步现象。所以步进电动机要在高速时，必须有升速过程，在停止时必须有降速过程。一般升速与降速规律相同，以下以升速为例进行介绍：

升速过程由起跳频率加升速曲线组成（降速过程反之）。起跳频率不能太大，否则也会产生堵转和失步。升降速曲线一般是指指数曲线或经过修调的指数曲线，当然也可采用直线或正弦曲线等。用户需根据自己的负载选择合适的响应频和升降速曲线，找到一条理想的曲线并不容易，一般需要多次试机才行。指数曲线在实际软件编程过程中比较麻烦，一般事先算好时间常数存储在计算机存储器，工作过程中直接选取。

21. 步进电动机发烫，正常温度范围是多少？

步进电动机温度过高会使电动机的磁性材料退磁，从而导致力矩下降乃至失步。因此电动机外表允许最高温应取决于不同磁性材料的退磁点。一般来讲，磁性材料的退磁点都在 130℃ 以上，有的甚至还高。所以步进电动机外表在 80～90℃ 完全正常。

22. 两相步进电动机和四相步进电动机有何不同？

两相步进电动机在定子上只有两个绕组，有四根出线，整步为 1.8°，半步为 0.9°。在驱动器中，只要对两相绕组电流通断和电流方向进行控制就可以了。而四相步进电动机在定子上有四个绕组，有八根出线，整步为 0.9°，半步为 0.45°，不过驱动器中需要对四个绕组进行控制，电路相对复杂了。所以两相电动机配两相驱动器，四相八线电动机有并联、串联、单极型三种接法。并联接法：四相绕组两两相并，绕组的电阻与电感成倍减小，电动机运行时加速性能好，高速带载力矩大，但是电动机需要输入两倍于额定电流的电流，发热较大，对驱动器输出能力要求相应提高。而在串联使用时，绕组的电阻与电感成倍地增大，电动机低速运行时稳定，噪声和发热较小，对驱动器要求不高，但高速力矩损耗大。所以用户可根据要求来选择四相八线的步进电动机接线方法。

23. 电动机是四相六根线，而步进电动机驱动器只要求四根线时，该怎样使用？

对于四相六根线电动机，中间抽头的两根线悬空不接，其他四根线和驱动器相连。

24. 反应式步进电动机与混合式步进电动机的区别？

在结构与材料上不同，混合式电动机内部有永磁型材料，所以混合式步进电动机运行时相对平滑，输出浮载力大，噪声小。

25. 步进驱动系统在使用过程中的常见问题及原因分析

步进驱动系统在使用过程中的常见问题及原因分析见表 12-2。

表 12-2 常见问题和解决措施

现象	常见问题	解决措施
电动机不转	电源灯不亮	检查供电电路，正常供电
	电动机轴没有力	脉冲信号弱，信号电流加大至 7～16mA
	细分太小	选对细分
	电流设定是否太小	选对电流
	驱动器已保护	重新上电
	使能信号为低	此信号拉高或不接
	对控制信号不反应	未上电
电动机转向错误	电动机线接错	任意交换电动机同一相的两根线（例如 A＋、A－交换接线位置）
	电动机线有断路	检查并接对
报警指示灯亮	电动机线接错	检查接线
	电压过高或过低	检查电源
	电动机或驱动器损坏	更换电动机或驱动器
位置不准	信号受干扰	排除干扰
	屏蔽地未接或未接好	可靠接地
	电动机线有断路	检查并接对
	细分错误	设对细分
	电流偏小	加大电流

续表

现象	常见问题	解决措施
电动机加速时有堵转	加速时间太短	加速时间加长
	电动机扭矩太小	选大扭矩电动机
	电压偏低或电流太小	适当提高电压或电流

12.5.4 步进电动机与交流伺服电动机的性能

1. 控制精度不同

两相步进电动机步距角为 1.8°；德国百格拉公司生产的三相混合式步进电动机及驱动器，可以细分控制来实现步距角为 1.8°、0.9°、0.72°、0.36°、0.18°、0.09°、0.072°、0.036°，兼容了两相和五相步进电动机的步距角。交流伺服电动机的控制精度由电动机后端的编码器保证。如对带 2500 线编码器的电动机而言，驱动器内部采用 4 倍频率技术，则其脉冲当量为 360°/10000＝0.036°；对于带 17 位编码器的电动机而言，驱动器每接收 2^{17}＝131072 个脉冲电动机转一圈，即其脉冲当量为 360°/131072＝0.00274658°，是步距角为 1.8°的步进电动机脉冲当量的 1/655。

2. 低频特性不同

两相混合式步进电动机在低速运转时易出现低频振动现象。交流伺服电动机运转非常平稳，即使在低速时也不会出现低频振动现象。

3. 矩频特性不同

步进电动机的输出力矩随转速升高而下降，且在较高速时会急剧下降。交流伺服电动机为恒力矩输出，即在额定转速（如 3000r/min）以内，都能输出额定转矩。

4. 过载能力不同

步进电动机一般不具有过载能力，而交流伺服电动机有较强的过载能力，一般最大转矩可为额定转矩的 3 倍，可用于克服惯性负载在启动瞬间的惯性力矩。步进电动机因为没有这种过载能力，在选型时为了克服这种惯性力矩，往往需要选取较大转矩的电动机，便出现了力矩浪费的现象。

5. 运行性能不同

步进电动机的控制为开环控制，启动频率过高或负载过大易出现丢步或堵转的现象；停止时如转速过高，易出现过冲的现象，所以为保证其控制精度，应处理好升、降速问题。交流伺服驱动系统为闭环控制，内部构成位置环和速度环，一般不会出现丢步或过冲现象，控制性能更为可靠。

6. 速度响应性能不同

步进电动机从静止加速到工作速度（一般为几百 r/min）需要 200～400ms。交流伺服驱动系统的加速性能较好，从静止加速到工作速度（如 3000r/min），一般仅需几毫秒，可用于快速启动的控制场合。

7. 效率指标不同

步进电动机的效率比较低，一般 60％以下。交流伺服电动机的效率比较高，一般 80％以上。因此步进电动机的温升也比交流伺服电动机的高。

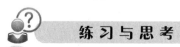

练 习 与 思 考

一、单选题

1. 在 FX 系列 PLC 中，可调速脉冲输出指令 PLSR K500 D0 K3600 Y000 中，D0 指的是（　　）。

　　A. 总输出脉冲数　　B. 最高频率　　　　C. 加减速时间　　　　D. 输出端口

2. 在 FX 系列 PLC 中，速度检测指令 SPD X00　K100　D0 中，X00 指的是（　　）。

    A. 需要计数的脉冲   B. 脉冲计数时间

    C. 存放脉冲的单元地址   D. 输出端口

3. 在 FX 系列 PLC 中，功能指令 IST X021　S20　S40 中 X021 指的是（　　）。

    A. 手动操作   B. 原点回归操作   C. 单步运行   D. 都不是

4. 在 FX 系列 PLC 中，功能指令 IST X027　S20　S40 中 X027 指的是（　　）。

    A. 单周运行   B. 停止   C. 单步运行   D. 都不是

5. 在职业活动中，从业人员是否践行诚实守信，应（　　）。

    A. 看上司的意见而定   B. 看对自己是否有利而定

    C. 是无条件的   D. 看对方是否诚信而定

二、多选题

6. 三菱 FX 系列中配备 7 条特殊的定位指令如零返回、绝对零、绝对或相对驱动以及特殊脉冲输出控制的 PLC 是（　　）型控制器。

    A. FX_{0N} B. FX_{1N} C. FX_{2N} D. FX_{1S}

    E. FX_{0S}

7. 三菱定位模块中，不仅能处理单速定位和重点定位，不依靠 PLC 可独立工作，而且能处理复杂的控制，如多速操作的模块有（　　）。

    A. FX_{2N}-1PG-E   B. FX_{2N}-10GM

    C. FX_{2N}-20GM   D. FX_{2N}-10PG

    E. FX-20GM

8. 在 FX 系列 PLC 中，功能指令 IST X020　S20　S40 中，下列元件被占用（　　）。

    A. X21～X24   B. X25～X27   C. X30～X34   D. S21～S24

    E. S25～S34

9. 在 FX 系列 PLC 的脉冲输出 DPLSY D0 D10 Y0 指令中，下列元件被占用（　　）。

    A. Y0～Y1   B. D0～D1   C. D10～D11   D. D10～D13

10. 在 FX 系列 PLC 的脉冲输出 PLSY D0 D10 Y0 指令中，Y1 输出的脉冲总数存放在（　　）。

    A. D136   B. D137   C. D143   D. D144

    E. D10

11. 步进电动机与交流伺服电动机的性能比较，不同之处有（　　）。

    A. 控制精度   B. 低频特性   C. 控制对象   D. 矩频特性

    E. 过载能力

12. 步进电动机与交流伺服电动机的性能比较，不同之处有（　　）。

    A. 运行性能   B. 速度响应性能

    C. 矩频特性   D. 控制对象

    E. 效率

三、判断题

13. 上料完成传感器及 8 个仓位的检测均为电容传感器。（　　）

14. 上料气缸、Y 轴气缸、Z 轴气缸、旋转气缸、延伸气缸上面用的到位检测的传感器就是磁性传感器。（　　）

15. 定位的运行方向与需要的方向不一致时，一般采用的方法是改变驱动器与步进电动机之间的接线。（　　）

16. 丝杠运行线速度的计算公式（线速度为 S，脉冲频率为 F，每周脉冲数为 Pu，细分为 L，螺距为 M）$S=F \times M/L \times \mathrm{Pu}$。（　　）

17. 被检测对象为非金属物时，可用静电电容式传感器。（　　）

18. 光电开关中光敏三极管的作用是将电能转换成光。（　　）

四、简答题

19. 在自动运行时丝杆螺距与实际移动距离的关系？

20. 选择步进电动机步距角的依据有哪些？

21. 人机界面中对机械臂的运行速度怎么监控？如何进行原点回归？

练习与思考题参考答案

1. A	2. A	3. B	4. B	5. C	6. BD	7. BCE	8. ABDE	9. BC	10. CD
11. ABDE	12. ABCE	13. Y	14. Y	15. N	16. Y	17. N	18. N		

任务 ⑬

饮料瓶加盖的监控系统设计与调试

13.1 任务来源

在饮料、啤酒、食用油的生产过程中，最后一道关键性工序是瓶子的加盖封装，其过程包括了取盖、移动、定位、加盖等动作，这一过程既要保证食品的卫生，又要保证生产的效率，因此，目前通常使用自动化程度较高的自动生产线来完成，具有广泛的市场前景，本项目就是基于这样一个工作任务来进行训练，旨在通过该项目的训练，使学员掌握饮料瓶加盖的监控系统设计与调试。

13.2 任务描述

请设计一个利用人机界面与PLC来实现饮料瓶加盖的监控系统，并完成其控制系统的硬件配置、程序设计、画面制作、系统接线和运行调试，其控制要求如下。

1. 系统组成

系统有推料台1个、传输带1条、步进电动机及机械手1套、饮料瓶料仓工位8个、传感器若干个，PLC、人机界面一套，如图13-1所示。

2. 工艺要求

瓶盖3个（用方形工件代替）由推料台推出，经传输带传输，再经步进电动机及机械手将瓶盖放到指定的饮料瓶上（8个工位可任意指定1个作为饮料瓶），完成饮料瓶的加盖控制。

3. 系统功能

（1）系统上电后，红灯亮，绿、黄灯灭，如果机械手不在右边的原点位，则黄灯闪烁。

（2）按下启动按钮，若在原点位则系统启动，若不在原点位系统先进行回原点。

（3）启动时若没有工件则等待；若有工件则运行；运行时绿灯亮，红、黄灯灭。

（4）推出瓶盖，启动传输带，经机械手将瓶盖放到指定的饮料瓶工位上，完成3瓶饮料的加盖后，系统自动停止。

（5）停止功能：按下停止按钮，系统处理完在线工件后自动停止运行；红灯亮，绿、黄灯灭。

（6）急停功能：按下急停按钮，系统无条件全部停止（工件不脱落），红灯闪烁，绿、黄灯灭。

（7）回原点功能：按下回原点按钮，所有气缸缩回，电动机停止，丝杆回到右侧原点处。

（8）系统协调性：在生产过程中，要求各执行机构运行协调，工件传输顺畅，不得发生机械碰撞或工件半途脱落。

（9）上述所有操作（除急停外）在人机界面上完成，并有相应的监视功能。

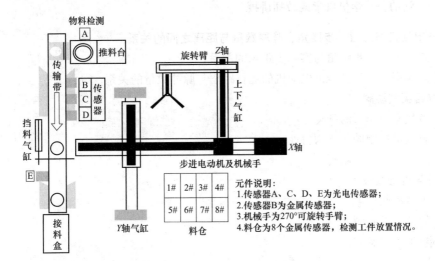

图 13-1　生产设备示意图

13.3　目标描述

13.3.1　技能目标

1. 关键技能
- 能（会）正确利用螺距、脉冲数、距离进行定位控制。
- 能（会）编写多点定位程序。
- 能（会）使用气动阀、电磁阀。

2. 基本技能
- 能（会）正确使用光电传感器。
- 能（会）正确使用 PLSY 指令进行定位控制。
- 能（会）正确使用程序流程指令。

13.3.2　知识目标

- 掌握气缸的结构、工作原理及分类。
- 掌握位置控制与螺距、脉冲数、细分数等的关系。
- 掌握程序流程指令的应用。

13.3.3　职业素质目标

- 着装整齐，不穿奇装异服，不穿拖鞋。
- 工作态度积极，有责任感。
- 认真总结训练过程的得失，吃一堑长一智，养成善于总结的习惯。
- 养成善于思考、敢于提问、不懂就问的学习习惯。
- 养成良好的个人卫生习惯，严格执行食品生产过程的卫生标准。

13.4 任务实施

13.4.1 活动一　学员自学或教师讲授

1. 步进电动机细分数、步距角、脉冲数量与距离之间的关系

(1) 重点掌握固有步距角与实际步距角的关系。

(2) 重点掌握如何计算步进电动机的运行距离与脉冲数量的关系。

2. 了解各类气动阀

(1) 了解气动控制阀的分类。

(2) 了解气动控制阀的结构特性。

(3) 重点了解方向控制阀。

3. 了解各类电磁阀

(1) 了解电磁阀。

(2) 了解流量控制阀。

(3) 了解速度控制阀。

13.4.2 活动二　示范操作

1. 步骤一：控制需求分析与系统设计

(1) 硬件需求：硬件需求如图 13-1 所示。

(2) 使用 PLSY 或 PLSR 定位指令进行程序设计。

(3) 根据控制要求，设计触摸屏画面。

(4) 由于需要将瓶盖放到指定的饮料瓶上（1～8 号位置），即定位控制，因此必须根据饮料瓶的位置计算出脉冲数量。确定速度（5000Hz）与距离、脉冲数量的关系如下：从右限到左限 71000 个脉冲，从左限到 1♯工位 20000 个脉冲，从左限到 2♯工位 28500 个脉冲，从左限到 3♯工位 37000 个脉冲，从左限到 4♯工位 45500 个脉冲（注：换算以电动机固有步距角 1.8°，驱动器细分为 5，丝杠螺距为 5mm）。

2. 步骤二：按要求进行 PLC I/O 及人机界面软元件分配

(1) 了解 PLC 的 I/O 端子的分布情况。

(2) 了解人机界面的软元件的类型、功能及作用。

(3) 熟悉相关元件功能、用途、用法及好坏检查。

(4) 根据控制要求，PLC 的 I/O 及人机界面软元件分配表见表 13-1。

表 13-1　　　　　　　　　　　　　　I/O 及软元件分配表

输入	功能	中间	功能	输出	功能
X0	启动	M0	触摸屏启动	Y0	PU-脉冲
X1	停止	M1	触摸屏停止	Y1	DR-反向控制
X2	复位	M2	触摸屏复位	Y2	皮带正转
X3	料筒有料	M3	手/自互换	Y3	皮带反转
X4	上料完成	M4	准备状态	Y4	上料气缸
X5	材质检测	M5	停止状态	Y5	Y 轴气缸
X6	颜色检测	M6	运行状态	Y6	Z 轴上升
X7	工件到位	M7	脉冲发送完成	Y7	Z 轴下降

续表

输入	功能	中间	功能	输出	功能
X10	急停	M8	急停状态	Y10	旋转气缸
X11	挡板阻拦	M9	回原点状态	Y11	延伸气缸
X12	挡板放行	M10	脉冲控制	Y12	皮带挡板
X13	上料前到位	M11	脉冲方向控制	Y13	手指气缸
X14	上料后到位	M12	丝杆左移	Y14	红灯
X15	延伸前到位	M13	丝杆右移	Y15	绿灯
X16	延伸后到位	M14	上料气缸	Y16	黄灯
X17	旋转前限	M15	Y 轴气缸		
X20	仓库一	M16	Z 轴上升		
X21	仓库二	M17	Z 轴下降		
X22	仓库三	M18	旋转气缸		
X23	仓库四	M19	延伸气缸		
X24	仓库五	M20	仓库一		
X25	仓库六	M21	仓库二		
X26	仓库七	M22	仓库三		
X27	仓库八	M23	仓库四		
X30	X 轴左限	M24	仓库五		
X31	X 轴右限	M25	仓库六		
X32	Y 轴前限	M26	仓库七		
X33	Y 轴后限	M27	仓库八		
X34	Z 轴上限				
X35	Z 轴中限				
X36	Z 轴下限				
X37	旋转后限				

3. 步骤三：根据控制要求设计控制线路图

（1）注意行程保护比较多，不能漏接或漏画。

（2）注意 PLC 工作电源的接线和输入电源的接线。

（3）注意外部输出设备电源的接线。

（4）根据控制要求，PLC 的 I/O 分配、绘制控制线路图如图 13-2 所示。

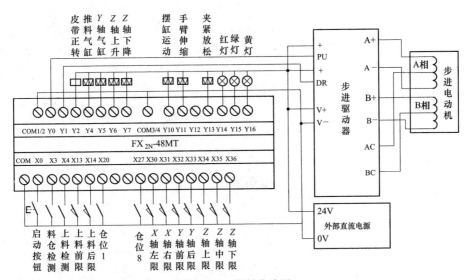

图 13-2　控制线路图

4. 步骤四：根据控制要求制作人机界面的画面图

（1）了解人机界面的功能及工作原理。

（2）熟悉人机界面的软件操作。

（3）根据控制要求制作人机界面的画面图如图 13-3 所示。

（4）进行离线仿真调试，完善用户画面。

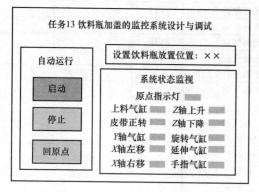

图 13-3　人机界面画面

5. 步骤五：根据控制要求设计 PLC 程序

（1）根据控制要求，画出其程序框图，如图 13-4 所示。

（2）根据控制要求及其程序框图设计控制程序，如图 13-5 所示。

（3）使用编程软件输入程序，并下载到 PLC。

6. 步骤六：系统调试

（1）关闭电源，检查工作环境是否安全。

（2）根据任务描述用仿真软件调试 PLC 程序。

（3）检查 PLC 与触摸屏的连接是否正常，否则检查设置和通信线路。

（4）独立单元调试，连接好 PLC 的输出电路，分别测试皮带、抓、放、回原点等动作是否符合要求，否则检查程序及接线是否正确。

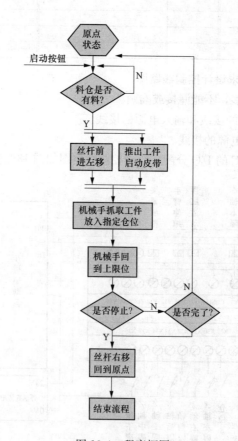

图 13-4　程序框图

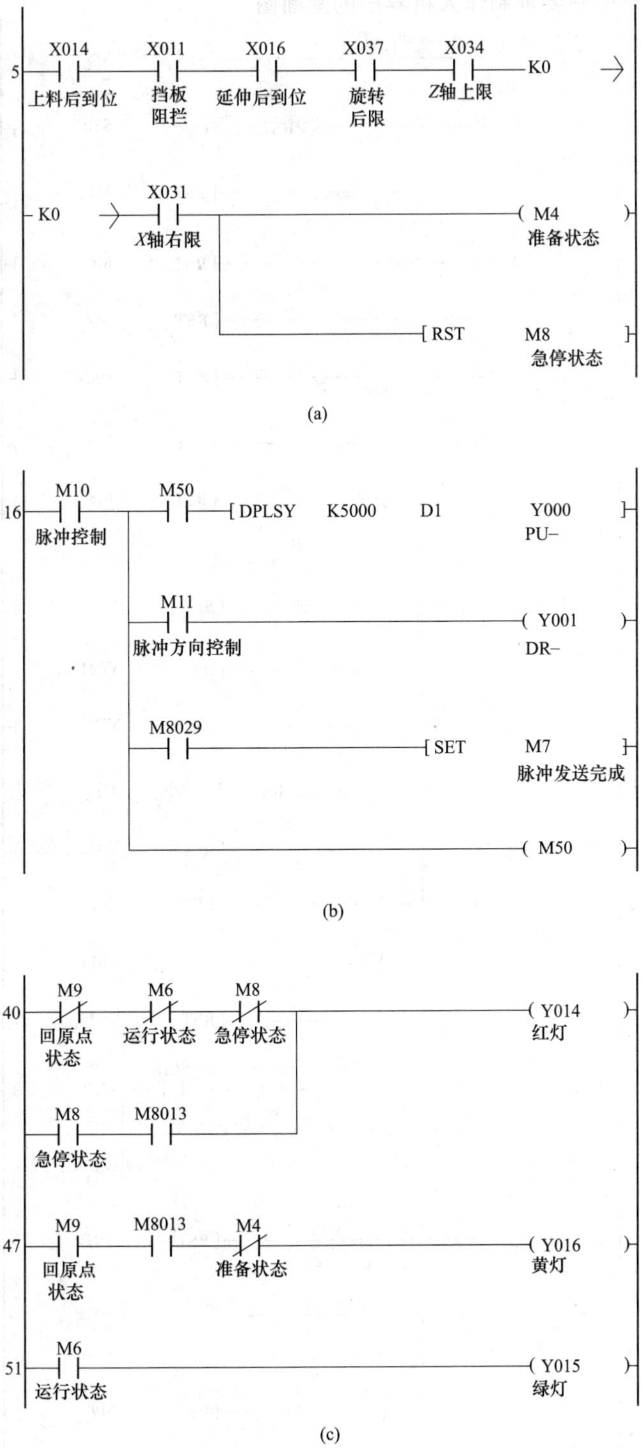

(a)

(b)

(c)

图 13-5　部分控制程序（一）

（a）原点条件程序；（b）定位控制程序；（c）指示灯控制程序

177

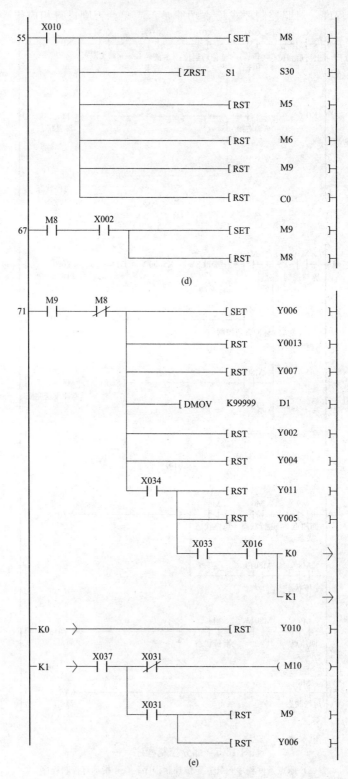

图 13-5　部分控制程序（二）

(d) 急停程序；(e) 回原点程序

（5）自动运行程序，对照控制要求检查功能是否满足，否则进行相应修改及检查直至符合要求。

7. 步骤七：做好相关技术总结

（1）对于实际生产设备，在完成系统调试后，必须撰写技术总结、运行与管理等的相关技术资料。

（2）对于实训室的训练，要认真总结相关技能点、知识点、关键操作等，为下一训练任务打好基础。

13.4.3 活动三 根据所讲述和示范案例，完成下面任务

请在"活动二"的基础上改变饮料瓶的位置（8个工位可任意指定1个作为饮料瓶），然后设计一个利用人机界面与PLC来实现瓶装饮料加盖的监控系统，并完成其控制系统的硬件配置、程序设计、画面制作、系统接线和运行调试。

13.5 相关知识与技能

为顺利完成本训练任务，需要学习气动控制阀的分类、气动控制阀的结构特性、方向控制阀、电磁阀等各种阀。主要内容如下，也可查阅相关资料。

13.5.1 气动控制阀的分类

气动控制阀是指在气动系统中控制气流的压力、流量和流动方向，并保证气动执行元件或机构正常工作的各类气动元件。控制和调节压缩空气压力的元件称为压力控制阀。控制和调节压缩空气流量的元件称为流量控制阀。改变和控制气流流动方向的元件称为方向控制阀。

除上述三类控制阀外，还有能实现一定逻辑功能的逻辑元件，包括元件内部无可动部件的射流元件和有可动部件的气动逻辑元件。在结构原理上，逻辑元件基本上和方向控制阀相同，仅仅是体积和通径较小，一般用来实现信号的逻辑运算功能。近年来，随着气动元件的小型化以及PLC控制在气动系统中的大量应用，气动逻辑元件的应用范围正在逐渐减小。

从控制方式来分，气动控制可分为断续控制和连续控制两类。在断续控制系统中，通常要用压力控制阀、流量控制阀和方向控制阀来实现程序动作；在连续控制系统中，除了要用压力、流量控制阀外，还要采用伺服、比例控制阀等，以便对系统进行连续控制。气动控制阀分类如图13-6所示。

图13-6 气动控制阀分类

13.5.2 气动控制阀的结构特性

气动控制阀的结构可分解成阀体（包含阀座和阀孔等）和阀芯两部分，根据两者的相对位

置，有常闭型和常开型两种。阀从结构上可以分为：截止式、滑柱式和滑板式三类阀。

1. 截止式阀的结构及特性

截止式阀的阀芯沿着阀座的轴向移动，控制进气和排气。图 13-7 为二通截止式阀的基本结构。图 13-7（a）中，在阀的 P 口输入工作气压后，阀芯在弹簧和气体压力作用下紧压在阀座上，压缩空气不能从 A 口流出；图 13-7（b）为阀杆受到向下的作用力后，阀芯向下移动，脱离阀座，压缩空气就能从 P 口流向 A 口输出。这就是截止式阀的切换原理。

图 13-8 所示的阀为常通型结构。图 13-8（a）为初始状态，阀芯在弹簧力作用下离开阀座，压缩空气从 P 口流向 A 口输出。图 13-8（b）为工作状态，阀杆在向上的力作用下，阀芯紧压在阀座上关闭阀口，流道被关断，A 口没有压缩空气流出。

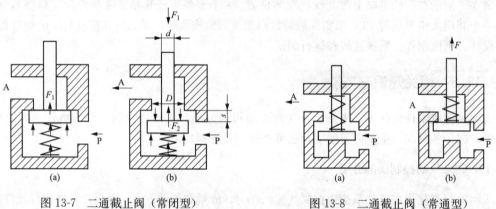

图 13-7　二通截止阀（常闭型）
（a）初始状态；（b）工作状态

图 13-8　二通截止阀（常通型）
（a）初始状态；（b）工作状态

图 13-9 为三通截止式阀的结构，阀有 P、A、O 三个孔口。图 13-9（a）为阀的初始状态，阀芯紧压在上阀座上，P 口和 A 口通路被关断，A 口和 O 口相通。阀的输出 A 口没有输出。

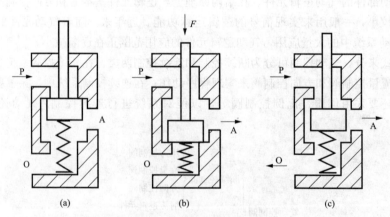

图 13-9　三通截止式阀的结构
（a）初始状态；（b）工作状态；（c）瞬时状态

图 13-9（b）为工作状态。阀杆受力后使阀芯离开上阀座而紧压在下阀座上，关闭排气 O 口，打开 P 口至 A 口之间的通道，压缩空气从 P 口流向 A 口输出。图 13-9（c）为阀在切换过程中阀芯所处的瞬态位置。此时，P、A、O 三个孔口同时相通，而发生串气现象。实际上，对于快速切换的阀，这种串气现象对阀的动作不存在什么影响。但缓慢切换时，应予以注意。

截止式阀的结构决定了其开启所需的时间较短，但开启大口径的阀则需较大的开启力。因此截止式阀多用于小口径的阀。需要大流量或高压时，往往采取先导式的结构。其方法是增加一个控制活塞，先导控制气压作用在活塞上产生的较大操纵力，以弥补上述缺点。

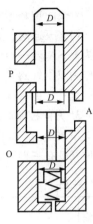

为了使截止式阀密封可靠，操纵方便，还可以采用压力平衡的方法，如图 13-10 所示，在阀杆两侧增加了活塞，活塞受气压作用面积和阀芯受压面积相等，这种阀称为压力平衡式阀。由于初始状态时，工作气压作用在阀杆上的合力为零，使开启阀门的操作力大大降低。

图 13-10　压力平衡式

2. 滑柱式阀的结构及特性

滑柱式阀是用圆柱状的阀芯在圆筒形阀套内沿轴向移动，从而切换气路。图 13-11 为滑柱式阀的基本结构。图 13-11 左图为阀的初始状态，滑柱在弹簧力的作用下右移。此时，压缩空气从输入口 P 流向输出口 A，A 口有气压输出，B 口无气压输出。图 13-11 右图为阀的工作状态，滑柱在操纵力作用下克服弹簧力左移，关断 P 口和 A 口通路，接通 P 口和 B 口。于是，B 口有输出，A 口无输出。

滑柱式阀在结构上只要稍稍改变阀套或滑柱的尺寸、形状就能实现两位四通阀和两位五通阀的功能。

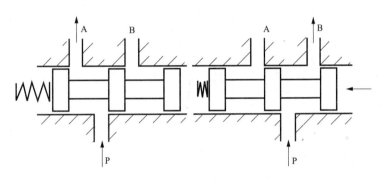

图 13-11　滑柱式阀的基本结构

13.5.3　方向控制阀

1. 操作方式

为了使阀换向，必须对阀芯施加一定大小的轴向力，使其迅速移动改变阀芯的位置。这种获得轴向力的方式叫作换向阀的操作方式，或控制方式。通常可分为气压、电磁、人力和机械 4 种操作方式。

2. 方向控制阀的通口数和基本功能

换向阀的基本功能就是对气体的流动产生通、断作用。一个换向阀具有同时接通和断开几个回路，可以使其中一个回路处于接通状态而另一个回路处于断开状态，或者几个回路同时被切断。为了表示这种切换性能，可用换向阀的通口数（通路数）来表达。

（1）二通阀。二通阀有两个通口，即输入口（用 P 表示）和输出口（用 A 表示），只能控制流道的接通和断开。根据 P→A 通路静止位置所处的状态又分为常通式二通阀和常断式二通阀。

（2）三通阀。三通阀有三个通口，除 P、A 口外，还有一个排气口（用 O 表示）。根据 P→A、A→O 通路静止位置所处的状态也分为常通式和常断式两种三通阀。

（3）四通阀。四通阀有四个通口，除 P、A、O 外，还有一个输出口（用 B 表示）。流路为 P→

A、B→0，或 P→B、A→0。可以同时切换两个流路，主要用于控制双作用气缸。

（4）五通阀。五通阀有五个通口，除 P、A、B 外，有两个排气口（用 O1、O2 表示）。其流路为 P→A、B→O2 或 P→B、A→O1。这种阀与四通阀一样作为控制双作用气缸用。这种阀也可作为双供气阀（即选择阀）用，即将两个排气口分别作为输入口 P1、P2。

此外，也有五个通口以上的阀，是一种专用性较强的换向阀，这里不作介绍。

3. 方向控制阀的位数

位数是指换向阀的切换状态数，有两种切换状态的阀称作二位阀，有三种切换状态的阀称作三位阀。有三种以上切换状态的阀称作多位阀。常见换向阀的通路数与切换位置见表 13-2。

表 13-2　　　　　　　　　　常见换向阀的通路数与切换位置

功能	二位	三位		
		中间封闭	中间卸压	中间加压
二通	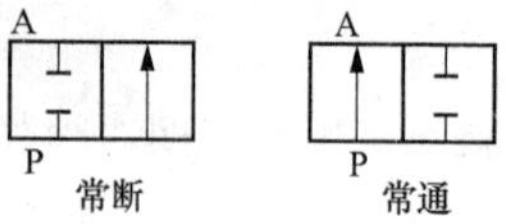			
三通	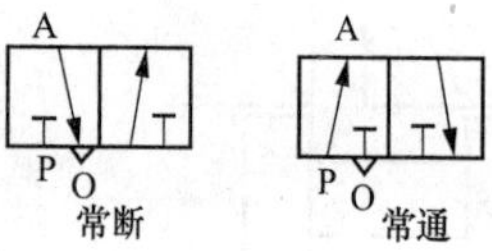	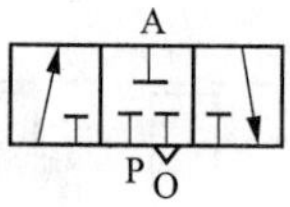		
四通	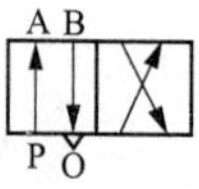	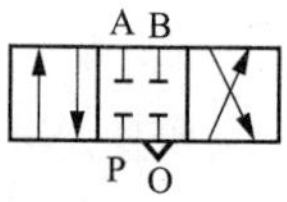	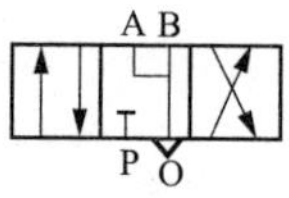	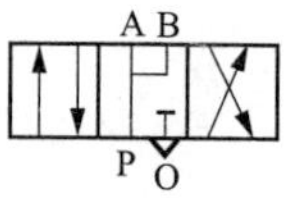
五通	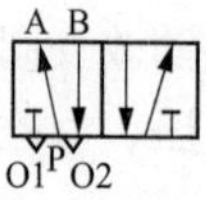	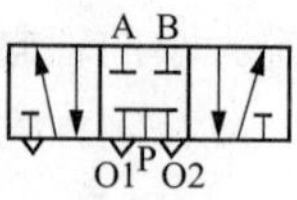	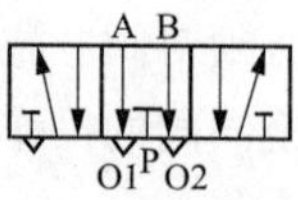	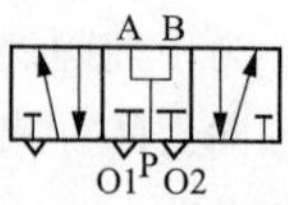

（1）二位阀。二位阀通常有二位二通、二位三通、二位四通、二位五通等。二位阀有两种：一种是取消操纵力后能恢复到原来状态的称为自动复位式；另一种是不能自动复位的阀（除非加反向的操纵力），这种阀称为记忆式。

（2）三位阀。三位阀通常有三位三通、三位四通、三位五通等。三位阀中，中间位置状态有中间封闭、中间卸压、中间加压三种状态。气动换向阀的通路数与切换位置见表 13-3。

4. 方向控制阀的公称通径

阀的规格直接反映了阀的流通能力，是阀的一项基本参数，也是用户选用换向阀的重要依据之一。通常用其配管的公称通径来表示，另外也有用螺纹管接头的公称通径来表示。表 13-3 列出了阀的常用公称通径及相应的流量性能、接管螺纹等，供选用参考。

表 13-3　　　　　　　　　阀的常用公称通径及相应的流量性能、接管螺纹

公称通径/mm		6	8	10	15	20	25	2	40	50
连接螺纹	公制	M10×1	M14×1.5	M18×1.5	M22×1.5	M27×2	M33×2	M42×2	M50×2	M60×2
	英制	G1/8	G1/4	G3/8	G1/2	G3/4	G1	G1 1/4	G1 1/2	G2
s 值/mm²		10	20	40	60	110	190	300	400	650
K_V (C) 值		0.50	1.01	2.0	3.0	5.6	9.6	15.2	20.2	32.8
C_v 值		0.59	1.18	2.4	3.5	6.5	11.2	17.7	23.6	38.3
额定流量/(m³/h)		2.5	5	7	10	20	30	50	70	100
压力降/MPa		≤0.02	≤0.015	≤0.015	≤0.015	≤0.012	≤0.012	≤0.012	≤0.01	≤0.01

13.5.4　电磁阀

1. 电磁铁的基本结构

电磁阀由电磁铁和阀体组成。电磁铁是电磁阀的主要部件之一，其作用是利用电磁原理将电信号转换成阀芯（动铁芯）的位移。根据电磁铁的结构，可分为 T 型、I 型和平板型，如图 13-12 所示。

T 型电磁铁为了减少铁损，用高磁通的硅钢片层叠制成，能够获得较好的效率和较大的吸引力，但所需的行程和体积较大，主要用于行程较大的直动式电磁阀。

I 型电磁铁适用于直流电磁铁和小型交流电磁铁，用圆柱形普通磁性材料制成，其铁芯的端面通常制成平面状或圆锥状。与 T 型电磁铁相比，I 型电磁铁的吸力较小，行程较短。圆柱形铁芯的质量轻、吸引时的冲击小，所以使用寿命长，主要用于小型直动式和先导式电磁阀。

平板型电磁铁适用于交流和直流小型电磁铁，其特性与 I 型相似，主要用于小型直动式截止阀和先导式电磁阀。

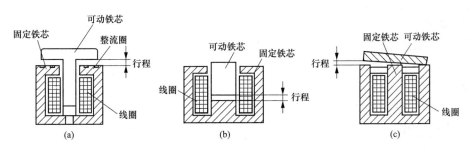

图 13-12　电磁铁结构
（a）T 型；（b）I 型；（c）平板型

2. 电磁铁的基本特性

图 13-13 为电磁铁的电流与行程的特性关系。由图 13-13 可见，交流电磁铁开始吸合时电流最大（启动电流）；当动铁芯与静铁芯吸合后，电流呈一定值（保持电流）。大型交流电磁阀的启动电流可达保持电流的 10 倍以上，是小型交流电磁阀和先导式电磁阀的 2 倍左右。直流电磁铁的电流与行程无关，电流始终保持一定值。

通常，电磁铁长时间吸合是不会烧坏的。但是，当发生诸如主阀被杂质卡住、动铁芯与静铁芯没有完全吸合等情况时，特别是交流直动式电磁阀会引起电流过载，并产生高温，烧坏线圈。

图 13-14 为电磁铁的吸力特性。交流电磁铁和直流电磁铁相似，当电压增加或行程减小时，

吸力增加。但是，当动铁芯的行程较大时，由于交流电磁铁与直流电磁铁的电流特性不同，直流电磁铁的吸力将大大下降，而交流电磁铁的吸力下降较缓慢。

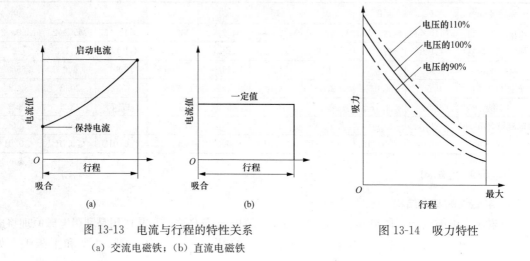

图 13-13　电流与行程的特性关系　　　　　图 13-14　吸力特性
（a）交流电磁铁；（b）直流电磁铁

　　常用电磁铁的额定电压有 AC110V、AC220V、DC24V 等三种，允许电压偏差值为 ±10%，小型直流电磁铁的电压允许偏差值为 −15%～+10%。交流电磁铁的特性因频率不同而变，但当频率为 50Hz 或 60Hz 时，其特性相差甚小，可以通用。

　　交流电磁铁因磁力线和电流方向交替变化，会发生动铁芯的吸合与释放的反复动作，其频率为交流频率的 2 倍，因而会产生交流蜂鸣声。其解决方法是在静铁芯的吸合端面上嵌入短路的整流铜环，利用短路铜环感应的电流产生与主磁力线相位错开的磁力线来阻止交流蜂鸣声。

3. 二通电磁阀

　　图 13-15 为二通电磁阀。图 13-15（a）为直动式电磁阀，阀的动铁芯端面带有密封橡胶，可直接封住阀座气孔。电磁铁通电时，动铁芯被吸合向上，主阀打开；电磁铁断电时，动铁芯被弹簧力复位，主阀关闭。图 13-15（b）为膜片截止式先导式电磁阀，膜片上有一节流小孔，输入气压能通过节流小孔作用在膜片上部，使主阀关闭。当电磁铁通电时动磁芯被吸合向上，膜片上部的空气经阀座气孔流出，压力下降，膜片在上下压差作用下被顶起，主阀被打开。当电磁铁断电时动铁芯关闭阀座气孔，上部压力增加，压下膜片关闭主阀。这种阀的特点是体积小、流通能力大，可通过大流量。这类阀适用于石油、化工、制冷等工业部门，用来输送空气、惰性气体、水及矿物油。

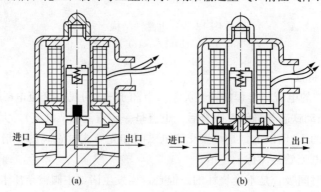

图 13-15　二位二通电磁阀
（a）直动式；（b）膜片截止先导式

4. 三通电磁阀

截止式二位三通直动式电磁阀有常闭式（NC）和常开式（NO）两种。电磁铁的动铁芯两端面装有密封橡胶，上下有两个阀座。当电磁铁断电时，下面阀座被封住，P→A 通路关闭，A→O 通路打开；当电磁铁通电时，上面的阀座被封住。P→A 通路打开，A→O 通路关闭。阀体上装有手动杆，用来手动操作阀的切换。这种阀结构简单，工作可靠。常用于控制小型单作用气缸，或用作先导电磁阀的先导部分。

5. 四通和五通电磁阀

根据电磁铁的个数分为单电控和双电控两种。根据切换位置分为二位阀和三位阀，而主阀部分的密封方式有多种多样。

（1）二位单电控电磁阀。图 13-16 为一种二位五通单电控电磁阀，其主阀采用截止式弹簧复位结构。先导阀的气源可以用内部 P 口气源（内先导），也可以用外接控制气源（外先导）。该阀用作外先导时，其最低工作压力可从零开始。

图 13-17 也是一种二位五通单电控电磁阀，其主阀采用滑柱式气压复位结构。通路间密封采用 D 形密封，安装在滑柱的密封沟槽中，由于密封圈圆弧直径很小，压缩量只有 0.05mm 左右，所以通过圆角为 0.2mm 左右沟槽时不会损坏。该阀具有结构紧凑、摩擦阻力小、无给油润滑等特点。

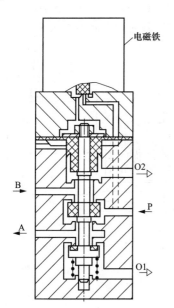

图 13-16 二位五通单电控电磁阀

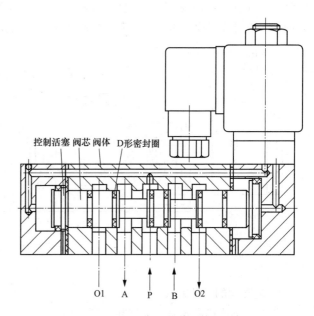

图 13-17 二位五通单电控电磁阀

（2）二位双电控电磁阀。这种阀如图 13-18 所示，由于具有两个电磁线圈，设线圈通电状态为 1，失电状态为 0，因此根据通电方式的不同，可组成四种状态，由于此阀在电磁铁断电后主阀仍继续保持所处的切换位置，因此称这种阀具有"记忆功能"。

图 13-18 所示的这种二位五通双电控先导式电磁阀，主阀部分由 TS 密封（Triple Sqeeze）的无阀套的滑柱式阀构成。其特点是滑动阻力小，在密封方向上截面对称，无密封方向性，具有压缩密封和唇形密封的各自优点。装配时，在阀杆的 TS 密封件上已封入了特种润滑油脂，可在无给油润滑系统中应用。阀的结构简单，维修方便。

（3）三位双电控电磁阀。这种阀具有两个电磁铁，在两个电磁铁同时断电时，阀杆恢复到中

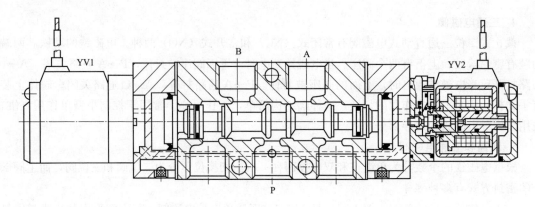

图 13-18　二位五通双电控先导式电磁阀

间位置。除中间位置以外的另外两个切换位置的空气流路状态与二位五通阀相同。中间位置的通路状态，一般有中间封闭、中间卸压和中间加压三种状态。这种三位阀常用于停电或紧急停止后仍需保持气动执行元件正常工作状态的场合。

图 13-19 为三位五通双电控换向阀。在没有通电时，由于两个弹簧的作用，使滑柱处于中间封闭位置。当电磁铁 1 通电时，它输出的气压作用在控制活塞上。阀换向：则 P→A 接通，B→O2 排气；同样，当电磁铁 2 通电时，则 P→B 接通，A→O1 排气。该三位阀是靠加压控制使阀换向的，电磁先导阀为常断式。若三位阀用卸压控制换向，则电磁先导阀需用常通式的。

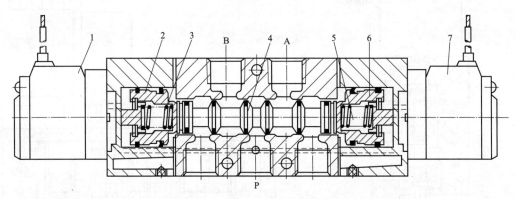

图 13-19　三位五通双电控换向阀
1、7—电磁铁；2、6—控制活塞；3、5—弹簧；4—滑柱

6. 电磁阀的配管方式

阀的气管连接方式有法兰连接、管式连接、板式连接和集装式（阀岛、汇流板）连接。法兰连接主要用于大通径的阀，如公称通径在 32mm 以上的阀。管式连接多用于简单的气路系统中，或采用快速接头的系统中。板式连接装卸方便，修理时不必拆卸管道，这对复杂的气路系统十分重要。

集装式连接是在板式连接的基础上出现的一种新的连接方式。其基本结构如图 13-20 所示。电磁阀安装于底部的汇流排上，因而可减少阀的进排气管连接。在基本结构的基础上，集装式连接可扩展为底板配管式、卡式与盒式连接等。底板配管式集装连接，这种连接方法将电磁阀集中于一侧，管接头全配置在另一侧，可使阀的三面位置自由，节省安装时间。卡式集装连接由于没有集装板，质量轻、体积小，适宜精密自动化设备中采用。盒式集装连接这种连接方式柔性大，可很快地改变电磁阀的数量，组成新的控制系统。

13.5.5 单向阀

气流在单向阀内只能向一个方向流动而不能反向流动，图 13-21 为单向阀的结构原理图。图示位置为阀在弹簧力作用下处于关闭状态。当气流沿 P→A 流动时，由于在 P 口输入的气压作用在活塞上的力克服了弹簧力和摩擦力而将阀门打开。反之，当气流反向流动时，阀在 A 口输入气压和弹簧力作用下关闭。弹簧的作用是增加阀的密封性，防止低压泄漏。另外，在气流反向流动时，加速阀的关闭。对于单向阀的基本要求是在正向流动时，阀的流动阻力要小，即流通能力大。反向流动时，要求密封性能好，即泄漏量小。

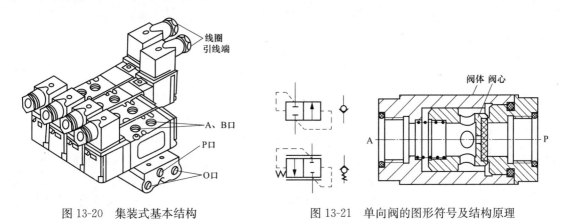

图 13-20　集装式基本结构　　　　图 13-21　单向阀的图形符号及结构原理

13.5.6 流量控制阀

流量控制阀对流过元件或管道的流量进行控制。只需改变流通面积就可实现。从流体力学角度看，流量控制是在气动回路中利用某种装置造成一种局部阻力，并通过改变局部阻力的大小，来达到调节流量的目的。实现流量控制的方法有两种：一种是设置固定的局部阻力装置，如毛细管、孔板等；另一种是设置可调节的局部阻力装置，如节流阀。图 13-22 为节流阀常用的孔口结构。图 13-22（a）、（b）、（c）分别为平板阀结构、针阀结构和球阀结构。

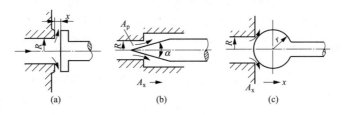

图 13-22　节流阀常用的孔口结构
（a）平板阀；（b）针阀；（c）球阀

13.5.7 速度控制阀

速度控制阀是由节流阀和单向阀组合而成的流量控制阀，因常用作气缸的速度控制而得名，也称作单向节流阀。

图 13-23 为速度控制阀结构原理。当气流沿 A→O 方向流动时，在气压作用下单向阀被打开，满流通过，无节流作用；而气流沿 P→A 方向流动时，单向阀关闭，节流阀节流，此时称为

正向流动。通常，速度控制阀的流量调节范围为管道流量的 20%～30%。对于要求能在较宽范围里进行速度控制的场合，可采用单向阀开度可调节的速度控制阀。

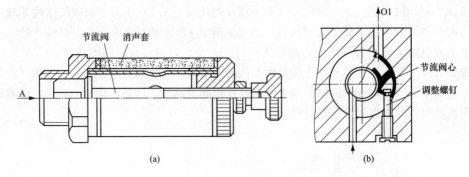

图 13-23　速度控制阀结构
（a）带消声器的节流阀；（b）节流阀直接安装在膜片式换向阀阀体内

13.5.8 压力控制阀

在气动系统中，由于主管路中的压力高于每台装置所需的压力，并且压力波动较大，因此每台气动设备的供气压力都要用减压阀减压，并保持压力稳定。因为当压力大于最佳值时会增加磨损，但输出压力增加很小或不增加。而压力太低会引致效率低下，是不经济的。

当管路中的压力超过允许压力时，为保证系统工作安全，则可用安全阀（溢流阀）来实现自动溢流排气，使系统压力下降，如储气罐顶部必须安装安全阀。

有时，我们需采用顺序阀按压力的大小来控制两个以上的气动执行元件顺序动作。

13.5.9 减压阀

减压阀的作用是将较高的输入压力调到规定（较低）的输出压力，并能保持输出压力稳定，且不受流量变化及气源压力波动的影响。减压阀的调压方式有直动式和先导式两大类。

1. 直动式减压阀

图 13-24 为一种常用的直动式减压阀结构。当阀处于工作状态时，有压缩气流 p_1 从左端输入，经进气阀口节流、减压至右端输出。顺时针方向旋转调节旋钮 3，压缩调节弹簧 4 及膜片 5 使阀芯 6 下移，增大阀口的开度，使输出压力 p_2 增大；如反时针方向旋转旋钮，则阀口的开度减小，随之输出压力 p_2 减小。当输出口达到设定压力，则阀内的空气作用于膜片上而产生一相对于弹簧力的提升力。如果流量下降，p_2 就稍微增加，也增加了作用在膜片上相对于弹簧力的力，膜片和阀随即提升，直到与弹簧力再次平衡，空气流量通过阀将会减少，直到它的消耗量和输出压力保持平衡为止。

2. 先导式减压阀

先导式减压阀可用于压力调整精度高、流量大的场合。这个高精度的获得是通过将直动式减压阀的调节弹簧置换为先导压力，这个先导压力从 p_1 口引入，通过先导阀进入先导膜片的下腔与主膜片的上腔，保证在主膜片的上腔基本保持一个恒定的先导压力，从而避免了弹簧力不恒定的影响，使调节精度得以提高、动作灵敏。在负载发生波动时，先导阀的开口及先导膜片随之波

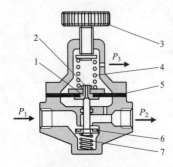

图 13-24　直动式减压阀
1—溢流阀座；2—溢流通道；
3—调节旋钮；4—调节弹簧；
5—膜片；6—阀芯；7—复位

动，保持先导压力恒定。输入或排出先导空气只在输出压力调整期间才发生，所以先导式减压阀的弹簧不太长，也有很大的流量范围。

3. 过滤减压阀

空气的过滤和压力的调整合并为单个过滤减压阀，以便提供紧凑的节省空间的组件。

13.5.10 传感器的接线

1. 光电传感器

光电传感器又分为 NPN 集电极开路输出和 PNP 集电极开路输出两种类型。NPN 集电极开路输出型在没有检测到物体时输出为悬空状态，检测到物体时输出为低电平状态。PNP 集电极开路输出型在没有检测到物体时输出为低电平状态，检测到物体时输出为高电平状态。

本设备中，料筒检测是用对射的光纤传感器，颜色检测、到位检测、联络信号是用漫反射型的光电传感器。

按照上述接线图接线，放入工件让其检测，观察指示灯的变化。其他光电传感器接线与此类似。

2. 电感传感器

本设备中，皮带挡板的阻挡到位和放行到位，材质检测就是电感传感器，电感传感器可检测金属物品，其接线图与图 13-25 类似。

3. 电容传感器

本设备中，上料完成传感器及 8 个仓位的检测均为电容传感器，其接线图与图 13-25 类似。

4. 微动开关

本设备将微动开关的动合触点作 X 轴的左限位及右限位，其接线如图 13-26 所示。

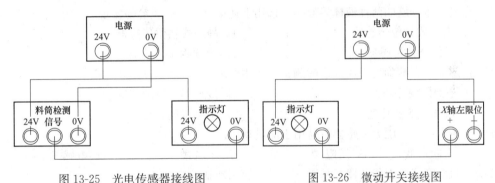

图 13-25　光电传感器接线图　　　　图 13-26　微动开关接线图

注意：微动开关仅为触点，严禁直接连接电源，否则将短路。

5. 磁性传感器

本设备中的上料气缸、Y 轴气缸、Z 轴气缸、旋转气缸、延伸气缸上面用的到位检测的传感器就是磁性传感器，其接线与图 13-26 类似。

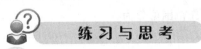

练习与思考

一、单选题

1. ⊏⊐ 代表（　　）。

　A. 机械控制阀　　　　　　　　　B. 液压控制阀

　C. 电控阀　　　　　　　　　　　D. 电一气先导控制阀

任务 ⑬

2. ⊏⊐ 是一种方向控制阀，它的名称是（ ）。

    A. 单向阀   B. 双向阀   C. 梭阀   D. 节流阀

3. ⊏⊐ 是一种控制阀，它的名称是（ ）。

    A. 单向阀   B. 双向阀   C. 梭阀   D. 快速排气阀

4. 气动中的压力单位"psi"表示（ ）。

    A. 真空度   B. 巴   C. 磅每平方英寸   D. 大气压

5. 直动式减压阀属于（ ）。

    A. 精密减压阀   B. 普通减压阀   C. 高精度减压阀   D. 快速减压阀

6. 顺序阀属于（ ）。

    A. 压力控制阀   B. 流量控制阀   C. 方向控制阀   D. 行程控制阀

7. 双压力控制阀属于（ ）。

    A. 压力控制阀   B. 流量控制阀   C. 方向控制阀   D. 逻辑控制阀

8. 双压力控制阀属于（ ）。

    A. 压力控制阀   B. 流量控制阀   C. 方向控制阀   D. 逻辑控制阀

9. 以下方向阀图形符号中（ ）是二位四通电磁换向阀。

    A.   B.   C.   D.

10. 在 FX 系列 PLC 中，可调速脉冲输出指令 PLSR K500 D0 K3600 Y000 中，K3600 指的是（ ）。

    A. 总输出脉冲数   B. 最高频率   C. 加减速时间   D. 输出端口

11. 当要测量分层的两种液体界面时，选用下述中（ ）较容易实现。

    A. 电容式物位传感器   B. 静压式物位传感器

    C. 光纤物位传感器   D. 微波物位传感器

12. 传感器能否准确地完成预定的测量任务主要取决于（ ）。

    A. 被测量是否恒定   B. 传感器本身的特征

    C. 被测量的变化速度   D. 被测量的特性

13. 下述（ ）压力传感器不易用于测量动压。

    A. 电阻应变式   B. 压阻式   C. 压电式   D. 电感式

14. 电阻应变式压力传感器是基于（ ）的原理制成的。

    A. 敏感元件受压力导致电路中电感受变化

    B. 敏感元件受压力产生电阻率的变化，导致电阻的变化

    C. 敏感元件受压力产生电荷

    D. 敏感元件受压力产生形变，导致电阻的变化

二、多选题

15. 气动系统中压力阀的调压范围可分为（ ）。

    A. 0～0.25MPa   B. 0～0.63MPa

    C. 0～1.0MPa   D. 0.05～1.6MPa

    E. 10～50MPa

16. 方向控制阀按控制方式通常可分为（ ）。

    A. 气压控制   B. 电磁控制   C. 人力控制   D. 机械控制

    E. 液压控制

17. 气压控制的方向控制可通过下列方式控制方向（　　　）。

    A. 加压　　　　　B. 卸压　　　　　C. 差压　　　　　D. 延时

    E. 真空

18. 电磁方向控制阀通常可分为（　　　）。

    A. 直动式　　　　B. 自动式　　　　C. 手动式　　　　D. 先导式

    E. 旋转式

19. 方向控制阀的作用有（　　　）。

    A. 对气体的流动产生通、断作用　　　　B. 接通和断开几个气动回路

    C. 控制气流的大小　　　　　　　　　　D. 改变控制气流的方向

    E. 以上都是

20. 常用的两位方向控制阀有（　　　）。

    E. 以上都是

21. 阀的气管连接方式有（　　　）。

    A. 法兰连接　　　B. 管式连接　　　C. 板式连接　　　D. 集装式连接

    E. 以上都是

22. 职业化也成"专业化"，它包含的内容有（　　　）。

    A. 职业化素养　　　　　　　　　　B. 职业化的行为规范

    C. 职业化技能　　　　　　　　　　D. 职业理想

    E. 以上都是

三、判断题

23. 截止阀都是两通，有常开和常闭之分。（　　　）

24. 顺序阀是根据执行机构回路中压力的变化来控制各种顺序动作的压力控制阀。（　　　）

25. 三位电磁阀有双电控和单电控之分。（　　　）

26. 生产经营单位制定的安全生产规章制度，应力求使之具有先进性、科学性、可行性。（　　　）

27. 减压阀的作用是将较高的输入压力调到规定（较低）的输出压力，并保持输出压力稳定。（　　　）

28. 速度控制阀是由节流阀和单向阀组合而成的流量控制阀，常用作气流速度控制。（　　　）

29. 在 FX_{1S}、FX_{1N} 系列 PLC 中，可以同时使用两个 PLSY 或 PLSR 指令。（　　　）

30. 步进电动机三相单、双六拍工作方式中，需发三个脉冲信号，才完成一个齿距的转动。（　　　）

四、简答题

31. 常用电磁阀分为几类？

32. 简述控制夹盖机械手（即 Z 轴）的电磁阀与普通电磁阀的区别。

33. 人机界面是如何设置饮料瓶在料仓中的位置，又是如何监视其当前状态？

练习与思考题参考答案

1. D	2. C	3. D	4. C	5. B	6. A	7. D	8. D	9. A	10. C
11. C	12. B	13. A	14. D	15. BC	16. ABCD	17. ABCD	18. AD	19. ABD	20. ABC
21. ABCDE	22. ABC	23. N	24. Y	25. N	26. Y	27. N	28. N	29. Y	30. N

任务 ⑭

单轴步进定位与两轴气动机械手的控制系统设计与调试

14.1 任务来源

在电子产品、玻璃加工等自动生产线中，经常需要将加工后的产品按照一定要求进行摆放或者入库堆放，这时就需要应用步进定位和气缸定位，构成简单的三轴定位系统，本项目就是基于该工作任务来进行训练，旨在通过该项目的训练，使学员掌握单轴步进定位与两轴气动机械手的控制系统设计与调试。

14.2 任务描述

请设计一个利用PLC对单轴步进电动机与两轴气动机械手的控制系统，并完成其控制系统的硬件配置、程序设计、系统接线和运行调试，其要求如下。

1. 系统组成

系统有推料台1个、传输带1条、步进电动机及机械手1套、料仓工位8个、传感器若干个，PLC、人机界面一套，如图13-1所示。

2. 工艺要求

金属、白色塑料、黑色塑料工件共8个随机放入推料台，工件由推料台推出，经传输带传输，再经步进电动机及机械手将工件依次放入1♯～8♯工位。

3. 系统功能

（1）系统上电后，红灯亮，绿、黄灯灭，如果机械手不在右边的原点位，则黄灯闪烁。

（2）按下启动按钮，若在原点位则启动系统，若不在原点位系统先进行回原点。

（3）启动时若没有工件则等待；若有工件则运行；运行时绿灯亮，红、黄灯灭。

（4）推出工件，启动传输带，经机械手将工件依次放入1♯～8♯工位上，然后系统自动停止。

（5）停止功能：按下停止按钮时，系统处理完在线工件后自动停止运行；红灯亮，绿、黄灯灭。

（6）急停功能：按下急停按钮，系统无条件全部停止（工件不脱落），红灯闪烁，绿、黄灯灭。

（7）回原点功能：所有气缸缩回，电动机停止，丝杆回到右侧原点端。

（8）系统协调性：在生产过程中，要求各执行机构运行协调，工件传输顺畅，不得发生机械碰撞或工件半途脱落。

14.3 目标描述

14.3.1 技能目标

1. 关键技能

- 能（会）使用手指气缸、双杆气缸。
- 能（会）编写急停控制程序。
- 能（会）编写回原点程序。

2. 基本技能

- 能（会）使用气动阀、电磁阀。
- 能（会）正确利用螺距、脉冲数、距离进行定位控制。
- 能（会）编写多点定位程序。

14.3.2 知识目标

- 掌握气缸的结构、工作原理及分类。
- 掌握复杂程序的设计方法。
- 掌握震荡程序的设计技巧。

14.3.3 职业素质目标

- 着装整齐，不穿奇装异服，不穿拖鞋。
- 工作态度积极，有责任感。
- 认真总结训练过程的得失，吃一堑长一智，养成善于总结的习惯。
- 养成善于思考、敢于提问、不懂就问的学习习惯。
- 严格执行机械设备行业标准，树立安全意识、质量意识。

14.4 任务实施

14.4.1 活动一 学员自学或教师讲授

1. 气缸的基本知识

（1）气缸的分类。

（2）气缸的结构及工作原理。

（3）重点讲解气缸的使用注意事项。

2. 几种常见的气缸

（1）单作用气缸和双作用气缸。

（2）无杆气缸和双杆气缸。

（3）可调缓冲气缸。

14.4.2 活动二 示范操作

1. 步骤一：控制需求分析与系统设计

（1）硬件需求：硬件需求如图 13-1 所示。

（2）使用 PLSY 或 PLSR 定位指令进行程序设计。

（3）由于工件需要放到 1～8 号位置，流程比较固定，因此可以使用单流程和选择性流程来进行程序设计。

（4）确定距离、速度、脉冲数量的关系，见上一训练任务。

2. 步骤二：按要求进行 PLC 的 I/O 分配

（1）了解 PLC 的 I/O 端子的分布情况。

（2）熟悉相关元件功能、用途、用法及好坏检查。

3. 步骤三：根据控制要求设计控制线路图

（1）注意行程保护比较多，不能漏接或漏画。

（2）注意 PLC 工作电源的接线和输入电源的接线。

（3）注意外部输出设备电源的接线。

（4）根据控制要求、PLC 的 I/O 分配，绘制控制线路图参考图 13-2 所示。

4. 步骤四：根据控制要求设计 PLC 程序

（1）根据控制要求，画出其程序框图，如图 14-1 所示。

（2）根据控制要求及其程序框图设计控制程序，如图 14-2 所示。

（3）使用编程软件输入程序，并下载到 PLC。

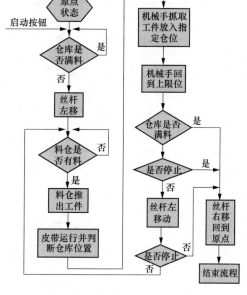

图 14-1　程序框图

5. 步骤五：系统调试

（1）关闭电源，检查工作环境是否安全。

（2）根据任务描述用仿真软件调试 PLC 程序。

（3）检查 PLC 与触摸屏的连接是否正常，否则检查设置和通信线路。

（4）独立单元调试，连接好 PLC 的输出电路，分别测试皮带、抓、放、回原点等动作是否符合要求，否则检查程序及接线是否正确。

（5）自动运行程序，对照控制要求检查功能是否满足，否则进行相应修改及检查，直至符合要求。

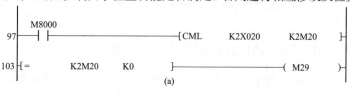

(a)

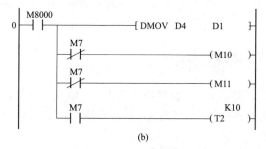

(b)

图 14-2　控制程序（一）

(a) 8 仓位放满程序；(b) 丝杆左移程序

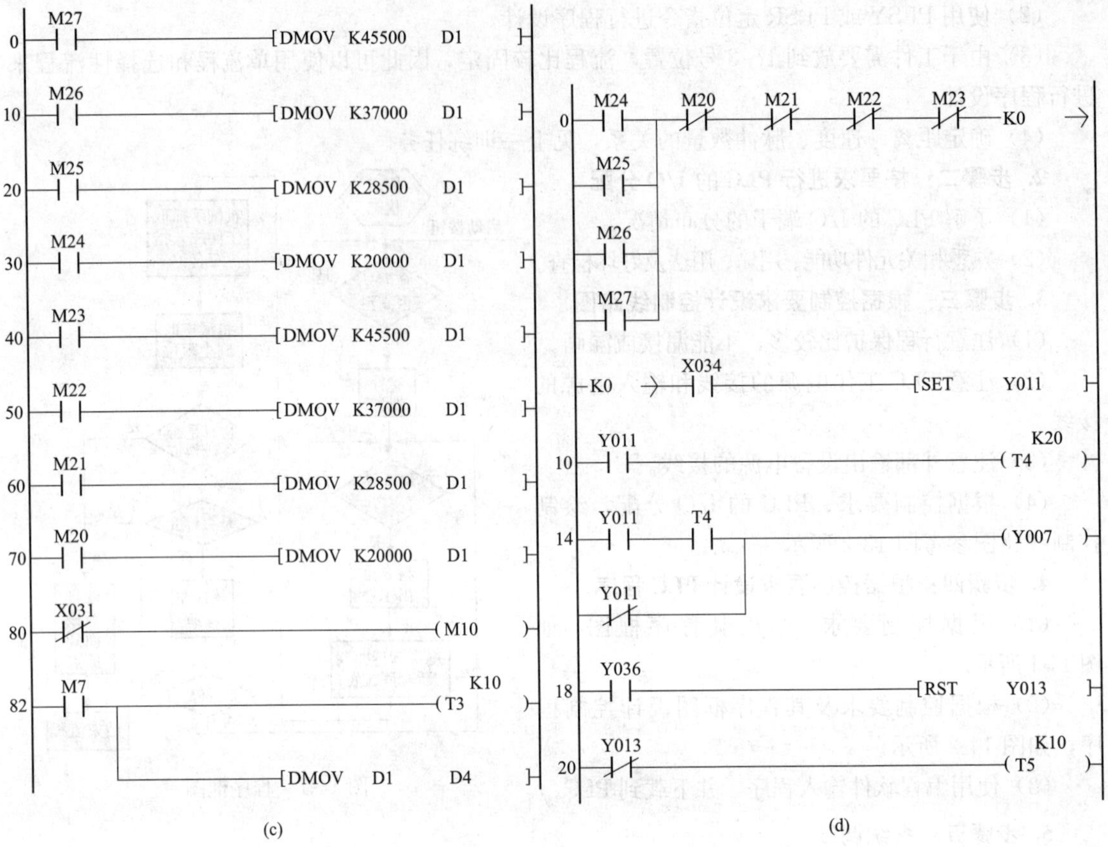

(c)

(d)

图 14-2 控制程序（二）

(c) 8 工位的脉冲数分配；(d) 手臂伸出、下降程序

6. 步骤六：做好相关技术总结

（1）对于实际生产设备，在完成系统调试后，必须撰写技术总结、运行与管理等的相关技术资料。

（2）对于实训室的训练，要认真总结相关技能点、知识点、关键操作等，为下一训练任务打好基础。

14.4.3 活动三 根据所讲述和示范案例，完成下面任务

请在"活动二"的基础上改变放置的工位数（少于 8 工位）和放置顺序（按照 8-1 的顺序），然后请按"活动二"的要求设计一个利用 PLC 对单轴步进电动机与两轴气动机械手的控制系统，并完成其控制系统的硬件配置、程序设计、系统接线和运行调试。

14.5 相关知识与技能

为顺利完成本训练任务，需要学习气缸的有关知识。气缸又称汽缸，是气压传动执行机构的一种，它是将压缩气体的压力能转换为机械能的气动执行元件。主要内容如下，也可查阅相关资料。

14.5.1 气缸的分类

气缸的种类繁多，可按不同方法进行分类，见表 14-1。

表 14-1 气 缸 的 分 类

分类依据	类别	分类依据	类别	分类依据	类别
按受压运动件	活塞式、无活塞式	按驱动方式	单向作用、双向作用	按安装形式	固定式、摆动式、回转式、嵌入式
按活塞杆数目	单活塞杆型、双活塞杆型	按缓冲方式	无缓冲型、缓冲型（单侧缓冲、双侧缓冲）	按润滑形式	给油润滑、无给油润滑、无油润滑
按尺寸规格	微型、小型、中型、大型	按功能	普通型、特殊型		

　　单活塞杆气缸是各类气缸中应用最广泛的一种气缸，由于它只在活塞的一端有活塞杆，活塞两侧压缩空气作用的面积不等，因而活塞杆伸出时的推力大于退回时的拉力。双活塞杆气缸活塞两侧都有活塞杆，活塞两侧受压缩空气作用的面积相同，活塞杆伸出时的推力和退回时的拉力相等。双活塞杆气缸又可分为缸体固定式和活塞杆固定式两种。

　　单向作用气缸是由一侧气口供给压缩空气驱动活塞运动；依靠弹簧力、外力或自重等退回，而双向作用气缸是由两侧气口供给压缩空气使活塞做往复运动。

　　为防止活塞冲击缸盖，可在气缸的行程终端设置缓冲装置，这种气缸称缓冲气缸。在缸径为32mm 以上的大中型气缸中，有利用空气可压缩性的可调式缓冲装置；有单侧缓冲型和双侧缓冲型。而缸径在 32mm 以下的小型气缸中，常使用由聚氨酯橡胶等制成的固定式弹性缓冲装置。气缸的原理和特点见表 14-2。

表 14-2 气 缸 的 原 理 和 特 点

类别	名称	简图	原理和特点	名称	简图	原理和特点
单作用气缸	柱塞式气缸		压缩空气驱动柱塞向一个方向运动；借助外力复位；对负载的稳定性较好，输出力小，主要用于小直径气缸	活塞式气缸		压缩空气驱动活塞向一个方向运动；借助外力或重力复位；较双向作用气缸耗气量小
	薄膜式气缸		以膜片代替活塞的气缸。单向作用，借助弹簧力复位。行程短、结构简单、密封性好，缸体不需加工。仅适用短行程			压缩空气驱动活塞向一个方向运动；借助弹簧力复位；结构简单，耗气量小，弹簧起背压作用，输出力随行程变化而变化。适用于小行程
双作用气缸	普通气缸		压缩空气驱动活塞向两个方向运动，活塞行程可根据实际需要选定。双向作用的力和速度不同	双杆气缸		压缩空气驱动活塞向两个方向运动，且其速度和行程分别相等。适用于长行程
	不可调缓冲气缸	(a) (b)	设有缓冲装置以使活塞临近行程终点时减速，防止活塞撞击缸端盖，减速值不可调整。(a) 为一侧缓冲；(b) 为两侧缓冲	可调缓冲气缸	(a) (b)	设有缓冲装置，使活塞接近行程终点时减速，且减速值可根据需要调整。(a) 为一侧可调缓冲；(b) 为两侧可调缓冲

类别	名称	简图	原理和特点	名称	简图	原理和特点
特殊气缸	差动气缸		气缸活塞两侧有效面积差较大，利用压力差原理使活塞往复运动，工作时活塞杆侧始终通以压缩空气，其推力和速度均较小	双活塞气缸		两个活塞同时向相反方向运动
	多位气缸		活塞沿行程长度方向可占有4个位置，当气缸的任一空腔接通气源，活塞杆就可占有4个位置中的一个	串联气缸		在一根活塞杆上串联多个活塞，因为各活塞有效面积总和大，所以增加了输出推力
	冲击式气缸		利用突然大量供气和快速排气相结合的方法得到活塞杆的快速冲击运动，用于切断、冲孔、打入工件等	滚动膜片气缸		利用了膜片式优点，克服其缺点，可获得较大行程，但膜片因受气缸和活塞之间不间断的滚压而寿命较低。动作灵活，摩擦小
	数字气缸		将若干个活塞沿轴向依次装在一起，每个活塞的行程由小到大按几何级数增加	伺服气缸		将输入的气压信号成比例地转换为活塞杆的机械位移。包括测量环节、比较环节、放大转换环节、执行环节及反馈环节，用于自动调节系统中
	缸体可转缸		进排气导管和气缸本体可相对转动。用于机床夹具和线材卷曲装置上	增压气缸		活塞杆两端面积不相等，利用压力与面积乘积不变原理，可由小活塞端输出高压气体
	气液增压缸		根据液体不可压缩的性能和力的平衡原理，利用两个相连活塞面积的不等，压缩空气驱动大活塞，可由小活塞输出高压液体	气液阻尼缸		利用液体不可压缩的性能及液体排放最易于控制的优点，获得活塞杆的稳速运动
	挠性气缸		气缸为挠性管材，左端进气滚轮向右滚动，可带动机构向右移动，反之向左移动，常用于门窗阀开闭	缸索性气缸		活塞杆是由钢索构成的，当活塞靠气压推动时，钢索跟随移动，并通过该轮牵动托盘，可带动托盘往复移动
	伸缩气缸		伸缩缸由套筒构成，可增大活塞行程，适用于做翻斗车气缸。推力和速度随行程而变化	磁性无杆缸		活塞内有磁性环，移动时带动气缸外有磁性的滑台运动。用于行程大、空间位置小及轻载时

气缸的安装形式可分为固定式、摆动式、回转式和嵌入式。固定式气缸采用法兰或双螺栓把气缸安装在机体上。摆动式气缸能绕一固定轴做一定角度的摆动，其结构有头部、中间及尾部轴销式。回转式气缸是一种缸体固定在机床主轴上，可随机床主轴做旋转运动的气缸。嵌入式气缸是一种缸筒直接制作在夹具内的气缸。

给油气缸工作时需提供油雾润滑，应用于给油润滑气动系统。无给油气缸已预先封入润滑脂等，工作时定期给予补充，不需要润滑装置，应用于无给油润滑气动系统。无油润滑气缸有含油润滑材料和含油密封圈等部件，不需要润滑装置或预先封入润滑脂等，应用于无油润滑气动系统。在各类气缸中使用最多的是活塞式单活塞杆型气缸，称为普通气缸。

14.5.2 普通气缸

1. 普通气缸

普通气缸可分为单作用气缸和双作用气缸两种。

（1）双作用气缸。气缸一般由缸筒、前后缸盖、活塞、磁环、活塞杆、密封件和紧固件等零件组成，如图 14-3 所示。缸筒在前后缸盖之间由 4 根拉杆和螺母将其紧固锁定或通过滚压加工将缸筒与前后缸盖滚压连接。缸内有与活塞杆相连的活塞，活塞上装有活塞密封圈。为防止漏气和外部灰尘的侵入，前缸盖装有活塞杆的密封圈和防尘圈。这种双作用气缸被活塞分成有杆腔（简称头腔或前腔）和无杆腔（简称尾腔或后腔）。

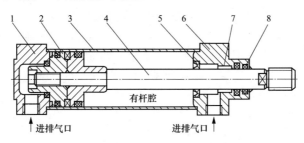

图 14-3　双作用气缸的结构

1—后缸盖；2—活塞；3—缸筒；4—活塞杆；5—缓冲密封；

6—前缸盖；7—导向套；8—防尘圈

当从无杆腔端的气口输入压缩空气时，若气压作用在活塞上的力克服了运动摩擦力及负载等各种反作用力，则气压力推动活塞前进，而有杆腔内的空气经其出气口排入大气，使活塞杆伸出。同样，当有杆腔端气口输入压缩空气，其气压力克服无杆腔的反作用力及摩擦力时，则活塞杆退回至初始位置。通过无杆腔和有杆腔做交替进气和排气，活塞杆伸出和退回，气缸实现往复直线运动。

（2）单作用气缸。单向作用方式常用于小型气缸，其结构如图 14-4 所示。在气缸的一端装有使活塞杆复位的弹簧，另一端的缸盖上开有气口。除此之外，其结构基本上与双作用气缸相同。其特点是弹簧压缩后的长度使气缸全长增加。

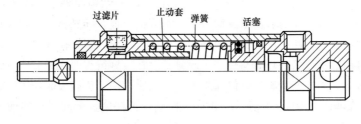

图 14-4　单作用气缸的结构

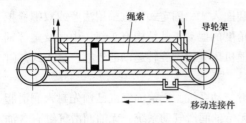

图 14-5　绳索气缸

2. 无杆气缸

无杆气缸有绳索气缸、钢带气缸、机械接触式气缸和磁性耦合式气缸。图 14-5 为绳索气缸。无杆气缸没有普通气缸的刚性活塞杆，而是利用活塞直接或间接连接外界执行机构，跟随活塞直接或间接实现往复直线运动。这种气缸具有结构简单、节省安装空间的最大优点，特别适用于小缸径长行程的场合。

（1）绳索气缸、钢带气缸。这类气缸用绳索、钢带等代替刚性活塞杆连接活塞，将活塞的推力传到气缸外，带动执行机构进行往复运动。这种气缸又称为柔性气缸。其主要特点是在同样活塞行程下，安装长度比普通气缸小一半。

1）绳索气缸。采用柔软的弯曲性大的钢丝绳代替刚性活塞杆，其结构原理如图 14-5 所示。绳索气缸的绳索是特制的，在钢丝绳外包一层尼龙，要求表面光滑，尺寸一致，以保证绳索与缸盖孔的密封。绳索与通常使用的钢丝绳一样，需考虑冲击和延伸等问题，在传递运动时防止产生抖动。当负载运动方向与活塞的运动方向不一致时，可采用滑轮。

2）钢带气缸。采用钢带代替刚性活塞杆，克服了绳索气缸密封困难及结构尺寸大的缺点，具有密封和连接容易、运动平稳的特点，与测量装置结合，易实现自动控制。其结构原理和绳索气缸相同。绳索气缸和钢带气缸与开关或阀连接，即可构成带开关或阀的绳索气缸和钢带气缸。

（2）机械接触式无杆气缸。图 14-6 为机械接触式无杆气缸结构原理图。在气缸筒的轴向开有一条槽，与普通气缸一样，可在气缸两端设置空气缓冲装置。活塞带动与负载相连的拖板一起在槽内移动。为了防泄漏及防尘，在开口部采用聚氨酯密封带和防尘不锈钢覆盖带，并固定在两端缸盖上。这种气缸具有与绳索气缸相似的优点，但机械接触式无杆气缸占据的空间更小，不需要设置防转动机构。适用于缸径 8～80mm 的气缸，最大行程（在缸径≥40mm 时）可达 6m。气缸运动速度高，标准型可达 0.1～1.5m/s；高速型可达 0.3～3.0m/s。由于负载与活塞是用气缸槽内运动的滑块连接的，因此在使用中必须注意径向负载和轴向负载。为了增加承载能力，必须加导向机构。

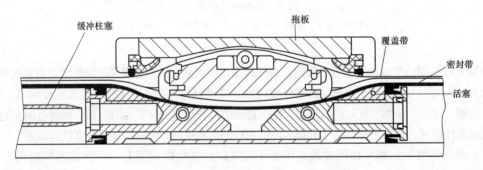

图 14-6　机械接触式无杆气缸

（3）磁性耦合无杆气缸。图 14-7 为磁性耦合无杆气缸的结构原理图。在活塞上安装一组高磁性的稀土永久磁环，磁力线通过薄壁缸筒（不锈钢或铝合金非导磁材料）与套在外面的另一组磁环作用。由于两组磁环极性相反，具有很强的吸力。当活塞在两端输入气压作用下移动时，则在磁力作用下，带动缸筒外的磁环套与负载一起移动。在气缸行程两端设有空气缓冲装置。它的特点是小型、轻量化，无外部泄漏，维修保养方便。当速度快、负载大时，内外磁环易脱开，即负载大小受速度的影响，如图 14-7 所示，并且磁性耦合无杆气缸中间不可能增加支承点，最大行程受到限制。

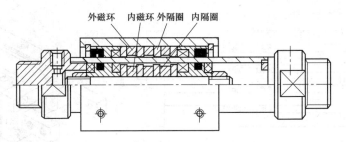

图 14-7　磁性耦合无杆气缸

3. 其他气缸

除了上述普通气缸和无杆气缸外，还有适用于不同工作环境下的气缸，如耐热气缸、耐酸气缸；多种功能的组合气缸，适用于多方位安装的气缸以及各种专用气缸，如气动机械手用的气动手钳等。

（1）薄型气缸。图 14-8 为其结构原理图。这种气缸结构紧凑，轴向尺寸较普通气缸短。活塞上采用组合 O 形密封圈密封，缸盖上没有空气缓冲机构，缸盖与缸筒之间采用弹簧卡环固定。这种气缸可利用外壳安装面直接安装。气缸行程较短，常用缸径为 10～100mm，行程为 50mm 以下。这种气缸常用于固定夹具等。

（2）导向气缸。设有防止活塞杆回转装置的气缸，称导向气缸。各种类型的气缸根据需要都可设置不同的导向装置，图 14-9 为导向气缸的结构原理图。

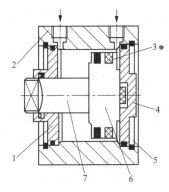

图 14-8　薄型气缸
1—前缸盖；2—缸筒；3—磁环；
4—后缸盖；5—弹性卡环；
6—活塞；7—活塞杆

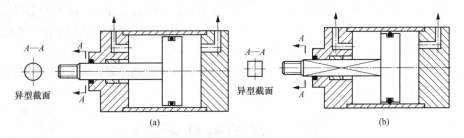

图 14-9　导向气缸的结构原理图
（a）椭圆杆气缸；（b）方形杆气缸

（3）滑台气缸。图 14-10 为其结构原理图。它由两个双活塞杆双作用气缸并联构成，动作原理与普通气缸相同。两个气缸腔室之间是通过中间缸壁上的导气孔相通的，以保证两个气缸同时动作。其特点是缸的输出力增加一倍，外形轻巧，节省安装空间。安装方式有滑台固定型（滑台面固定）和边座固定型（滑台面移动）两种方式。不回转精度为±0.1°，适用于气动机械手臂等应用场合。

（4）气动手指。气动手指是一种变型气缸，常用在搬运、传送工件机构中抓取、拾放物体，从一个点位到另一个点位。气动手指有平行开合手指、肘节摆动开合手指、多爪手指等。平行开合气动手指如图 14-11 所示。

气动手指的开闭一般是通过活塞的往复运动带动曲柄连杆、滚轮或齿轮等与手指相连的机构，驱动手指沿气缸径向同步开、闭运动，也有通过摆动气缸驱动回转盘带动径向槽中的多个手指同步开、闭运动，所有的气动手指是同步同心开合的，单个手指不能单独运动。

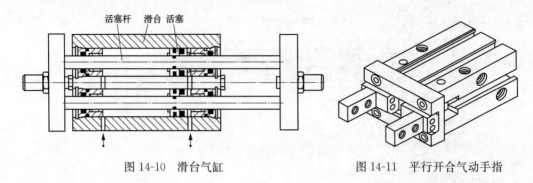

图 14-10　滑台气缸　　　　　　　　图 14-11　平行开合气动手指

14.5.3　气缸的使用要求

在使用气缸时应注意以下几个方面。

（1）气缸的一般工作条件是周围环境及介质温度在 5～60℃ 范围内，工作压力在 0.4～0.6MPa 范围内（表压）。超出此范围时，应考虑使用特殊密封材料及十分干燥的空气。

（2）安装前应在 1.5 倍的工作压力下试压，不允许有泄漏。

（3）在整个工作行程中，负载变化较大时应使用有足够输出功率余量的气缸。

（4）不使用满行程工作（特别在活塞伸出时），以避免撞击损坏零件。

（5）气缸使用时必须注意活塞杆强度问题。由于活塞杆头部的螺纹受冲击而遭受破坏，大多数场合活塞杆承受的是推力负载，因此必须考虑细长杆的压杆稳定性，以及气缸水平安装时活塞杆伸出因自重而引起活塞杆头部下垂的问题。安装时还要注意受力方向，活塞杆不允许承受径向载荷。

（6）活塞杆头部连接处，在大惯性负载运动停止时，往往伴随着冲击。由于冲击作用而容易引起活塞杆头部遭受破坏，因此，在使用时应检查负载的惯性力，设置负载停止的阻挡装置和缓冲装置，以及消除活塞杆上承受的不合理的作用力。

（7）注意合理润滑，除无油润滑气缸外，应正确设置和调整油雾器，否则将严重影响气缸的运动性能，甚至不能工作。

练 习 与 思 考

一、单选题

1. ⟨◇⟩ 所示气动图形符号是（　　　）。

　　A. 冷却器　　　　　　B. 油雾器　　　　　　C. 空气干燥器　　　　D. 消声器

2. 单作用气缸与气管相接的气数孔有（　　　）。

　　A. 1 个　　　　　　　B. 2 个　　　　　　　C. 4 个　　　　　　　D. 5 个

3. 单作用气缸的行程通常都（　　　）。

　　A. 很长　　　　　　　B. 很短　　　　　　　C. ＞200mm　　　　　D. 是直径的 5 倍

4. 磁性无杆气缸，适用于（　　　）。

　　A. 长行程、轻载　　　B. 短行程、重载　　　C. 长行程、重载　　　D. 短行程、轻载

5. 双杆气缸特别适用于（　　　）。

　　A. 长行程、轻载　　　B. 小行程、重载　　　C. 大行程、重载　　　D. 两方向有相同行程

6. ▭ 所示的气缸是（　　）。

    A. 一侧可调缓冲双作用气缸　　　　　　B. 两侧可调缓冲双作用气缸

    C. 一侧有缓冲双作用气缸　　　　　　　D. 两侧有缓冲双作用气缸

7. ▭ 所示的气缸是（　　）。

    A. 一侧可调缓冲双作用气缸　　　　　　B. 两侧可调缓冲双作用气缸

    C. 一侧有缓冲双作用气缸　　　　　　　D. 两侧有缓冲双作用气缸

8. 气动中的压力单位"Bar"与帕斯卡的换算关系为（　　）。

    A. 1Bar=10kPa　　B. 1Bar=1000kPa　　C. 1Bar=1kPa　　D. 1Bar=100kPa

9. 气动三联件安装时，从进气到输出的安装顺序依次为（　　）。

    A. 减压阀、分水滤气器、油雾器　　　　B. 分水滤气器、减压阀、油雾器

    C. 减压阀、油雾器、分水滤气器　　　　D. 分水滤气器、油雾器、减压阀

10. 气缸的耗气量与（　　）有关。

    A. 缸径、节流阀、压力　　　　　　　　B. 缸径、节流阀、速度

    C. 缸径、行程、压力　　　　　　　　　D. 缸径、行程、速度

11. ▭ 所示的气缸类型是（　　）。

    A. 柱塞式气缸　　B. 双杆气缸　　　　C. 双活塞气缸　　　　D. 串联气缸

12. 无杆气缸与有杆气缸相比最大的缺点是（　　）。

    A. 行程较短　　　　　　　　　　　　　B. 占用空间大

    C. 密封性能不好，容易产生外泄漏　　　D. 定位功能差

二、多选题

13. 气动执行元件的分类有（　　）。

    A. 气阀　　　　　B. 气压传感器　　　C. 气缸　　　　　　D. 气电动机

    E. 空气接头

14. 与液压传动相比，在气压传动过程中，由于气体黏性小，因而（　　）。

    A. 传递动力大　　B. 反应灵敏　　　　C. 阻力小　　　　　D. 速度快

    E. 承载能力强

15. 在气动系统中可依据某回路的最大流量来选择该回路的（　　）。

    A. 气缸　　　　　B. 调压阀　　　　　C. 油雾器　　　　　D. 过滤器

    E. 电磁阀

16. 双作用气缸通常包括（　　）。

    A. 不可调缓冲双作用气缸　　　　　　　B. 普通双作用气缸

    C. 可调缓冲双作用气缸　　　　　　　　D. 双杆气缸

    E. 无杆气缸

17. 气缸的缓冲方法有（　　）。

    A. 弹簧缓冲　　　B. 液压吸震器缓冲　C. 橡胶垫缓冲　　　D. 气垫缓冲

    E. 卡簧缓冲

18. 气缸的锁紧装置主要有（　　）。

    A. 气压锁紧型　　　　　　　　　　　　B. 双螺母锁紧型

    C. 弹簧锁紧型　　　　　　　　　　　　D. 气压—弹簧锁紧型

E. 凸轮锁紧型

19. 在职业道德与职业技能的关系中，职业道德处于主导地位，这是因为（　　）。

A. 职业道德是职业技能有效发挥的重要条件

B. 职业道德对职业技能的应用起着激励和规范作用

C. 职业道德对职业技能的提高没有促进作用

D. 对于一个人来讲，有才无德往往比有德无才对社会的危害更大

E. ABCD 都是

三、判断题

20. 双活塞气缸的特点是压缩空气驱动活塞向两个方向运动，且其速度和行程分别相等。（　　）

21. 双杆气缸的特点是两个活塞同时向相反的方向运动。（　　）

22. 某气动回路的最大流量是指该气动回路在单位时间内所消耗的气体。（　　）

23. 双活塞气缸的特点是两个活塞同时向相反的方向运动。（　　）

24. 滑台气缸其工作原理相当于双活塞杆双作用气缸并联。（　　）

25. 运行系统的压力由节流阀和减压阀控制。（　　）

26. 气控换向阀是气动系统的执行装置。（　　）

四、简答题

27. 简述普通双作用气缸的结构和工作原理。

28. 使用气缸时应注意的事项有哪些？

29. 如何调节各气缸的运行速度与停靠位置？

练习与思考题参考答案

1. A	2. A	3. B	4. A	5. D	6. D	7. A	8. D	9. B	10. B
11. B	12. C	13. CD	14. BCD	15. BCD	16. ABCDE	17. BCD	18. ACD	19. ABD	20. N
21. N	22. N	23. Y	24. Y	25. N	26. N				

任务 ⑮

工件属性判断与分拣的自动化生产线
监控系统设计与实现

15.1 任务来源

在食品、玻璃、金属等加工生产线中，其最后一道工序就是从固定点取出产品并对其颜色和材质进行判别，并根据判别结果进行分类存放，这其中就需要应用工件属性判别与分拣，为便于操作的灵活性，还需要使用人机界面，本训练项目就是在此基础上进行提炼和简化的。因此，掌握工件属性判断与分拣的自动化生产线监控系统设计与实现是很有必要的。

15.2 任务描述

请设计一个工件属性判断与分拣的自动化生产线监控系统，并完成其控制系统的硬件配置、程序设计、画面制作、系统接线和运行调试，其要求如下。

1. 系统组成

系统有推料台1个、传输带1条、步进电动机及机械手1套、料仓工位2个、传感器若干个，PLC、人机界面一套，如图13-1所示。

2. 工艺要求

金属、白色塑料、黑色塑料工件各一个随机放入推料台，工件由推料台推出，经传输带进行材质和颜色检测，然后将黑色塑料工件放到传输带末端，金属工件放到料仓1♯位，白色塑料工件放到料仓5♯位。

3. 手动功能

（1）按 Z 轴上升按钮，则 Z 轴气缸上升，松开按钮即停止；按 Z 轴下降按钮，则 Z 轴气缸下降，松开按钮即停止。

（2）按传输带运行按钮，则传输带运行，松开按钮，传输带即停止。

（3）按丝杆右行按钮，则丝杆右行，速度为 8000Hz，松开按钮即停止。

（4）按丝杆左行按钮，则丝杆左行，速度为 6000Hz，松开按钮即停止。

（5）按 Y 轴前进按钮，则 Y 轴前进，到行程位置停止。

（6）按 Y 轴回退按钮，则 Y 轴回退，到行程位置停止。

（7）按机械手伸出/缩回按钮，机械手即伸出/缩回。

（8）按机械手摆臂顺旋/反旋按钮，机械手即摆臂顺旋/反旋。

（9）按机械手夹紧/放松按钮，机械手即夹紧/放松。

（10）按推料按钮，推料气缸即推出，松开按钮，推料气缸即缩回。

（11）手动时各动作机构均应受行程保护。

4. 回原点功能

（1）机械手手臂（Z 轴）在上限位置。

（2）机械手手臂（Y 轴）在远离操作者的状态。

（3）步进电动机（X 轴）运行到右边原点位置。

（4）机械手在缩回状态。

（5）机械手的摆臂与 X 轴平行。

（6）皮带机停机。

（7）推料气缸回缩。

5. 自动运行功能

（1）按下启动按钮，若在原点则系统启动，若不在原点，则系统先进行回原点。

（2）启动时若没有工件则等待；若有工件则运行；运行时绿灯亮，红、黄灯灭。

（3）工件由推料台推出，在传输带上进行材质和颜色检测，若为黑色塑料，则直接通过传输带送到末端后停止；若为金属，则经机械手将工件放到料仓 1♯ 位；若为白色塑料，则经机械手将工件放到料仓 5♯ 位；系统完成 3 个工件的分拣后自动停止。

（4）停止功能：按下停止按钮时，系统完成在线工件的处理后自动停止运行，红灯亮，绿、黄灯灭。

（5）急停功能：按下急停按钮，系统无条件全部停止（工件不脱落），红灯闪烁，绿、黄灯灭。

（6）系统协调性：在生产过程中，要求各执行机构运行协调，工件传输顺畅，不得发生机械碰撞或工件半途脱落。

6. 人机界面功能

（1）具有手动、回原点、自动选择开关及相关文字说明。

（2）具有推料、传输带、机械手臂等各执行机构的手动按钮及相关文字说明。

（3）具有启动、停止等按钮及相关文字说明。

（4）具有各种指示灯及文字说明。

（5）具有手动、回原点、自动互锁功能。

15.3　目标描述

15.3.1　技能目标

1. 关键技能

- 能（会）正确使用电容传感器及电感传感器。
- 能（会）制作复杂的人机界面画面。
- 能（会）设计复杂的控制系统程序。

2. 基本技能

- 能（会）正确调节和使用气缸。
- 能（会）编写急停控制程序。
- 能（会）编写回原点程序。

15.3.2 知识目标

- 掌握传感器的工作原理。
- 掌握程序框图的设计技巧。
- 掌握手动、自动、回原点功能程序的编写技巧。

15.3.3 职业素质目标

- 着装整齐，不穿奇装异服，不穿拖鞋。
- 工作态度积极，有责任感。
- 认真总结训练过程的得失，吃一堑长一智，养成善于总结的习惯。
- 养成善于思考、敢于提问、不懂就问的学习习惯。
- 严格执行机械设备行业标准，树立安全意识、质量意识。

15.4 任务实施

15.4.1 活动一　学员自学或教师讲授

1. 传感器基本知识

（1）传感器的分类。

（2）传感器的工作原理。

（3）传感器的接线方法。

2. 几种常见的传感器

（1）光电传感器。

（2）电容传感器。

（3）电感传感器。

（4）霍尔传感器。

15.4.2 活动二　示范操作

1. 步骤一：控制需求分析与系统设计

（1）硬件需求：硬件需求与上一任务类似。

（2）使用 PLSY 或 PLSR 定位指令进行程序设计。

（3）由于工件需要放到 1 号、5 号位置，流程比较固定，因此可以使用单流程和选择性流程来进行程序设计。

2. 步骤二：按要求进行 PLC 的 I/O 及人机界面的软元件分配

（1）了解 PLC 的 I/O 端子的分布情况。

（2）熟悉相关元件功能、用途、用法及好坏检查。

（3）根据控制要求，PLC 的 I/O 及人机界面软元件分配，请参考表 13-1。

3. 步骤三：根据控制要求设计控制线路图

（1）注意行程保护比较多，不能漏接或漏画。

（2）注意 PLC 工作电源的接线和输入电源的接线。

（3）注意外部输出设备电源的接线。

（4）根据控制要求，PLC 的 I/O 分配设计控制线路图，请参照图 13-2。

4. 步骤四：根据控制要求制作人机界面的画面图

（1）根据控制要求及人机界面软元件分配设计人机界面画面，如图 15-1 所示。

（2）按向导新建项目，设置与 PLC 的通信方式。

（3）制作文字对象和数据写入及显示对象。

（4）制作按钮和指示灯对象。

（5）将制作的画面下载至人机界面。

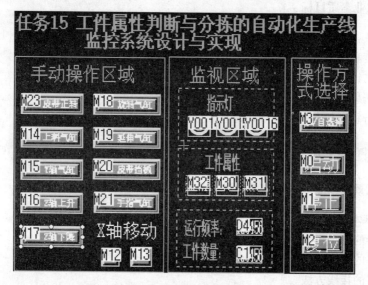

图 15-1　人机界面画面

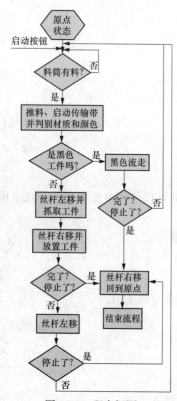

图 15-2　程序框图

5. 步骤五：根据控制要求设计 PLC 程序

（1）根据控制要求，画出其程序框图，如图 15-2 所示。

（2）根据控制要求及其程序框图设计控制程序，如图 15-3 所示。

（3）使用编程软件输入程序，并下载到 PLC。

6. 步骤六：系统调试

（1）关闭电源，检查工作环境是否安全。

（2）根据任务描述用仿真软件调试 PLC 程序。

（3）测试人机界面与 PLC 的连接情况，如不能连接，检查人机界面端和 PLC 的连接设置和通信线路。

（4）独立单元调试，连接好 PLC 的输出电路，分别测试皮带、抓、放、回原点等动作是否符合要求，否则检查程序及接线是否正确。

（5）自动运行程序，对照控制要求检查功能是否满足，否则进行相应修改及检查，直至符合要求。

7. 步骤七：做好相关技术总结

（1）对于实际生产设备，在完成系统调试后，必须撰写技术总结、运行与管理等的相关技术资料。

（2）对于实训室的训练，要认真总结相关技能点、知识点、关键操作等，为下一训练任务打好基础。

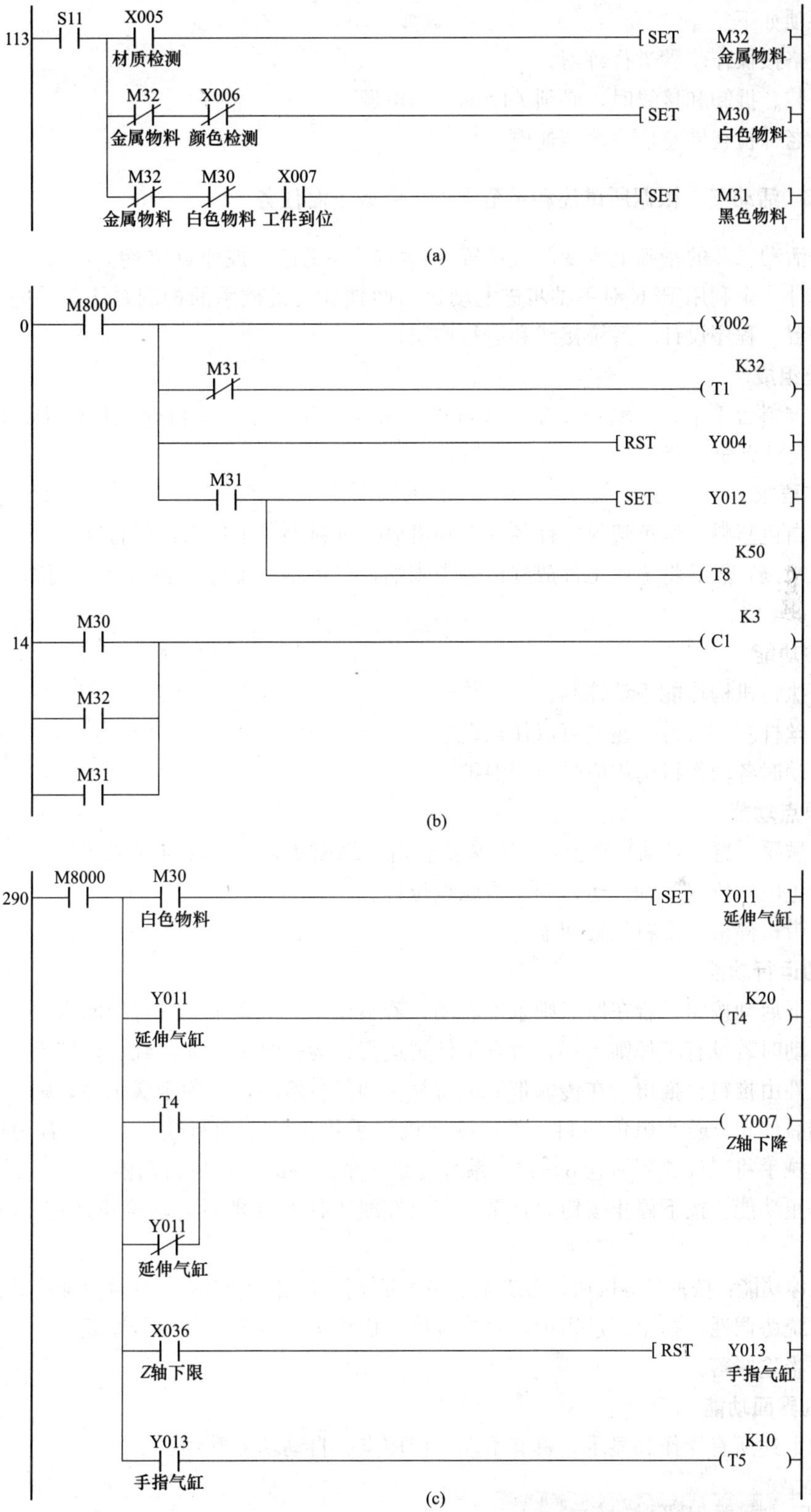

113 ─┤S11├─┤X005├───────────────────────[SET   M32
　　　　　材质检测　　　　　　　　　　　　　　　　　　　金属物料

　　　　　─┤M32├─┤/X006├──────────────────[SET   M30
　　　　　金属物料 颜色检测　　　　　　　　　　　　　　白色物料

　　　　　─┤M32├─┤/M30├─┤X007├──────────[SET   M31
　　　　　金属物料 白色物料 工件到位　　　　　　　　　黑色物料

(a)

0 ─┤M8000├──┬─────────────────────────(Y002)
　　　　　　　│
　　　　　　　├─┤/M31├──────────────────────(T1) K32
　　　　　　　│
　　　　　　　├──────────────────────[RST   Y004]
　　　　　　　│
　　　　　　　├─┤M31├───────────────────[SET   Y012]
　　　　　　　│
　　　　　　　└─────────────────────────(T8) K50

14 ─┤M30├──┬──────────────────────────(C1) K3
　　　　　　 │
　─┤M32├───┤
　　　　　　 │
　─┤M31├───┘

(b)

290 ─┤M8000├─┤M30├──────────────────────[SET   Y011
　　　　　　　白色物料　　　　　　　　　　　　　　　　延伸气缸

　　　　　　─┤Y011├─────────────────────────(T4) K20
　　　　　　延伸气缸

　　　　　　─┤T4├──┬───────────────────────(Y007)
　　　　　　　　　　│　　　　　　　　　　　　　　　　　 Z轴下降
　　　　　　　　　　│
　　　　　　─┤/Y011├┘
　　　　　　延伸气缸

　　　　　　─┤X036├─────────────────────[RST   Y013
　　　　　　Z轴下限　　　　　　　　　　　　　　　　　　手指气缸

　　　　　　─┤Y013├─────────────────────────(T5) K10
　　　　　　手指气缸

(c)

图 15-3 控制程序

（a）材质检测程序；（b）黑色工件放行程序；（c）白色工件手臂伸出、金属工件不伸出注意事项如下。

（1）严格按操作步骤进行练习。

（2）安装、拆卸和接线时，必须关闭训练台电源。

（3）经老师检查同意后，才能通电。

15.4.3　活动三　根据所讲述和示范案例，完成下面任务

请在"活动二"的基础上改变放置位置（4♯与8♯工位）或原点位置（左限位），然后请按下列要求设计一个利用 PLC 对单轴步进电动机与两轴气动机械手的控制系统，并完成其控制系统的硬件配置、程序设计、系统接线和运行调试。

1. 系统组成

系统有推料台1个、传输带1条、步进电动机及机械手1套、料仓工位2个、传感器若干个，PLC、人机界面一套。

2. 工艺要求

金属、白色塑料、黑色塑料工件各一个随机放入推料台，工件由推料台推出，经传输带进行材质和颜色检测，然后将金属工件放到传输带末端，黑色塑料工件放到料仓4♯位，白色塑料工件放到料仓8♯位。

3. 手动功能

（1）各执行机构均能手动控制。

（2）按丝杆左、右行的速度可以任意设定。

（3）手动时各动作机构均应受行程保护。

4. 回原点功能

（1）机械手手臂（Z 轴）在上限、远离操作者、缩回状态，摆臂与 X 轴平行。

（2）步进电动机（X 轴）运行到左边原点位置。

（3）皮带机停机，推料气缸回缩。

5. 自动运行功能

（1）按下启动按钮，若在原点则系统启动，若不在原点则系统先进行回原点。

（2）启动时若没有工件则等待；若有工件则运行；运行时绿灯亮，红、黄灯灭。

（3）工件由推料台推出，在传输带上进行材质和颜色检测，若为金属工件，则通过传输带直接送到末端后停止；若为黑色塑料工件，则经机械手将工件放到料仓4♯位；若为白色塑料工件，则经机械手将工件放到料仓8♯位；系统完成3个工件的分拣后自动停止。

（4）停止功能：按下停止按钮时，系统完成在线工件的处理后自动停止运行，红灯亮，绿、黄灯灭。

（5）急停功能：按下急停按钮，系统无条件全部停止（工件不脱落），红灯闪烁，绿、黄灯灭。

（6）系统协调性：在生产过程中，要求各执行机构运行协调，工件传输顺畅，不得发生机械碰撞或工件半途脱落。

6. 人机界面功能

能实现上述所有操作和显示，具有手动、回原点、自动功能互锁。

15.5　相关知识与技能

为顺利完成本训练任务，需要学习传感器的有关知识。主要内容如下，也可查阅相关资料。

传感器（英文名称：transducer/sensor）是一种检测装置，能感受到被测量的信息，并能将检测感受到的信息，按一定规律变换成为电信号或其他所需形式的信息输出，以满足信息的传输、处理、存储、显示、记录和控制等要求，它是实现自动检测和自动控制的首要环节。

在不同的技术领域，传感器的用途不同，因此又称为敏感元件、检测器、转换器、发迅器等。传感器一般由敏感元件、转换元件和转换电路三部分组成。目前，市面上的传感器种类繁多，分类方法也很多，常用的分类方法有如下几种。

（1）根据传感器的工作机理可以分为物理型（基于力、热、光、电、磁和声等物理效应）、化学型（基于化学反应的原理）、生物型（基于酶、抗体和激素等分子识别功能）。

（2）根据构成原理可以分为结构型（利用物理学中场的定律构成的，包括力场的运动定律、电磁场的电磁定律等）和物性型（利用物质定律构成的，如欧姆定律等）。

（3）根据传感器的能量转换情况分为能量控制型（需要外电源）和能量转化型（不需要外电源）。

（4）根据物理原理可以分为电参量式（包括电阻式、电感式、电容式等基本形式）、磁电式（包括磁电感应式、霍尔式、磁栅式等）、压电式、光电式、气电式、波式（包括超声波式、微波式等）、射线式、半导体式、其他原理的传感器（如振弦式和振筒式等）。

（5）根据传感器的使用可以分为位移传感器、压力传感器、振动传感器、温度传感器等。

传感器的基本特性可用静态特性和动态特性来描述。传感器的静态特性是指输入被测量不随时间变化，或随时间变化很缓慢时，传感器的输出与输入的关系，衡量传感器静态特性的重要指标是线性度、灵敏度、迟滞、重复性和精度等。传感器的动态特性是指传感器的输出对时间变化的输入量的响应特性，反映输出值真实再现变化着的输入量的能力，研究传感器的动态特性可以从时域和频域两个方面，采用瞬态响应法和频率响应法来分析。

15.5.1 电阻式传感器

电阻式传感器是将被测量，如位移、形变、力、加速度、湿度、温度等这些物理量转换成电阻值这样的一种器件。主要有电阻应变式、压阻式、热电阻、热敏、气敏、湿敏等电阻式传感器件。

1. 电阻应变式传感器

传感器中的电阻应变片具有金属的应变效应，即在外力作用下产生机械形变，从而使电阻值随之发生相应的变化。电阻应变片主要有金属和半导体两类，金属应变片有金属丝式、箔式、薄膜式之分。半导体应变片具有灵敏度高（通常是丝式、箔式的几十倍）、横向效应小等优点。

2. 压阻式传感器

压阻式传感器是根据半导体材料的压阻效应在半导体材料的基片上经扩散电阻而制成的器件。其基片可直接作为测量传感元件，扩散电阻在基片内接成电桥形式。当基片受到外力作用而产生形变时，各电阻值将发生变化，电桥就会产生相应的不平衡输出。

用作压阻式传感器的基片（或称膜片）材料主要为硅片和锗片，硅片为敏感材料制成的，硅压阻传感器越来越受到人们的重视，尤其是以测量压力和速度的固态压阻式传感器应用最为普遍。

3. 热电阻传感器

热电阻测温是基于金属导体的电阻值随温度的增加而增加这一特性来进行温度测量的。热电阻大都由纯金属材料制成，目前应用最多的是铂和铜，此外，已开始采用镍、锰和铑等材料制造热电阻。

热电阻传感器主要是利用电阻值随温度变化而变化这一特性来测量温度及与温度有关的参数。在温度检测精度要求比较高的场合，这种传感器比较适用。较为广泛的热电阻材料为铂、铜、镍等，它们具有电阻温度系数大、线性好、性能稳定、使用温度范围宽、加工容易等特点。用于测量 $-200\sim+500℃$ 的温度。

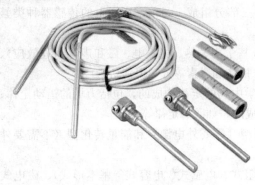

热电阻传感器有 NTC 热电阻传感器和 PTC 热电阻传感器。NTC 热电阻传感器为负温度系数传感器，即传感器阻值随温度的升高而减小。PTC 热电阻传感器为正温度系数传感器，即传感器阻值随温度的升高而增大。

温度传感器不但种类繁多，而且组合形式多样，应根据不同的场所选用合适的产品。经常使用的温度传感器有热电阻（PT100、PT1000、Cu50、Cu100，见图 15-4）和热电偶（B、E、J、K、S 等）。

图 15-4　PT1000 温度传感器

15.5.2　压力传感器

压力传感器是工业实践中最为常用的一种传感器，其广泛应用于各种工业自控环境，涉及水利水电、铁路交通、智能建筑、生产自控、航空航天、军工、石化、油井、电力、船舶、机床、管道等众多行业。

压力传感器有半导体压电型和静电容量型，半导体压电阻抗扩散压力传感器是在薄片表面形成半导体变形压力，通过外力（压力）使薄片变形而产生压电阻抗效果，从而使阻抗的变化转换成电信号。静电容量型压力传感器，是将玻璃的固定极和硅的可动极相对而形成电容，将通过外力（压力）使可动极变形所产生的静电容量的变化转换成电气信号。下面我们讨论压力传感器无法避免的四个初始误差。

首先，偏移量误差。由于压力传感器在整个压力范围内垂直偏移保持恒定，因此变换器扩散和激光调节修正的变化将产生偏移量误差。

其次，灵敏度误差。产生误差大小与压力成正比。如果设备的灵敏度高于典型值，灵敏度误差将是压力的递增函数。如果灵敏度低于典型值，那么灵敏度误差将是压力的递减函数。该误差的产生原因在于扩散过程的变化。

再次，线性误差。这是一个对压力传感器初始误差影响较小的因素，该误差的产生原因在于硅片的物理非线性，但对于带放大器的传感器，还应包括放大器的非线性。线性误差曲线可以是凹形曲线，也可以是凸形曲线。

最后，滞后误差。在大多数情形中，压力传感器的滞后误差完全可以忽略不计，因为硅片具有很高的机械刚度。一般只需在压力变化很大的情形中考虑滞后误差。

15.5.3　光敏传感器

光敏传感器是最常见的传感器之一，它的种类繁多，主要有光电管、光电倍增管、光敏电阻、光敏三极管、太阳能电池、红外线传感器、紫外线传感器、光纤式光电传感器、色彩传感器、CCD 和 CMOS 图像传感器等。它的敏感波长在可见光波长附近，包括红外线波长和紫外线波长。光传感器不只局限于对光的探测，它还可以作为探测元件组成其他传感器，对许多非电量进行检测，只要将这些非电量转换为光信号的变化即可。光传感器是目前产量最多、应用最广的传感器之一，它在自动控制和非电量电测技术应用中占有非常重要的地位。最简单的光敏传感器是光敏电阻，当光子冲击接合处就会产生电流。

1. 对射型光电传感器

对射型光电传感器由发射器和接收器组成，其工作原理是：通过发射器发出的光线直接进入接收器，当被检测物体经过发射器和接收器之前阻断光线时，光电开关就产生开关信号。与反射式光电开关不同之处在于，前者是通过电—光—电的转换，而后者是通过介质完成。对射型光电传感器的特点在于：可辨别不透明的反光物体，有效距离大，不易受干扰，高灵敏度，高解析，高亮度，低功耗，响应时间快，使用寿命长。对射型光电传感器如图 15-5 所示。

图 15-5 对射型光电传感器

2. 漫反射型光电传感器

漫反射型光电传感器是一种集发射器和接收器于一体的传感器，当有被检测物体经过时，物体将光电开关发射器发射的足够量的光线反射到接收器，于是光电传感器就产生了输出信号。当被检测物体的表面光亮或其反光率极高时，漫反射式的光电开关是首选的检测模式，可以通过调节灵敏度调节 VR 调节检测的距离。其对不同颜色的检测距离不相同，反射性能越好检测距离越远。漫反射型光电传感器如图 15-6 所示。

图 15-6 漫反射型光电传感器

3. 光纤型光电传感器

光纤型光电传感器可分为功能型和传光型，功能型是利用光纤本身的某种敏感特性或功能制成，传光型传感器光纤仅仅起传输光的作用，它在光纤端面或中间加装其他敏感元件感受被测量的变化。光纤传感器的测量原理有以下两种。

（1）物性型光纤传感器原理。物性型光纤传感器是利用光纤对环境变化的敏感性，将输入物理量变换为调制的光信号。其工作原理基于光纤的光调制效应，即光纤在外界环境因素，如温度、压力、电场、磁场等等改变时，其传光特性，如相位与光强，会发生变化的现象。因此，如果能测出通过光纤的光相位、光强变化，就可以知道被测物理量的变化。这类传感器又称为敏感元件型或功能型光纤传感器。激光器的点光源光束扩散为平行波，经分光器分为两路：一是基准光路，另一是测量光路。外界参数（温度、压力、振动等）引起光纤长度的变化和相位的光相位变化，从而产生不同数量的干涉条纹，对它的模向移动进行计数，就可测量温度或压力等。

（2）结构型光纤传感器原理。结构型光纤传感器是由光检测元件（敏感元件）与光纤传输回路及测量电路所组成的测量系统。其中，光纤仅作为光的传播媒质，所以又称为传光型或非功能型光纤传感器。

15.5.4 霍尔传感器

霍尔传感器是根据霍尔效应制作的一种磁场传感器，如图 15-7 所示。

霍尔传感器广泛地应用于工业自动化技术、检测技术及信息处理等方面。霍尔效应是研究半导体材料性能的基本方法。通过霍尔效应实验测定的霍尔系数，能够判断半导体材料的导电类型、载流子浓度及载流子迁移率等重要参数。

霍尔传感器分为线性型霍尔传感器和开关型霍尔传感器两种。

（1）线性型霍尔传感器由霍尔元件、线性放大器和射极跟随器组成，它输出模拟量。

图 15-7　霍尔
传感器

　　（2）开关型霍尔传感器由稳压器、霍尔元件、差分放大器、斯密特触发器和输出级组成，它输出数字量。

　　霍尔电压随磁场强度的变化而变化，磁场越强，电压越高，磁场越弱，电压越低。霍尔电压值很小，通常只有几个毫伏，但经集成电路中的放大器放大，就能使该电压放大到足以输出较强的信号。若使霍尔集成电路起感作用，需要用机械的方法来改变磁场强度。可以用一个转动的叶轮作为控制磁通量的开关，当叶轮叶片处于磁铁和霍尔集成电路之间的气隙中时，磁场偏离集成片，霍尔电压消失。这样，霍尔集成电路的输出电压的变化，就能表示出叶轮驱动轴的某一位置，利用这一工作原理，可将霍尔集成电路片用作点火正时传感器。霍尔效应传感器属于被动型传感器，它只有外加电源才能工作，这一特点使它能检测转速低的运转情况。

15.5.5　电容式物位传感器

　　电容式物位传感器适用于工业企业在生产过程中进行测量和控制生产过程，主要用作导电介质与非导电介质的液体液位或粉粒状固体料位的远距离连续测量和指示（见图 15-8）。

　　电容式物位传感器基本上包括了一个接收器 Tx 与一个发射器 Rx，其分别都具有在印刷电路板（PCB）层上成形的金属走线。在接收器与发射器走线之间会形成一个电场。电容传感器却可以探测与传感器电极特性不同的导体和绝缘体。当有物体靠近时，电极的电场就会发生改变。从而感应出物体的位移变化量。

　　可以用来压电微位移、振动台，电子显微镜微调，天文望远镜镜片微调，精密微位移测量，量测液体位准、湿度及物质成分等。

　　电容式物位传感器以两线制 4～20mA 恒定电流输出为基型，经过转换，可以用三线或四线方式输出，输出信号形成为 1～5V、0～5V、0～10mA 等标准信号。电容式物位传感器由绝缘电极和装有测量介质的圆柱形金属容器组成。当料位上升时，因非导电物料的介电常数明显小于空气的介电常数，所以电容量随着物料高度的变化而变化。传

图 15-8　电容式物位
传感器

感器的模块电路由基准源、脉宽调制、转换、恒流放大、反馈和限流等单元组成。采用脉宽调制原理进行测量的优点是频率较低，对周围无射频干扰、稳定性好、线性好、无明显温度漂移等。

15.5.6　磁性传感器

　　磁性传感器又称磁性开关，就是把磁场、电流、应力应变、温度、光等引起敏感元件磁性能的变化转换成电信号，以这种方式来检测相应物理量的器件的传感器。在本系统中用来检测气缸的位置（见图 15-9）。

15.5.7　其他传感器

1. 称重传感器

　　称重传感器是一种能够将重力转变为电信号的力→电转换装置，是电子衡器的一个关键部件。

　　能够实现力→电转换的传感器有多种，常见的有电阻应变式、电磁力式和电容式等。电磁力式主要用于电子天平，电容式用于部分电子吊秤，而绝大多数衡器产品所用的还是电阻应变式称重传感器。电阻应变式称重传感器结构较简单，准确度高，适用面广，且能够在相对比较差的环境下使用。因此电阻应变式称重传感器在衡器中得到了广泛的运用。

图 15-9　磁性传感器

2. 液位传感器

（1）浮球式液位传感器。浮球式液位传感器由磁性浮球、测量导管、信号单元、电子单元、接线盒及安装件组成。

一般磁性浮球的比重小于 0.5，可漂于液面之上并沿测量导管上下移动。导管内装有测量元件，它可以在外磁作用下将被测液位信号转换成正比于液位变化的电阻信号，并将电子单元转换成 4～20mA 或其他标准信号输出。该传感器为模块电路，具有耐酸、防潮、防震、防腐蚀等优点，电路内部含有恒流反馈电路和内保护电路，可使输出最大电流不超过 28mA，因而能够可靠地保护电源并使二次仪表不被损坏。

（2）浮筒式液位传感器。浮筒式液位传感器是将磁性浮球改为浮筒，它是根据阿基米德浮力原理设计的。浮筒式液位传感器是利用微小的金属膜应变传感技术来测量液体的液位、界位或密度的。它在工作时可以通过现场按键来进行常规的设定操作。

（3）静压或液位传感器。该传感器利用液体静压力的测量原理工作。它一般选用硅压力测压传感器将测量到的压力转换成电信号，再经放大电路放大和补偿电路补偿，最后以 4～20mA 或 0～10mA 电流方式输出。

3. 激光传感器

激光传感器是指利用激光技术进行测量的传感器，如图 15-10 所示。

激光传感器由激光器、激光检测器和测量电路组成。激光传感器是新型测量仪表，它的优点是能实现无接触远距离测量，速度快，精度高，量程大，抗光、电干扰能力强等。

激光传感器工作时，先由激光发射二极管对准目标发射激光脉冲。经目标反射后激光向各方向散射。部分散射

图 15-10　激光传感器

光返回到传感器接收器，被光学系统接收后成像到雪崩光电二极管上。雪崩光电二极管是一种内部具有放大功能的光学传感器，因此它能检测极其微弱的光信号，并将其转化为相应的电信号。

利用激光的高方向性、高单色性和高亮度等特点可实现无接触远距离测量。激光传感器常用于长度（ZLS-Px）、距离（LDM4x）、振动（ZLDS10X）、速度（LDM30x）、方位等物理量的测量，还可用于探伤和大气污染物的监测等。

练习与思考

一、单选题

1. FX$_{2N}$ 系列 PLC 只能利用（　　）来计数 Y0、Y1 所发生的高速脉冲个数。

    A. 高速计数器　　　　B. 一般计数器　　　　C. 定时器　　　　　　D. 累加器

2. 下列说法不正确的是（　　）。

    A. Y0 在作为脉冲发生器使用时不能当一般输出用

    B. Y1 在作为脉冲发生器使用时不能当一般输出用

    C. Y0 能够同时作为脉冲发生器与一般输出用

    D. 脉冲发生器产生的脉冲频率受硬件性能所限制

3. 驱动器细分是指（　　）。

    A. 驱动器的型号分类

    B. 固有步距角（整步）与运行时的真正步距角的倍数

    C. 步距角

    D. 电动机每转一周的脉冲数

4. 细分与运行速度、控制精度的关系是（　　）。

    A. 细分越大，速度越慢，精度越低　　　　B. 细分越大，速度越快，精度越高

    C. 细分越大，速度越快，精度越低　　　　D. 细分越大，速度越慢，精度越高

5. 在 FX 系列 PLC 中，速度检测指令 SPD X00　K100　D0 中，K100 指的是（　　）。

    A. 需要计数的脉冲数　　　　　　　　B. 脉冲计数时间

    C. 存放脉冲的单元地址　　　　　　　D. 输出端口

6. 在 FX 系列 PLC 中，要实现速度检测功能，可选用（　　）指令。

    A. HSCS　　　　　B. HSCR　　　　　C. SPD　　　　　D. MEAN

7. 一般步进电动机的精度为步进角的（　　）。

    A. 1%～3%　　　B. 3%～5%　　　C. 5%～8%　　　D. 10%～15%

8. 现实生活中，一些人不断地从一家公司"跳槽"到另一家公司，虽然这种现象在一定意义上有利于人才的流动，但是同时也说明这些从业人员（　　）。

    A. 缺乏感恩意识　　　　　　　　　B. 缺乏奉献精神

    C. 缺乏理想信念　　　　　　　　　D. 缺乏敬业精神

9. 防止触电事故的措施有很多，其中最有意义的是（　　）。

    A. 做好设备保养　　　　　　　　　B. 严格执行安全操作规程

    C. 贯彻安全教育　　　　　　　　　D. 掌握触电急救方法

二、多选题

10. FX$_{2N}$ 系列 PLC 中，Y0 为高速脉冲串输出，它不能输出一定周期的占空比为（　　）的脉冲。

    A. 40%　　　　　B. 80%　　　　　C. 50%　　　　　D. 90%

    E. 20%

11. 步进驱动器有（　　）组成。

    A. 环形分配器　　　　　　　　　B. 信号放大与处理

    C. 推动级　　　　　　　　　　　D. 驱动级

E. 以上都是

12. 步进驱动器在选用时应遵循的原则有（　　）。

    A. 先选电动机，再选驱动器　　　　　　B. 先选驱动器，再选电动机

    C. 尽量选用高细分　　　　　　　　　　D. 尽量选用低细分

13. 步进驱动器的接线方法有（　　）。

    A. NPN 型 PLC 输出与 PNP 型 PLC 输出接线方法相同

    B. NPN 型 PLC 输出时，驱动器输入端负端并联

    C. PNP 型 PLC 输出时，驱动器输入端正端并联

    D. 步进驱动器的控制电源与 PLC 输出所接电源要匹配

    E. 以上都是

14. 当步进电动机通电后，电动机轴不转的原因有（　　）。

    A. 过载堵转　　　　　　　　　　　　　B. 电动机已损坏

    C. 电动机处于脱机状态　　　　　　　　D. PLSY 指令中脉冲数量设为 K0

    E. 以上都是

15. 步进电动机驱动器通电后，电动机抖动不能运转的检查方法有（　　）。

    A. 检查电动机的绕组与驱动器连接有没有接错

    B. 检查输入脉冲信号频率是否太高

    C. 检查输入脉冲信号频率是否升降频设计不合理

    D. 可能是驱动器缺相

    E. 以上都是

16. YKA2404MC 步进电动机驱动器在使用前需要进行设置，其设置的内容有（　　）。

    A. 电动机的额定电压　　　　　　　　　B. 脉冲源设定

    C. 控制方式设定　　　　　　　　　　　D. 细分设定

    E. 电动机的额定电流

17. 步进电动机不应在振动区内工作，如若必须可通过改变（　　）来解决。

    A. 电压　　　　　B. 电流　　　　　　C. 电容　　　　　　D. 电感

    E. 加一些阻尼

三、判断题

18. 细分数越大精度越容易控制。（　　）

19. 调整两相步进电动机通电后的转动方向的简单方法是将电动机与驱动器接线的 A＋和 A－对调即可。（　　）

20. 一般步进电动机的精度为步进角的 3‰～5‰，且不累积。（　　）

21. 保持转矩是指步进电动机通电但没有转动时，定子锁住转子的力矩。（　　）

22. DETENT TORQUE 是指步进电动机通电的情况下，定子锁住转子的力矩。（　　）

23. 两相步进电动机与四相步进电动机的整步均为 0.9°。（　　）

24. PWM 为脉宽调制输出，它可输出周期一定占空比可调的脉冲。

四、简答题

25. PLC 与步进驱动器的使能、脉冲、方向线路连接方法。

26. 步进驱动器的细分如何设定？

27. PLC 的脉冲输出指令有哪些？各用在什么场合？

练习与思考题参考答案

1. A	2. C	3. B	4. D	5. B	6. C	7. B	8. D	9. B	10. ABDE
11. ABCDE	12. AC	13. BCD	14. ABCDE	15. ABCDE	16. BCDE	17. ABE	18. N	19. Y	20. Y
21. Y	22. N	23. N	24. Y						

任务 ⑯

工件位置调整的自动化生产线
监控系统设计与实现

16.1 任务来源

在电子产品的自动生产线中，需要从不同位置抓取电子元件进行组装、加工，然后对产品进行检测，并按照检测的结果（合格品与不合格或是不同工艺的产品）进行分类放置，就形成了多点取料、多点入库的定位控制系统。本项目就是在此基础上进行提炼和简化。因此，掌握工件位置调整的自动化生产线监控系统设计与实现是很有必要的。

16.2 任务描述

请设计一个工件位置调整的自动化生产线监控系统，并完成其控制系统的硬件配置、程序设计、画面制作、系统接线和运行调试，其要求如下。

1. 系统组成

系统有传输带 1 条、带步进电动机的机械手 1 台、料仓（至少有 3 个工位）、传感器若干个、PLC、人机界面一套，参考图 13-1 所示。

2. 工艺要求

金属、白色塑料、黑色塑料工件各一个随机放置在料仓 1♯～3♯工位，利用带步进电动机的机械手对放置好的工件进行位置调整。

3. 系统自动运行功能

（1）系统上电后，红灯亮；按启动按钮，各执行机构返回原点状态（原点：所有气缸缩回、电动机停止，丝杆回到右侧原点处），红灯灭，绿灯亮。

（2）再按启动按钮，若料仓 1♯～3♯工位缺少工件则等待；若均有工件则运行。

（3）机械手将料仓 1♯～3♯工位的工件分别运送至传输带检测，将金属工件放置料仓 1♯工位，白色塑料工件放置料仓 2♯工位，黑色塑料工件放置料仓 3♯工位；工件中转放置位置可以根据设备自行选择；系统完成位置调整后自动停止运行。

（4）机械手运行速度可以根据需要自行设置。

（5）停止：按下停止按钮时，系统处理完在线工件后自动停止运行。

（6）急停：按下机台上的急停按钮，系统无条件全部停止（工件不脱落），红灯闪烁，黄灯、绿灯灭。

4. 人机界面功能

上述除急停外的所有操作均在人机界面上进行。

5. 系统协调性

在生产过程中，要求各执行机构运行协调，工件传输顺畅，不得发生机械碰撞或工件半途脱落。

16.3 目标描述

16.3.1 技能目标

1. 关键技能

- 能（会）正确判断工件的颜色、材质。
- 能（会）制作复杂的人机界面监控画面。
- 能（会）设计复杂的控制系统程序。

2. 基本技能

- 能（会）正确使用电容传感器及电感传感器。
- 能（会）制作人机界面数据显示面画面。
- 能（会）设计复杂的控制系统程序。

16.3.2 知识目标

- 掌握工件颜色、材质的判断方法。
- 掌握步进电动机的速度、力矩的关系。
- 掌握大系统程序的调试方法。

16.3.3 职业素质目标

- 着装整齐，不穿奇装异服，不穿拖鞋。
- 工作态度积极，有责任感。
- 认真总结训练过程的得失，吃一堑长一智，养成善于总结的习惯。
- 养成善于思考、敢于提问、不懂就问的学习习惯。
- 严格执行机械设备行业标准，树立安全意识、质量意识。

16.4 任务实施

16.4.1 活动一 学员自学或教师讲授

1. 讲解大系统设计与调试的知识

（1）控制系统设计的步骤。

（2）程序设计的几大部分。

（3）重点程序调试的步骤。

2. 讲解软元件的管理

（1）软元件的规划。

（2）重点软元件的占用问题。

16.4.2 活动二 示范操作

1. 步骤一：控制需求分析与系统设计

（1）硬件需求：硬件需求与上一任务类似。

（2）使用 PLSY 或 PLSR 定位指令进行程序设计。

（3）根据控制要求，可以有两种方案：一是按顺序取工件，但放回的位置要根据判别的结果发生变化，若要放回的工位上的工件已取走，则直接放入就可以；若要放回的工位上的工件还未取走，则要放到中转工位暂存。二是首先全部将工件搬运到中转工位暂存，然后根据判别结果放入相应工位。因此可以使用选择性流程来设计控制程序。

（4）确定距离、速度、脉冲数量的关系。

2. 步骤二：按要求进行 PLC I/O 及人机界面软元件分配

（1）了解 PLC 的 I/O 需求。

（2）了解步进驱动器的 I/O 需求。

（3）了解触摸屏的软元件需求。

（4）了解行程保护的需求。

（5）根据控制要求，PLC 的 I/O 及人机界面软元件分配请参考表 13-1。

3. 步骤三：根据控制要求设计控制线路图

（1）注意行程保护比较多，不能漏接或漏画。

（2）注意 PLC 工作电源的接线和输入电源的接线。

（3）注意传感器的接线方法。

（4）根据控制要求、PLC 的 I/O 分配设计控制线路图，请参考图 13-2。

4. 步骤四：根据控制要求制作人机界面的画面图

（1）根据控制要求及人机界面软元件分配设计人机界面画面，如图 16-1 所示。

（2）按向导新建项目，设置与 PLC 的通信方式。

（3）制作文字对象和数据写入及显示对象。

（4）制作按钮和指示灯对象。

（5）将制作的画面下载至人机界面。

5. 步骤五：根据控制要求设计 PLC 程序

（1）根据控制要求，画出其程序框图，如图 16-2 所示。

（2）根据控制要求及其程序框图设计控制程序，如图 16-3 所示。

（3）使用编程软件输入程序，并下载到 PLC。

6. 步骤六：系统调试

（1）关闭电源，检查工作环境是否安全。

（2）根据任务描述用仿真软件调试 PLC 程序。

（3）测试人机界面与 PLC 的连接情况，如不能连接，检查人机界面端和 PLC 的连接设置和通信线路。

（4）独立单元调试，连接好 PLC 的输出电路，分别测试回原点、皮带线运行、抓、放等动作是否符合要求，否则检查程序及接线是否正确。

（5）自动运行程序，对照控制要求检查功能是否满足，否则进行相应修改及检查直至符合要求。

7. 步骤七：做好相关技术总结

（1）对于实际生产设备，在完成系统调试后，必须撰写技术总结、运行与管理等的相关技术资料。

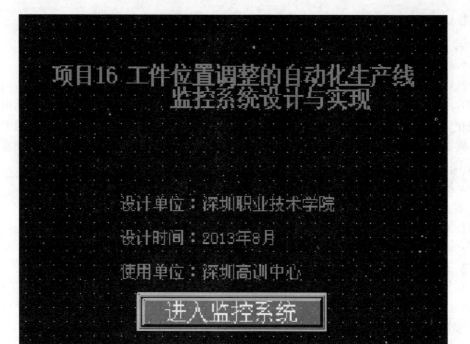

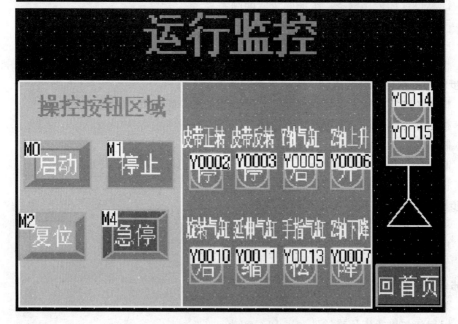

图 16-1　人机界面画面

　　(2) 对于实训室的训练，要认真总结相关技能点、知识点、关键操作等，为下一训练任务打好基础。

　　注意事项如下。

　　(1) 严格按操作步骤进行练习。

　　(2) 安装、拆卸和接线时，必须关闭训练台电源。

　　(3) 经老师检查同意后，才能通电。

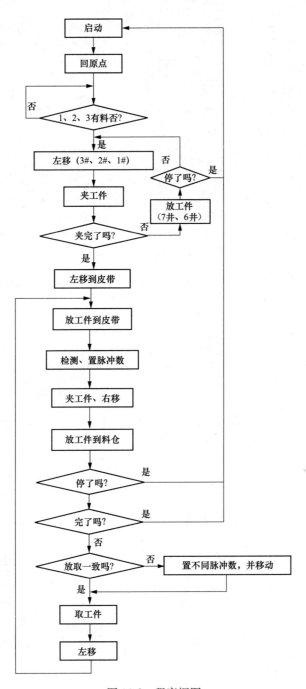

图 16-2 程序框图

16.4.3 活动三 根据所讲述和示范案例，完成下面任务

请在"活动二"的基础上改变工件放置位置（5～7♯工位），然后请按下列要求设计一个工件位置调整的自动化生产线监控系统，并完成其控制系统的硬件配置、程序设计、画面制作、系统接线和运行调试。

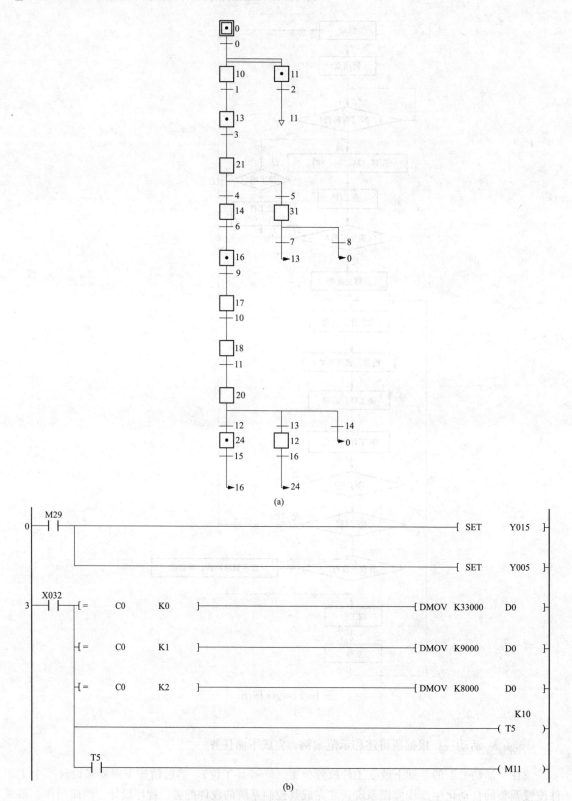

图 16-3 控制程序（一）

(a) 状态转移图；(b) 工件转移时的脉冲数程序

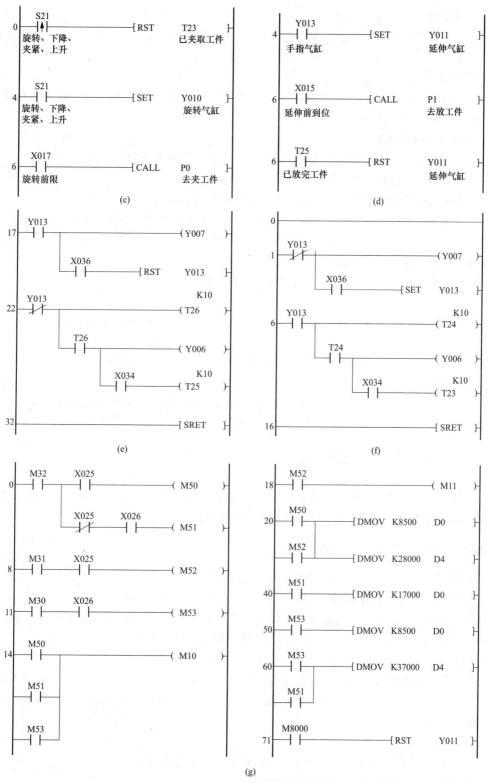

图 16-3　控制程序（二）

（c）旋转后调夹工件子程序；（d）伸出后调放工件子程序；

（e）夹工件子程序；（f）放工件子程序；（g）取中转工位工件程序

1. 系统组成

系统有传输带 1 条、带步进电动机的机械手 1 台、料仓（至少有 3 个工位）、传感器若干个，PLC、人机界面一套。

2. 工艺要求

金属、白色塑料、黑色塑料工件各一个随机放置在料仓 5～7♯工位，利用带步进电动机的机械手对放置好的工件进行位置调整。

3. 系统自动运行功能

（1）系统上电后，红灯亮；按启动按钮，各执行机构返回原点状态（原点：所有气缸缩回，电动机停止，丝杆回到右侧原点处），红灯灭，绿灯亮。

（2）再按启动按钮，若料仓 5～7♯工位缺少工件则等待；若均有工件则运行。

（3）机械手将料仓 5～7♯工位的工件分别运送至传输带检测，将金属工件放置料仓 5♯工位，白色塑料工件放置料仓 6♯工位，黑色塑料工件放置料仓 7♯工位；工件中转放置位置由考生根据设备自行选择；系统完成位置调整后自动停止运行。

（4）机械手运行速度可以根据完成的标准时间自行设置。

4. 人机界面功能

（1）启停功能：按下人机界面上设置的启动按钮，系统启动；按下停止按钮时，系统处理完在线工件后自动停止运行。

（2）急停功能：按下急停按钮，系统无条件全部停止（工件不脱落）。

5. 系统协调性

在生产过程中，要求各执行机构运行协调，工件传输顺畅，不得发生机械碰撞或工件半途脱落。

16.5 相关知识与技能

为顺利完成大型系统的程序设计和调试，下面介绍 PLC 控制系统设计的一般步骤和大系统的程序设计与调试。主要内容如下，也可查阅相关资料。

16.5.1 PLC 控制系统设计的步骤

PLC 控制系统的设计是一个复杂的过程，通常包含以下步骤。

1. 分析被控对象并提出控制要求

详细分析被控对象的工艺过程及工作特点，了解被控对象机、电、液之间的配合，提出被控对象对 PLC 控制系统的控制要求，确定控制方案，拟定设计任务书。

2. 确定输入/输出设备

根据系统的控制要求，确定系统所需的全部输入设备（如按钮、位置开关、转换开关及各种传感器等）和输出设备（如接触器、电磁阀、信号指示灯及其他执行器等），从而确定 PLC 的 I/O 点数。

3. 选择 PLC

PLC 选择包括对 PLC 的机型、容量、I/O 模块、电源等的选择。

4. 分配 I/O 点并设计 PLC 外围硬件线路

（1）分配 I/O 点，画出 PLC 的 I/O 点与输入/输出设备的连接图或对应关系表。

（2）设计 PLC 外围硬件线路，画出系统其他部分的电气线路图，包括主电路和未进入 PLC

的控制电路等。

由 PLC 的 I/O 连接图和 PLC 外围电气线路图组成系统的电气原理图，到此为止系统的硬件电气线路已经确定。

5. 程序设计

根据系统的控制要求，采用合适的设计方法来设计 PLC 程序。程序要以满足系统控制要求为主线，逐一编写实现各控制功能或各子任务的程序，逐步完善系统指定的功能。

6. 硬件实施

硬件实施方面主要是进行控制柜（台）等硬件的设计及现场施工。主要内容有以下几个方面。

（1）设计控制柜和操作台等部分的电器布置图及安装接线图。

（2）设计系统各部分之间的电气互联图。

（3）根据施工图纸进行现场接线，并进行详细检查。

由于程序设计与硬件实施可同时进行，因此 PLC 控制系统的设计周期可大大缩短。

7. 联机调试

联机调试是将通过模拟调试的程序进一步进行在线统调。联机调试过程应循序渐进，从 PLC 只连接输入设备、再连接输出设备、再接上实际负载等逐步进行调试。如不符合要求，则对硬件和程序作调整。通常只需修改部分程序即可，全部调试完毕后，交付试运行。经过一段时间运行，如果工作正常、程序不需要修改，应将程序固化到 EPROM 中，以防程序丢失。

8. 整理和编写技术文件

技术文件包括设计说明书、硬件原理图、安装接线图、电气元件明细表、PLC 程序以及使用说明书等。

16.5.2　大系统的程序设计与调试

在设计大系统程序时，建议采用主程序加子程序的方式进行设计，将部分重复使用的或功能相对独立的程序从主程序中分离出来，使程序结构更简单，从而也能降低调试的难度。

1. 大系统的程序设计

大系统程序通常采用主程序加子程序的方式进行设计，因此，除了包含主程序和子程序外，还应包括以下内容。

（1）初始化程序。在 PLC 上电后，一般都要做一些初始化的操作，为启动做必要的准备，避免系统发生误动作。初始化程序的主要内容有：对某些数据区、计数器等进行清零，对某些数据区所需数据进行恢复，对某些继电器进行置位或复位，对某些初始状态进行显示等。

（2）检测、故障诊断和显示等程序。这些程序相对独立，一般在程序设计基本完成时再添加。

（3）保护和连锁程序。保护和连锁是程序中不可缺少的部分，必须认真加以考虑，它可以避免由于非法操作而引起的控制逻辑混乱。

2. 大系统的程序调试

进行系统程序调试时，一般先进行程序模拟调试，然后进行联机调试。程序模拟调试的基本思想是：以方便的形式模拟生产现场实际状态，为程序的运行创造必要的环境条件。根据生产现场信号方式的不同，模拟调试有硬件模拟法和软件模拟法两种形式。硬件模拟法是使用一些硬件设备（如用另一台 PLC 或一些输入器件等）模拟生产现场的信号，并将这些信号以硬接线的方式连到 PLC 系统的输入端，其时效性较强。软件模拟法是在 PLC 中另外编写一套模拟程序，模拟提供现场信号，其简单易行，但时效性不易保证。模拟调试过程中，可采用分段调试的方法，并利用编程器（或软件）的监控功能。程序的调试包括以下内容。

（1）子程序调试。在主程序中逐一对子程序进行调用，测试子程序的动作和功能，保证子程序的动作准确、功能完整，对于需要接通的触点或写入的数据，可以在程序监视状态下直接写入。

（2）主程序中的流程程序。主程序中的流程程序，调试难度要稍微大一些，在编写程序之前，最好是画出流程图，按照流程图来跟踪程序的执行情况，找出流程中的错误和故障，保障流程的准确性。

（3）主程序中的逻辑程序和数据处理程序。逻辑程序在程序中处理相对简单，直接进行逻辑读取和查找即可。数据处理程序相对复杂些，相互之间的关联和影响更加隐蔽一些，因此在编写程序时最好对关键的软元件进行定义，方便程序调试。另外，如果调试时很难找到问题，可以将程序按功能分段进行调试，以尽快找到故障点。

（4）其他程序的调试。其他不是很重要的程序，如指示灯、触摸屏显示程序，这些程序不影响整体运行，可以放到最后调试，编写程序时可以将这些程序单独分区编写，以保证功能性程序运行正常。

（5）系统优化。程序调试完毕，首先保留副本，然后进行程序优化。程序优化分为以下几个方面。

1）优化程序流程，保证程序结构简洁和具有较高的执行效率，流程尽量做到循环性，提高编程效率。

2）对逻辑功能表述过于复杂的程序进行简化，在保证安全的基础上对功能重复的程序进行精简。

3）对于同一功能的程序或功能比较接近的程序的位置进行调整，对程序功能进行分区，增强可读性。

4）对部分效率较低的指令进行替换，减少程序量，提高执行效率。

16.5.3 软元件的管理

软元件在程序中起着至关重要的作用，特别在编写大系统程序时往往出现无元件可用、程序杂乱或出现重复使用的情况，有时候在不知情的情况下出现错误引用，因此需要对软元件进行必要的管理。

1. 软元件规划

在编写程序前需要对软元件使用进行规划，规划的方法包括以下几个方面。

（1）按程序结构规划。首先划分程序结构和流程，然后按照程序结构和流程对软元件进行划分，注意在规划时要留有足够裕量，否则软元件分配将被打乱。

（2）按功能规划。将程序中使用的软元件按程序功能进行划分，适用于线性化编程，将程序中不同功能的程序分配地址不同的软元件，这样既方便程序编写，又方便用程序调试。

（3）按程序优化规划。为了使程序更简洁，降低编程或调试难度，提高编程效率，一般对软元件进行合理规划，如果规划得好，程序结构简单，可读性强，编程效率提高，调试速度更快，按程序优化规划的原则是能成批处理的成批处理，能字处理的字处理，不能字处理的再进行逻辑处理。

（4）按指令进行规划。在编程前列举程序中可能会使用的指令，充分考虑指令的使用范围和数量，按照指令的类别和使用范围进行合理规划。

2. 软元件规划的步骤

（1）对程序中用到了特殊指令强制占用的软元件提前规划。

（2）对结构化的程序，明确程序结构，画出程序结构图，规划软元件使用范围。

（3）列举子程序结构图（子程序中还有子程序），在整体结构划分的基础上对软元件进一步细分。

（4）在子程序（包括主程序）中进行功能划分，并对软元件再次细分。

（5）对程序中所用到的指令软元件进行规划。

3. 软元件的占用问题

在编写程序时，要充分考虑软元件占用问题，有的是直接占用，有的是隐形占用，不能够出现重复使用情况，直接占用情况比较容易判别，隐形占用就很难判别，常见隐形占用的指令包括（但不局限）：时钟读写指令、通信类指令、运算类指令、定位指令、PID 指令等。

在使用到上述指令时需要特别注意，给这些指令分配合理的存储区，如果有的指令运行的中间数据是在编程中不关心的数据，可以将其分配为 V 区的高地址区域。此外有的指令还占用输入输出点，如中断指令、定位指令、编码指令等，所以在 I/O 分配时一定要预留出来。

 练 习 与 思 考

一、单选题

1. 能够迅速适应工作要求，提升岗位技能，在工作中做出杰出贡献的员工，主要因素（　　）。

    A. 有高超师傅引导　　　　　　　　B. 有良好成长环境

    C. 有开明领导引路　　　　　　　　D. 有良好的学习习惯

2. 在职业生活中，直接上级对于自己的各种评价中，最不利的说法是（　　）。

    A. 这个人很内向　　B. 这个人不可靠　　C. 这个人很固执　　　D. 这个人不灵活

3. 在职业生活中，总会遇到一些自己认为不合理、不公正的情况，这时候，应该提醒自己，所谓公平问题是（　　）。

    A. 绝对的　　　　　　B. 相对的　　　　　　C. 不存在的　　　　　　D. 完全客观的

4. 执行 PID D0 D10 D100 D200 指令时，则占用 D100 开始的（　　）个数据寄存器。

    A. 6　　　　　　　　B. 16　　　　　　　　C. 25　　　　　　　　D. 30

5. 执行 TCMP K10 K30 K50 D0 M0 指令时，则占用 M0 开始的（　　）个寄存器。

    A. 3　　　　　　　　B. 6　　　　　　　　C. 10　　　　　　　　D. 30

6. 执行 RS D0 D10 D100 D200 指令时，则占用 D100 开始的（　　）个数据寄存器。

    A. 10　　　　　　　　B. 100　　　　　　　　C. 200　　　　　　　　D. D200

7. 执行 DIV D0 D10 D100 指令时，则占用 D100 开始的（　　）个数据寄存器。

    A. 2　　　　　　　　B. 4　　　　　　　　C. 6　　　　　　　　D. 8

8. 执行 DINT D0 D100 指令时，则占用 D100 开始的（　　）个数据寄存器。

    A. 1　　　　　　　　B. 2　　　　　　　　C. 3　　　　　　　　D. 4

9. 执行 IST X0 S20 S100 指令时，则占用 S20 开始的（　　）个继电器。

    A. 20　　　　　　　　B. 40　　　　　　　　C. 80　　　　　　　　D. 100

10. 执行 PLSY K2000 K4000 Y0 指令时，则占用 Y0 开始的（　　）个继电器。

    A. 1　　　　　　　　B. 2　　　　　　　　C. 3　　　　　　　　D. 20

11. 下列指令错误的是（　　）。

A. MOVP K4000 D10　　　　　　　　　B. DMOVP K4000 D10

C. MOV K40000 D10　　　　　　　　　D. DMOV K40000 D10

12. 执行 DPLSY K3000 K60000 Y0 指令时，下列说法正确的是（　　　）。

A. 发出 3000 个　　　　　　　　　　B. 60000 Hz

C. 脉冲发送完毕 M8029 动作　　　　　D. Y0 表示正转

13. 关于 PLSR D10 D20 D30 Y0 指令，表示减速时间的是（　　　）。

A. D10　　　　　B. D20　　　　　C. D21　　　　　D. D30

二、多选题

14. PLC 型号选择的两个重要原则为（　　　）。

A. 经济性　　　B. 安全性　　　C. 随意性　　　D. 地区性

E. 适应性

15. 可编程控制器的安装环境应满足（　　　）。

A. 湿度小于 85％　　　　　　　　　B. 没有阳光直射

C. 没有连续震动　　　　　　　　　　D. 重力加速度小于 10g

E. 环境温度在 0～65℃

16. 下列关于输入输出接线正确的有（　　　）。

A. 输入、输出线可以用同一根电缆，但输入、输出线要分开

B. 输入接线一般不要超过 30m

C. PLC 的输出负载可能产生噪声干扰时，要采取措施加以控制

D. 输出端接线分为独立输出和公共输出

E. 接地点应尽可能远离 PLC

17. 关于 PLC 日常养护正确的有（　　　）。

A. 每天检查 PLC 柜内各模板上指示灯正常点亮

B. 主机过滤网保持清洁无灰尘

C. 使用万用表测量备用电池的电量，3.6V 为正常

D. 软件备份

E. ABCD 都是

18. PLC 控制系统设计时的故障现象可以分为（　　　）故障。

A. 使用不当　　　B. 偶发性　　　C. 系统设计错误　　　D. 外部设备

E. ABCD 都是

19. 运行中的 PLC 控制系统故障可以分为（　　　）。

A. 电源故障　　　B. 运行故障　　　C. 输入输出故障　　　D. 系统设计故障

E. ABCD 都是

20. 以下说法正确的有（　　　）。

A. 看门狗是一个 PLC 内置的定时器，其启动停止可以像普通定时器一样用软件控制

B. 看门狗用来监视系统的扫描时间，如果扫描时间超过系统规定的时间，就会报警停机

C. 看门狗定时器可以防止因程序设计错误或外界意外干扰造成程序跑飞或死循环，造成系统瘫痪

D. 当希望程序扫描时间大于看门狗设定时间时，可以使用看门狗刷新指令 WDT

E. ABCD 都是

21. 无触点式开关传感器的检测方式、特性和功能分为（　　　）。

A. 高频振荡式　　　B. 低频振荡式　　　　　C. 光电断续式　　　　　D. 霍尔效应式

E. 压电式

22. 下列（　　）属于模拟脉冲式传感器。

A. 脉冲峰值式　　　B. 脉冲宽度式　　　　　C. 脉冲间隔式　　　　　D. 脉冲压电式

E. 脉冲压阻式

三、判断题

23. 一般 PLC 的工作环境温度应该控制在－20～70℃的范围。（　　　）

24. 设备档案管理主要是对具有保存利用价值的技术文件及资料进行档案管理。（　　　）

25. 用户使用说明书的撰写内容应以操作使用、相关图纸、系统维护等为主题内容。（　　　）

26. 运行日志是用来对 PLC 控制系统的工作过程实施记录和描述。（　　　）

27. 维护企业信誉是企业诚实守信的内在要求。（　　　）

28. 一般导致 CPU 停机的错误都可以通过软件诊断数据区找到其错误原因。（　　　）

四、简答题

29. 如何进行工件属性判断（用程序表示出来）？

30. 如何计算步进电动机的扭矩？

31. 简述大系统程序的调试步骤。

练习与思考题参考答案

1. D	2. B	3. B	4. C	5. A	6. D	7. B	8. A	9. C	10. B
11. C	12. C	13. D	14. AB	15. ABCD	16. BCD	17. ABCDE	18. ABCD	19. ABC	20. BCD
21. ACD	22. ABC	23. N	24. Y	25. Y	26. Y	27. Y	28. Y		

任务 ⑰

自动化生产线的动画监控系统设计与实现

17.1 任务来源

在塑料成型等自动化生产线中，有多种塑料半成品不断地生产出来，这时需要根据人机界面的设置进行分拣和配置，然后送到下一流程，实现生产资源的合理调配，同时，现场设备的运行情况也可以通过人机界面进行动画监控。本项目就是在此基础上进行提炼和简化的，因此，掌握自动化生产线动画监控系统的设计与实现是很有必要的。

17.2 任务描述

请设计一个自动化生产线的动画监控系统，并完成其控制系统的硬件配置、程序设计、画面制作、系统接线和运行调试，其要求如下。

1. 系统组成

系统有推料台1个、传输带1条、步进电动机及机械手1套、料仓（由老师指定3~5个工位）、传感器若干个，PLC、人机界面一套，参考图13-1所示。

2. 工艺要求

金属、白色塑料、黑色塑料3种工件若干个随机放入推料台，利用生产线进行工件属性判别，并将3种工件按人机界面设置的料仓属性进行自动入库。

3. 自动运行功能

（1）系统上电后（即停止运行时），红灯亮，绿灯灭，如果不在原点位黄灯闪烁。

（2）按下启动按钮，若在原点位则系统启动，若不在原点位系统先进行回原点。

（3）启动时若没有工件或人机界面未设置料仓属性则等待；二者均有则运行；运行时绿灯亮，黄灯、红灯灭。

（4）推出工件，经传感器检测与判别，将工件经机械手放入到人机界面预先设定的料仓位置；若指定属性已放满，则经传输带末端放入接料盒，直至料仓按预定设置放满，系统自动停止运行。

（5）停止功能：按下停止按钮时，系统处理完在线工件后自动停止运行。

（6）急停功能：按下急停按钮，系统无条件全部停止（工件不脱落），红灯闪烁、绿灯灭。

（7）回原点功能：所有气缸缩回，电动机停止，丝杆回到右侧原点位。

4. 人机界面功能

（1）上述除急停外的所有操作均在人机界面上进行。

（2）动画监视功能：执行机构的运行情况用简单的动画显示。

5. 系统协调性

在生产过程中，要求各执行机构运行协调，工件传输顺畅，不得发生机械碰撞或工件半途脱落。

17.3 目标描述

17.3.1 技能目标

1. 关键技能
- 能（会）正确使用气缸、电磁阀、传感器。
- 能（会）制作人机界面的动画监控画面。
- 能（会）设计复杂的控制系统程序。

2. 基本技能
- 能（会）正确判断工件的颜色、材质。
- 能（会）制作多个人机界面画面。
- 能（会）使用步进电动机及其驱动器。

17.3.2 知识目标

- 掌握 PLC 控制系统设计的基本要求。
- 掌握 PLC 控制系统的可靠性设计。
- 掌握复杂程序设计的方法及技巧。

17.3.3 职业素质目标

- 着装整齐，不穿奇装异服，不穿拖鞋。
- 工作态度积极，有责任感。
- 认真总结训练过程的得失，吃一堑长一智，养成善于总结的习惯。
- 养成善于思考、敢于提问、不懂就问的学习习惯。
- 严格执行机械设备行业标准，树立安全意识、质量意识。

17.4 任务实施

17.4.1 活动一 学员自学或教师讲授

1. PLC 电气控制系统设计的知识
（1）设计的原则。
（2）外部电路设计。
（3）重点讲解可靠性设计。

2. 复杂程序设计
（1）讲解程序设计的思路。
（2）重点讲解程序设计框图。

17.4.2 活动二 示范操作

1. 步骤一：控制需求分析与系统设计

（1）硬件需求：硬件需求与上一任务类似。

（2）使用 PLSY 或 PLSR 定位指令进行程序设计。

（3）根据控制要求，首先通过人机界面设定工位的特性，然后根据设定的要求进行分拣；因此可以使用选择性流程来设计控制程序。

（4）确定距离、速度、脉冲数量的关系。

2. 步骤二：按要求进行 PLCI/O 及人机界面软元件分配

（1）了解 PLC 的 I/O 需求。

（2）了解步进驱动器的 I/O 需求。

（3）了解触摸屏的软元件需求。

（4）了解行程保护的需求。

（5）根据控制要求，PLC 的 I/O 及人机界面软元件分配请参考表 13-1。

3. 步骤三：根据控制要求设计控制线路图

（1）注意行程保护比较多，不能漏接或漏画。

（2）注意 PLC 工作电源的接线和输入电源的接线。

（3）注意传感器的接线方法。

（4）根据控制要求及 PLC 的 I/O 分配设计控制线路图，请参考图 13-2。

4. 步骤四：根据控制要求制作人机界面的画面图

（1）根据控制要求及人机界面软元件分配设计人机界面画面，如图 17-1 所示。

（2）按向导新建项目，设置与 PLC 的通信方式。

（3）添加文字对象。

（4）制作按钮和指示灯对象。

（5）制作监控动画。

（6）将制作的画面下载至人机界面。

5. 步骤五：根据控制要求设计 PLC 程序

（1）根据控制要求，画出其程序框图，如图 17-2 所示。

（2）根据控制要求及其程序框图设计控制程序，如图 17-3 所示。

（3）使用编程软件输入程序，并下载到 PLC。

6. 步骤六：系统调试

（1）关闭电源，检查工作环境是否安全。

（2）根据任务描述用仿真软件调试 PLC 程序。

（3）测试人机界面与 PLC 的连接情况，如不能连接，检查人机界面端和 PLC 的连接设置和通信线路。

（4）独立单元调试，连接好 PLC 的输出电路，分别测试回原点、放入相应工位、皮带运行、抓取等动作是否符合要求，否则检测程序及接线是否正确。

（5）自动运行程序，对照控制要求检查功能是否满足，否则进行相应修改及检查直至符合要求。

7. 步骤七：做好相关技术总结

（1）对于实际生产设备，在完成系统调试后，必须撰写技术总结、运行与管理等的相关技术资料。

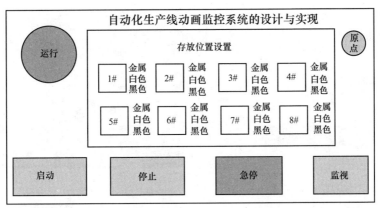

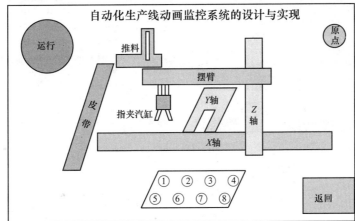

图 17-1　人机界面画面

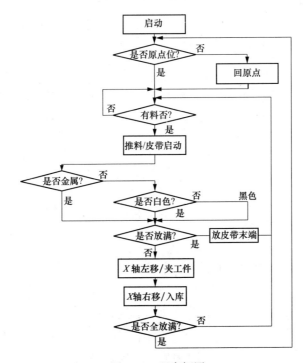

图 17-2　程序框图

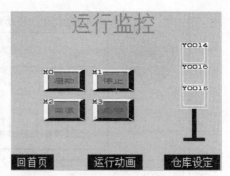
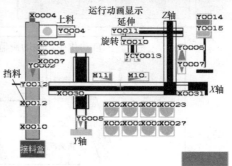

(a)

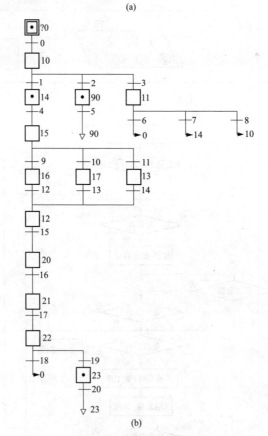

(b)

图 17-3 控制程序（一）

（a）触摸屏画面；（b）状态转移图

```
7 ┤├ M8000                                    ─[ MOV   K2M70   D10 ]─

                                            ─[ MOV   K2M80   D20 ]─

                                            ─[ MOV   K2M90   D30 ]─

                                            ─[ MOV   K2X020  D40 ]─

                                        * 〈字逻辑和                〉
                                      ─[ WAND   D10   D40   D50 ]─

                                      ─[ WAND   D20   D40   D52 ]─

                                      ─[ WAND   D30   D40   D54 ]─
```

(c)

```
61 ┤[=   D10   D50 ]├                                    ( M17 )

67 ┤[=   D20   D52 ]├                                    ( M18 )

73 ┤[=   D30   D54 ]├                                    ( M19 )

      M30   M17
79 ┤├─┤├──┬                                             ( M16 )
      M31   M18 │
   ┤├─┤├──┤
      M32   M19 │
   ┤├─┤├──┘

      M17   M18   M19
88 ┤├─┤├──┤├                                            ( M20 )
```

(d)

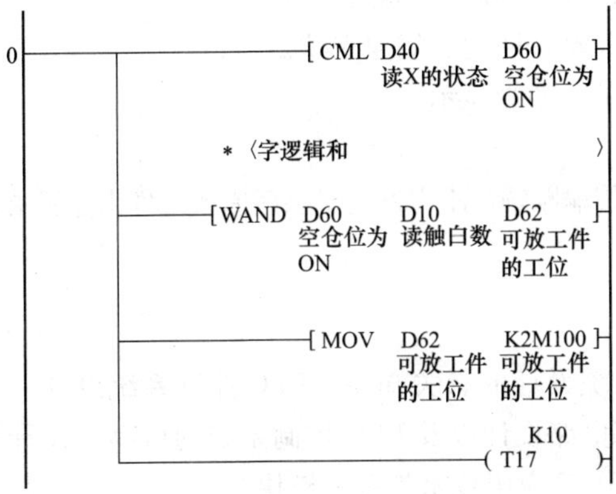

```
                                    读X的状态  空仓位为
0 ┬                          ─[ CML  D40      D60    ]─
  │                                           ON

  │                          * 〈字逻辑和              〉
  │                            空仓位为  读触白数  可放工件
  ├                          ─[ WAND  D60    D10    D62 ]─
  │                            ON      的工位
                                               的工位

  │                            可放工件  可放工件
  ├                          ─[ MOV   D62   K2M100 ]─
  │                            的工位    的工位

  │                                          K10
  └                                        ( T17 )
```

(e)

```
                                    读X的状态  空仓位为
0 ┬                          ─[ CML  D40      D60    ]─
  │                                           ON

  │                            空仓位为  读触白数  可放工件
  ├                          ─[ WAND  D60    D20    D62 ]─
  │                            ON      的工位
                                               的工位

  │                            可放工件  可放工件
  ├                          ─[ MOV   D62   K2M100 ]─
  │                            的工位    的工位

  │                                          K10
  └                                        ( T18 )
```

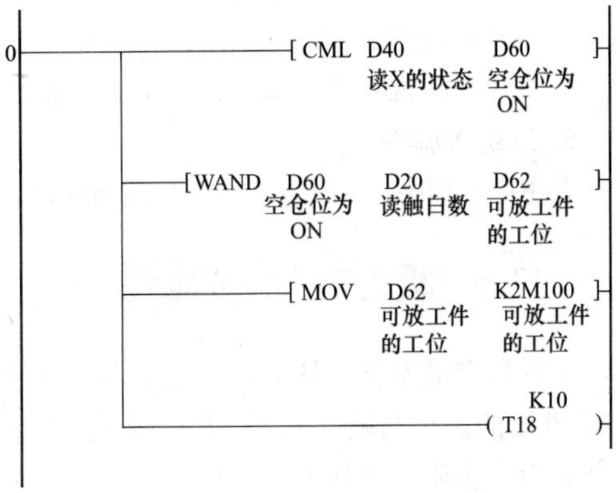

(f)

图 17-3 控制程序（二）

（c）料仓已放工件程序；（d）料仓是否满料程序；（e）选择金属工件程序；（f）选择白色工件程序

（2）对于实训室的训练，要认真总结相关技能点、知识点、关键操作等，为下一训练任务打好基础。

注意事项如下。

（1）严格按操作步骤进行练习。

（2）安装、拆卸和接线时，必须关闭训练台电源。

（3）经老师检查同意后，才能通电。

17.4.3　活动三　根据所讲述和示范案例，完成下面任务

请在"活动二"的基础上改变工件放置的工件特性，然后请按下列要求设计一个工件位置调整的自动化生产线监控系统，并完成其控制系统的硬件配置、程序设计、画面制作、系统接线和运行调试。

1. 系统组成

系统有推料台 1 个、传输带 1 条、步进电动机及机械手 1 套、料仓（由老师指定 3～5 个工位）、传感器若干个、PLC、人机界面一套。

2. 工艺要求

金属、白色塑料、黑色塑料 3 种工件若干个随机放入推料台，利用生产线进行工件属性判别，将 3 种工件按人机界面设置的料仓属性进行自动入库控制。

3. 系统自动运行功能

（1）系统上电后（即停止运行时），红灯亮，绿灯灭，如果不在原点位黄灯闪烁。

（2）按下启动按钮，若在原点位则启动系统，若不在原点位系统先进行回原点。

（3）启动时若没有工件或人机界面未设置料仓属性则等待；二者均有则运行；运行时绿灯亮、红灯灭。

（4）推出工件，经传感器检测与判别，将工件经机械手放置到人机界面预先设定的位置；若工件属性不符合要求（同一属性已放满），则经传输带末端放入接料盒，直至料仓按预定设置放满，系统自动停止运行。

4. 人机界面功能

（1）急停功能：按下急停按钮，系统无条件全部停止（工件不脱落），红灯闪烁、绿灯灭。

（2）停止功能：按下停止按钮时，系统处理完在线工件后自动停止运行。

（3）回原点功能：所有气缸缩回，电动机停止，丝杆回到右侧原点位。

（4）动画监视功能：执行机构的运行情况用简单的动画显示。

5. 系统协调性

在生产过程中，要求各执行机构运行协调，工件传输顺畅，不得发生机械碰撞或工件半途脱落。

17.5　相关知识与技能

为顺利完成本训练任务，需要学习 PLC 控制系统设计的有关知识。PLC 控制系统设计一般包括 PLC 的选型与硬件配置、PLC 运行方式、外部电路设计以及 PLC 控制系统的可靠性设计等几个方面。主要内容如下，也可查阅《任务引领型 PLC 应用技术教程》模块 9。

17.5.1　PLC 控制系统设计的基本原则

在 PLC 控制系统设计的过程中，必须遵循一定的原则与步骤，才能实现控制要求和工艺需

要，从而提高产品质量和生产效率，顺利高效地完成设计任务。

任何一种控制系统都是为了实现被控对象的工艺要求，以提高生产效率和产品质量。因此，在设计 PLC 控制系统时，应遵循以下基本原则。

1. 最大限度地满足被控对象的控制要求

充分发挥 PLC 的功能，最大限度地满足被控对象的控制要求，是设计 PLC 控制系统的首要前提，也是设计中最重要的一条原则。这就要求设计人员在设计前就要深入现场进行调查研究，收集控制现场的资料，收集相关先进的国内、国外资料。同时，要注意和现场的工程管理人员、工程技术人员、现场操作人员紧密配合，拟订控制方案，共同解决设计中的重点问题和疑难问题。

2. 保证 PLC 控制系统安全可靠

保证 PLC 控制系统能够长期安全、可靠、稳定运行，是设计控制系统的重要原则。这就要求设计者在系统设计、元器件选择、软件编程上全面考虑，以确保控制系统安全可靠。例如，应该保证 PLC 控制程序不仅在正常条件下运行，而且在非正常情况下（如突然掉电再上电、按钮按错等）也能正常工作。

3. 力求简单、经济、使用及维修方便

一个新的控制工程虽然能提高产品的质量和数量，带来巨大的经济效益和社会效益，但新工程的投入、技术的培训、设备的维护也将导致运行资金的增加。因此，在满足控制要求的前提下，一方面要注意不断地扩大工程的效益，另一方面也要注意不断地降低工程的成本。这就要求设计者不仅应该使控制系统简单、经济，而且还要使控制系统的使用和维护方便、成本低，不宜盲目追求自动化和高指标。

4. 适应发展的需要

由于技术的不断发展，控制系统的要求也将会不断地提高，设计时要适当考虑到今后控制系统发展和完善的需要。这就要求在选择 PLC、输入/输出模块、I/O 点数和内存容量时，要适当留有裕量，以满足今后生产的发展和工艺的改进。

17.5.2　PLC 的选型

随着 PLC 技术的发展，PLC 产品的种类也越来越多，而且功能也日趋完善。不同品牌的 PLC，其结构形式、性能、容量、指令系统、编程方式、价格等也各有不同，适用的场合也各有侧重。因此，合理选用 PLC，对于提高 PLC 控制系统的技术经济指标有着重要意义。下面主要从 PLC 的机型、容量、I/O 模块、特殊功能模块、电源模块等方面加以分别介绍。

PLC 机型选择的基本原则是在满足功能要求、保证可靠和使用维护简便的前提下，力争具有最佳的性能价格比。选择时主要考虑以下几点。

1. 合理的结构型式

PLC 主要有整体式和模块式两种结构型式。整体式 PLC 的每一个 I/O 点的平均价格比模块式的便宜，且体积相对较小，一般用于系统工艺过程较为固定的小型控制系统中；而模块式 PLC 的功能扩展灵活方便，在 I/O 点数、输入点数与输出点数的比例、I/O 模块的种类等方面选择余地较大，且维修方便，一般应用于较复杂的控制系统。

2. 安装方式的选择

PLC 的安装方式分为集中式、远程 I/O 式以及多台 PLC 联网的分布式。集中式不需要设置驱动远程 I/O 硬件，系统反应快、成本低；远程 I/O 式适用于大型 PLC 控制系统，系统的装置分布范围很广泛，远程 I/O 可以分散安装在现场装置附近，I/O 连线比集中式的短，但需要增设驱动器和远程 I/O 电源；多台 PLC 联网的分布式适用于多台设备分别独立控制，又要相互联系

的场合，可以选用小型 PLC，但必须要附加通信模块。

3. 功能要求

一般小型低档 PLC 具有逻辑运算、定时、计数等功能，对于只需要开关量控制的系统都可以满足。对于以开关量控制为主、带少量模拟量控制的系统，可选用能带 A/D 和 D/A 单元、具有加减算术运算、数据传送功能的增强型低档 PLC。对于控制较复杂，要求实现 PID 运算、闭环运算、通信联网等功能，可视控制规模大小及复杂程度，选用中档或高档的大型 PLC。但是中、高档大型 PLC 价格较贵，一般大型机主要用于大规模过程控制和集散控制系统等场合。

4. 响应速度的要求

PLC 的扫描工作方式引起的延迟可达 2～3 个扫描周期。对于大多数应用场合来说，PLC 的响应速度都可以满足要求，不是主要问题。然而对于某些个别场合，则要求考虑 PLC 的响应速度。为了减少 PLC 的 I/O 响应的延迟时间，可以选用扫描速度高的 PLC，或选用具有高速 I/O 处理功能指令的 PLC，或选用具有快速响应模块和中断输入模块的 PLC 等。

5. 系统可靠性的要求

对于一般系统，PLC 的可靠性均能满足。对于可靠性要求很高的系统，应考虑是否采用冗余控制系统或热备用系统。

6. 经济性的考虑

选择 PLC 时，应考虑性能价格比。考虑经济性时，应该同时考虑应用的可扩展性、可操作性、投入产出比等因素，进行比较和兼顾，最终选出较满意的产品。

输入、输出点数对价格有直接影响，当点数增加到某一数值后，相应的存储器容量、机架、母板等也要相应增加。因此，点数的增加对 CPU 型号、存储器容量、控制功能范围等选择都有影响，在估算和选用时应充分考虑，使整个控制系统有较合理的性能价格比。

此外，使用与维护的简便及费用也是一个重要指标，并且，在实践操作当中通常起决定性作用。因为，设备的初次投资只是一小部分，而日常使用与维护的费用却是一个不小的数字（如操作使用者的熟练程度、零配件的更换等）。

17.5.3　PLC I/O 模块的选择

一般 I/O 模块的价格占 PLC 价格的一半以上，PLC 的 I/O 模块有开关量 I/O 模块、模拟量 I/O 模块及各种特殊功能模块等，不同的 I/O 模块，其电路及功能也不同，直接影响 PLC 的应用范围和价格，应当根据实际需要加以选择。

1. 开关量 I/O 模块的选择

（1）开关量输入模块的选择。开关量输入模块是用来接收现场输入设备的开关信号，将信号转换为 PLC 内部接收的低电压信号，并实现 PLC 内、外信号的电气隔离。选择时主要应考虑以下几个方面。

1）输入信号的类型及电压等级。开关量输入模块有直流输入、交流输入和交流/直流输入三种类型。选择时主要根据现场输入信号和周围环境因素等。直流输入模块的延迟时间较短，还可以直接与接近开关、光电开关等电子输入设备连接；交流输入模块可靠性好，适合于有油雾、粉尘等的恶劣环境下使用。开关量输入模块的输入信号电压等级有：直流 5V、12V、24V、48V、60V 等，交流 110V、220V 等。选择时主要根据现场输入设备与输入模块之间的距离来考虑。直流 5V、12V、24V 用于传输距离较近的场合，如直流 5V 输入模块最远不得超过 10m。距离较远的应选用输入电压等级较高的模块。

2）输入接线方式。开关量输入模块主要有汇点式和分组式两种接线方式，汇点式的开关量输入模块的所有输入点共用一个公共端（COM）；而分组式的开关量输入模块是将输入点分成若干组，每一组（几个输入点）有一个公共端，各组之间是分隔的。分组式的开关量输入模块价格较汇点式的高，如果输入信号之间不需要分隔，一般选用汇点式的。

3）注意同时接通的输入点数量。对于选用高密度的输入模块（如 32 点、48 点等），应考虑该模块同时接通的点数一般不要超过输入点数的 60%。

4）输入门槛电平。为了提高系统的可靠性，必须考虑输入门槛电平的大小。门槛电平越高，抗干扰能力越强，传输距离也越远，具体可参阅 PLC 说明书。

（2）开关量输出模块的选择。开关量输出模块是将 PLC 内部低电压信号转换成驱动外部输出设备的开关信号，并实现 PLC 内、外信号的电气隔离。选择时主要应考虑以下几个方面。

1）输出方式。开关量输出模块有继电器输出、晶闸管输出和晶体管输出三种方式。继电器输出的价格便宜，既可以用于驱动交流负载，又可以用于驱动直流负载，而且适用的电压大小范围较宽、导通压降较小，同时承受瞬时过电压和过电流的能力较强，但其属于有触点元件，动作速度较慢（驱动感性负载时，触点动作频率不得超过 1Hz）、寿命较短、可靠性较差，只适用于不频繁通断的场合。对于频繁通断的负载，应该选用晶闸管输出或晶体管输出，它们属于无触点元件。但晶闸管输出只能用于交流负载，而晶体管输出只能用于直流负载。

2）输出接线方式。开关量输出模块主要有分组式和分隔式两种接线方式，分组式输出是几个输出点为一组，一组共用一个公共端，各组之间是分隔的，可分别用于驱动不同电源的外部输出设备；分隔式输出是每一个输出点就有一个公共端，各输出点之间相互隔离。选择时主要根据 PLC 输出设备的电源类型和电压等级的多少而定。一般整体式 PLC 既有分组式输出，也有分隔式输出。

3）驱动能力。开关量输出模块的输出电流（驱动能力）必须大于 PLC 外接输出设备的额定电流。用户应根据实际输出设备的电流大小来选择输出模块的输出电流。如果实际输出设备的电流较大，输出模块无法直接驱动，可增加中间环节来实现。

4）注意同时接通的输出点数量。选择开关量输出模块时，还应考虑能同时接通的输出点数量。同时接通输出设备的累计电流值必须小于公共端所允许通过的电流值，如一个 220V/2A 的 8 点输出模块，每个输出点可承受 2A 的电流，但输出公共端允许通过的电流并不是 16A（8×2A），通常要比此值小得多。一般来讲，同时接通的点数不要超出同一公共端输出点数的 60%。

5）输出的最大电流与负载类型、环境温度等因素有关。开关量输出模块的技术指标，它与不同的负载类型密切相关，特别是输出的最大电流。另外，晶闸管的最大输出电流随环境温度升高会降低，在实际使用中也应注意。

2. 模拟量 I/O 模块的选择

模拟量 I/O 模块的主要功能是数据转换，与 PLC 内部总线相连，同时为了安全，也有电气隔离功能。模拟量输入（A/D）模块是将现场由传感器检测而产生的连续的模拟量信号转换成 PLC 内部可接受的数字量；模拟量输出（D/A）模块是将 PLC 内部的数字量转换为模拟量信号输出。

典型模拟量 I/O 模块的量程为 −10～+10V、0～+10V、4～20mA 等，可根据实际需要选用，同时还应考虑其分辨率和转换精度等因素。一些 PLC 制造厂家还提供特殊模拟量输入模块，可用来直接接收低电平信号（如 RTD、热电偶等信号）。

3. 特殊功能模块的选择

目前，PLC 制造厂家相继推出了一些具有特殊功能的 I/O 模块，有的还推出了自带 CPU 的智能型 I/O 模块，如高速计数器、凸轮模拟器、位置控制模块、PID 控制模块、通信模块等，可根据实际需要选用。

至于电源模块的选择，只适应于模块式结构的 PLC，对于整体式 PLC 不存在电源的选择。电源模块的选择较为简单，只需要考虑电源的额定输出电流就可以了，即电源模块的额定电流必须大于 CPU 模块、I/O 模块及其他模块的总消耗电流。

17.5.4 PLC 外部电路设计

PLC 外部电路主要完成外部输入、输出元件与 PLC 之间的连接，根据功能的不同可分为输入侧电路、输出侧电路和供电电路。因 PLC 输入、输出点数的多少是决定控制系统价格的重要因素，因此在系统设计时，应尽量简化输入、输出点数。简化 PLC 输入、输出点数的方法很多，在完成同样控制功能的情况下，可以通过合理选择模块来简化。当然，在设计 PLC 外围电路时，同样也要注意输入、输出点的简化问题。

1. 简化输入点

在 PLC 外部电路设计时，常用的输入点简化方法有以下几种。

（1）用外部硬接线来简化输入点。如果某些外部输入信号总是以某种二串联，或二并联组合的方式整体出现在梯形图中，可以将它们对应的触点在外部串、并联后再作为一个输入点接到 PLC。

（2）采用分时分组的控制方式，通过编程来简化输入点。例如，自动程序和手动程序不会同时执行，可以采用一个输入点的不同状态来控制两段程序。

（3）用 PLC 的内部器件代替外部电路。例如，在对位移要求不是很严格的场合，可以用定时器指令代替行程开关进行行程控制，这样就节约了行程开关占用的输入点。

（4）手动开关置于 PLC 之外。系统的某些输入信号，如手动操作按钮、保护动作后需要手动复位的热继电器的动断触点等提供的信号，可以设置在 PLC 外部的硬件电路中。当然，在针对具体控制对象时要视情况而定。

2. 简化输出点

输出点的简化与输入点的简化具有相似之处，在 PLC 外部电路设计时，也要考虑输出点的简化。常用的输出点简化方法有以下几种。

（1）部分电器可不接入 PLC 中。对控制逻辑简单、不参与系统过程循环、运行时与系统各环节不发生动作联系的电器，可不纳入 PLC 控制系统，因此就不占用输出点。例如，一些机床设备的油泵或通风机的电动机等，就属于这一类电器。

（2）将部分负载并联使用。系统中有些负载的通/断状态是完全相同的，那么在 PLC 输出点的电流限额允许的情况下，可以并联在同一个输出端子上，从而可以减少 PLC 输出点数。若 PLC 的输出点不允许其并联连接，可用 PLC 外部的一个继电器对这两个负载进行控制。

（3）用同一个指示灯的不同状态表示几种不同的信息。如绿灯常亮表示系统正在运行，绿灯闪烁（占空比 50%）表示手动运行，绿灯闪烁（占空比 80%）表示半自动方式运行。

17.5.5 可靠性设计

PLC 是专为工业环境设计的控制装置，随着科学技术的发展，PLC 在工业控制中的应用越来越广泛，一般不需要采取什么特殊措施就可以直接在工业环境中使用。工业自动化系统中所使用的各种类型 PLC，有的是集中安装在控制室，有的是安装在生产现场的电气控制柜里，它们大多处在强电电路和强电设备所形成的恶劣电磁环境中，对 PLC 控制系统的安全可靠性有直接影响。要提高 PLC 控制系统的可靠性，一方面要求 PLC 生产厂家提高 PLC 自身的抗干扰能力；

另一方面，要求工程设计、安装施工和使用维护中引起高度重视，合理进行系统设计，采取有效的措施和方法增强系统的可靠性及抗干扰性能。

1. 环境适应性设计

(1) 温度。PLC 要求环境温度在 0~55℃，安装时不能把发热量大的元件放在 PLC 下面，PLC 四周通风散热的空间足够大，开关柜上、下部应有通风的百叶窗。

(2) 湿度。为了保证 PLC 的绝缘性能，空气的相对湿度一般应小于 85%（无凝露）。

(3) 振动。应使 PLC 远离强烈的振动源，防止频率为 10~55Hz 的频繁振动或连续性振动，当使用环境难以避免振动时，可以用减振橡胶来减轻柜内或柜外产生的振动影响。

(4) 空气。对于空气中有较浓的粉尘、腐蚀性气体和烟雾的场所，在温度允许时，可以将 PLC 封闭，或将 PLC 安装在密封性较好的控制室内，并安装空气净化装置。

(5) 电源。电源是干扰进入 PLC 控制系统的主要途径之一，PLC 控制系统的电源最好是带 UPS 的交流稳压电源。

2. 冗余性设计

为保证控制系统可靠地工作，除选用高性能 PLC，并使其在允许的环境下工作以外，对系统采取冗余措施也是预防故障发生的有效手段。

(1) 环境条件与双控制器冗余设计。

1) 环境条件的冗余设计。PLC 控制器一般都要求在一定的环境条件下工作，如工作温度一般是 0~55℃，最高为 60℃，但是为保证它的可靠性，要求环境温度最好能控制在 30℃ 以下，即给 PLC 留有了三分之一的裕量。如此一来，即使环境温度出现波动，PLC 仍能正常工作。同理，其他环境条件也有类似的裕量要求。

2) 双控制器冗余设计。对于广大用户来说，PLC 控制器就是一个黑盒子，一旦出现故障，往往束手无策，为此建议采用双控制器并列运行方式，即把两台控制内容完全相同的控制器接入电路，输入、输出也分别做相同连接。当某一台控制器发生故障时，可自动或手动切换到另一台控制器继续工作，确保系统不会因故障而停机。此处需说明一点，该方案仅适用于规模小、输入输出量少、布线简单的控制系统。对大规模控制系统，则由于配线复杂、成本增加较多而受到限制。

(2) 双机双工热后备控制系统冗余设计。用两台完全相同的 PLC 构成同一控制系统，其中一台工作，一台备用，并且起控制作用的 PLC 同时还要把控制信息传递给备用 PLC 控制器。运行时，由监控器实时监视两台 PLC 的工况，并比较它们执行的结果。当起控制作用的工作机出现故障时，监控器把控制权交给备用控制器，并关断工作机的控制，发出故障报警信号，这就是所谓的双机双工热后备控制系统。需要说明的是，该系统仅限于控制器的冗余，I/O 通道仅能做到同轴电缆的冗余，不可能把所有的 I/O 口都冗余，全部系统都做冗余考虑的情况非常复杂，使用场合也较少。

当然，也有采用冷后备控制系统的，即备用机平时不通电，只有当工作机出现故障时，才人为接通备用机电源，并将控制权移交给它，然后切除工作机。此系统的优点是不需要监控器，投资少、消耗小。缺点是工作机故障需要停运系统，并人为加载后备机程序，系统可靠性也较热后备差些。

(3) 把继电器控制盘作为后备系统使用。在老系统改造场合，一方面可以根据系统规模大小，决定采用控制器并列运行方案，还是采用双机双工热后备系统方案；另一方面，原有的继电器控制盘最好不要拆掉，可以把它作为控制系统的应急手段使用。一旦新改装系统出现问题，继电器控制盘仍可以恢复原有控制，起到很好的替代作用。此外，在设计控制系统时，应设计必要的手动操作回路，作为自动控制回路的后备。例如，可以将手动操作开关与输出信号线并连，当控制器故障时，由手动操作开关直接驱动负载使系统运行。

（4）故障检测与诊断的冗余设计。PLC 的可靠性很高，本身又有很完善的自诊断功能，一旦出现故障，可以借助自诊断程序很快找到故障点。但是，大量的实践表明，PLC 外部的输入、输出元件，如限位开关、电磁阀、接触器等故障率远远高于 PLC 本身，这些元件发生故障，PLC 一般不能觉察出来，也不会自动停机，结果很可能使故障进一步扩大，直到强电保护装置动作而停机，有时甚至造成设备和人身事故，而且停机后查找故障所花费的时间也很多。为及时发现故障，并将它排除在事故发生之前，可再增设一些梯形图程序使它自动诊断和报警。

1）超时检测与诊断设计。机械设备各工步的动作所需时间一般是不变的，即使变化也不会太大，因此，可以以这些时间为参考，在 PLC 发出输出信号，相应的外部执行机构开始动作时给定时器定时，定时器的设定值比正常情况下该动作的持续时间长一些。例如，设某执行机构在正常情况下运行 15s 后，它驱动的部件使限位开关动作，发出动作结束信号；这时我们的超时检测与诊断可设计为：在该执行机构开始动作时启动设定值为 17s 的定时器定时，若 17s 后还没有接收到动作结束信号，则由定时器的动合触点发出故障信号，该信号停止正常的程序，并启动报警和故障诊断显示程序，使操作人员和维修人员能迅速判别故障的种类，及时排除故障。

2）逻辑错误检测与诊断设计。在系统正常运行时，PLC 的输入、输出信号和内部信号（如存储器的状态）相互之间存在着确定的关系，如果出现异常的逻辑信号，则说明出现了故障。因此，可以编制常见故障的异常逻辑关系，一旦异常逻辑关系为 ON 状态，就应进行故障处理。例如，某机械运动过程中先后有两个限位开关动作，这两个限位开关不会同时为 ON，若它们同时为 ON，则说明至少有一个限位开关被卡死，应停机进行处理。所以，在进行逻辑错误检测与诊断设计时，用这两个限位开关对应的输入继电器的动合触点串联，来驱动一个表示限位开关故障的辅助继电器。

3. 抗干扰性设计

尽管 PLC 是专为工业生产环境而设计，有较强的抗干扰能力，但是如果环境过于恶劣，电磁干扰特别强烈或 PLC 的安装和使用方法不当，还是有可能给 PLC 控制系统的安全和可靠性带来隐患。因此，在 PLC 控制系统设计中，还需要注意系统的抗干扰性设计。

（1）抗电源干扰的措施。实践证明，因电源引入的干扰而造成 PLC 控制系统故障的情况很多。PLC 系统的正常供电通常由电网提供，由于电网覆盖范围广，它将受到所在空间电磁干扰而在线路上感应的高电压和大电流的影响；尤其是电网内部的变化，如开关操作浪涌、大型电力设备启停、交直流传动装置引起的谐波、电网短路暂态冲击等，都通过输电线路传到 PLC 的电源。因此，通常采取以下措施来减少因电源干扰而造成的 PLC 控制系统故障。

1）采用性能优良的电源，抑制电网引入的干扰。

2）硬件滤波措施。

3）正确选择接地点，完善接地系统。

（2）控制系统的接地设计。接地设计有两个基本目的：一是消除各路电流流经公共地线阻抗所产生的噪声电压；二是避免磁场与电位差的影响，使其不形成地环路。如果接地方式不好就会形成环路，造成噪声耦合。

接地是提高电子设备电磁兼容性（EMC）的有效手段之一。正确的接地，既能抑制电磁干扰的影响，又能抑制设备向外发出干扰；而错误的接地，反而会引入严重的干扰信号，使 PLC 系统无法正常工作。设计中若能把接地和屏蔽正确地结合起来使用，可以解决大部分干扰问题。

PLC 控制系统的地线包括数字地（逻辑地）、模拟地、信号地、交流地、直流地、屏蔽地

（机壳地）等。PLC 控制系统的接地一般都采用一点接地，接地系统混乱对 PLC 系统的干扰主要是各个接地点电位分布不均，不同接地点间存在地电位差，引起地环路电流，影响系统正常工作。例如，电缆屏蔽层必须一点接地，如果电缆屏蔽层接地点有一个以上时，会产生噪声电流，形成噪声干扰源。另外，如果电缆屏蔽层两端 A、B 都接地，就存在地电位差，有电流流过屏蔽层，当发生异常状态如雷电现象时，地线电流将更大。

此外，屏蔽层、接地线和大地有可能构成闭合环路，在变化磁场的作用下，屏蔽层内会出现感应电流，通过屏蔽层与芯线之间的耦合，干扰信号回路。若系统地与其他接地处理混乱，所产生的地环流就可能在地线上产生不等电位分布，影响 PLC 内逻辑电路和模拟电路的正常工作。PLC 工作的逻辑电压干扰容限较低，逻辑地电位的分布干扰容易影响 PLC 的逻辑运算和数据存储，造成数据混乱、程序跑飞或死机。

模拟量测量通路受线路影响较大，数字量传输虽然抗干扰能力较强，但其通常有较大的噪声，而且电平的跳动会产生很大的尖峰扰动。因此，PLC 系统模拟地与数字地实行分开走线，实行并联一点接地。

模拟地的接法十分重要，为了提高抗共模干扰能力，对模拟信号可采用屏蔽浮地技术。

（3）防 I/O 干扰的措施。由信号引入干扰会引起 I/O 信号工作异常和测量精度大大降低，严重时将引起元器件损伤。对于隔离性能差的系统，还将导致信号间互相干扰，引起共地系统总线回流，造成逻辑数据变化、误动作或死机，因此，除应从抗干扰角度选择 I/O 模块以外，还应从安装与布线时注意以下几个方面。

1）安装时应正确选择安装地点和接地点，以完善接地系统。

2）PLC 应远离强干扰源（如电焊机、大功率硅整流装置和大型动力设备），不能与高压电器安装在同一个开关柜内。在柜内 PLC 应远离动力线（二者之间距离应大于 200mm），与 PLC 装在同一个柜子内的电感性负载（如功率较大的继电器、接触器的线圈）应并联 RC 电路。

3）动力线、控制线、PLC 的电源线及 I/O 线应分别配线，隔离变压器与 PLC 和 I/O 之间应采用双绞线连接。将 PLC 的 I/O 线和大功率线分开走线，如必须在同一线槽内，可加隔板，分槽走线最好，这不仅能使其有尽可能大的空间距离，而且还能将干扰降到最低限度。

4）PLC 的输入与输出最好分开走线，开关量与模拟量的信号线也要分开敷设。模拟量信号的传送应采用屏蔽线，屏蔽层应一端接地，接地电阻应小于屏蔽层电阻的 1/10。

5）输入端接线一般不要太长，但如果环境干扰较小，电压降不大时，输入端接线可适当长些。尽可能采用动合触点形式连接到输入端，使编制的梯形图与继电器原理图一致，便于阅读，但急停、限位保护等情况除外。

6）输出端接线分为独立输出和公共输出，因此要注意电源的类型和电压的等级。在不同组中，可采用不同类型和电压等级的电源，但在同一组中，只能用同一类型、同一电压等级的电源。

7）交流输出线和直流输出线不要用同一根电缆，输出线应尽量远离高压线和动力线，避免并行。

8）由于 PLC 的输出元件被封装在印制电路板上，再连至端子排，若将连接输出元件的负载短路，将烧毁印制电路板。对于继电器输出型 PLC，电感性负载的大小会影响到继电器的使用寿命，因此，对于大的电感性负载，应通过中间继电器来隔离。

4. 故障诊断设计

PLC 技术已广泛应用于各控制领域，尤其是在工业生产过程控制中，它具有其他控制器无法比拟的优点，可靠性高、抗干扰能力强，在恶劣的生产环境里，仍然可以正常地工作。作为 PLC 本身，它的故障发生率非常低，但对以 PLC 为核心的 PLC 控制系统而言，组成系统的其他外部元器件（如传感器和执行器）、外部输入信号和软件本身，都很可能发生故障，从而使整个系统发生故障，有时还会烧坏 PLC，使整个系统瘫痪，造成极大的经济损失，甚至危及人的生命安全。所以技术人员必须熟悉 PLC 技术，并能够熟练地诊断和排除 PLC 在运行中的故障。PLC 控制系统故障诊断技术的基本原理是利用 PLC 的逻辑或运算功能，把连续获得的被控过程的各种状态不断地与所存储的理想（或正确）状态进行比较，发现它们之间的差异，并检查差异是否在所允许的范围内（包括时间范围和数值范围）。若差异超出了该范围，则按事先设定的方式对该差异进行译码，最后以简单的、或较完善的方式给出故障信息报警。故障诊断的功能包括故障的检测和判断及故障的信息输出。常见的 PLC 控制系统中，其故障的情况是多种多样的。

练 习 与 思 考

一、单选题

1. M0～M15 中，若 M0、M2 为 ON，其他都为 OFF，那么执行 CML K2M0 D20 时，D20 等于（　　）。

    A. HFFFA   B. K10   C. HFA   D. H5

2. 若 D0＝H19F0，则执行 SMOV D0 K4 K2 K2Y0 K2 指令时，Y0～Y7 中点亮的有（　　）。

    A. Y0 Y3 Y4   B. Y0 Y2 Y5   C. Y1 Y3 Y4   D. 不可能点亮

3. 在 FX 系列 PLC 中，数据变换指令 BCD D2 K2Y000 中，K2Y000 指的是（　　）。

    A. 存放的源操作数的元件   B. 目标操作数

    C. 存放目标操作数的元件   D. 存放数的地址

4. 在 FX 系列 PLC 中，块传送指令 BMOV D3 D10 K3 执行后 D4 中的数据传送到（　　）寄存器中。

    A. D1   B. D2   C. D11   D. D12

5. 执行 BIN K2X0 K2Y0 指令后，Y0～Y7 中点亮的有 Y2、Y5，则 X0～X7 闭合的有（　　）。

    A. X0 X1 X4 X5   B. X0 X1 X2 X3   C. X2 X5   D. X1 X2 X4 X5

6. 系统设计时，PLC 一个晶体管输出点输出电流按（　　）考虑。

    A. 1A   B. 200mA   C. 300mA   D. 2A

7. PLC 的使用环境湿度一般在 20%～90%，应避免湿度变化过快所造成的（　　）。

    A. 结露   B. 短路   C. 腐蚀   D. 干扰

8. 为防止接地干扰，对于设备的各控制部分应采用（　　）方式。

    A. 公共地线   B. 可以使用公共地线，也可以独立接地

    C. 可以部分使用公共地线   D. 独立的接地

9. 为了保证 PLC 内部程序不丢失，更换锂电池时，可采用（　　）、提供外电源时更换、先通电后断电迅速更换。

    A. 带电更换   B. 断电更换   C. 厂家更换   D. 无须更换

10. 以下关于故障诊断的描述，正确的是（　　）。

    A. CPU 单元可以存储故障错误信息

    B. 当发生故障时，CPU 具有输出断开功能

    C. 可以应用指令产生用户定义错误

    D. 以上都是

11. PLC 控制器一般都要求在一定的环境条件下工作，最高工作温度一般是（　　）。

A. 90° B. 80° C. 60° D. 55°

12. PLC 控制器一般都要求环境温度最好能控制在（ ）以下。

A. 20° B. 30° C. 40° D. 55°

13. PLC 的接地电阻小于（ ）。

A. 4Ω B. 10Ω C. 30Ω D. 100Ω

二、多选题

14. 在设计 PLC 控制系统时，应遵循的基本原则有（ ）。

A. 最大限度地满足被控对象的控制要求

B. 保证 PLC 控制系统安全可靠

C. 力求简单、经济、使用及维修方便

D. 适应发展的需要

E. 以上都是

15. PLC 机型选择的基本原则有（ ）。

A. 满足功能要求 B. 保证可靠

C. 使用维护简便 D. 具有最佳的性能价格比

E. 价格便宜

16. PLC 机型选择时主要考虑（ ）。

A. 结构型式 B. 安装方式 C. 功能要求 D. 系统可靠性

E. 响应速度

17. 为了减少 PLC 的 I/O 响应的延迟时间，可以选用具有（ ）的 PLC。

A. 扫描速度高 B. 高速 I/O 处理功能

C. 快速响应模块 D. 中断输入、输出模块

E. 继电器输出型

18. 对于一般系统，PLC 的可靠性均能满足，对于可靠性要求很高的系统，应考虑采用（ ）。

A. 看门狗系统 B. 冗余控制系统 C. 热备用系统 D. 冷备用系统

E. 以上都是

19. 开关量输入模块的选择主要应考虑（ ）。

A. 输入信号的类型 B. 输入接线方式

C. 同时接通的输入点数量 D. 输入门槛电平

E. 输入信号的电压等级

20. PLC 控制系统的地线包括（ ）等。

A. 数字地 B. 信号地 C. 交流地 D. 直流地

E. 屏蔽地

21. 下列关于诚信对个人职业发展的论述，正确的有（ ）。

A. 成功是获得职业发展和成功的要求 B. 成功是获得某个职位的必然要求

C. 诚信是为了生活迫不得已的要求 D. 诚信是社会化的要求

E. 以上都是

三、判断题

22. 对于某些机床设备的油泵或通风机的电动机，一般不占用输出点。（ ）

23. 双控制器冗余设计适合于配线复杂的大规模控制系统。（ ）

24. 接地是提高电子设备电磁兼容性（EMC）的有效手段之一。（ ）

25. 正确的接地，只能抑制电磁干扰的影响，不能抑制设备向外发出干扰。（　　）

26. 接地系统混乱对 PLC 控制系统的干扰主要是各个接地点电位分布不均，不同接地点间存在地电位差，引起地环路电流，影响系统正常工作。（　　）

27. PLC 控制系统的接地一般都采用一点接地。（　　）

28. PLC 系统模拟地与数字地实行分开走线，并分别独立接地。（　　）

29. PLC 输出端接线分为独立输出和公共输出，在不同组中，可采用不同类型和电压等级的电源。（　　）

30. PLC 的输出负载可能产生干扰，因此交流输出的阻容吸收电路。（　　）

31. PLC 的输出负载可能产生干扰，因此晶体管及双向晶闸管输出要加旁路电阻保护。（　　）

四、简答题

32. PLC 控制系统的外部电路设计包括哪些内容？

33. PLC 控制系统的可靠性设计包括哪些内容？

34. 如何通过人机界面进行料仓属性的设置？

练习与思考题参考答案

1. C	2. A	3. C	4. C	5. D	6. C	7. A	8. D	9. A	10. D
11. C	12. B	13. D	14. ABCDE	15. ABCD	16. ABCDE	17. ABCD	18. BC	19. ABCDE	20. ABCDE
21. ABD	22. Y	23. N	24. Y	25. N	26. Y	27. Y	28. N	29. Y	30. Y
31. Y									

第四单元

PLC、变频器、人机界面在过程控制系统中的应用

任务

变频器PID控制的恒压供水系统设计与调试

18.1 任务来源

最原始的建筑供水系统是利用楼顶水箱进行二次供水，由于二次供水存在二次污染和供水压力不稳定等缺陷，所以现代建筑物均采用变频恒压供水系统，因此在电气控制系统设计（或维护）时经常需要进行变频恒压供水系统的设计和改造（或维护），其中，变频器PID控制的恒压供水系统应用也很普遍，所以，我们必须掌握使用变频器PID来完成供水系统的设计、改造和维护。

18.2 任务描述

请用PLC、变频器设计一个基于变频器PID控制的恒压供水系统，并完成其控制系统的设备选型、系统接线、程序设计和运行调试，其具体要求如下。

（1）系统按设计要求只有一台水泵，并且采用变频器的内置PID进行变频恒压供水。

（2）系统要求管网的压力为0.4MPa（或水位高度150mm），并采用压力传感器采集压力信号（实训时用水位传感器替代，压力用水位高度替代）。

（3）系统要求设0.5MPa（或水位高度180mm）上限报警和0.3MPa（或水位高度130mm）下限报警，报警5s后，系统自动停止运行。

（4）系统运行参数请根据需要设置。

18.3 目标描述

18.3.1 技能目标

1. 关键技能

- 能（会）正确使用变频器输入端子的第二功能。
- 能（会）正确使用变频器输出端子的第二功能。
- 能（会）正确设置变频器PID控制时的相关参数。

2. 基本技能

- 能（会）正确使用变频器的输入输出端子。

- 能（会）正确设置变频器的参数。
- 能（会）正确操作变频器。

18.3.2　知识目标

- 掌握变频器端子第二功能的定义。
- 掌握变频器端子第二功能的相关参数。
- 掌握变频器 PID 控制时的相关参数。
- 掌握三相异步电动机的机械特性。

18.3.3　职业素质目标

- 遵守电气控制系统调试标准规范，养成严谨科学的工作态度。
- 认真学习、认真听课，养成善于思考、敢于提问的学习习惯。
- 认真总结训练过程的得失，吃一堑长一智，养成善于总结的习惯。
- 严格遵守电气安全操作规范，树立电气安全意识。
- 严格遵守相关水质管理规范，保证供水安全、可靠。

18.4　任务实施

18.4.1　活动一　学员自学或教师讲授

1. 了解 PID 控制的工作原理

（1）了解 PI 控制。

（2）了解 PD 控制。

2. 变频器 PID 控制

（1）变频器输入输出端子的第二功能及其参数。

（2）变频器 PID 控制的原理。

（3）变频器 PID 控制的原理图。

3. 了解压力传感器的基础知识

（1）压力传感器的工作原理。

（2）压力传感器的选择。

（3）压力传感器的安装接线及使用注意事项。

18.4.2　活动二　示范操作

1. 步骤一：分析控制需求，进行系统方案设计

利用变频器内置 PID 功能实现恒压供水，主要内容是设置变频器 PID 控制时的相关参数，即 PID 运行参数、输入输出端子定义等，此外，还必须将变频器的输出信号（即 FDN、FUP）送给 PLC，再由 PLC 去控制变频器的运行。

2. 步骤二：确定硬件配置，绘制控制系统接线图

（1）根据系统控制要求，确定系统的硬件配置。

（2）根据系统的控制要求及设计方案，PLC 的软元件分配为：X0：FUP；X1：FDN；X2：启动；X3：停止；Y0：STF；Y1：变频器的 X14 信号；Y4：报警输出。

（3）根据系统的控制要求、设计方案及 PLC 的软元件分配，其控制系统接线图如图 18-1 所示。

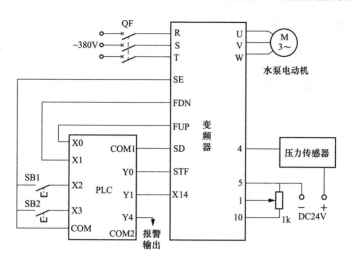

图 18-1　控制系统接线图

3. 步骤三：根据控制要求进行 PLC 程序设计

（1）根据控制要求、程序设计方案及软元件分配设计 PLC 程序。

（2）使用编程软件输入程序，并下载到 PLC，进行离线仿真完善控制程序。

（3）细读控制要求，完善和优化 PLC 程序，最终形成如图 18-2 所示程序。

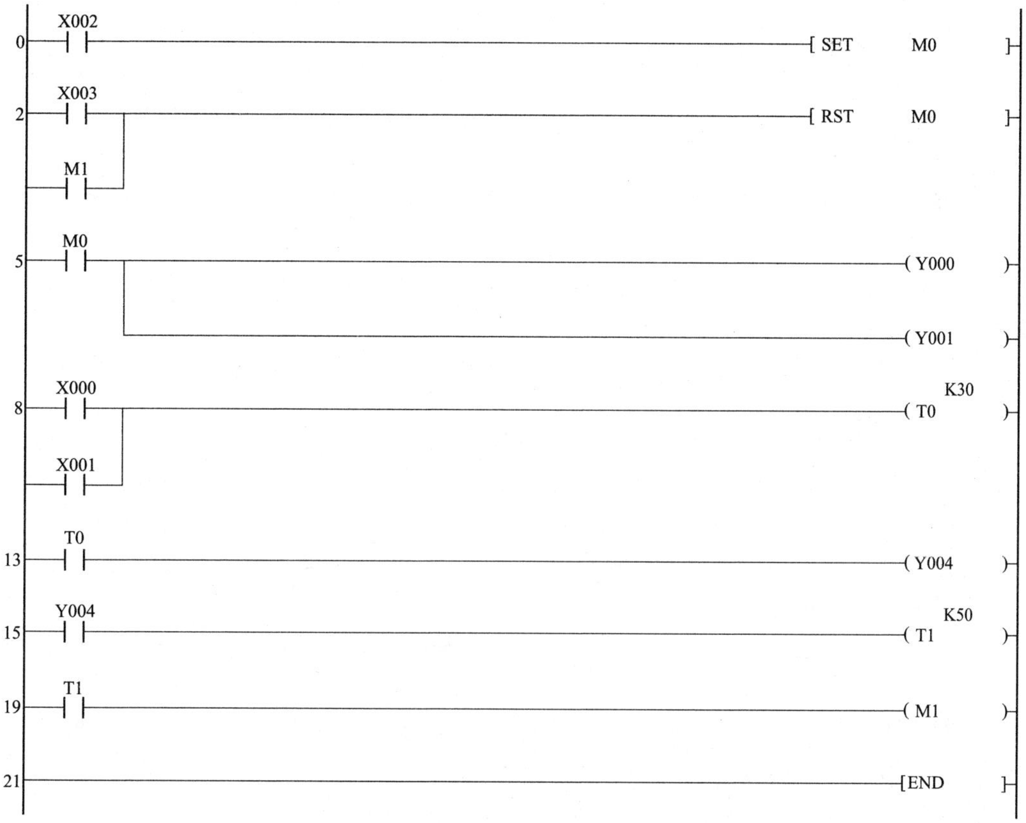

```
0    X002
     ├─┤ ├────────────────────────────[ SET   M0 ]

2    X003
     ├─┤ ├─┬──────────────────────────[ RST   M0 ]
     │     │
     M1    │
     ├─┤ ├─┘

5    M0
     ├─┤ ├─┬──────────────────────────────( Y000 )
     │     │
     └─────┴──────────────────────────────( Y001 )

8    X000                                    K30
     ├─┤ ├─┬──────────────────────────────( T0  )
     │     │
     X001  │
     ├─┤ ├─┘

13   T0
     ├─┤ ├────────────────────────────────( Y004 )

15   Y004                                    K50
     ├─┤ ├────────────────────────────────( T1  )

19   T1
     ├─┤ ├────────────────────────────────( M1  )

21   ──────────────────────────────────────[END ]
```

图 18-2　控制程序

4. 步骤四：根据控制要求进行联机调试

（1）根据控制要求，设定变频器的参数，具体设定参数如下：

Pr.79＝1，运行模式设置为 PU 运行；

Pr.128＝20，PID 负作用，测量值由端子"4"输入，设定值由端子 2 设定；

Pr.129＝100，PID 比例（P）范围常数 100％；

Pr.130＝10，PID 积分（I）时间 10s；

Pr.131＝50，上限输出 50％；

Pr.132＝30，下限输出 30％；

Pr.133＝9999，目标值通过端子 2 来设定（通常接 1 个可调电阻）；

Pr.134＝3，PID 微分（D）时间 3s；

Pr.180＝14，RL 端子定义为 X14 信号，即 PID 控制有效；

Pr.190＝14，RUN 端子定义为 FDN 信号，即 PID 下限输出；

Pr.191＝15，SU 端子定义为 FUP 信号，即 PID 上限输出；

Pr.192＝16，IPF 端子定义为 RL 信号，即正转时输出（可以不设）；

Pr.79＝2，运行模式设置为外部运行。

（2）将设计的程序正确输入 PLC 中。

（3）PLC 程序调试。

1）按图 18-2 输入程序，并将运行开关置于 ON。

2）按启动按钮 SB1（X2），PLC 输出指示灯 Y0、Y1 亮；按停止按钮 SB2（X3），PLC 输出指示灯 Y0、Y1 熄灭。

3）在输出指示灯 Y0、Y1 亮时，将 X0 或 X1 与 PLC 的输入公共端 COM 短接，则 Y0、Y1 延时 5s 后熄灭。

（4）系统空载调试。

1）按图 18-1 接好主电路和控制电路，并按上述变频器的参数值设置好变频器参数。

2）在端子 2～5 间设定好设定值（1.5V），并进行校正。

3）在端子 4～5 间输入反馈值，并进行校正。

4）按启动按钮，Y0、Y1 指示灯亮，变频器启动。

5）水压上升，上升到 0.4MPa 时基本稳定，转速降低；打开用水阀门，变频器转速上升。

6）观察水压表情况，如果指针抖动较大，增加积分值和比例值，减小微分值。

7）如果变化比较慢，水压在设定值上和设定值下较大范围波动，减小比例值和积分值，增加微分值。

8）反复以上 6）、7）操作，直到系统稳定。

9）传感器输出信号线路不能太长信号，否则信号将会衰减，影响系统稳定。

5. 步骤五：做好相关技术总结

（1）对于实际生产设备，在完成系统调试后，必须撰写技术总结、运行与管理等的相关技术资料。

（2）对于实训室的训练，要认真总结相关技能点、知识点、关键操作等，为下一训练任务打好基础。

18.4.3 活动三 根据所讲述和示范案例，完成下面任务

请在"活动二"的基础上按如下要求设计一个变频器 PID 控制的恒压供水系统，并完成其控制系统的设备选型、系统接线、程序设计和运行调试。

（1）改变输入、输出端子第二功能的设定值。

（2）改变系统的目标值（如0.5MPa）。

18.5 相关知识与技能

为顺利完成本训练任务，需要学习PID的有关概念、变频器的PID控制及压力传感器。主要内容如下，也可查阅《PLC、变频器、触摸屏综合应用实训》的第7章的相关部分。

变频器的PID控制是与传感器元件构成的一个闭环控制系统，实现对被控量的自动调节，在温度、压力、流量等参数要求恒定的场合应用十分广泛，是变频器在节能应用方面常用的一种控制方法。

18.5.1 PID控制概述

PID控制是指将被控量的检测信号（由传感器测得的实际值，即反馈量）反馈到变频器，并与被控量的目标信号（设定值）进行比较，以判断是否已经达到预定的控制目标。若尚未达到，则根据两者的差值进行调整，直至达到预定的控制目标为止，其控制原理框图如图18-3所示。

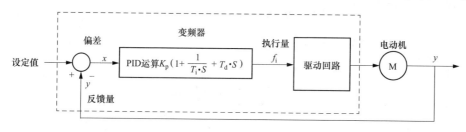

图18-3　PID控制原理框图

K_p—比例常数；T_i—积分时间；S—演算子；T_d—微分时间

PID控制以其结构简单、稳定性好、工作可靠、调整方便而成为工业控制的主要技术之一。PID控制又称PID调节，是比例微积分控制，是利用PI控制和PD控制的优点组合而成的。

1. PI控制

PI控制是由比例控制（P）和积分控制（I）组合而成的，即根据偏差及时间变化产生一个执行量，其动作过程如图18-4（a）所示。

2. PD控制

PD控制是由比例控制（P）和微分控制（D）组合而成的，即根据改变动态特性的偏差速率产生一个执行量，其动作过程如图18-4（b）所示。

3. PID控制

PID控制是利用PI控制和PD控制的优点组合而成的控制，是P、I和D三个运算的总和，其动作过程如图18-4（c）所示。

4. 负作用

当偏差X（设定值-反馈量）为正时，增加执行量（输出频率），如果偏差为负，则减小执行量，其控制过程如图18-5所示。

5. 正作用

当偏差X（设定值-反馈量）为负时，增加执行量（输出频率），如果偏差为正，则减小执行量，其控制过程如图18-6所示。

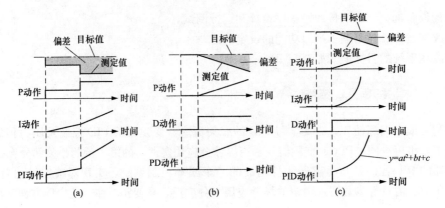

图 18-4　PID 控制

（a）PI 控制；（b）PD 控制；（c）PID 控制

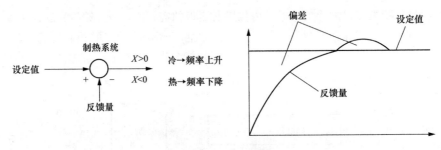

图 18-5　负作用控制过程

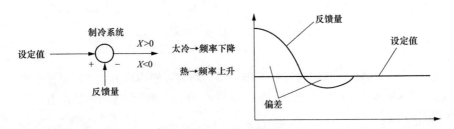

图 18-6　正作用控制过程

18.5.2　变频器的 PID 功能

通过变频器实现 PID 控制有两种情况：一是变频器内置的 PID 控制功能，给定信号通过变频器的端子输入，反馈信号也反馈给变频器的控制端，在变频器内部进行 PID 调节以改变输出频率；二是外部的 PID 调节器将给定信号与反馈信号进行比较后加到变频器的控制端，调节变频器的输出频率。变频器的 PID 调节的特点有以下两种。

（1）变频器的输出频率 f_x 只根据实际值与目标值的比较结果进行调整，与被控量之间无对应关系。

（2）变频器的输出频率 f_x 始终处于调整状态，其数值常不稳定。

1. 接线原理图

利用变频器内置的 PID 功能进行控制时，其接线原理图如图 18-7 所示。

注意事项如下。

（1）24V 直流电源应该根据所用传感器规格进行选择。

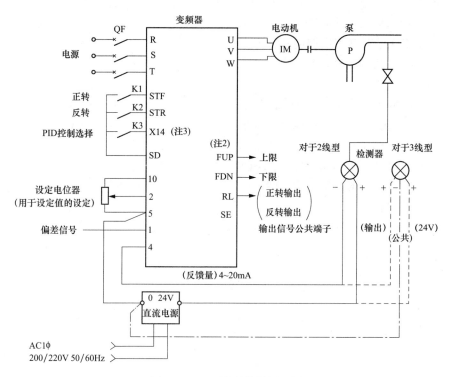

图 18-7　PID控制接线原理图

（2）输出信号端子由 Pr.191~Pr.194 设定。

（3）输入信号端子由 Pr.180~Pr.186 设定。

2. 输入输出端子功能定义

使用变频器内置 PID 功能进行控制时，当 X14 信号关断时，变频器的运行不含 PID 的功能；只有当 X14 信号接通时，PID 控制功能才有效，此时其输入输出端子功能见表 18-1。

表 18-1　　　　　　　　　　　　　　**输　入　输　出　端　子　功　能**

信号		使用端子	功能	说明	备注	
输入	X14	由参数 Pr.180~186 设定	PID 控制选择	X14 闭合时选择 PID 控制	设定 Pr.128 为 10、11、20 和 21 中的任一值	
	2	2	设定值输入	输入 PID 的设定值		
	1	1	偏差信号输入	输入外部计算的偏差信号		
	4	4	反馈量输入	从传感器来的 4~20mA 的反馈量		
输出	FUP	由参数 Pr.191~195 设定	上限输出	表示反馈量信号已超过上限值	(Pr.128=20, 21)	集电极开路输出
	FDN		下限输出	表示反馈量信号已超过下限值		
	RL		正（反）转方向信号输出	参数单元显示"Hi"表示正转（FWD）或显示"Low"表示反转（REV）或停止（STOP）	(Pr.128=10, 11, 20, 21)	
	SE	SE	输出公共端子	FUP、FDN 和 RL 的公共端子		

3. 输入信号

使用变频器内置 PID 功能进行控制时，变频器的输入信号主要有反馈信号、目标信号（即目标值）和偏差信号，其信号的输入途径见表 18-2。

（1）反馈信号的输入。反馈信号的输入通常有给定输入法和独立输入法。给定输入法是将传感器测得的反馈信号直接接到反馈信号端（如 4～5），其目标信号由参数设定。独立输入法是针对专门配置了独立的反馈信号输入端的变频器使用的，其目标值可以由参数（Pr.133）设定，也可以由给定输入端（如 2～5）输入。

（2）目标值的预置。PID 调节的根本依据是反馈量与目标值之间进行比较的结果，因此，准确地预置目标值是十分重要的。目标值通常是被测量实际大小与传感器量程之比的百分数。例如，空气压缩机要求的压力（目标压力）为 6MPa，所用压力表的量程为 0～10MPa，则目标值为 60%。主要有参数给定法和外接给定法两种。参数给定法即通过变频器参数（Pr.133）来预置目标值，外接给定法即通过给定信号端（如 2～5）由外接电位器进行预置，这种方法调整较方便，因此使用较广泛。

（3）偏差信号。当输入外部计算偏差信号时，通过端子 1～5 输入，且将 Pr.128 设定为"10"或"11"。

表 18-2 信 号 的 输 入 途 径

项目	输入	说	明
设定值	通过端子 2～5	设定 0V 为 0%，5V 为 100%	当 Pr.73 设定为"1，3，5，11，13 或 15"时，端子 2 选择为 5V
		设定 0V 为 0%，10V 为 100%	当 Pr.73 设定为"0，2，4，10，12 或 14"时，端子 2 选择为 10V
	Pr.133	由 Pr.133 设定，其设定值为百分数	
反馈值	通过端子 4～5	4mA 相当于 0%，20mA 相当于 100%	
偏差信号	通过端子 1～5	设定 −5V 为 −100%，0V 为 0%，+5V 为 +100%	当 Pr.73 设定为"2，3，5，12，13 或 15"时，端子 1 选择为 5V
		设定 −10V 为 −100%，0V 为 0%，+10V 为 +100%	当 Pr.73 选择为"0，1，4，10，11 或 14"时，端子 1 选择为 10V

4. 参数设置

使用变频器内置 PID 功能进行控制时，除了定义变频器的输入输出端子功能，还必须设定变频器 PID 控制的参数，其主要参数的设置见表 18-3。

表 18-3 变频器内置 PID 功能的主要参数表

参数号	设定值	名称	说		明
128	10	选择 PID 控制	对于加热，压力等等控制	偏差量信号输入（端子 1）	PID 负作用
	11		对于冷却等等		PID 正作用
	20		对于加热，压力等等控制	检测值输入（端子 4）	PID 负作用
	21		对于冷却等等		PID 正作用
129	0.1%～1000%	PID 比例范围常数	如果比例范围较窄（参数设定值较小），反馈量的微小变化会引起执行量的很大改变。因此，随着比例范围变窄，响应的灵敏性（增益）得到改善，但稳定性变差，如：发生振荡。增益 $K=1/$比例范围		
	9999		无比例控制		
130	0.1～3600s	PID 积分时间常数	这个时间是指由积分（I）作用时达到与比例（P）作用时相同的执行量所需要的时间。随着积分时间的减少，到达设定值就越快，但也容易发生振荡		
	9999		无积分控制		

参数号	设定值	名称	说　明
131	0～100%	上限	设定上限，如果检测值超过此设定，就输出 FUP 信号（检测值的 4mA 等于 0%，20mA 等于 100%）
	9999		功能无效
132	0～100%	下限	设定下限（如果检测值超出设定范围，则输出一个报警。同样，检测值的 4mA 等于 0%，20mA 等于 100%）
	9999		功能无效
133	0～100%	用 PU 设定的 PID 控制设定值	仅在 PU 操作或 PU/外部组合模式下对于 PU 指令有效。对于外部操作，设定值由端子 2～5 间的电压决定（Pr. 902 值等于 0% 和 Pr. 903 值等于 100%）
134	0.01～10.00s	PID 微分时间常数	时间值仅要求向微分作用提供一个与比例作用相同的检测值。随着时间的增加，偏差改变会有较大的响应
	9999		无微分控制

5. 注意事项

使用变频器内置 PID 功能进行控制时，要注意以下几点。

（1）PID 控制时，如果要进行多段速度运行或点动运行，请先将 X14 置于 OFF，再输入多段速度信号或点动信号。

（2）当 Pr. 128 设定为"20"或"21"时，变频器端子 1～5 的输入信号将叠加到设定值 2～5 端子。

（3）当 Pr. 79 设定为"5"（程序运行模式），则 PID 控制不能执行，只能执行程序运行。

（4）当 Pr. 79 设定为"6"（切换模式），则 PID 控制无效。

（5）当 Pr. 22 设定为"9999"时，端子 1 的输入值作为失速防止动作水平；当要用端子 1 的输入作为 PID 控制的修订时，请将 Pr. 22 设定为"9999"以外的值。

（6）当 Pr. 95 设定为"1"（在线自动调整），则 PID 控制无效。

（7）当用 Pr. 180～186 和/或 Pr. 190～195 改变端子的功能时，其他功能可能会受到影响，在改变设定前请确认相应端子的功能。

（8）选择 PID 控制时，下限频率为 Pr. 902 的设定值，上限频率为 Pr. 903 的设定值，同时，Pr. 1"上限频率"和 Pr. 2"下限频率"的设定也有效。

18.5.3 PID 控制实例

一变频恒压供水系统，采用变频器的内置 PID 控制，压力传感器采集的压力信号为 4～20mA，其对于压力为 0～10kg（即 4mA 对应 0，20mA 对应 10kg），系统要求管网的压力为 4kg，并且，设定值通过变频器端子 2～5（0～5V）给定。

1. 设置流程

上述系统进行 PID 控制时的设置流程如图 18-8 所示。

（1）确定设定值。确定设定值即确定被调节对象的设定值。该系统设定管网的压力为 4kg，然后设定 Pr. 128，并且接通 X14 信号使 PID 控制有效。

（2）将设定值转换为百分数。计算设定值与传感器输出的比例关系，并用百分数表示。因为该系统选用的传感器规格为 4～20mA，当传感器在 4mA 时表示压力为 0，20mA 时表示压力为 10kg，即

257

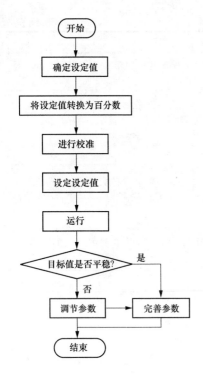

图 18-8　PID 控制的设置流程

4mA 对应 0%，20mA 对应 100%，所以 4kg 对应 40%。

（3）进行校准。当需要校准时，可用 Pr. 902～Pr. 905 校正传感器的输出，并且在变频器停止时，在 PU 模式下输入设定值。根据校准内容，对设定值的设定输入（0～5V）和传感器的输出信号（4～20mA）进行校准。

（4）设定设定值。按照设定值的百分数（%）从端子 2～5 输入相应的电压。由于规定端子 2 在 0V 时等于 0%，5V 时等于 100%，而设定值的百分数为 40%，所以端子 2 的输入电压为 2.0V。对于 PU 操作，可在 Pr. 133 中将设定值设定为 40%。

（5）运行。将比例范围和积分时间设定得稍微大一点，微分时间设定得稍微小一点，接通启动信号，再根据系统的运行情况，减小比例范围和积分时间，增加微分时间，直至目标值稳定，然后在此基础上完善参数，若不稳定，则要进行参数调节。

（6）调节参数。将比例范围和积分时间设定再增大一点，微分时间设定再减小一点，使目标值趋于平稳。

（7）完善参数。当目标值稳定时，可以将比例范围和积分时间降低点，微分时间加大点。

2. 信号校正

（1）设定值的输入校正。

1）在端子 2～5 间输入电压（如 0V），使设定值的设定为 0%。

2）用 Pr. 902 校正，此时，输入的频率将作为偏差值＝0%（如 0Hz）时变频器的输出频率。

3）在端子 2～5 间输入电压（如 5V）使设定值的设定为 100%。

4）用 Pr. 903 校正，此时，输入的频率将作为偏差值＝100%（如 50Hz）时变频器的输出频率。

（2）传感器的输出校正。

1）在端子 4～5 间输入电流（如 4mA）相当于传感器输出值为 0%。

2）用 Pr. 904 进行校正。

3）在端子 4～5 间输入电流（如 20mA）相当于传感器输出值为 100%。

4）用 Pr. 905 进行校正。

上述 Pr. 904 和 Pr. 905 所设定的频率必须与 Pr. 902 和 Pr. 903 所设定的一致。以上所述的校正如图 18-9 所示。

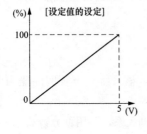
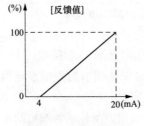
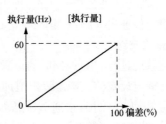

图 18-9　信号校正

18.5.4 压阻式压力传感器及其应用

压力传感器根据其原理特点大致上有压阻式原理、电容式原理、压电式原理三类。压阻式变送器采用压阻式敏感芯体，体积小、灵敏度高、稳定性好，其特点主要体现在其敏感芯体上。顾名思义，压阻式变送器的原理是敏感芯体受压后产生电阻变化，再通过放大电路将电阻的变化转换为标准信号输出，目前压阻式芯体通常有以下三类。

（1）应变原理。其结构是将压敏电阻以惠斯通电桥形式与应变材料（通常为金属）结合在一起。其特点有：过载能力、抗冲击能力强，灵敏度较低，强度高、耐振动、不易毁坏，温度漂移小，高量程（1MPa）线性很好、精度高，硬性膜片结构，适合测量与应变材料兼容的各类介质。

（2）陶瓷压阻原理。其结构是将压敏电阻以惠斯通电桥形式与陶瓷烧结在一起。其特点有：过载能力较应变原理的低、抗冲击能力较差，灵敏度较高，耐腐蚀，温度范围较宽。

（3）扩散硅原理。其结构是在硅片上注入离子形成惠斯通电桥形式的压敏电阻。其特点有：灵敏度很高、精度高，适合测量 1kPa～40MPa 的范围，过电压能力较强，抗冲击能力较好，温度漂移较大，分为带隔离膜片和非隔离膜片两类，非隔离膜片只能测量干净的气体，隔离膜片为软性膜片，不适合测量黏稠的介质。

总体来说，压阻式变送器的特点有以下几个方面。

（1）体积小巧，精度和稳定性较好。

（2）温度漂移可以通过电路补偿（或传感器内置补偿）减小到很小的程度。

（3）成本较低，量程范围几乎覆盖所有的应用。

（4）主要弊端是压力过载能力一般最大只有三倍量程，对于量程迁移不太方便，一般变送器量程需要根据测量范围的不同选型。

（5）抗冲击压力不如电容式原理的压力变送器（电容式变送器通常过载能达到数十倍）。

（6）适合测量静态（准静态）压力，响应时间一般为数毫秒。压电式原理变送器的响应时间能达到微秒级。

1. 压力传感器与压力变送器的区别

（1）压力传感器。通常专指非标准 mV 信号输出的元件级产品，是压力变送器的核心元件，由于信号的非标准性，用户使用时需要进行压力标定和设计专门的信号处理电路；由于信号微弱，传输距离较长时需要增加放大器。

（2）压力变送器从书面意义上也属于压力传感器，但是其输出信号为标准通用信号，如4～20mA、1～5V 等，可以远距离传送，并且可以与标准仪表配套。同时其压力值已经进行过标定，用户只需通过仪表的量程设定即可使用。

2. 压力变送器精度

压力变送器精度是否越高越好？答案是否定的。

要正确选择您所需的精度，才能以最低的成本满足客户的要求。如何选择呢，主要有以下几点。

（1）整个系统的控制精度需要多少，通常变送器误差为系统控制精度的 1/2。

（2）如果变送器精度已经确定，与变送器配套的仪表精度（或者采集卡精度）一定要等于或高于变送器本身精度才有意义。

（3）系统的总精度由整个传输通路决定，其中任一个环节的精度指标应该基本一致。

3. 漂移及影响传感器漂移的因素

传感器在使用过程中均会有漂移现象，此现象是不可能绝对避免的。

漂移产生的根本原因在于所有的压力传感器均基于一种材料的弹性形变，不论其材质弹性如何良好，每次弹性恢复后，总会产生一定弹性疲劳。

在传感器使用过程中，由于弹性材料引起的漂移根据材质不同各不相同，但是只要是合格的产品，都在很小的范围内。

除了材料引起的漂移外，还存在一种更显著的漂移，即温度漂移，温度漂移是因为温度的变化而引起的压力传感器输出的变化，这种漂移也是因为材料的多重特性决定的。因为一种材料对压力敏感的同时对温度也敏感。通常压力传感器都要进行温度补偿，利用另一种温度特性相反的材料抵消温度引起的变化，或者使用数字补偿技术，采用数字补偿。

除了以上因素的漂移，变送器漂移的因素还取决于电路的设计及元器件的质量。

4. 压力变送器指标参数

（1）量程：即压力变送器的测量范围，单位通常以 MPa、kPa、Bar 表示。

（2）测压方式：绝压、差压、表压，通常无注明都默认为表压。

1）绝压：测量的压力值以真空为参考点。

2）表压：测量的压力值以当前大气压为参考点。

3）差压：测量的压力值为变送器两端压力的差值。

（3）精度：精度表示方法是用误差值的大小来表示，一般为±%FS，即误差相当于满量程的百分之多少。通常精度包含非线性误差、重复性误差和迟滞（回复）误差。

例如，精度为±0.5%FS，量程为 100kPa，即最大误差不会大于±0.5kPa。

（4）介质：即与变送器敏感元件接触的物质。

（5）零位误差：即变送器在零位（零位即变送器没有受到任何压力时的输出值）时输出值与理论值的误差，通常这个误差可以通过仪表设定修正，单位为±%FS。

例如，一个 4~20mA 输出的变送器，其零位输出为 3.95mA，零位误差即为（3.95-4）/16=-0.3125%FS。

（6）满量程误差：即变送器在满量程（即变送器在量程上限时的输出值）时输出值与理论值的误差，如没有标准压力设备的情况下此误差不可以修正，单位为±%FS。

（7）供电：变送器需要供电才能工作，通常供电为 24VDC。变送器供电一般有一个范围，在供电范围内的任何电压变送器均能正常工作。对于 2 线制电流型变送器，不仅要考虑供电电源的影响，还要考虑变送器的负载，一般变送器的负载主要是由导线、取样电阻构成。由于 2 线制电流型变送器供电与输出为同一个回路，负载的变化会使变送器得到的供电电压产生变化，在使用负载的时候必须要保证变送器的供电电压大于最低供电。

计算方法为：负载分压=满量程输出×负载电阻，变送器供电电压=实际供电电压-负载分压。

例如，供电为 24VDC，整个回路负载为 300Ω，实际变送器供电电压=24-0.02×300=18VDC。

（8）输出方式：由于用户采集信号的接口不同，输出方式一般有 4~20mA、1~5V、0~5V 等可选，建议用户选择 4~20mA 或 1~5V 的类型，这样系统可以从零位输出的状态来判断变送器是否工作正常。而比如 0~10mA 这种类型，如果变送器输出为 0，系统不能判定是变送器坏了还是压力为 0。

（9）介质适用性：用户需要了解介质的腐蚀性程度、温度范围、黏稠度以选择合适的产品。

（10）介质温度：指变送器介质接触部分能够承受的最高温度。

（11）补偿温度：指变送器对温度进行补偿的范围，建议选择补偿温度范围涵盖实际使用温度的产品。

（12）温度漂移：指在补偿温度范围内，对温度变化产生的误差进行修正后的误差。

（13）过载压力：即变送器能够较长时间承受的超过其量程范围的压力。

（14）响应时间：即变送器测量压力时电信号与实际压力发生的时间差。

5. 压力变送器的选择

（1）确定测量介质。看测量介质的腐蚀程度，根据腐蚀程度的大小选择相应的变送器，一般来说，非强酸强碱均可以使用以不锈钢为隔离单元的变送器，否则只能选择专为防腐蚀设计的钛合金等特制变送器。其次还需看测量介质是否黏稠度，干净程度，如果很黏稠（比如流动很迟缓）就需要选择硬性隔离单元的变送器。

（2）确定测量范围和测量方式。一般选择测量范围时要考虑实际测量范围，过电压测量范围，选择量程以最大测量范围为准，同时考虑过电压测量范围的大小。另外，需要选择正确的测量方式，如果测量差压必须选择差压变送器。

（3）确定精度范围、补偿温度范围、使用温度范围。根据需要测量的最低精度，一般选择略高于所要求最低精度的产品。同时选择时还需考虑长期稳定性指标。所谓补偿温度范围，即正常工作时测量介质的温度范围，使用温度范围即使用过程可能出现的最大温度范围，一般选择时略大于要求的温度范围。

（4）确定压力接口、电气接口、机械尺寸等。

（5）确定是否需要防爆，需要防电磁干扰，以及外壳防水的环境指标。

6. 压力变送器安装及使用注意事项

（1）安装时电缆尽可能短，这样抗干扰效果会更好，但是也要留一定的弹性余量，不能让电缆受力，且变送器电缆不能与动力线（220V/380V）共走线槽。

（2）如果变送器与变频器直接相连，须采用抗变频器干扰的变送器（如 PT212B），或通过信号隔离模块再与变频器连接，且变频器、变送器要接地良好。

（3）对于小量程表压变送器（通常 500kPa 以内），需要注意不要堵住变送器的导气孔，且要保证导气孔不会进水。

（4）变送器应尽量安装在振动小、干燥通风的地方，避免日晒雨淋。

（5）如若测量高温介质，应将介质冷却到变送器补偿温度范围内使用。

（6）如若测量介质为黏稠的介质需要选用平膜结构和硬性膜片的产品。

（7）安装前请核对变送器型号规格是否正确，现场配套设备是否正确，断开电源后进行安装和电气连接，连接完毕请务必核对是否正确之后再通电。

（8）压力变送器属于精密测量部件，对其不可使用强力夹持和碰撞，否则可能损坏或引起变送器故障。

（9）在变送器外壳无法接地的情况下将屏蔽线接地，有助于提高抗干扰能力，总之，要保证变送器只能一端接地，如两端都接地会引起变送器抗干扰电路产生振荡而引起很大的误差。

（10）用户在未征得厂家同意的情况下不得拆解变送器，否则将失去保修。

（11）遇到其他特殊情况请直接咨询厂家。

（12）安装位置要正确，要确保安装点的压力/温度是需要检测的目标压力/温度。

（13）选择正确的安装形式，如果可能，尽可能选择垂直安装形式。

（14）必须保证安装点的介质温度低于变送器最高介质温度，如果温度高于变送器最高介质温度，请使用冷凝管降低温度。

（15）尽量远离干扰源。

（16）对于量程小于等于 20kPa 的压力变送器，安装会引起零位误差，必须在安装好后进行

任务
18

零位修正。

一、单选题

1. 三相异步电动机的转矩特性是指电动机转矩与（　　）关系。

　　A. 定子电流　　　　　B. 转差率　　　　　　C. 输入功率　　　　　　D. 转子电流

2. 三相异步电动机固有机械特性是指（　　）的关系。

　　A. 电动机转矩 M 与转差率 S　　　　　　B. 电动机转矩 M 与转速 n

　　C. 机械转矩 M 与转差度 S　　　　　　　D. 机械转矩 M 与转速 n

3. 异步电动机的最大电磁转矩与额定转矩之比称为过载系数 λ；对于起重、冶金用的电动机，其 λ 可达（　　）。

　　A. 1.6～2.2　　　　　B. 2.2～2.8　　　　　C. 2.8～3.5　　　　　D. 1.5～2.5

4. 三相异步电动机的电磁转矩与定子电压（　　）成正比。

　　A. U_1　　　　　　　B. $1/U_1$　　　　　　C. U_1^2　　　　　　D. $1/U_1^2$

5. 在使用三菱变频器的输入端子功能选择时，若 Pr. 183＝10，则用于选择（　　）。

　　A. RT 为 15 速选择　　　　　　　　　　B. RM 为 FR-HC 连接

　　C. RM 为 PID 控制有效端子　　　　　　D. RL 为外部直流制动启动

6. 在使用三菱变频器的输出端子功能选择时，Pr. 191 用于选择（　　）端子。

　　A. RUN　　　　　　　B. SU　　　　　　　C. IPF　　　　　　　D. OL

7. 在使用变频器的 PID 功能进行控制时，PID 的动作选择可以通过（　　）来设定。

　　A. Pr. 128　　　　　B. Pr. 129　　　　　C. Pr. 130　　　　　D. Pr. 132

　　E. Pr. 133

8. 在使用变频器的 PID 功能进行控制时，PID 的比例常数可以通过（　　）来设定。

　　A. Pr. 128　　　　　B. Pr. 129　　　　　C. Pr. 130　　　　　D. Pr. 132

　　E. Pr. 133

二、多选题

9. 异步电动机运行特性指（　　）等同输出功率 P_2 的关系。

　　A. I_1　　　　　　　B. I_2　　　　　　　C. n　　　　　　　D. $\cos\varphi$

　　E. η

10. 电动机的机械特性可分为（　　）。

　　A. 软的机械特性　　　　　　　　　B. 硬的机械特性

　　C. 绝对软的机械特性　　　　　　　D. 相对软的机械特性

　　E. 绝对硬的机械特性

11. 三相异步电动机固有机械特性其特殊工作点有（　　）。

　　A. $S＝0$，$M＝0$，理想空载点　　　　　　B. 额定工作点，$S＝S_e$，$M＝M_e$

　　C. 启动工作点，$S＝1$，$M＝M_Q$　　　　　D. 启动工件点，$S＝0$，$M＝M_Q$

　　E. 临界工作点，$S＝S_{ij}$，$M＝M_{ij}$

12. 在使用变频器的 PID 功能进行控制时，PID 控制的目标值可以通过（　　）来设定。

　　A. 端子 2 和 5　　　　B. 端子 4 和 5　　　　C. Pr. 130　　　　　D. Pr. 132

　　E. Pr. 133

13. 一个优秀的团队应该具备的合作品质有（ 　　）。

    A. 团队成员的强烈归属感　　　　　　B. 队员具有强大的凝聚力

    C. 排斥竞争　　　　　　　　　　　　D. 求同存异

14. 防火防爆的措施主要有（ 　　）。

    A. 合理选用电气设备　　　　　　　　B. 保持必要的安全间距

    C. 保持必要的防火间距　　　　　　　D. 保持电气设备正常运行

    E. 保持通风良好

15. 现要通过三菱变频器 2♯ 和 5♯ 端子控制变频器的输出频率，若给出的控制信号为 0～10V，则下列设置正确的有（ 　　）。

    A. Pr.73＝0　　B. Pr.73＝1　　C. Pr.73＝10　　D. Pr.73＝11

    E. Pr.73＝20

三、判断题

16. 三相异步电动机处于临界转差率时，对应的电磁转矩为最大。（ 　　）

17. 三相异步电动机最大电磁转矩 M_{max} 所对应的转差率 S_m 称为最大转差率。（ 　　）

18. 在使用变频器的 PID 功能进行控制时，若 Pr.128＝10，则 PID 控制为正作用。（ 　　）

19. 异步电动机的变频调速必须按照一定的规律改变其频率，定子电压无须改变。（ 　　）

20. 当需要使用电流信号控制三菱变频器的输出频率时，必须将 AU 端子与 SD 端子短接。（ 　　）

四、简答题

21. 使用变频器 PID 控制时，需要设定哪些参数？

22. 变频器的输入输出端子功能是如何定义的？

23. 变频器 PID 控制的正、负作用分别适用什么系统？其参数有何不同？

练习与思考题参考答案

1. B	2. B	3. B	4. C	5. A	6. B	7. A	8. B	9. ACDE	10. ABE
11. ABCE	12. ABE	13. ABD	14. ACDE	15. AC	16. Y	17. N	18. N	19. N	20. Y

任务 ⑲

数字PID控制的恒水位控制系统设计与调试

19.1 任务来源

在电气自动控制系统设计与维护时，经常用到一种 PXR-5 的多功能仪表，它是一种专门用于 PID 控制的智能仪表，常用于恒压供水控制、恒水位控制、自动恒温控制等场合，具有 PID 控制参数自整定功能、操作简单、使用方便等特点，具有广泛的市场前景，因此我们必须掌握数字 PID 控制的恒水位控制系统的设计与调试。

19.2 任务描述

请用数字 PID 控制仪、PLC、变频器设计一个基于数字 PID 控制仪控制的恒压供水控制系统，并完成其控制系统的设备选型、程序设计、系统接线和运行调试，其具体要求如下。

（1）用 PLC 时钟控制功能，不同时间段内控制两台水泵恒压供水，其中白天高峰期控制大功率水泵恒压供水，晚上低谷时控制小功率水泵恒压供水。

（2）高峰期：6：00～23：00 点默认为 0.4MPa，大功率水泵变频供水。

（3）低谷期：23：00～6：00 点默认为 0.2MPa，小功率水泵变频供水。

（4）利用富士 PXR-5 多功能仪表输出的 4～20mA 电流信号控制变频器，PXR-5 仪表参数中要求设定上下限报警，调试时可以先使用仪表的自整定功能确定 P、I、D 参数，然后根据实际效果再进行适当调整，要求动态误差±5%。

19.3 目标描述

19.3.1 技能目标

1. 关键技能

- 能（会）PXR-5 多功能仪表在不同控制方式时的系统接线。
- 能（会）通过 PXR-5 多功能仪表的自整定功能设定 PID 参数。
- 能（会）正确操作 PXR-5 多功能仪表。

2. 基本技能

- 能（会）PXR-5 多功能仪表的选型。
- 能（会）变频器的参数设置和 PU 操作。

- 能（会）变频器的相关外部接线。

19.3.2 知识目标

- 掌握 PXR-5 多功能仪表的输入输出端子的功能。
- 掌握 PXR-5 多功能仪表 PID 控制的设置要求。
- 掌握 PXR-5 多功能仪表各参数的含义。

19.3.3 职业素质目标

- 遵守电气控制系统调试标准规范，养成严谨科学的工作态度。
- 认真学习、认真听课，养成善于思考、敢于提问的学习习惯。
- 认真总结训练过程的得失，吃一堑长一智，养成善于总结的习惯。
- 严格遵守电气安全操作规范，树立电气安全意识。
- 严格遵守相关水质管理规范，保证供水安全、可靠。

19.4 任务实施

19.4.1 活动一 学员自学或教师讲授

1. 富士 PXR-5 多功能仪表

（1）PXR-5 仪表电压、电流、热电阻、热电偶接线方式的区别。

（2）PXR-5 仪表 SSR、继电器、电流输出接线方式。

（3）PXR-5 仪表操作面板的操作。

（4）重点讲解 PXR-5 仪表自整定功能在实际工程中的应用。

2. 了解富士 PXR-5 多功能仪表在恒温控制系统中的应用

（1）了解相关参数的设置。

（2）了解系统的接线。

（3）了解系统控制的原理。

19.4.2 活动二 示范操作

1. 步骤一：分析控制需求，进行系统方案设计

水压的恒定通过 PXR-5 仪表的 PID 功能来实现，水泵的切换通过 PLC 的时钟运算指令来完成；首先通过 PXR-5 仪表采集水压信号（4~20mA），然后通过 PID 运算后输出 4~20mA 的电流信号直接控制变频器的输出频率。

2. 步骤二：确定硬件配置，绘制控制系统接线图

（1）根据系统控制要求，确定系统的硬件配置。

（2）根据系统的控制要求，PLC 的软元件分配见表 19-1。

表 19-1　　　　　　　　　软元件分配表

输入	功能	输出	功能	
X0	启动	Y0	变频器启动 STF	
X1	停止	Y1	大泵 KM1	
M0	触摸屏启动	Y2	小泵 KM2	
M1	触摸屏停止			

（3）根据系统的控制要求、设计思路及 PLC 的软元件分配，其控制系统接线图如图 19-1 所示。

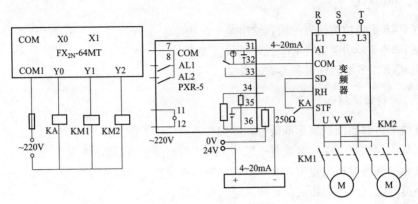

图 19-1　控制系统接线图

3. 步骤三：根据控制要求，进行 PLC 程序设计

（1）根据控制要求及接线图设计程序，如图 19-2 所示。

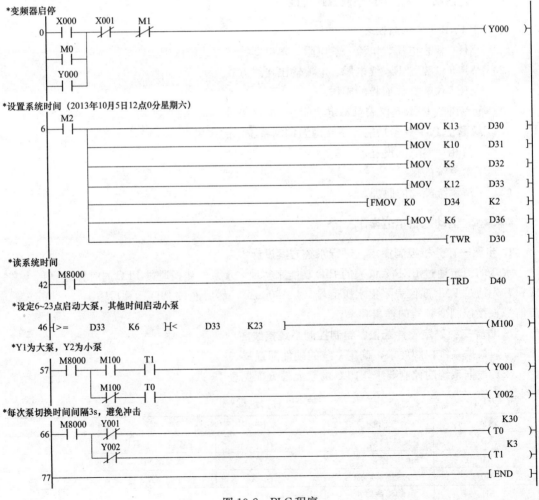

图 19-2　PLC 程序

（2）将程序输入计算机、仿真调试后下载到 PLC。

4. 步骤四：进行 PXR-5 仪表和变频器的参数设置

（1）完成 PXR-5 仪表的接线，并为其供电。

（2）对 PXR-5 仪表进行参数设置（见表 19-2）。

表 19-2   PXR-5 仪表参数设置

参数号	功能	设置值	说明
P-n1	控制动作设定	0	正动作
P-n2	输入信号代码	16	4～20mA 输入，要接 250 绕电阻，否则会显示 "LLLL" 或者 "UUUU"
CTrL	控制方式	PID	PID 控制模式
P	比例	4	自整定后的值，根据实际效果适当修改
I	积分时间	14	自整定后的值，根据实际效果适当修改
D	微分时间	2.7	自整定后的值，根据实际效果适当修改
TC	输出比例周期	0	4～20mA 输出时设定为 0
P-SL	量程下限设定	0	下限一般设成 0
P-SU	量程上限设定	60	上限可根据实际要求更改
P-DP	小数点位数设定	1	当前值显示的小数个数
PUOF	PV 测量值补偿	0	当显示值与实际值有偏差时调整（-10～+10%）
SUOF	SV 设定值补偿	0	默认值为 0
Sv-L	SV 设定值下限	0	实际要求更改
Sv-H	SV 设定值上限	100	实际要求更改
AdJO	用户零点调整	0	根据实际效果更改
AdJS	用户满度调整	0	根据实际效果更改
ALM1	设定报警1动作模式	11	高低偏差报警
dLY1	报警1延时时间	2	达到报警值 2s 后，开始报警输出
AL1	报警1设定值	10	绝对值报警
A1-L	报警1下限值	10	
A1-L	报警1上限值	10	
AT	自整定	0	请参照附录详细说明
dSP1	参数屏蔽代码	0	当有些参数在仪表上找不到时，把 dSP1～dSP13 的参数全部改成 0，表示显示所有参数

（3）进行变频器的参数设置（见表 19-3）。

表 19-3   变 频 器 参 数 设 置

参数号	功能	设置值	说明
	确认变频器的 STR/STF/RH/RM 等端口没有跟 SD 接通，AU 端与 SD 接通例外，否则无法 ALLC		
P79	模式选择	1	工作模式设定为 1 时，变频器的参数才允许更改
ALLC	清零	1	参数清零
P79	模式选择	1	工作模式设定为 1 时，变频器的参数才允许更改
P160	显示参数级别	0	显示所有的参数
P1	上限频率	50	最大工作频率，对应正逻辑情况下 20mA 的频率
P2	下限频率	15	水泵最低的工作频率，低于该值，可能会抽不出水
P3	基准频率	50	电动机的额定工作频率

参数号	功能	设置值	说明
P7	加速时间	1	降低启动时的电流，保护水泵启动时变频器不过电流
P8	减速时间	1	保护水泵在停止时变频器不会出现过电压现象
P9	电子热保护	2	根据现场电动机额定电流设定
P31	频率跳越 A	25	用于解决水锤现象，实训台操作时已省略
P32	频率跳越 B	30	用于解决水锤现象，实训台操作时已省略
P30	变频器控制端子功能更改允许	1	让 RH 的端子允许更改为 AU 功能
P182	RH 端子功能	4	让 RH＝AU，再接 SD，4～20MA 控制频率、S 系列是 P62
P251	输出缺相检测	0	无输出缺相检测，因为接的是单相电动机
P72	PWM 选择	2K	电动机声音尖，可以调至 4（最高）
P77	参数写入选择	2	允许所有参数在运行中都可以修改
P79	模式选择	2	频率和启停全由外部控制模式

5. 步骤五：根据控制要求进行联机调试

（1）按图 19-2 输入并下载 PLC 程序，启动 PLC 控制程序，观察 PLC 的输出 Y0、Y1、Y2 能否按要求动作，否则修改程序，直至动作正确。

（2）按表 19-3 设定变频器的参数。

（3）按图 19-1 进行系统接线。

（4）按表 19-2 设定和检查 PXR-5 仪表的参数，启动 PLC 控制程序，观察变频器能否按要求运行，否则修改 PXR-5 仪表的参数，直至水压保持恒定。

6. 步骤六：实训台安全操作

（1）在训练过程中，遇到安装、拆卸和接线等操作时，为避免不当操作，对设备设施造成破坏，请先关闭训练台电源，确认无误后再通电。初次操作时请严格按操作步骤进行操作，待指导老师确认无误后，再通电。

（2）注意 PLC 的输出 COM1、COM2 要连接一起并接 0V。

（3）启动前要将料槽加满水才能启动电动机，不能产生空抽而出现水泵烧坏。

（4）实训台电源应先合实训台上开关，再合实训台下开关，如果跳闸，不能再合上，要及时报告实训教师。

（5）程序运行调试中，若发现电动机声音不正常应立即按下操作台的急停按钮。

（6）发现操作台漏电、运行过程有异味、有异响应立即关闭控制电源、急停按钮，及时报告指导老师。

（7）PLC 输出端不允许直接驱动电动机和电磁阀门。

（8）通电前要得到指导老师确认无误后，才能进行通电。

7. 步骤七：做好相关技术总结

（1）对于实际生产设备，在完成系统调试后，必须撰写技术总结、运行与管理等的相关技术资料。

（2）对于实训室的训练，要认真总结相关技能点、知识点、关键操作等，为下一训练任务打好基础。

19.4.3 活动三　根据所讲述和示范案例，完成下面任务

请在"活动二"的基础上按如下要求设计一个数字 PID 控制的恒水位控制系统，并完成其控制系统的设备选型、系统接线、程序设计和运行调试。

（1）用 PLC 时钟控制功能，不同时间段内控制两台水泵恒水位供水，其中白天高峰期控制大功率水泵恒水位供水，晚上低谷时控制小功率水泵恒水位供水。

（2）高峰期：7：00～22：00 默认为 130mm，大功率水泵变频供水。

（3）低谷期：22：00～7：00 默认为 100mm，小功率水泵变频供水。

（4）利用富士 PXR-5 多功能仪表输出的电压信号（0～5V 或 0～10V）控制变频器，PXR-5 仪表参数中要求设定上下限报警，调试时可以先使用仪表的自整定功能确定 P、I、D 参数，然后根据实际效果再进行适当调整，要求动态误差为±5％。

19.5 相关知识与技能

为顺利完成本训练任务，需要学习富士 PXR-9 多功能仪表的应用，主要内容如下，也可查阅相关资料和使用手册。PXR-5 仪表如图 19-3 所示。

该控制器主要用于温度控制，也可以用于其他过程控制，如压力控制等，其面板功能是：

C1、C2：控制输出指示灯 1 和控制输出指示灯 2（继电器 2）；

AL1、AL2、AL3：报警指示灯；

PV：工程数据（测量值）；

PV：设定数据；

SEL：选择参数和设定参数；

∧ ∨ ：设置 SV 值，调用参数和改变参数值使用。

19.5.1 PXR-5/9 的接线

PXR-5/9 接线端子排列如图 19-4 所示。

图 19-3 PXR-5 仪表外观

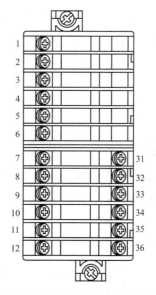

图 19-4 PXR-5/9 接线端子排列

1. 端子 1、2、3、4

端子 1、2、3、4 功能如图 19-5 所示。

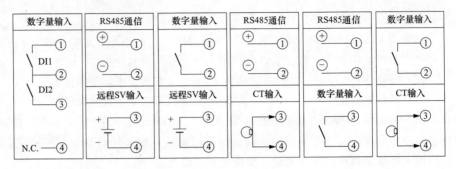

图 19-5　PXR-5/9 端子 1、2、3、4

2. 端子 5、6

端子 5、6 功能如图 19-6 所示。

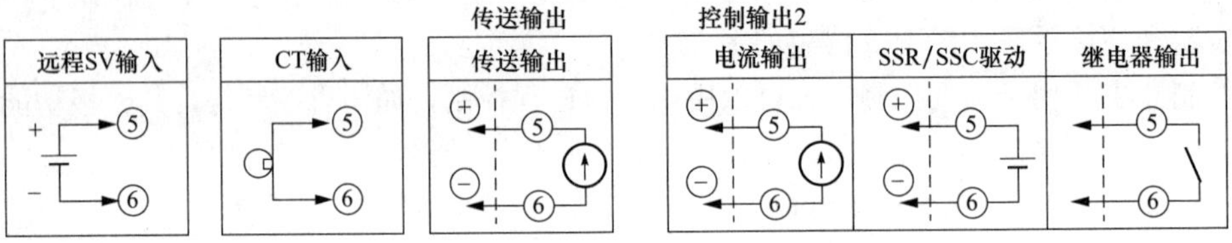

图 19-6　PXR-5/9 端子 5、6

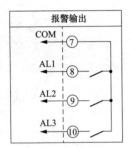

图 19-7　PXR-5/9 端子
7、8、9、10

3. 端子 7、8、9、10

端子 7、8、9、10 功能如图 19-7 所示。

4. 端子 11、12

端子 11、12 功能如图 19-8 所示。

5. 端子 31、32、33

端子 31、32、33 功能如图 19-9 所示。

6. 端子 34、35、36

端子 34、35、36 功能如图 19-10 所示。

图 19-8　PXR-5/9 端子 11、12

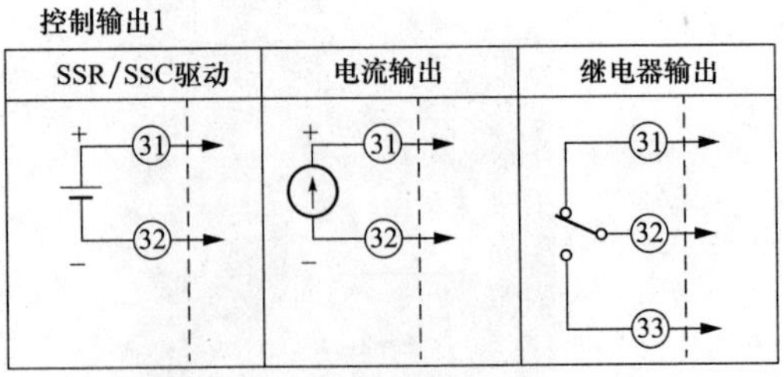

图 19-9　PXR-5/9 端子 31、32、33

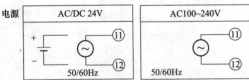

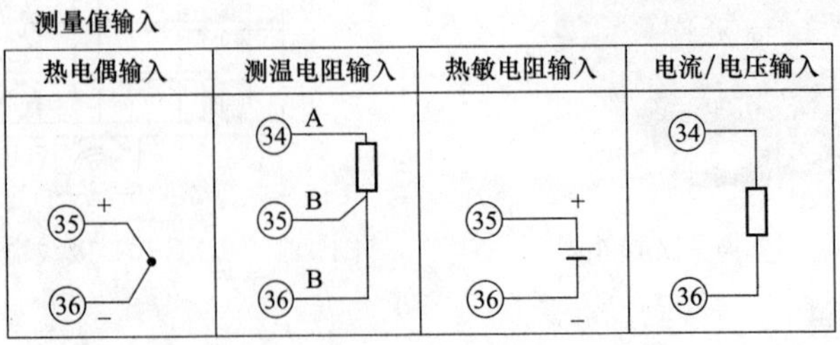

图 19-10　PXR-5/9 端子 34、35、36

采用电流输入时，需在 25、36 端子之间连接 250Ω 电阻。

19.5.2 PXR-5 的操作方法

1. 参数块的切换和 SV 的设定

PXR-5 参数分为三个参数块，其切换方法是：将参数 STby 设置为 OFF，通过按 SEL 键的时间来切换。

按 SEL 键 1s：第一块

按 SEL 键 3s：第二块

按 SEL 键 5s：第三块

将参数 STby 设置为 OFF，SV 指示灯亮时，进行 SV 值的设定。

STby 设置为 ON 为待机状态。

2. 参数的设定

（1）进入不同的参数块后，通过 ∧ ∨ 键选择设定的参数。

（2）按 SEL 键进入参数的变更状态。

（3）通过 ∧ ∨ 键改变参数的数值。

（4）参数设置完毕按 SEL 键保存。

（5）按 SEL 键 3s，返回运行/待机状态。

有关 PXR-5 多功能仪表的特性、参数、功能、使用、故障代码等内容请查阅其使用手册。

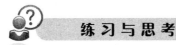

练习与思考

一、单选题

1. 用万用表的电阻挡测得二极管正向电阻和反向电阻，如果两次测量的电阻值相差很大，则说明（　　）。

    A. 管子的单向导电性能好

    B. 管子 PN 结已被击穿

    C. 二极管内部引线断开或管子已被烧毁

    D. 不能判断

2. 每次更换或加大熔断器的熔体时，都必须考虑（　　）。

    A. 设备的短路电流   B. 线路的安装容量

    C. 熔丝的大小   D. 线路的额定电压

3. PXR-5 系列仪表的使用范围主要是（　　）。

    A. 流量控制   B. 速度控制   C. 温度控制   D. 定位控制

4. PXR-5 系列仪表设置为 PID 调节，对应的参数是（　　）。

    A. CTrL   B. P-n1   C. P-n2   D. SMoD

5. 火灾场所的电气设备，应有（　　）保护装置。

    A. 过负荷和短路   B. 过负荷   C. 短路   D. 漏电

6. 以下对 PXR-5 系列仪表自整定的描述正确的是 (   )。

    A. 适合于控制要求高的控制系统

    B. 适合于控制条件频繁变化的控制系统

    C. 适合于控制条件相对稳定的控制系统

    D. 适合于所有控制系统

7. PXR-5 系列仪表控制模式选择 Cmod 参数的选择范围是 (   )。

    A. 在线与离线   B. 模拟与数字   C. 单机与网络   D. 本地与远程

8. PXR-5 系列仪表与三菱变频器连接进行 PID 调试控制，变频器的操作模式是 (   )。

    A. PU 操作模式   B. 外部端子输入   C. PID 运行模式   D. 通信模式

二、多选题

9. 下面有关数制的说法中，正确的有 (   )。

    A. 二进制数制仅含数符 0 和 1

    B. 十进制 16 等于十六进制 10

    C. 一个数字串的某数符可能为 0，但任一数位上的 "权" 值不可能是 0

    D. 常用计算机内部一切数据都是以十进制为运算单位的

    E. 常用计算机内部一切数据都是以 ASCII 码为运算单位的

10. FX 系列 PLC 中：需要复位的元件有 (   )。

    A. C   B. T0～T245   C. T246～T255   D. P

    E. M

11. FX 系列 PLC 中的高速计数器分为 (   )。

    A. 单相单计数输入计数器   B. 单相双计数输入计数器

    C. 双相单计数输入计数器   D. 双相双计数输入计数器

    E. 三相输入计数器

12. 安装漏电保护器应注意的问题有 (   )。

    A. 零线不得重复接地   B. 保护支路应有各自的专用零线

    C. 接地装置应正确   D. 用电设备的接线应正确无误

    E. 接地引下线装设应正确

13. PXR-5 系列仪表 CTrL 参数控制范围选择可分为 (   )。

    A. PID 控制   B. 模糊控制   C. 自整定控制   D. 自动整定控制

    E. ABCD 都对

14. 文明职工的基本要求有 (   )。

    A. 模范遵守国家法律和各项纪律

    B. 努力学习科学技术知识，在业务上精益求精

    C. 顾客是上帝，对顾客应唯命是从

    D. 对态度蛮横的顾客要以其人之道还治其人之身

15. PXR-5 系列仪表支持的通信协议有 (   )。

    A. MODBUS   B. PPI   C. PROFIBUS-DP   D. Z-ASCII

    E. ABCD 都是

三、判断题

16. 对于 PXR-5 系列仪表自动整定就是自整定。(   )

17. 使用 PXR-5 系列仪表进行 PID 控制时，对于要求较高的控制系统，应在 CTrL 参数中选

择模糊控制 FUZY。（　　）

18. PXR-5 系列仪表与三菱变频器连接时，PXR-5 需设定 4～20mA 输出方式。（　　）

19. PXR-5 系列仪表在联网通信时的通信速率是 9600bps，不能更改。（　　）

20. PXR-5 系列仪表如果自整定不能获得良好的控制效果时，需将控制方式设定为 PID（CTrL＝PID），自行自动整定获取参数。（　　）

21. 若负载为交流，要求动作速度高，应选开关量输出模块为继电器型。（　　）

22. FX 系列 PLC 特殊辅助继电器 M8200～M8234 的功能为：设定对应计数器 C200～C234 的计数方式是增计数方式还是减计数方式。

四、简答题

23. 富士 PXR-5 多功能仪表有哪些功能、参数设置方法？

24. 怎么设置富士 PXR-5 多功能仪表的自整定功能？

25. 画出富士 PXR-5 多功能仪表输入电流和输出电流电路。

练习与思考题参考答案

1. A	2. B	3. C	4. A	5. D	6. B	7. D	8. B	9. ABC	10. AC
11. ABD	12. ABCDE	13. ABC	14. AB	15. AD	16. N	17. Y	18. N	19. Y	20. Y
21. N	22. Y								

任务 ⑳

PLC PID控制的恒温监控系统设计与调试

20.1 任务来源

在电气控制系统设计时，经常需要进行恒温控制，如汽车烤漆房的恒温控制、锅炉的恒温控制、炼钢炉的恒温控制等，其核心的工作任务就是 PLC 的 PID 程序设计和人机界面的监控画面制作；在上述恒温自动控制系统的日常管理与维护时，经常需要对控制系统程序和人机界面的画面进行改进或优化；因此掌握 PLC 的 PID 控制的恒温监控系统的设计与调试就很有必要。

20.2 任务描述

请用 PLC、交流调压模块设计一个恒温自动监控系统，并完成其控制系统的设备选型、系统接线、画面制作、程序设计和运行调试，其具体要求如下。

（1）利用接到 FX$_{2N}$-5A 模块的温度传感器采集锅炉的温度信号，PLC 通过读取 FX$_{2N}$-5A 模块的当前温度值后进行 PID 运算，控制交流调压模块，实现锅炉温度的精确控制，温度控制误差不能超过±0.5℃。

（2）通过人机界面设定锅炉的目标温度、PID 参数，同时监视 PID 趋势图。

（3）在恒温时，可以手动控制电动阀对锅炉的水温进行干扰。

20.3 目标描述

20.3.1 技能目标

1. 关键技能

- 能（会）正确使用 FX$_{2N}$-5A 模块读取模拟温度值。
- 能（会）正确使用 FX$_{2N}$-5A 模块输出模拟电压信号。
- 能（会）正确使用浮点数运算指令。
- 能（会）正确使用 PID 控制指令。

2. 基本技能

- 能（会）正确进行 FX$_{2N}$-5A 模块的接线。
- 能（会）正确使用温度传感器。
- 能（会）正确使用 TO、FROM 指令编程。

20.3.2 知识目标

- 掌握浮点数运算指令的应用。
- 掌握 FX$_{2N}$-5A 模块的程序设计。
- 掌握 PLC 的 P、I、D 参数的含义。

20.3.3 职业素质目标

- 遵守电气控制系统调试标准规范，养成严谨科学的工作态度。
- 认真学习、认真听课，养成善于思考、敢于提问的学习习惯。
- 认真总结训练过程的得失，吃一堑长一智，养成善于总结的习惯。
- 严格遵守电气安全操作规范，树立电气安全意识。
- 严格遵守相关加热设备管理规范，树立防火意识。

20.4 任务实施

20.4.1 活动一 学员自学或教师讲授

1. FX$_{2N}$-5A 模块

（1）了解模块的一般用法。

（2）掌握 FX$_{2N}$-5A 模块的缓冲寄存器 BFM 的定义（重点）。

（3）重点讲解 FX$_{2N}$-5A 模块的程序设计。

2. PLC 的 PID 指令

（1）PID 指令的用法。

（2）PID 参数的意义。

（3）重点讲解 PID 参数设置的方法。

3. 浮点数指令

（1）浮点数的有关知识。

（2）浮点数指令的使用。

（3）重点讲解浮点数指令的程序设计。

4. 电压调节模块

（1）电压调节模块的结构及工作原理。

（2）电压调节模块的特性及使用方法。

20.4.2 活动二 示范操作

1. 步骤一：控制需求分析与系统设计

（1）根据系统控制要求，确定系统的硬件配置，如图 20-2、图 20-3 所示。

（2）根据控制要求，使用 PID 指令进行程序设计，其程序功能图如图 20-1 所示。

2. 步骤二：按要求进行 PLC 的 I/O 及人机界面软元件分配

（1）了解变频器对 PLC 的 I/O 需求。

（2）了解人机界面的软元件需求。

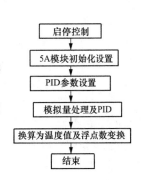

图 20-1 程序功能图

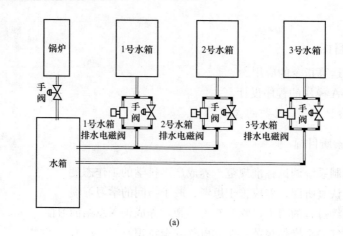

(a)

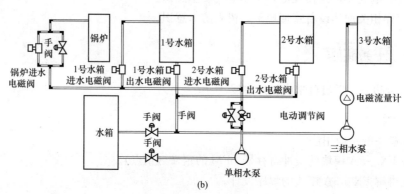

(b)

图 20-2　水箱及其管路图

(a) 排水部分；(b) 进水部分

（3）根据控制要求，PLC的I/O及人机界面软元件分配见表20-1。

表 20-1　　　　　　　　　　　　软 元 件 分 配 表

X、M	功能	Y、D	功能
X0	启动	Y6	单相电动机扰动
X1	停止	D0	PID目标设定值
X2	手动加水	D3	测量值（数字量）
M0	触摸屏启动	D9	测量值（温度值）
M1	触摸屏停止	D20	PID输出值
M2	触摸屏手动加水	D22	5A输出电压值
M800	运行标志	D100~D123	PID参数
		D430	显示的温度值

3. 步骤三：根据控制要求，设计控制线路图

（1）注意电流型传感器的接线方法。

（2）注意FX_{2N}-5A模块与电压调节模块的接线方法。

（3）根据控制要求及PLC的I/O分配设计控制线路图，如图20-3所示。

4. 步骤四：根据控制要求，制作人机界面的画面图

（1）根据控制要求及人机界面软元件分配设计人机界面画面，如图20-4所示。

（2）文字对象的制作。

（3）数据输入、显示对象的制作。

（4）曲线图的制作。

（5）将制作的画面和系统参数下载至人机界面。

5. 步骤五：根据控制要求设计 PLC 程序

（1）注意 PID 指令的使用。

（2）注意浮点数的变换。

（3）根据控制要求设计系统的控制程序，如图 20-5 所示。

（4）将编制好的程序仿真调试后写入 PLC。

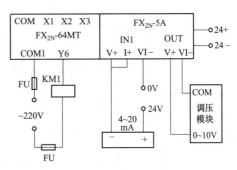

图 20-3　控制线路图

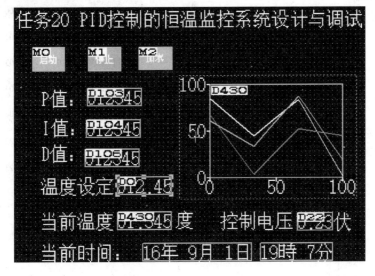

图 20-4　人机界面画面图

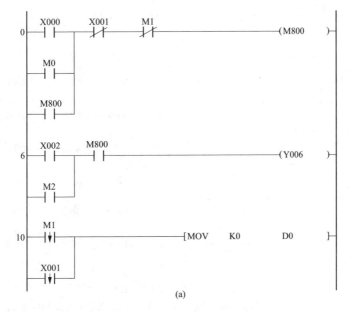

(a)

图 20-5　PLC 程序（一）

（a）启停控制

277

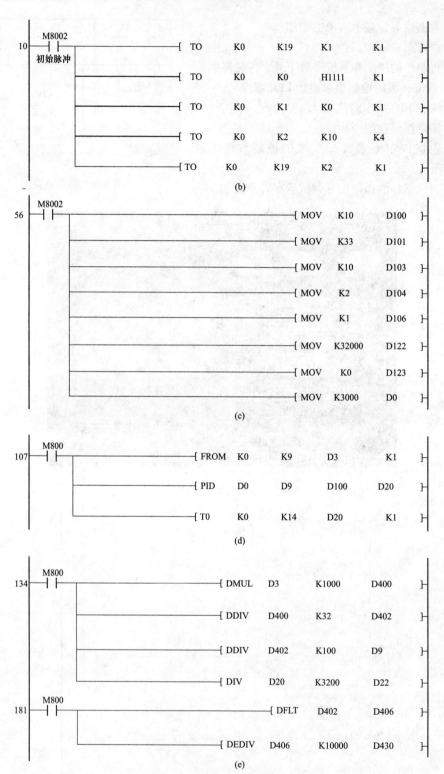

图 20-5　PLC 程序（二）

（b）5A 模块初始化设置；（c）PID 参数设置；（d）模拟量处理及 PID 运算；

（e）换算为温度值、电压值及浮点数变换

6. 步骤六：系统调试

（1）按图1-2连接好通信电缆，即人机界面RS-232接口与计算机RS-232接口连接，人机界面RS-422接口与PLC编程接口连接，然后闭合电源，写入人机界面画面和PLC程序。如果无法写入，检查通信电缆的连接、人机界面画面制作软件和PLC编程软件的通信设置。

（2）程序和画面写入后，观察人机界面显示是否与计算机制作画面一致，如显示"画面显示无效"，则可能是人机界面中"PLC类型"项不正确，须设置为FX类型，再进入"HPP状态"，此时应该可以读出PLC程序，说明PLC与人机界面通信正常。

（3）检查PLC与FX$_{2N}$-5A模块的连接，以及FX$_{2N}$-5A模块与传感器及电压调节模块的连接，再运行程序，观察程序的执行情况。

（4）接线时，请注意FX$_{2N}$-5A模块的电压信号、电流信号在接线方面的区别。

7. 步骤七：做好相关技术总结

（1）对于实际生产设备，在完成系统调试后，必须撰写技术总结、运行与管理等的相关技术资料。

（2）对于实训室的训练，要认真总结相关技能点、知识点、关键操作等，为下一训练任务打好基础。

注意事项如下。

（1）严格按操作步骤进行练习。

（2）安装、拆卸和接线时，必须关闭训练台电源。

（3）经老师检查同意后，才能通电。

20.4.3 活动三 根据所讲述和示范案例，完成下面任务

请在"活动二"的基础上，按如下要求设计一个自动恒温的监控系统，并完成其控制系统的设备选型、系统接线、画面制作、程序设计和运行调试。

（1）利用接到FX$_{2N}$-5A的温度传感器采集锅炉的温度信号（可以随意指定温度传感器与模块的CH1~CH4的连接），PLC通过读取FX$_{2N}$-5A模块的当前温度值后进行PID运算，控制交流调压模块，实现锅炉温度的精确控制，温度控制误差不能超过±1℃。

（2）通过人机界面设定锅炉的目标温度、PID参数，同时能显示当前的温度值、输出电压值以及PID运算的趋势图。

（3）在恒温时，可以手动控制电动阀对锅炉的水温进行干扰。

20.5 相关知识与技能

为顺利完成本训练任务，需要学习模拟量处理模块、PID运算指令、浮点数运算指令、电压调节模块。主要内容如下，也可查阅相关资料和手册。

20.5.1 PLC的PID指令

PLC的PID指令主要是一种增量型的数学算法编程运行，具体作用和编程方法如下：

		适合软元件								占用步数
FNC88 PID (16)	字元件	K、H	KnX	KnY	KnM	KnS	T	C	S1. S2. S3. D	V、Z	16位： 9步
									D.		
	位元件										

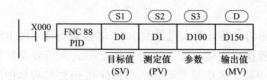

目标值　测定值　参数　输出值
（SV）　（PV）　　　　（MV）

（1）用于进行 PID 控制的 PID 运算程序。

达到采样时间的 PID 指令在其后扫描时进行 PID 运算。

（2）

⬭S1⬭设定目标值（SV）

⬭S2⬭设定测定现在值（PV）　⎬执行程序时，运算结果（MV）被存入 ⬭D⬭ 中。

⬭S3⬭～⬭S3⬭＋6 设定控制参数

对于 ⬭D⬭ 请指定非电池保持的数据寄存器，若指定电池保持的数据寄存器时，请根据以下程序，在可编程控制器 RUN 时，务必清除保持的内容。

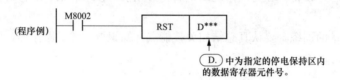

（程序例）

⬭D.⬭ 中为指定的停电保持区内的数据寄存器元件号。

（3）需占有自 ⬭S3⬭ 起始的 25 个数据寄存器，此例中占有 D100～D124（但是，当动作方向 ACT 的控制参数设定 bit1、bit2 和 bit5 均为"0"时，只占有 ⬭S3⬭ 开始的 20 点）。

（4）V2.00 以上版本的 FX$_{2N}$ 可编程控制器可对应［自动调谐］和［输出值上、下限设定］功能。

（5）FX$_{1S}$、FX$_{1N}$、FX$_{2NC}$ 可编程控制器与 V2.00 以上版本的 FX$_{2N}$ 可编程控制一样，对应有［自动调谐］和［输出值上、下限设定］功能。

（6）控制用参数的设定值在 PID 运算前必须预先通过 MOV 等指令写入。另外，指定停电保持区域的数据寄存器时，可编程控制器的电源 OFF 之后设定值仍保持，因此不需进行再次写入。

⬭S3⬭　　　采样时间（Ts）　　1～32767（ms）（但比运算周期短的时间数值无法执行）

⬭S3⬭＋1 动作方向（ACT）　bit0 0：正运作　　　　1：逆动作。

　　　　　　　　　　　　　　bit1 0 输入变化量报警无　1：输入变化量报警有效

　　　　　　　　　　　　　　bit2 0 输出变化量报警无　1：输出变化量报警有效

　　　　　　　　　　　　　　bit3 不可使用

　　　　　　　　　　　　　　bit4 自动调谐不动作　　　1：执行自动调谐

　　　　　　　　　　　　　　bit5 输出值上下限设定无　1：输出值上下限设定有效

　　　　　　　　　　　　　　bit6～bit15 不可使用

　　　　　　　　　　　　　　另外，请不要使 bit5 和 bit2 同时处于 ON。

⬭S3⬭＋2 输入滤波常数（α）　0～99［％］　　　　　　　0 时没有输入滤波

⬭S3⬭＋3 比例增益（K$_p$）　　1～32767［％］

⬭S3⬭＋4 积分时间（T1）　　0～32767（×100ms）　　0 时作为 ∞ 处理（无积分）

⬭S3⬭＋5 微分增益（KD）　　0～100［％］　　　　　　0 时无积分增益

⬭S3⬭＋6 微分时间（TD）　　0～32767（×10ms）　　　0 时无微分处理

⬭S3⬭＋7

⋮　　　　⎬ PID 运算的内部处理占用

⬭S3⬭＋19

$\boxed{S3}$＋20 输入变化量（增侧）报警设定值　0～32767（$\boxed{S3}$＋1＜ACT＞的 bit1＝1 时有效）

$\boxed{S3}$＋21 输入变化量（减侧）报警设定值　0～32767（$\boxed{S3}$＋1＜ACT＞的 bit1＝1 时有效）

$\boxed{S3}$＋22 输出变化量（增侧）报警设定值　0～32767（$\boxed{S3}$＋1＜ACT＞的 bit2＝1，bit5＝0 时有效）

$\boxed{S3}$＋23　输出变化量（减侧）报警设定值　　0～32767（$\boxed{S3}$＋1＜ACT＞的 bit2＝1，bit5＝0 时有效）

$\boxed{S3}$＋24 报警输出 bit0 输入变化量（增侧）溢出

bit1 输入变化量（减侧）溢出

bit2 输出变化量（增侧）溢出　　$\boxed{S3}$＋1＜ACT＞的 bit1＝1 或 bit2＝1 时有效）

bit3 输出变化量（减侧）溢出

但 $\boxed{S3}$＋20～$\boxed{S3}$＋24 在 $\boxed{S3}$＋1＜ACT＞的 bit＝1、bit2＝1 或 bit5＝1 时被占用。

（7）PID 指令可同时多次执行（环路数目无限制），但请注意运算使用的 $\boxed{S3}$ 或 $\boxed{D}$ 软元件号不要重复。

（8）PID 指令在定时器中断、子程序、步进梯形图、跳转指令中也可使用。在这种情况下，执行 PID 指令前请清除 $\boxed{S3}$＋7 后再使用。

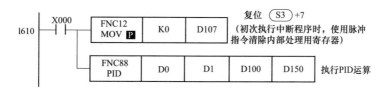

（9）采样时间 T_s 的最大误差为－（1 运算周期＋1ms）～＋（1 运算周期）。T_s 为小的数值时，这种变动将成为问题。在这种情况时，请执行恒定扫描模式或在定时器中断程序中编程，以解决该问题。如果采样时间 $T_s \leqslant$ 可编程控制器的 1 个运算周期，则发生 PID 运算错误（此时 D806＝K6740），并以 T_s＝运算周期执行 PID 运算。在这种情况下，建议最好在定时器中断（l6□□～l8□□）中使用 PID 指令。

（10）输入滤波常数有使测定值变化平滑的效果。

（11）微分增益有缓和输出值急剧变化的效果。

（12）动作方向 ［$\boxed{S3}$＋1（ACT）］。

1）动作方向 ［bit 0］。用正动作、逆动作指定系统的动作方向。

• 在正向动作中，与 SV（目标值）相比，PV（测定值）增加时使 MV（输出值）增加。

• 在逆向动作中，与 SV（目标值）相比，PV（测定值）减小时使 MV（输出值）增加。

• 无论在正向动作还是在逆向动作中，MV 都将随着 SV 与 PV 之差的增大而增大。

• 右图说明了正向动作和逆向动作与 MV、PV和 SV 之间的关系。

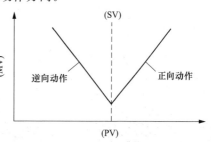

2）输出值上下限设定（FX$_{2N}$ 可编程控制器的情况时，适用于 V2.00 以上版本）［bit 5］。输出值上下限设定有效（$\boxed{S3}$＋1（ACT）的 bit5＝1）的情况时，输出值为下图所示。如果使用这种设定，也有抑制 PID 控制的积分项增大的效果。另外，使用这个功能时，请必须使 $\boxed{S3}$＋1

（ACT）的 bit2 设为 OFF。

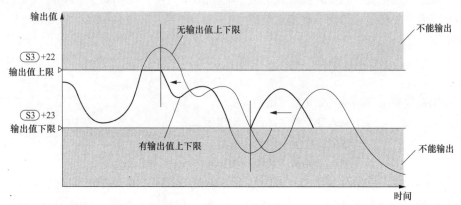

3）报警设定（输入变化量、输出变化量）［bit 1，bit 2］

使 (S3)+1（ACT）的 bit1、bit2 ON 后，用户可任意进行输入变化量、输出变化量的检查。

检查根据 (S3)+20～(S3)+23 的值进行。超过被设定的输入输出变化量时，报警标志 (S3)+24 的各位在那个 PID 指令执行后立刻 ON（参照下图）。

但是，(S3)+21、(S3)+23 作为报警值使用时，被设定值作为负值处理。

另外，使用输出变化量的报警功能时，(S3)+1（ACT）的 bit5 请必须设置为 OFF。

a. 变化量是：

$$（前次的值）-（这次的值）= 变化量$$

b. 报警标志的动作（(S3)+24）

①输入变化量（bit1＝1）　②输出变化量（bit2＝1）

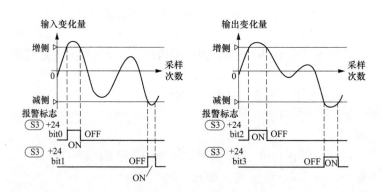

20.5.2　PLC 的浮点数指令

1. 浮点数

在计算机（包含 PLC，下同）中，除了整数之外，还有小数。确定小数点的位置通常有两种方法：一种是规定小数点位置固定不变，称为定点数；另一种是小数点的位置不固定，可以浮动，称为浮点数。

在计算机中，通常是用定点数来表示整数和纯小数，分别称为定点整数和定点小数。对于既有整数部分又有小数部分的数，一般用浮点数 E 来表示，其范围为 $-1.0\times2^{128}\sim-1.0\times2^{-126}$，0，$1.0\times2^{-126}\sim1.0\times2^{128}$。

（1）定点整数。在定点数中，当小数点的位置固定在最低位的右边时，就表示1个整数。请注意：小数点并不单独占1个二进制位，而是默认在最低位的右边。定点整数又分为有符号数和无符号数两类。

（2）定点小数。当小数点的位置固定在符号位与最高位之间时，就表示1个纯小数。因为定点数所能表示数的范围较小，常常不能满足实际问题的需要，所以要采用能表示数的范围更大的浮点数。

（3）浮点数。在浮点数表示法中，小数点的位置是可以浮动的。具体格式是由一个整数或定点小数（即尾数 S）乘以某个基数（计算机中通常是2）的整数次幂（即阶码 P），即 $S \times 2^P$，这种表示方法类似于基数为10的科学记数法。在大多数计算机中，都把尾数 S 定为二进制纯小数，把阶码 P 定为二进制定点整数。尾数 S 的二进制位数决定了所表示数的精度；阶码 P 的二进制位决定了所能表示数的范围。为了使所表示的浮点数既精度高又范围大，就必须合理规定浮点数的存储格式。

在FX系列PLC中提供了二进制浮点运算和十进制浮点运算。二进制浮点数采用编号连续的1对数据寄存器表示，如D11和D10组成的32位寄存器中，D10的16位加上D11的低7位共23位为浮点数的尾数，而D11中除最高位的前8位为指数，D11最高位是尾数的符号位（0为正，1是负），其具体表示如下。

$$二进制浮点数 = \pm \left(2^0 + A22 \times 2^{-1} + A21 \times 2^{-2} \cdots + A1 \times 2^{-22} + A0 \times 2^{-23}\right) \times 2^{(E7 \times 2^7 + E6 \times 2^6 \cdots + E0 \times 2^0) - 127}$$

		D11										D10			
	2^7	2^6	...	2^1	2^0	2^{-1}	2^{-2}	...	2^{-6}	2^{-7}	2^{-8}	2^{-9}	...	2^{-22}	2^{-23}
S	E7	E6	...	E1	E0	A22	A21	...	A17	A16	A15	A14	...	A1	A0

符号位　　　　　　　指数8位　　　　　　　　　　　尾数23位

10进制的浮点数也用1对数据寄存器表示，编号小的数据寄存器为尾数，编号大的为指数，如使用数据寄存器（D1，D0）时，则表示的10进制浮点数为〔尾数D0〕$\times 10^{[指数D1]}$，其中，D0、D1的最高位是正、负符号位。

2. BIN 整数转换为二进制浮点数指令 FLT

PLC 的浮点数指令有 FLT、ECMP、EZCP、EBCD、EBIN、EADD、ESUB、EMUL、EDIV、ESOR、INT、SIN、COS、TAN、SWAP，这里仅介绍 FLT 和 INT 指令。

		适合软元件									占用步数
									S.		
FNC49 FLT (P)（32/16）	字元件	K、H	KnX	KnY	KnM	KnS	T	C	D	V、Z	16位：5步 32位：9步
									D.		
	位元件										

FLT 是使 BIN 整数转换为二进制浮点数的指令，指令的执行过程如下。

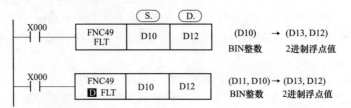

（1）BIN 整数值与二进制浮点值间的转换指令。常数 K、H 在各浮点运算指令中被自动转换，因此在本 FLT 指令中不能使用。

（2）这个指令的逆变换指令是 FNC129（INT）。

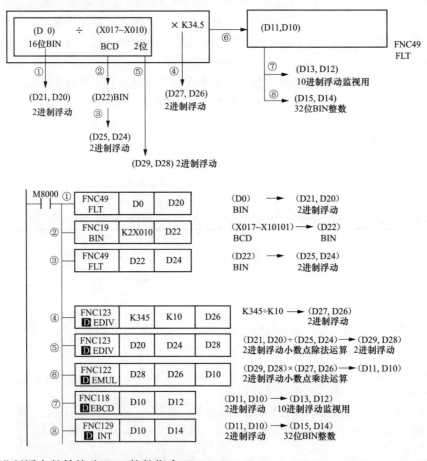

3. 二进制浮点数转换为 BIN 整数指令 INT

	适合软元件										占用步数
FNC129 INT (P)（32/16）	字元件	K、H	KnX	KnY	KnM	KnS	T	C	S1. S2. S3. D D.	V、Z	16 位：5 步 32 位：9 步
	位元件										

INT 是二进制浮点数转换为 BIN 整数的指令，是 FLT 指令的逆运算，指令的执行过程如下。

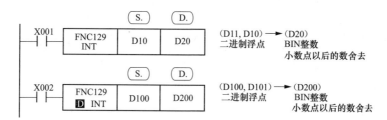

（1）将源数据内指定的元件内的二进制浮点值转换为 BIN 整数，存入目的地址中，此时，舍去小数点以后的值。

（2）此指令为 FNC49（FLT）指令的逆变换。

（3）运算结果为 0 时，零标志为 ON。

转换时不满 1 而舍去时，借位标志为 ON。

运算结果超过以下范围而发生溢出时，进位标志为 ON。

16 位运算时：$-32768\sim32767$

32 位运算时：$-2147483648\sim2147483647$

20.5.3 FX$_{2N}$-5A 模块

FX$_{2N}$-5A 是有 4 个 A/D 输入通道和 1 个 D/A 输出通道的特殊功能模块，输入通道将现场的模拟信号（可以是电压或电流）转化为数字量送给 PLC 处理，输出通道将 PLC 中的数字量转化为模拟信号（可以是电压或电流）输出给现场设备。可以连接 FX$_{3U}$、FX$_{2N}$、FX$_{2NC}$、FX$_{1N}$、FX$_{0N}$、H$_{2U}$ 系列的 PLC，其输入和输出技术指标见表 20-2。

表 20-2　　　　　　　　　　　FX$_{2N}$-5A 技术指标

项目	电压输入			电流输入		
模拟量输入	$-10\sim+10VDC$	偏移	$-32\sim5V$	$-20\sim+20mA$	偏移	$-32\sim10mA$
		增益	$-5\sim32V$		增益	$-10\sim32mA$
	$-100\sim100mV$	偏移	$-320\sim50mV$	$+4\sim20mA$	偏移	$-32\sim10mA$
		增益	$-50\sim320mV$		增益	$-10\sim32mA$
最大输入值	$\pm15V$			$\pm30mA$		
数字量	带符号的 16 或 12 位二进制			带符号的 15 位二进制		
分辨率	$20V\times1/64000(-10\sim+10VDC)$ 或 $200mV\times1/4000$ （$-100\sim100mV$）			$40mA\times1/4000$ 或 $40mA\times1/32000$		
精度	$0.3\%(25℃\pm5℃)$					
模拟量输出	$-10\sim+10VDC$	偏移	$-32\sim5V$	$0\sim+20mA$ $+4\sim20mA$	偏移	$-32\sim10mA$
		增益	$-5\sim32V$		增益	$-10\sim32mA$
数字量	带符号的 12 位二进制			带符号的 10 位二进制		
分辨率	$20V\times1/4000$			$40mV\times1/4000$		

1. FX$_{2N}$-5A 接线图

FX$_{2N}$-5A 模块的输入、输出接线如图 20-6 所示。

2. 缓冲存储器（BFM）分配

FX$_{2N}$-5A 缓冲寄存器编号从 BFM♯0～♯249，其中一部分作为保留单元，不能使用 FROM/TO 指令对其进行读写，否则 FX$_{2N}$-5A 模块动作异常，其缓冲寄存器的分配见表 20-3。

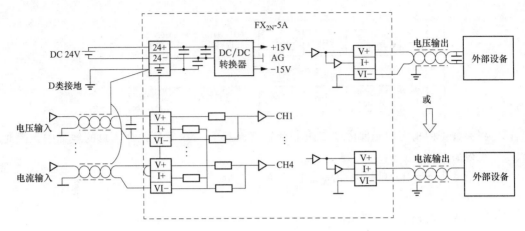

图 20-6 FX₂N-5A 接线图

表 20-3   **FX₂N-5A 缓冲寄存器**

BFM No.	内容	说明
♯0	指定 CH1~CH4 的输入模式	可停电保持，出厂设置 H0000
♯1	指定输出模式	可停电保持，出厂设置 H0000
♯2~5	CH~CH41 的平均数据采样次数，设定范围 1~256	出厂设置 K8
♯6~9	CH1~CH4（平均）数据	只能读
♯10~13	CH1~CH4（即时）数据	只能读
♯14	进行 D/A 转换的输出数据（设置模拟量输出的数据）	出厂设置 K0
♯15	直接输出控制功能有效时，计算得出的模拟量输出数据	出厂设置 K0
♯18	当 PLC 停止运行时将输出保持或恢复到偏置值	出厂设置 K0
♯19	I/O 特性和快捷功能的设定（当设为 K2 时不能更改）	出厂设置 K1（可以更改）
♯20	初始化功能，当设为 K1 时执行初始化功能，完成初始化以后会自动返回到 K0	出厂设置 K0
♯21	当 I/O 特性、偏移、增益和量程功能值完成写入时，会自动返回到 K0	出厂设置 K0
♯22	设置快捷功能（上下限检测、即时数据峰值、平均数据峰值保持，超范围出错切断功能）	出厂设置 K0
♯23	用于输入和输出之间直接控制功能的参数设置	出厂设置 K0
♯25	滤波器模式选择寄存器	出厂设置 K0
♯26	上限/下限报警状态（当 BFM♯22 的 b0 或 b1 为 ON 时有效）	出厂设置 K0
♯27	A/D 数据突变检测（当 BFM♯91~94 不等于 0 时有效）	出厂设置 K0
♯28	超出量程状态和没有连接检测	出厂设置 K0
♯29	出错状态	出厂设置 K0
♯30	模块代码 K1010	出厂设置 K1010
♯41~44	CH1~CH4 输入通道偏置设置（mV、10μV 或 μA）	出厂设置 K0
♯45	输出通道偏置设置（mV、10μV 或 μA）	出厂设置 K0
♯51~54	CH1~CH4 输入通道增益设置（mV、10μV 或 μA）	出厂设置 K5000
♯55	输出通道增益设置（mV、10μV 或 μA）	出厂设置 K5000
♯71~74	设定 CH1~CH4 输入通道的下限报警值（当 BFM♯22 的 b0 或 b1 为 ON 时有效）	出厂设置 K-32000

BFM No.	内容	说明
#81～84	设定 CH1～CH4 输入通道的上限报警值（当 BFM#22 的 b0 或 b1 为 ON 时有效）	出厂设置 K32000
#91～94	设定 CH1～CH4 输入通道的突变检测，设定范围：0～32000（0 表示无效）	出厂设置 K0
#99	清除上下限报警和突变检测报警	出厂设置 K0
#101～104	CH1～CH4 输入通道的平均数据峰值（最小值）（当 BFM#22 的 b2 为 ON 时有效）	只能读
#105～108	CH1～CH4 输入通道的即时数据峰值（最小值）（当 BFM#22 的 b3 为 ON 时有效）	只能读
#109	峰值（最小值）复位标志	出厂设置 K0
#111～114	CH1～CH4 输入通道的平均数据峰值（最大值）（当 BFM#22 的 b2 为 ON 时有效）	只能读
#115～118	CH1～CH4 输入通道的即时数据峰值（最大值）（当 BFM#22 的 b3 为 ON 时有效）	只能读
#119	峰值（最大值）复位标志	出厂设置 K0
#200～239	CH1～CH4 输入通道的量程功能模拟量输入值	请参考使用手册
#240～249	CH1 输出通道的量程功能数字量输出值	请参考使用手册

#16～17、#24、#31～40、#46～50、#56～70、#75～80、#85～90、#95～98、#100、#110、#120～199 预留

（1）BFM#0 输入模式设置。BFM#0 用于设定 CH1～CH4 通道的输入模式，每个通道的设置占用 4 个 bit 位，CH1 通道由 bit0～bit3 设定，CH2 通道由 bit4～bit7 设定，CH3、CH4 通道以此类推，每个通道的设置定义见表 20-4。

表 20-4   BFM#0 设置定义

数值	定义	数值	定义
0	电压输入方式（−10～+10V，数字范围 −32000～32000）	7	电流表显示方式（−20～20mA，数字范围 −20000～20000）
1	电流输入方式（4～20mA，数字范围 0～32000）	8	电压表显示方式（−100～+100mV，数字范围 −10000～10000）
2	电流输入方式（−20～20mA，数字范围 −32000～32000）	9	量程功能（−10～+10V，最大显示范围 −32768～32767，默认：−32640～32640）
3	电压输入方式（−100～+100mV，数字范围 −32000～32000）	A	量程功能电流输入 −20～20mA，最大显示范围 −32768～32767，默认：−32640～32640
4	电压输入方式（−100～+100mV，数字范围 −2000～2000）	B	量程功能（−100～+100mV，最大显示范围 −32768～32767，默认：−32640～32640）
5	电压表显示方式（−10～+10V，数字范围 −10000～10000）	F	通道无效
6	电流表显示方式（4～20mA，数字范围 4000～20000，可显示到 2000 即 2mA）		

（2）BFM#1 输出模式设置。由 BFM#1 的低 4 位设置输出的方式，其余高 12 位忽略，其设置定义见表 20-5。

（3）BFM♯15 计算出的模拟量数据。如果直接输出控制功能有效，写入到模拟量输出的运算处理结果会保存在 BFM♯15，供 PLC 程序使用。

表 20-5　　　　　　　　　　　　　　　　BFM♯1 设置定义

数值	定义	数值	定义
0	电压输出方式（－10～＋10V，数字范围－32000～32000）	6	绝对电压输出方式（－10～＋10V，数字范围－10000～10000）
1	电压输出方式（－10～＋10V，数字范围－2000～2000）	7	绝对电流输出方式（4～20mA，数字范围 4000～20000）
2	电流输出方式（4～20mA，数字范围 0～32000）	8	绝对电流输出方式（0～20mA，数字范围 0～20000）
3	电流输出方式（4～20mA，数字范围 0～1000）	9	量程电压输出方式（－10～＋10V，数字范围－32768～32767）
4	电流输出方式（0～20mA，数字范围 0～32000）	A	量程电流输出方式（4～20mA，数字范围 0～32767）
5	电流输出方式（0～20mA，数字范围 0～1000）		

（4）BFM♯18PLC 停止时，模拟量输出设置。BFM♯18＝0 时，即使 PLC 停止，BFM♯15 的值也会被输出，如果直接控制功能有效的话，输出值会不断地更新，输入值也会随外部输入变化而不断变化；BFM♯18＝1 时，若 PLC 停止，在 200ms 后输出停止，BFM♯15 保持最后的数值；BFM♯18＝2 时，若 PLC 停止，在 200ms 后输出被复位到偏置值。

（5）BFM♯19 更改设定有效/无效。BFM♯19＝1，允许更改；BFM♯19＝2，禁止更改。BFM♯19 可以允许或禁止以下 BFM 的 I/O 特性的更改：BFM♯0、BFM♯1、BFM♯18、BFM♯20～22、BFM♯25、BFM♯41～45、BFM♯51～55、BFM♯200～249。

（6）BFM♯21 写入 I/O 特性。BFM♯21 的 bit0～bit4 被分配给 4 个输入通道和 1 个输出通道，用于设定其 I/O 特性，其余的 bit 位无效。只有当对应的 bit 位为 ON 时，其偏移数据（BFM♯41～BFM45）和增益数据（BFM♯51～BFM55）以及量程功能数据（BFM♯200～BFM249）才会被写入到内置的存储器 EEPROM 中。

（7）BFM♯22 快捷功能设置。BFM♯22 的 bit0～bit3 为 ON 时，开启以下功能：

bit0：平均值上下限检测功能，将报警结果保存在 BFM♯26 中；

bit1：即时值上下限检测功能，将报警结果保存在 BFM♯26 中；

bit2：平均值峰值保持功能，将平均值峰值保存在 BFM♯111～BFM114 中；

Bit3：即时值峰值保持功能，将即时值峰值保存在 BFM♯115～BFM118 中。

（8）BFM♯23 直接控制参数设置。BFM♯23 用于指定 4 路输入通道直接控制功能，由 4 个十六进制数组成，每一个十六进制数对应 1 个通道，其中最低位对应 CH1，最高位对应 CH4，其数值定义为：H0——对应的模拟输入通道对模拟输出没有影响；H1——对应的模拟通道输入的平均值加上 BFM♯14 的值；H2——对应的模拟通道输入的即时值加上 BFM♯14 的值；H3——BFM♯14 的值减去对应的模拟输入通道的平均值；H4——BFM♯14 的值减去对应的模拟输入通道的即时值；H5～HF——对应的模拟输入通道对模拟输出通道的输出没有影响，但 BFM29 的直接输出控制错误位 bit15 会置 ON。如设 BFM♯23＝H1432，则输出值（BFM♯15）＝BFM♯14＋BFM♯10（即 CH1 的即时值）-BFM♯15（即 CH2 的平均值）-BFM♯12（即 CH3 的即时值）＋BFM♯9（即 CH4 的平均值）。

（9）BFM♯28 超出量程状态和没有连接检测。BFM♯28 的高六位为预留，其低十位用来指示 CH1～CH4 以及模拟输出通道是否超出量程和没有连接检测，其定义为：b0 位表示 CH1 通道的模拟量输入小于下限值或检测没有连接，b1 位表示 CH1 通道的模拟量输入大于上限值，b2 位表示 CH2 通道的模拟量输入小于下限值或检测没有连接，b3 位表示 CH2 通道的模拟量输入大于上限值，b4～b7 以此类推，b8 位表示模拟输出通道的输出小于下限值，b9 位表示模拟输出通道的输出大于上限值。

其他缓冲存储器（BFM）的详细介绍请参考相关手册。

3. 程序设计实例

FX$_{2N}$-5A 模块连接于 PLC 基本单元的 0 号单元位，其 CH1、CH2 通道的输入信号为－10～10V 的电压信号，对应数字量为－32000～32000；CH3、CH4 通道的输入信号为 4～20mA 的电流信号，对应数字量为 0～32000；输出信号要求为－10～10V 的电压信号（对应数字量为－32000～32000）；平均采样次数为 16 次，I/O 特性为初始值，不使用快捷功能；且 X1 闭合一次则模拟输出增加 1V，X2 闭合一次则模拟输出减少 1V，X0 为清除超量程错误，Y0～Y11 为通道的超量程错误指示。

根据上述要求，其梯形图程序如图 20-7 所示。

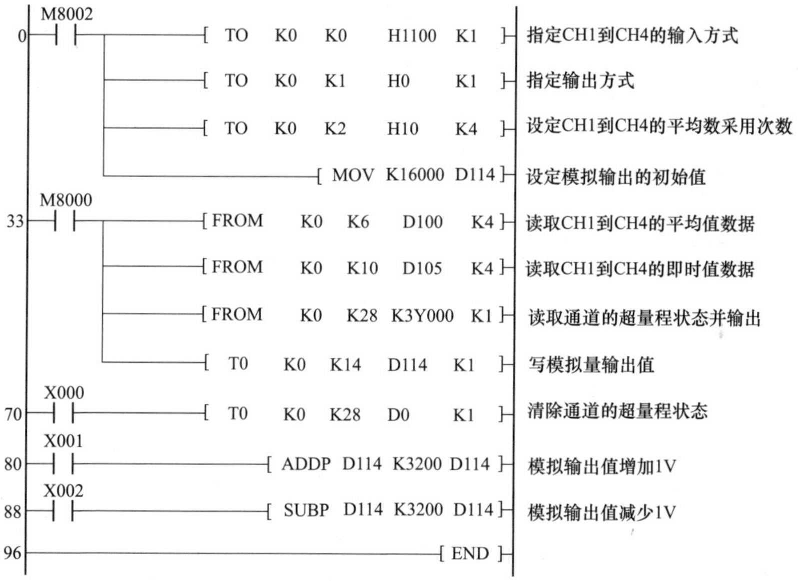

图 20-7　梯形图程序（D0 改为 K0）

20.5.4　交流调压模块

全隔离单相交流调压模块 DTY-220D10F（以下简称单相调压模块 DTY）是目前很实用的一种调压模块，这种模块集同步变压器、相位检测电路、移相触发电路和输出晶闸管于一体，不需外部提供工作电源，只需模块本身便可用 0～5V、0～10V、4～20mA 等信号，即可自动控制（或电位器手动控制）实现单相交流电压的无级可调，整个模块的强电和弱电为全隔离，电流等级为 10～350A，非常方便好用，当改变控制电压的大小，就可改变输出晶闸管的触发相角，即实现单相交流电的调压。这种产品在我们国内目前采用了 ASIC 电路、SMT 工艺和数字化技术，并且广泛地应用了 CAD/CAM 电脑辅助设计/制造系统，以及按照 ISO 9001 标准建立了全面质量管理保证体系，使产品性能和质量达到 20 世纪 90 年代末国际同类产品的先进水平，并在国内处于领先地位。这种产品的特点是体积小巧，线性度好，受到好多人的欢迎。根据输出晶闸管器件不同分为一只双向晶闸管的普通型、两只单向晶闸管反并联的增强型和一只单向晶闸管的半波型等三类。按单相交流负载的额定电压分为 220V 和 380V 两类，按控制信号的不同分为 E、F、G、H 型等四类（注：电流等级为模块内部晶闸管最大电流有效值）。

调压模块采用大规模集成电路设计，内部集移相触发电路、单向晶闸管、RC 阻容吸收回路及电源电路等于一体。可在自动或手动输入控制作用下，产生可改变导通角的强触发脉冲信号，再以此分别控制内部晶闸管，实现负载电压从 0V 到电网全电压的无级可调，从而调节输出给负载电功率。调压模块直接带动变压器等感性负载或电加热等阻性负载，可适用于小功率力矩电动机的调速，以及风机、水泵等的调速，也可应用于交流电动机的缓启动。调压模块采用 SMT 工艺，DCB 陶瓷基板，其体积小、外围接线少、性能稳定、使用方便、可靠性高。

1. 调压模块的特点

（1）全面支持 4～20mA、0～5VDC、0～10VDC、1～5VDC、0～10mA 等输入自动控制模式，也可用手动电位器控制，输出电压从 0V 到最大值线性可调，输入调节范围宽，输出调节精度高，抗干扰能力强。上电无瞬间冲击输出。

（2）Y 型调压模块内置高性能开关电源，无须外接同步变压器，也无须外部输入直流电源；负载△形或 Y 形接法均可，Y 形接法时负载中心点不必接入 N 线。

（3）模块已内置晶闸管保护电路，无须外接；有 LED 电源指示和输出调节量指示。

（4）模块自动判别相序，电路的进线 R、S、T 无相序要求。Y 型模块适用于三相四线制电路，交流 380V±10%，50Hz 频率。

（5）各输入控制端与开关电源输入端之间以及与强电主回路之间为全隔离设计，绝缘介质耐压大于 2000VAC。

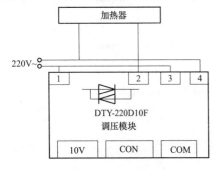

图 20-8 模块的结构图

2. 调压模块的结构

一体化调压模块（以 DTY-220D10F 为例）结构如图 20-8 所示，1、2 为模块进线端和模块出线端，分别连接电源和负载。3、4 为模块工作电源，下端 COM 为控制电源公共端，10V 端子为输出直流电源，CON 端子是模块的控制电压输入端，此型号模块控制电压为 0～10V，此外模块的控制端还有 4～20mA 信号输入端、0～5V 信号输入端、0～10mA 信号输入端及手动控制输入端等。当模块的输入在 0～10V 变化时，模块的输出线电压由 0V 连续的变化到电网电压 220V，如图 20-8 和图 20-9 所示。

3. 调压模块的使用方法

（1）各功能端相对 com 端必须为正，若 com 端为正极，极性相反，则模块主回路输出端可能失控。

（2）模块各功能端的控制特性均为正极性，即控制电压越高，模块强电主回路输出电压越高。

（3）在某一时刻宜使用一种输入控制方式，若两种以上方式同时使用，则输入信号较强的一种起主要作用。

（4）电源为上进下出，三相交流电路的进线 R、S、T 无相序要求，导线粗细按实际使用电流选择。

（5）N 线仅为模块内部开关电源用，用 1 平方细导线即可，N 线与各输入控制端之间为全隔离绝缘设计。

（6）在使用过程中若发生过电流现象，应首先检查负载有无短路等故障。可在模块的进线 R、S、T 端之前安装快速熔断器进行过电流保护，规格可按实际负载电流的 1.5 倍选配。

（7）模块应与散热器配合使用，在机柜中与其他器件之间有足够的散热空间，必要时可安装风扇强制散热。

4. 应用注意事项

（1）CON对COM必须为正，如极性相反则输出端失控（全开或全闭）。当控制端CON从0～5V改变时，交流负载上的电压从0V到最大值可调（对阻性负载而言）。

（2）CON在0～0.75V左右时为全关闭区域，可靠关断模块的输出；CON在0.75～4.75V左右为可调区域，即随着控制电压的增大，控制角a从150°到0°线性减小，交流负载上的电压从几十伏增大到最大值；CON在4.75～5V左右时为全开通区域，交流负载上的电压为最大值。

（3）E、F、H系列CON对COM的输入阻抗大于30kΩ，G系列CON对COM的输入阻抗为250Ω。+5V电压信号只提供给手控电位器用，不作他用，所选用的电位器阻值在2～10kΩ。

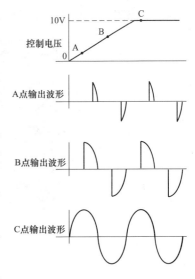

图20-9　模块的调压原理

（4）单相交流异步电动机的调速通常应采用变频器，只有风机、泵机类电动机等软特性负载或者力矩电动机场合可通过调压来实现调速。

（5）三只单相调压模块不能使用在三相电网上对三相负载调压。

（6）弱电部分、强电部分、模块底板相互间绝缘电压均大于2000VAC。

（7）整个模块的发热量按负载实际电流安培数乘1.5W/A计算，散热器可选用E-40、F-70、F-100及G系列。

（8）有关电流等级的选取及保护等有关使用注意事项请参考单相交流固态继电器。

20.5.5　触摸屏趋势图的做法

制作触摸屏趋势图的操作如下：

1. 选择对象（见图20-10）

2. 参数设置（此为锅炉温度PID的趋势图表，见图20-11）

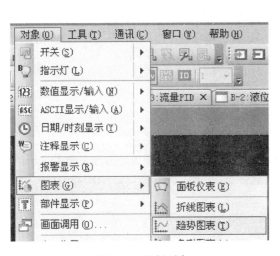

图20-10　选择对象

图20-11　参数设置

3. 下载完成后，触摸屏自动重启（见图 20-12）

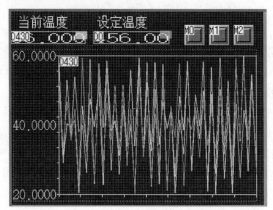

图 20-12　趋势图

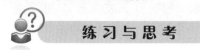

一、单选题

1. FX 系列 PLC 的 FX$_{2N}$-5A 模块，当使用指令　FROM　K2　K6　D100　K1 时，其中的 K6 表示（　　　）。

    A. BFM 番号　　　　B. 模块编号　　　　　C. CH3 的温度平均值 D. CH2 的温度平均值

2. FX 系列 PLC 的 FX$_{2N}$-5A 模块，当执行指令 FROM　K2　K30　D100　K1 时，其中的 D100 为（　　　）。

    A. BFM 番号　　　　B. 模块编号　　　　　C. 常数 K2040　　　　D. 标识码 K1010

3. 在 FX 系列 PLC 中，整数—浮点数变换指令 FLT　D4　D2 中，FLT 指的是（　　　）。

    A. 将二进制浮点数转换为二进制数　　　　　B. 将二进制数转换为二进制浮点数

    C. 将二进制浮点数转换为 BCD 码　　　　　D. 将二进制数转换为 BCD 码

4. 在 FX 系列 PLC 中，整数—浮点数变换指令 FLT　D4　D2 中，D2 指的是（　　　）。

    A. 存放的二进制数的元件　　　　　B. 目标操作数

    C. 存放二进制浮点数的元件　　　　D. 源操作数

5. 在 FX 系列 PLC 中，整数—浮点数变换指令 FLT　D4　D2 中，D4 指的是（　　　）。

    A. 存放的二进制数的元件　　　　　B. 目标操作数

    C. 存放二进制浮点数的元件　　　　D. 源操作数

二、多选题

6. FX$_{2N}$-5A 型模块用于将（　　　）的数字值转换成 1 路模拟量输出。

    A. 8 位　　　　　　B. 12 位　　　　　　C. 14 位　　　　　　D. 15 位

    E. 16 位

7. 三菱 FX$_{2N}$-5A 模拟量模块，提供 4 通道的 A/D 转换，其每一通道可以单独规定为（　　　）。

    A. 电阻输入　　　B. 4～20mA 输入　　C. −20～20mA 输入　D. −10～10V 输入

    E. −100～100mV 输入

8. FX$_{2N}$-5A 型模块可接受的输出为（　　　）。

    A. 0～5VDC　　　　B. −10～10VDC　　C. 0～20mA　　　　D. 4～20mA

    E. 1～10VDC

9. 单相交流调压模块 DTY-220D10F 集（　　）于一体。

    A. 同步变压器　　　　B. 相位检测　　　　C. 移相触发　　　　D. 输出晶闸管

    E. 以上都对

10. PLC 的 PID 指令应用于恒温控制中的参数设置，必须要设置的参数有（　　）。

    A. P 比例值　　　　B. I 积分值　　　　C. D 微分值　　　　D. 动作方向

    E. 输出上下限

三、判断题

11. FX_{2N}-5A 特殊模块应使用传感器的电缆或双绞屏蔽电缆作为模拟输入电缆，并且要和电源线隔开，以免产生电气干扰。（　　）

12. 单相交流调压模块 DTY-220D10F 可实现单相交流电压的无级调节。（　　）

13. 单相交流调压模块 DTY-220D10F，当 CON 端在 $0.75\sim4.75V$ 变化时，导通角 a 随电压的增大将从 150° 到 0° 线性减小，交流负载上的电压从几十伏增大到最大值。（　　）

14. 指令 PWM D10 K50 Y10 是 FX_{2N} 系列 PLC 的脉宽调制指令。（　　）

15. 使用指令 PWM D10 K50 Y10 使 PLC 输出脉冲的占空比为 50%。（　　）

四、简答题

16. 写出 PLC 的浮点数运算指令及其中一条指令的用法。

17. 如何制作 PID 控制的趋势图？

18. FX_{2N}-5A 模块怎么采集温度信息？电流型和电压型怎么设置？

练习与思考题参考答案

1. A	2. D	3. B	4. C	5. A	6. BDE	7. BCDE	8. BCD	9. ABCDE	10. ABCDE
11. Y	12. Y	13. N	14. N	15. N					

任务 ㉑

PLC PID控制的恒流量监控系统设计与调试

21.1 任务来源

在电气控制系统设计（或维护）时，经常需要进行恒流量控制，而通常的恒流量控制方式有变频恒流量控制和阀门开度的恒流量控制。如液体灌装时，在流量恒定的情况下，只需要控制灌装的时间就可以比较精确地控制灌装量；又如在锅炉的恒功率控制系统中，只需锅炉燃油的流量恒定就可以比较精确地控制锅炉的输出功率。所以，我们必须掌握 PLC PID 控制的恒流量监控系统的设计、改造和维护。

21.2 任务描述

请用 PLC、电动调节阀设计一个基于 PLC 的 PID 控制的恒水位监控系统，并完成其控制系统的设备选型、系统接线、画面制作、程序设计和运行调试，其具体要求如下。

（1）水位传感器接在 FX_{2N}-5A 模块的 CH1 通道上，PLC 读取 FX_{2N}-5A 模块的水位值，然后与设定水位进行 PID 运算，运算后的结果再通过 FX_{2N}-5A 输出的模拟量去控制电动调节阀的开度，实现水位恒定。

（2）启动系统，自动打开电动调节阀到开度合理的位置（通过延时来实现），并启动单相进水泵，将水抽入 1 号水箱；然后手动打开（30％左右）1 号水箱的排水阀，通过水位传感器与电动调节阀构成闭环 PID 调节系统，保持水位恒定（水位默认值为 15cm，并可通过触摸屏设定）。

（3）实训时，手动打开（30％左右）1 号水箱排水阀，出水流量大时，就要增加进水量，即电动调节阀开度增大；出水量小时，就要减小进水量，即电动调节阀开度减小，总体上保持水位稳定，水位误差不超过±0.5cm（可以通过手动调节 1 号水箱排水阀的开度进行扰动，由于电动调节阀的调节速度较慢，手动打开和关闭排水阀时速度应慢一些）。

（4）触摸屏可以进行系统的启动与停止，水位高度的设置和显示，PID 控制参数 P、I、D 的设置，电动调节阀开度显示等。

21.3 目标描述

21.3.1 技能目标

1. 关键技能

• 能（会）PID 调节实现定量控制。

- 能（会）流量传感器与开度调节阀的应用。
- 能（会）正确使用 FX$_{2N}$-5A 模块读取流量信号。

2. 基本技能

- 能（会）流量传感器、开度调节阀的 PID 闭环回路接线。
- 能（会）变频器的参数设置。
- 能（会）PLC、人机界面软件使用。

21.3.2　知识目标

- 掌握 PLC PID 控制指令的用法。
- 掌握流量传感器与开度调节阀的结构与工作原理。
- 掌握模拟量处理模块 FX$_{2N}$-5A 模块的 BFM 的定义。

21.3.3　职业素质目标

- 遵守电气控制系统调试标准规范，养成严谨科学的工作态度。
- 认真学习、认真听课，养成善于思考、敢于提问的学习习惯。
- 认真总结训练过程的得失，吃一堑长一智，养成善于总结的习惯。
- 严格遵守电气安全操作规范，树立电气安全意识。
- 严格遵守相关水质管理规范，保证供水安全、可靠。

21.4　任务实施

21.4.1　活动一　学员自学或教师讲授

1. 流量传感器

（1）电磁流量计的工作原理。

（2）电磁流量计的结构。

（3）电磁流量计的分类、性能特点。

（4）电磁流量计的使用方法。

2. 电动调节阀

（1）电动调节阀的工作原理。

（2）电动调节阀的分类和使用方法。

21.4.2　活动二　示范操作

1. 步骤一：控制需求分析与系统设计

（1）根据系统控制要求，确定系统的硬件配置：1#水箱、1#水箱的手动排水阀、1#水箱进水电磁阀、1#水箱的液位传感器、单相水泵、电动调节阀及控制系统，如图 20-2 所示。

（2）根据控制要求，通过调节电动调节阀开度来实现水位恒定，可以使用 PID 指令进行程序设计，并使用触摸屏画面来监控运行情况。

2. 步骤二：按要求进行 PLC 的 I/O 及人机界面软元件分配

（1）了解控制系统对 PLC 的 I/O 需求。

（2）了解人机界面的软元件需求。

（3）根据控制要求，PLC 的 I/O 及人机界面软元件分配见表 21-1。

任务
21

表 21-1　　　　　　　　　　软 元 件 分 配 表

输入	功能	输出	功能
M10	启动	Y4	1♯进水电磁阀
M11	停止	Y6	单相水泵
D90	设定水位（mm）	D0	CH1 通道数字量
D103	P 值输入	D9	当前水位高度（mm）
D104	I 值输入	D20	数字输出值
D106	D 输入	D22	开度显示值（%）

3. 步骤三：根据控制要求设计控制线路图

（1）注意电流型传感器的接线方法。

（2）注意 FX_{2N}-5A 模块与电动调节阀的接线方法。

（3）根据控制要求及 PLC 的 I/O 分配设计控制线路图，如图 21-1 所示。

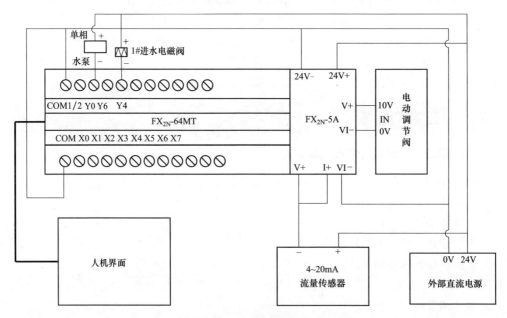

图 21-1　控制线路图

4. 步骤四：根据控制要求制作人机界面的画面图

（1）根据控制要求设计人机界面画图如图 21-2 所示。

（2）文字对象的制作。

（3）数据输入、数据显示对象的制作。

（4）按钮的制作。

（5）将制作的画面和系统参数下载至人机界面。

5. 步骤五：根据控制要求设计 PLC 程序

（1）FX_{2N}-5A 模块及 PID 控制参数的初始化设定。

（2）FX_{2N}-5A 模块的读写。

（3）将读取的数字量转换成水位高度。

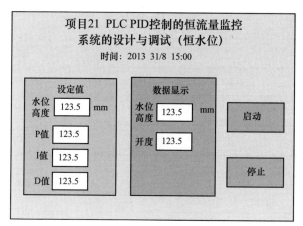

图 21-2　人机界面画面图

（4）将输出数字量转换成电动调节阀的开度。

（5）进行 PID 控制。

（6）启动系统控制（打开 1♯水箱进水电磁阀，启动单相水泵）。

（7）根据上述要求设计 PLC 程序，如图 21-3 所示，并将编制好的程序下载至 PLC。

6. 步骤六：系统调试

（1）关闭电源，检查工作环境是否安全；要求手动关闭与电动调节阀并联的水阀。

（2）设定 P、I、D 的初始值，启动系统，观察单相水泵的抽水情况和电动调节阀的开度情况，监视程序的运行，观察相关数据是否发生变化。

（3）联机进行调试，观察 PID 控制的运行结果，看曲线是否符合要求，如不符合，重新调节 P、I、D 参数。

（4）观察液位的精准度是否符合要求，是否进行正确的切换，如液位不准或不能准确切换，可适当调节 PID 参数，或进行补偿。

（5）注意管路积水造成的误差，在调试中进行适当的补偿。

7. 步骤七：做好相关技术总结

（1）对于实际生产设备，在完成系统调试后，必须撰写技术总结、运行与管理等的相关技术资料。

（2）对于实训室的训练，要认真总结相关技能点、知识点、关键操作等，为下一训练任务打好基础。

注意事项如下。

（1）严格按操作步骤进行练习。

（2）安装、拆卸和接线时，必须关闭训练台电源。

（3）经老师检查同意后，才能通电。

21.4.3　活动三　根据所讲述和示范案例，完成下面任务

请在"活动二"的基础上，用 PLC、电磁流量传感器设计一个变频恒流量的监控系统，并完成其控制系统的设备选型、系统接线、画面制作、程序设计和运行调试。

（1）流量传感器接在 FX_{2N}-5A 模块的 CH1 通道上，PLC 读取 FX_{2N}-5A 模块的流量值，然后与设定流量进行 PID 运算，运算后的结果再通过 FX_{2N}-5A 输出的模拟量去控制变频器的频率，实现供水流量恒定。

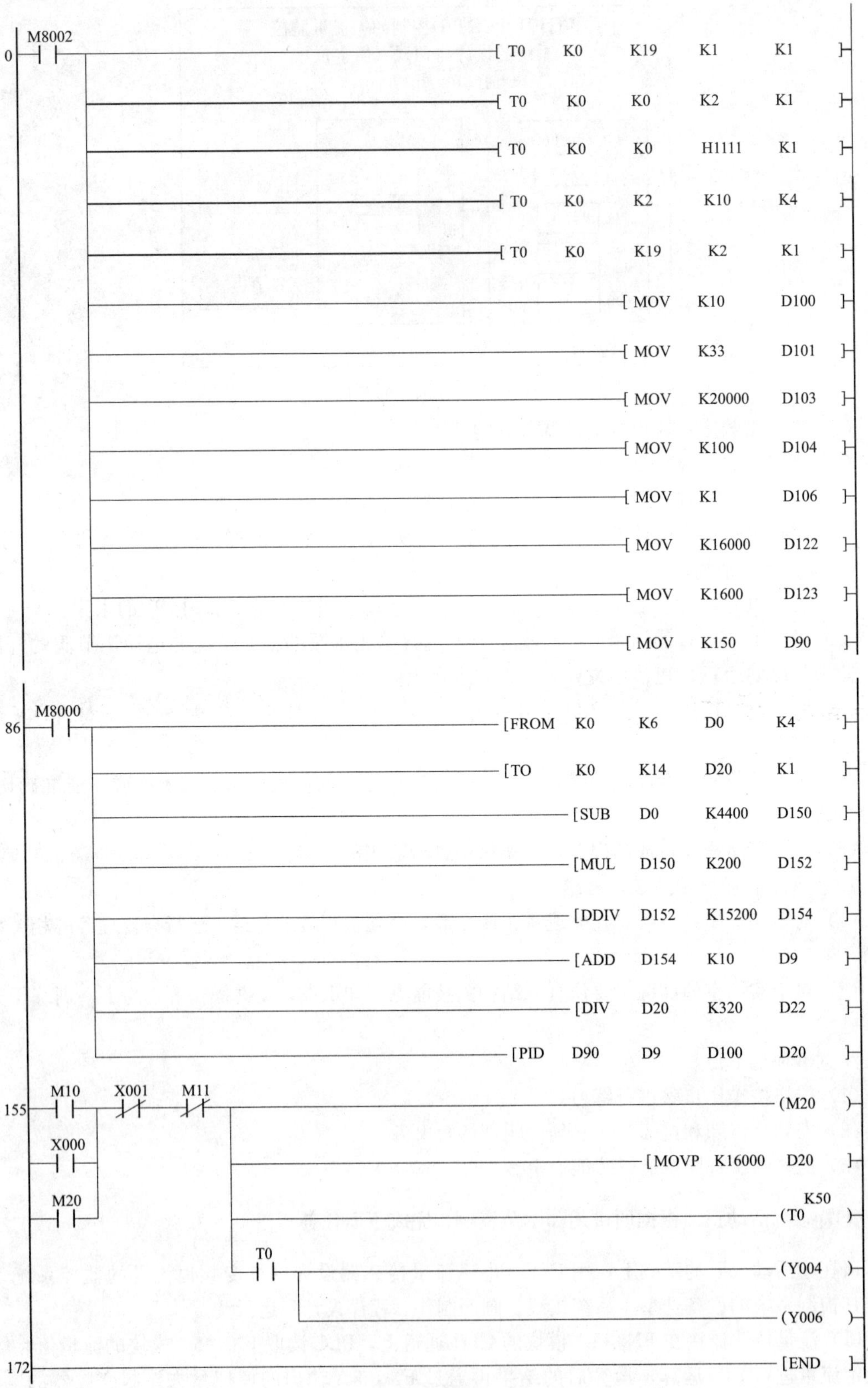

图 21-3　控制程序

（2）系统启动后，变频水泵即可以根据所设定的流量进行运行［在实训室可采取向3号水箱抽水并保持流量恒定不变的方式进行模拟，可以随时手动调节3号水箱进水管道上的阀门（不能全关）进行扰动，当流量下降时，系统自动加速变频抽水，波动幅度不超过±20m³/h］。

（3）流量设置等上述所有操作及显示均在触摸屏上实现。

（教师可根据关键技能点更改PID的设定值、改变流量的输入通道号CH1～CH4、改变模拟量输出信号为0～10V的电压或4～20mA的电流）

1. 步骤一：控制需求分析与系统设计

（1）根据系统控制要求，确定系统的硬件配置：3♯水箱、3♯水箱的手动排水阀、3♯水箱进水阀、变频器、变频水泵、流量传感器以及控制系统。

（2）根据控制要求，通过调节变频器的运行频率来实现流量恒定，可以使用PID指令进行程序设计，并使用触摸屏画面来监控运行情况。

2. 步骤二：按要求进行PLCI/O及人机界面软元件分配

3. 步骤三：根据控制要求设计控制线路图

（1）流量传感器需要接24V电源。

（2）FX₂N-5A模块输出信号（电流或电压）与变频器输入信号的对应关系。

4. 步骤四：根据控制要求制作人机界面的画面图

5. 步骤五：根据控制要求设计PLC程序

注意：模拟量（即流量）与数字量的转换关系，需要读取5组数据，是否过坐标原点？是否为一条直线。

6. 步骤六：变频器参数设置

注意：FX₂N-5A模块输出信号（电流或电压）与变频器输入信号的对应关系以及变频器参数设置（如信号源选择PR73的设置）。

7. 步骤七：系统调试

8. 步骤八：做好相关技术总结

21.4.4 活动四 根据所讲述和示范案例，完成下面任务

请在"活动二、三"的基础上，请按下面的要求，用PLC、变频器、流量传感器、电动调节阀设计一个流量跟踪的监控系统，并完成其控制系统的设备选型、系统接线、画面制作、程序设计和运行调试。

（1）流量跟踪监控系统要求电动调节阀的开度跟踪流量的变化而变化，从而维持1号水箱的水位恒定，即3号水箱通过变频器从1号水箱抽水，1号水箱通过单相水泵抽水，当3号水箱的流量大时，1号水箱也必须跟踪其增加进水量（电动调节阀开度增大）；反之，则电动调节阀减小，使1号水箱水位保持相对稳定，误差小于±1cm。

（2）启动系统，自动打开电磁调节阀到开度合理的位置；延时后启动单相进水泵，将水抽入1号水箱，同时3号水箱通过变频器从1号水箱抽水。

（3）系统启动后，通过改变频率来改变抽水流量，开度阀通过采集流量的变化来调节开度，从而实现1号水箱水位的相对恒定。

（4）触摸屏可以进行系统的启动与停止，设定跟踪倍数，水位高度、出水流量、电动调节阀开度显示等。

21.5 相关知识与技能

为顺利完成本训练任务，需要学习电磁流量计、电动调节阀。主要内容如下，也可查阅相关资料和手册。

21.5.1 电磁流量计

流量测量方法和仪表的种类繁多，分类方法也很多。2011 年以前可供工业用的流量仪表种类达 60 种之多。品种如此之多的原因就在于没有一种对任何流体、任何量程、任何流动状态以及任何使用条件都适用的流量仪表，但是随着时代的进步，这个科技大爆炸的时代里，终于出现了一个最新产品——质量流量计，质量流量计适用于任何流体、任何量程、任何流动状态以及任何使用条件，只是价格比较昂贵，无法在所有工业中都得到普及，电磁流量计和质量流量计外形如图 21-4 和图 21-5 所示。

图 21-4 电磁流量计外形　　图 21-5 质量流量计外形

流量计按测量原理可分为以下几个大类。

（1）力学原理。属于此类原理的仪表有利用伯努利定理的差压式、转子式；利用动量定理的冲量式、可动管式；利用牛顿第二定律的直接质量式；利用流体动量原理的靶式；利用角动量定理的涡轮式；利用流体振荡原理的旋涡式、涡街式；利用总静压力差的皮托管式以及容积式和堰、槽式，等等。

（2）电学原理。用于此类原理的仪表有电磁式、差动电容式、电感式、应变电阻式等。

（3）声学原理。利用声学原理进行流量测量的有超声波式、声学式（冲击波式）等。

（4）热学原理。利用热学原理测量流量的有热量式、直接量热式、间接量热式等。

（5）光学原理。激光式、光电式等属于此类原理的仪表。

（6）原子物理原理。核磁共振式、核辐射式等属于此类原理的仪表。

（7）其他原理。有标记原理（示踪原理、核磁共振原理）、相关原理等。

1. 电磁流量计工作原理

电磁流量传感器的测量原理为基于法拉第电磁感应定律。流量计的测量管是一内衬绝缘材料的非导磁合金短管。两只电极沿管径方向穿通管壁固定在测量管上。线圈励磁时，将在与测量管轴线垂直的方向上产生一磁通量密度为 B 的工作磁场。此时，如果具有一定电导率的流体流经测量管，将切割磁力线感应出电动势 E。电动势 E 正比于磁通量密度 B，测量管内径 d 与平均流速 v 的乘积，电动势 E（流量信号）由电极检出并通过电缆送至转换器。转换器将流量信号放大处理后，可显示流体流量，并能输出脉冲，模拟电流等信号，用于流量的控制和调节，原理如

图 21-6 所示。

$$E = KBdv$$

式中　E——电极间的信号电压，v；

　　　B——磁通密度，T；

　　　d——测量管内径，m；

　　　v——均流速，m/s。

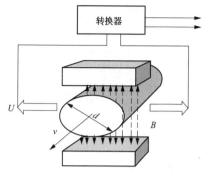

图 21-6　电磁流量计的原理

需要说明的是，要使上式严格成立，必须使电磁流量计测量条件满足下列假定。

（1）磁场是均匀分布的恒定磁场。

（2）被测流体的流速轴对称分布。

（3）被测液体是非磁性的。

（4）被测液体的电导率均匀且各向同性。

2. 结构

电磁流量计的结构主要由磁路系统、测量导管、电极、外壳、衬里和转换器等部分组成。

（1）磁路系统。其作用是产生均匀的直流或交流磁场。直流磁路用永久磁铁来实现，其优点是结构比较简单，受交流磁场的干扰较小，但它易使通过测量导管内的电解质液体极化，使正电极被负离子包围，负电极被正离子包围，即电极的极化现象，并导致两电极之间内阻增大，因而严重影响仪表正常工作。当管道直径较大时，永久磁铁相应也很大，笨重且不经济，所以电磁流量计一般采用交变磁场，且是在 50Hz 工频电源激励下产生的。

（2）测量导管。其作用是让被测导电性液体通过。为了使磁力线通过测量导管时磁通量被分流或短路，测量导管必须采用不导磁、低导电率、低导热率和具有一定机械强度的材料制成，可选用不导磁的不锈钢、玻璃钢、高强度塑料、铝等。

（3）电极。其作用是引出和被测量成正比的感应电动势信号。电极一般用非导磁的不锈钢制成，且被要求与衬里齐平，以便流体通过时不受阻碍。它的安装位置宜在管道的垂直方向，以防止沉淀物堆积在其上面而影响测量精度。

（4）外壳。应用铁磁材料制成，是励磁线圈的外罩，并隔离外磁场的干扰。

（5）衬里。在测量导管的内侧及法兰密封面上，有一层完整的电绝缘衬里。它直接接触被测液体，其作用是增加测量导管的耐腐蚀性，防止感应电动势被金属测量导管管壁短路。衬里材料多为耐腐蚀、耐高温、耐磨的聚四氟乙烯塑料、陶瓷等。

（6）转换器。由液体流动产生的感应电动势信号十分微弱，受各种干扰因素的影响很大，转换器的作用就是将感应电动势信号放大并转换成统一的标准信号并抑制主要的干扰信号。其任务是把电极检测到的感应电动势信号 E_x 经放大转换成统一的标准直流信号。电磁流量计的结构框图如图 21-7 所示。

3. 电磁流量计分类

电磁流量计分为分体型电磁流量计和一体型电磁流量计。

分体型电磁流量计是一种根据法拉第电磁感应定律来测量管内导电介质体积流量的感应式仪表，采用单片机嵌入式技术，实现数字励磁，同时在电磁流量计上采用 CAN 现场总线，属国内首创，技术达到国内领先水平。

分体型电磁流量计在满足现场显示的同时，还可以输出 4～20mA 电流信号供记录、调节和控制用，现已广泛地应用于化工、环保、冶金、医药、造纸、给排水等工业技术和管理部门。

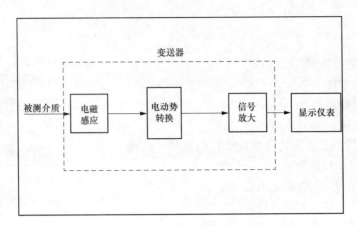

图 21-7 电磁流量计的结构图

分体型电磁流量计除可测量一般导电液体的流量外，还可测量液固两相流，高黏度液流及盐类、强酸、强碱液体的体积流量。

一体型电磁流量计是根据法拉第电磁感应定律制成，用来测量导电流体的体积流量。由于独特的特点已广泛地应用于工业上各种导电液体的测量。主要用于化工、造纸、食品、纺织、冶金、环保、给排水等行业，与计算机配套可实现系统控制。

4. 性能特点

电磁流量计仪表结构简单、可靠，无可动部件，工作寿命长，无截流阻流部件，不存在压力损失和流体堵塞现象。

无机械惯性，响应快速，稳定性好，可应用于自动检测、调节和程控系统。

测量精度不受被测介质的种类及其温度、黏度、密度、压力等物理量参数的影响。采用聚四氟乙烯或橡胶材质衬里和 Hc、Hb、316L、Ti 等电极材料的不同组合可适应不同介质的需要。

（1）电磁流量计没有可动部件，也没有阻流件，不会引起压力损失，同时也不会引起磨损、阻塞等问题。

（2）电磁流量计是一体积流量测量仪表，在测量过程中不受被测介质的温度、黏度、密度及导电率（在一定范围内）的影响。

（3）电磁流量计的量程范围宽，可达 1：100。此外，电磁流量计只与被测介质的平均流速成正比，而与轴对称的流动状态（层流或紊流）无关。

（4）电磁流量计无机械惯性，反应灵敏，可以测量瞬时脉动流量，而且线性好，因此可以将测量信号直接用转换器线性地转换成标准信号输出。LD-T 型可就地指示，LD 型可远距离传送。

5. 接线

液位传感器、压力传感器、温度传感器与 FX$_{2N}$-5A 模块的接线如下，流量计与 FX$_{2N}$-5A 模块的接线如下。

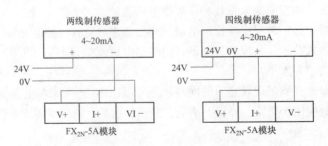

21.5.2 电动调节阀

电动调节阀由电动执行机构和调节阀两部分组成，分为直通单座式和直通双座式两种，后者具有流通能力大、不平衡力小和操作稳定的特点，所以通常特别适用于大流量、高压降和泄漏少的场合。电动调节阀的外形如图21-8所示。

电动调节阀的流量特性，是在阀两端压差保持恒定的条件下，介质流经调节阀的相对流量与它的开度之间的关系。电动调节阀的流量特性有线性特性、等百分比特性及抛物线特性三种。三种流量特性的含义如下。

（1）等百分比特性（对数）。等百分比特性的相对行程和相对流量不呈直线关系，在行程的每一点上单位行程变化所引起的流量的变化与此点的流量成正比，流量变化的百分比是相等的。所以它的优点是流量小时，流量变化小，流量大时，则流量变化大，也就是在不同开度上，具有相同的调节精度。

图 21-8　电动调节阀

（2）线性特性（线性）。线性特性的相对行程和相对流量呈直线关系。单位行程的变化所引起的流量变化是不变的。流量大时，流量相对值变化小，流量小时，则流量相对值变化大。

（3）抛物线特性。流量按行程的二次方成比例变化，大体具有线性和等百分比特性的中间特性。

从上述三种特性的分析可以看出，就其调节性能上讲，以等百分比特性为最优，其调节稳定，调节性能好。而抛物线特性又比线性特性的调节性能好，可根据使用场合的要求不同，挑选其中任何一种流量特性。

自力式调节阀依靠流经阀内介质自身的压力、温度作为能源驱动阀门自动工作，不需要外接电源和二次仪表。这种自力式调节阀都利用阀输出端的反馈信号（压力、压差、温度）通过信号管传递到执行机构驱动阀瓣改变阀门的开度，达到调节压力、流量、温度的目的。这种调节阀又分为直接作用式和间接作用式两种。直接作用自力式调节阀又称为弹簧负载式，其结构内有弹性元件，如弹簧、波纹管、波纹管式的温包等，利用弹性力与反馈信号平衡的原理。间接作用自力式调节阀，增加了一个指挥器（先导阀），它起到对反馈信号的放大作用，然后通过执行机构，驱动主阀阀瓣运动达到改变阀开度的目的。如果是压力自力式调节阀，反馈信号就是阀的出口压力，通过信号管引入执行机构。如果是流量自力式调节阀，阀的出口处就有一个孔板（或者是其他阻力装置），由孔板两端取出压差信号引入执行机构。如果是温度自力式调节阀，阀的出口就有温度传感器（或者温包），通过温度传感器内介质的热胀冷缩驱动执行机构。

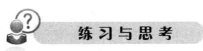

练习与思考

一、单选题

1. 自动调谐用的输出值应在可能输出最大值的（　　）范围内选用。
　　A. 30%～50%　　　B. 50%～80%　　　C. 50%～100%　　　D. 70%～100%

2. 采用自动调谐法时，目标值的设定应保证自动调谐开始时的测定值与目标值之差要大于

（　　）。

  A. 100 以上   B. 150 以上   C. 250 以上   D. 350 以上

3. 流量控制和开度控制 PID 调节的动作方向是（　　）。

  A. 正动作   B. 负动作   C. 无动作方向   D. 以上都不是

4. 电磁流量计的原理是基于（　　）。

  A. 特斯拉定律   B. 基尔霍夫定律   C. 戴维南定律   D. 法拉第电磁感应定律

5. 电磁流量计输出是（　　）。

  A. 流体的流动速度   B. 流体的体积

  C. 单位时间流体的体积   D. 定位时间流体的质量

6. 开度调节阀的主要缺点是（　　）。

  A. 线性度差   B. 能耗较大   C. 响应较慢   D. 控制复杂

7. PID 调节中，常用的消除积分饱和的方法是（　　）。

  A. 积分限幅法   B. 积分合并法   C. 定速积分法   D. 积分累积法

8. 电动调节阀的 PID 控制，一般采用的 PID 算法是（　　）。

  A. 位置控制法   B. 增量控制法   C. 相对控制法   D. 定量控制法

二、多选题

9. 电磁流量计的特点是（　　）。

  A. 电磁流量计不会引起压力损失，不会引起磨损、阻塞等问题

  B. 测量过程中不受被测介质的温度、黏度、密度的影响

  C. 电磁流量计只与被测介质的平均流速成正比，而与轴对称的流动状态无关

  D. 电磁流量计无机械惯性，反应灵敏

  E. 以上全是

10. 自动控制系统的性能通常用（　　）来描述。

  A. 稳定性   B. 准确性   C. 快速性   D. 经济性

  E. 以上全是

11. 电磁流量计的输出形式有（　　）。

  A. 4～20mA   B. 0～5V   C. 0～24V   D. 通信数据输出

  E. 以上全是

12. 创新对企事业和个人发展的作用表现在（　　）。

  A. 是企事业持续、健康发展的巨大动力   B. 是企事业竞争取胜的重要手段

  C. 是个人事业获得成功的关键因素   D. 是个人提高自身职业道德水平的重要条件

  E. 以上全是

13. 安全生产法规作用的主要表现有（　　）。

  A. 为保护劳动者的安全健康提供法律依据

  B. 加强安全生产的法制化管理

  C. 指导和推动安全生产工作的发展，促进企业安全生产

  D. 进一步提高生产力，保证企业效益的实现和国家经济建设事业的顺利发展

  E. 以上全是

14. 阶跃响应法适合于（　　）。

  A. 比例控制系统   B. PI 控制系统   C. PD 控制系统   D. PID 控制系统

  E. 以上全是

15. 采用自动调谐法时，需要设定自动调谐的（　　　）。

    A. 采样时间　　　　B. 输出滤波　　　　　C. 微分增益　　　　　D. 目标值

    E. 以上全是

三、判断题

16. 自动调谐时的采样时间应大于1s以上，并且要远大于输出变化的周期时间。（　　　）

17. 为了消除稳态误差，在控制器中必须引入"微分项"。（　　　）

18. 积分项对误差取决于时间的积分，随着时间的增加，积分项会减小。（　　　）

19. 比例＋积分（PI）控制器，可以使系统在进入稳态后无稳态误差。（　　　）

20. PID调节系统中，积分分离法和变速积分法可以消除积分饱和作用。（　　　）

21. 电磁流量计可以测量气体的流量。（　　　）

22. PID调节中增加 A/D 转换位数可以消除积分不灵敏区，从而提高运算精度。（　　　）

23. 用电动调节阀实现液体流量控制，由于电动调节阀的响应特性，系统容易出现堵转现象。（　　　）

四、简答题

24. 简述流量传感器的结构与工作原理。

25. 简述开度调节阀的结构与工作原理。

26. 列出 PLC PID 控制时的参数名称。

练习与思考题参考答案

1. C	2. B	3. B	4. D	5. C	6. C	7. A	8. A	9. ABCDE	10. ABC
11. ABD	12. ABC	13. ABCDE	14. ABD	15. ABCDE	16. Y	17. N	18. N	19. Y	20. Y
21. Y	22. Y	23. Y							

任务 ㉒

中央空调变频节能的监控系统设计与实现

22.1 任务来源

当今社会大力提倡"节能降耗",作为电气工作人员,我们应该承担相应的社会责任,因此,在电气控制系统设计与维护时,应当充分考虑电气控制系统的能量消耗,如中央空调系统、给排水系统就是能量消耗的大户,在"节能降耗"方面具有很大的潜力,也涌现出了很多经典的节能改造案例,中央空调变频节能电气控制系统的设计(或改造)是电气工作人员经常要做的工作,所以,我们要掌握使用 PLC、变频器、特殊功能模块及人机界面来完成中央空调节能监控系统的设计与实现。

22.2 任务描述

请设计一个中央空调循环水变频节能的监控系统,并完成其控制系统的设备选型、系统接线、画面制作、程序设计和运行调试,其具体要求如下。

(1) 循环水系统配有冷却水泵 2 台 (M1 和 M2),冷冻水泵 2 台 (M3 和 M4),均为一用一备,冷却水泵和冷冻水泵的控制过程相似,实训时只需设计冷却水泵的电气控制系统。

(2) 正常情况下,系统运行在变频节能状态,其上限运行频率为 50Hz,下限运行频率为 30Hz,当节能系统出现故障时,可以手动转换为工频运行。

(3) 自动调节频率时,采用温差控制,当温差大于 5℃ 时每隔 4s 增加 0.5Hz;当温差小于 4.5℃ 时每隔 4s 减少 0.5Hz;当温差大于等于 4.5℃ 小于等于 5℃ 时保持当前运行频率不变。

(4) 在变频节能状态下可以按上述温差进行自动调频,也可以手动调节频率,每次的调节量为 0.5Hz,且 2 台水泵可以进行手动轮换。

(5) 上述的所有操作和显示都通过触摸屏来实现。

22.3 目标描述

22.3.1 技能目标

完成本训练任务后,你应当能(够):

1. 关键技能

• 能(会)正确使用 AD 模块读取模拟温度值。

- 能（会）正确使用 DA 模块。
- 能（会）使用模拟量控制变频器的转速。

2. 基本技能
- 能（会）正确进行 AD 模块的连接。
- 能（会）正确进行 DA 模块的连接。
- 能（会）使用 TO、FROM 指令编程。

22.3.2 知识目标

完成本训练任务后，你应当能（够）：
- 掌握 AD 模块的 BFM 的定义。
- 掌握 DA 模块的 BFM 的定义。
- 掌握变频器模拟控制时的参数设置。

22.3.3 职业素质目标

完成本训练任务后，你应当能（够）：
- 认真学习、认真听课，养成善于思考、敢于提问的学习习惯。
- 严格遵守电气安全操作规范，树立安全意识。

认真履行节能降耗的社会责任，树立"浪费可耻，节约光荣"的社会风气。

22.4 任务实施

22.4.1 活动一 学员自学或教师讲授

1. 了解中央空调循环水节能的工作原理
（1）了解中央空调循环水系统的结构。
（2）了解三相异步电动机的工作特性。

2. 4AD-PT 和 2DA 模块的应用
（1）FX$_{2N}$-4AD-PT 模块的 BFM 定义。
（2）FX$_{2N}$-2DA 模块的 BFM 定义。
（3）读 4AD-PT 模块和写 2DA 模块的程序设计（难点）。

3. 了解温度传感器的基本知识
（1）了解温度传感器的工作原理。
（2）了解温度传感器的基本结构。
（3）重点了解温度传感器的接线及使用注意事项。

22.4.2 活动二 示范操作

1. 步骤一：分析控制需求，进行系统方案设计

（1）熟读并分析控制要求，并结合中央空调的实际情况进行需求分析。在冷却水循环系统中，PLC 通过温度传感器及温度模块将冷却水的回水温度和进水温度读入内存，根据回水和进水的温差值来控制变频器的转速，调节冷却水的流量，控制热交换的速度。因此，对冷却水来说，以回水和进水的温差作为控制依据，实现回水和进水的恒温差控制是比较合理的。温差大，说明冷冻机组产生的热量大，应提高冷却泵的转速，加大冷却水的循环速度；温差小，说明冷冻机组产生的热量小，应降低冷却泵的转速，减缓冷却水的循环速度，以节约电能。因此，中央空调冷却水系统的控制可采用变频调速来实现，变频器的频率采用回进水温差来控制。

根据控制要求，可画出冷却水泵的主电路原理图，如图 22-1 所示。图中 KM1、KM2 分别为 M1、M2 的变频接触器，KM3、KM4 为工频接触器，变频接触器通过 PLC 进行控制，工频接触器通过继电器电路进行控制（实训时该部分不作要求），并且，它们相互之间有电气互锁。

控制部分通过两个箔温度传感器（PT100，3 线，100Ω）采集冷却水的回水和进水温度，然后通过与之连接的 FX_{2N}-4AD-PT 特殊功能模块，将采集的模拟量转换成数字量传送给 PLC，再通过 PLC 进行运算，将运算的结果通过 FX_{2N}-2DA 将数字量转换成模拟量（DC0～10V）来控制变频器的转速。触摸屏可以发出控制信号，并能对系统的运行进行监视，其系统控制框图如图 22-2 所示。

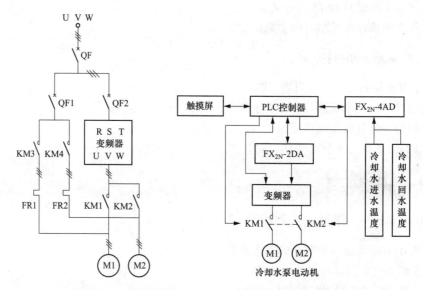

图 22-1　冷却水泵的主电路原理图　　　　图 22-2　系统控制框图

（2）程序设计方案。根据系统的控制要求，该程序包括了冷却水回进水温度的检测程序、D/A 转换程序、手动调速程序、自动调速程序以及变频器的启、停、报警、复位、冷却泵的轮换等程序。

2. 步骤二：确定硬件配置，绘制控制系统接线图

（1）根据系统控制要求，确定系统的硬件配置，如图 22-1、图 22-2 所示。

（2）根据系统的控制要求及设计思路，PLC、触摸屏的软元件分配如下：

X0：变频器报警输出信号；M0：冷却泵启动按钮；M1：冷却泵停止按钮；M2：冷却泵手动加速；M3：冷却泵手动减速；M5：变频器报警复位；M6：冷却泵 M1 运行；M7：冷却泵 M2 运行；M10：冷却泵手/自动调速切换；Y0：变频运行信号（STF）；Y1：变频器报警复位；Y4：变频器报警指示；Y6：冷却泵自动调速指示；Y10：冷却泵 M1 变频运行；Y11：冷却泵 M2 变频运行。

另外，程序中还用到了一些元件，如数据寄存器 D20 为冷却水进水温度，D21 为冷却水回水温度，D25 为冷却水进回水温差，D1010 为 D/A 转换前的数字量，D1001 为变频器运行频率显示。

（3）根据系统的控制要求、设计思路及 PLC 触摸屏的软元件分配，其控制系统接线图如图 22-3 所示。

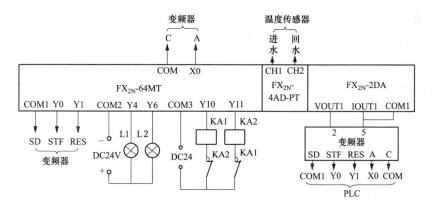

图 22-3　控制系统接线图

3. 步骤三：根据控制要求进行 PLC 程序设计

根据系统的控制要求，该控制程序主要由以下几部分组成。

（1）冷却水回进水温度检测及温差计算程序，如图 22-4 所示。

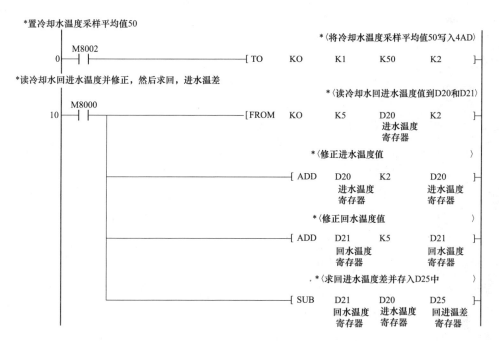

图 22-4　冷却水回进水温度检测及温差计算程序

（2）D/A 转换程序，如图 22-5 所示。

（3）手动调速程序，如图 22-6 所示。

（4）自动调速程序，如图 22-7 所示。

此外，变频器的启、停、报警、复位、冷却泵的轮换及变频器频率的设定、频率和时间的显示等均采用基本逻辑指令来控制，其控制程序如图 22-8 所示。将图 22-4～图 22-8 的程序组合起来，即为系统的控制程序。

（5）根据系统的控制要求、设计思路及 PLC 触摸屏的软元件分配，按人机界面的画面图（见图 22-9）制作画面并下载。

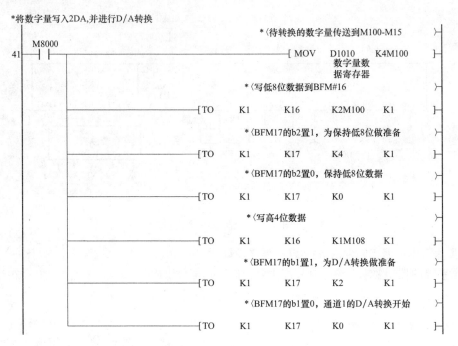

图 22-5　D/A 转换程序

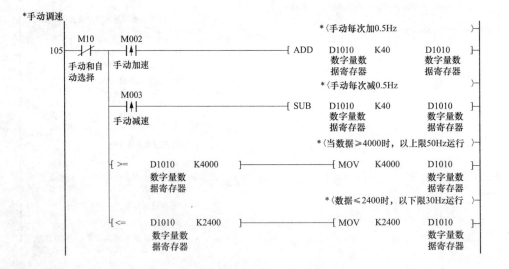

图 22-6　手动调速程序

4. 步骤四：根据控制要求进行联机调试

（1）根据控制要求，设定变频器的参数，具体设定参数如下。

1）上限频率 Pr1＝50Hz。

2）下限频率 Pr2＝30Hz。

3）基底频率 Pr3＝50Hz。

4）加速时间 Pr7＝3s。

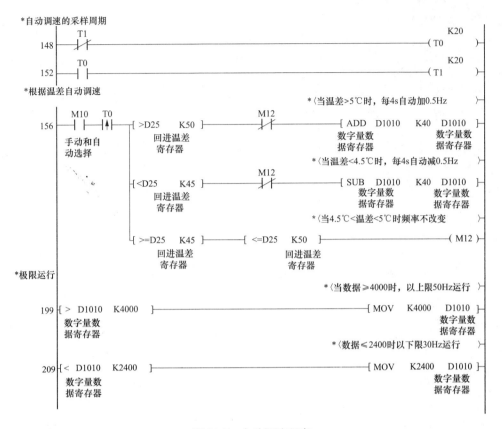

图 22-7　自动调速程序

5）减速时间 Pr8＝3s。

6）电子过电流保护 Pr9＝电动机的额定电流。

7）启动频率 Pr13＝10Hz。

8）DU 面板的第三监视功能为变频器的输出功率 Pr54＝14。

9）智能模式选择为节能模式 Pr60＝4。

10）选择端子 2～5 为 0～10V 的电压信号 Pr73＝0。

11）允许所有参数的读/写 Pr160＝0。

12）操作模式选择（外部运行）Pr79＝2。

（2）输入程序。将设计的程序正确输入 PLC 中。

（3）触摸屏与 PLC 的通信调试。将制作好的触摸屏画面传送给触摸屏，并将触摸屏与 PLC 连接好，通过操作触摸屏上的触摸键，观察触摸屏指示和 PLC 输出指示灯的变化是否按要求指示，否则，检查并修改触摸屏画面或 PLC 程序，直至指示正确。

（4）手动调速的调试。按图 22-3 所示的控制电路图，将 PLC、变频器、FX$_{2N}$-4AD-PT、FX$_{2N}$-2DA 连接。调节 FX$_{2N}$-2DA 的零点和增益，使 D1010 为 2400 时，变频器的输出频率为 30Hz；使 D1010 为 4000 时，变频器的输出频率为 50Hz；D1010 每增减 40 时，变频器的输出频率增减 0.5Hz，然后，通过触摸屏手动操作，观察变频器的输出频率。

（5）自动调速的调试。在手动调速成功的基础上，将两个温度传感器放入温度不同的水中，通过变频器的操作面板观察变频器的输出是否符合要求，否则，修正进水、回水的温度值，使回进水温差与变频器输出的频率相符。

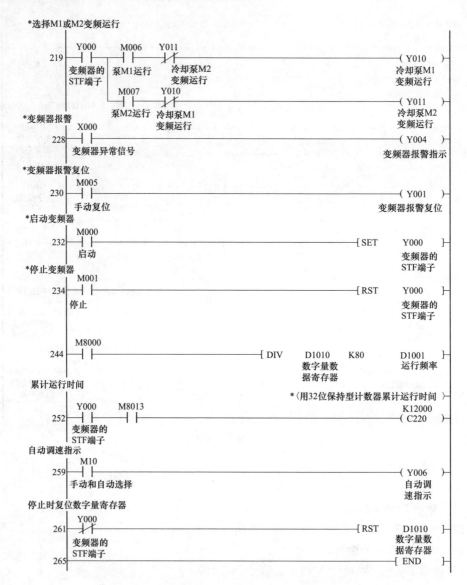

图 22-8 变频器、水泵启停报警的控制程序

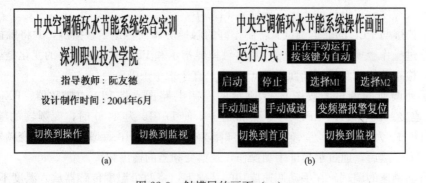

图 22-9 触摸屏的画面（一）

（a）触摸屏首页画面；（b）触摸屏操作画面

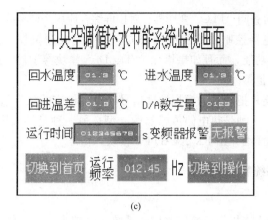

(c)

图 22-9 触摸屏的画面（二）

(c) 触摸屏监视画面

（6）空载调试。按图 22-3 所示的控制电路图连接好各种设备（不接电动机），进行 PLC、变频器、特殊功能模块的空载调试。分别在手动调速和自动调速的情况下，通过变频器的操作面板观察变频器的输出是否符合要求，否则，检查系统接线、变频器参数、PLC 程序，直至变频器按要求运行。

（7）系统调试。按图 22-1 和图 22-3 正确连接好全部设备，进行系统调试，观察电动机能否按控制要求运行，否则，检查系统接线、变频器参数、PLC 程序，直至电动机按控制要求运行。

5. 步骤五：做好相关技术总结

（1）对于实际生产设备，在完成系统调试后，必须撰写技术总结、运行与管理等的相关技术资料。

（2）对于实训室的训练，要认真总结相关技能点、知识点、关键操作等，为下一训练任务打好基础。

22.4.3 活动三 根据所讲述和示范案例，完成下面任务

请在"活动二"的基础上按如下要求设计一个中央空调循环水变频节能的监控系统，并完成其控制系统的设备选型、系统接线、画面制作、程序设计和运行调试。

（1）循环水系统配有冷却水泵 2 台（M1 和 M2），冷冻水泵 2 台（M3 和 M4），均为一用一备，冷却水泵和冷冻水泵的控制过程相似，实训时只需设计冷却水泵的电气控制系统。

（2）正常情况下，系统运行在变频节能状态，其上限运行频率为 50Hz，下限运行频率为 30Hz，当节能系统出现故障时，可以进行手动工频运行。

（3）自动调节频率时，采用温差控制，当温差大于 5℃时每隔 4s 增加 0.5Hz；当温差小于 4.5℃时每隔 4s 减少 0.5Hz；当温差大于等于 4.5℃小于等于 5℃时保持当前频率不变。

（4）在变频节能状态下可以按上述温差进行自动调频，也可以手动调节频率，每次的调节量为 0.5Hz，且 2 台水泵可以进行手动轮换。

（5）上述的所有操作和显示都通过触摸屏来实现。

22.5 相关知识与技能

为顺利完成本训练任务，需要学习中央空调节能原理、三菱 FX_{2N}-4AD-PT 和 FX_{2N}-2DA 及温度传

感器。主要内容如下，也可查阅《PLC、变频器、触摸屏综合应用实训》的第 4 章的相关部分。

早期的 PLC 是从继电器控制系统发展而来的，主要完成逻辑控制。但是，随着 PLC 的发展，它不仅具有逻辑控制功能，而且如果增加 A/D、D/A 模块等硬件，还能对模拟量进行控制，如温度、湿度、压力、流量等。

温度 A/D 模块的功能是把现场的模拟温度信号转换成相应的数字信号传送给 CPU。FX_{2N} 有两类温度 A/D 输入模块：一种是热电偶传感器输入型；另一种是铂温度传感器输入型，但两类模块的基本原理相同。现详细介绍 FX_{2N}-4AD-PT 模块。

22.5.1　中央空调系统节能原理

1. 中央空调的组成

中央空调系统主要由冷冻机组、冷冻水循环系统、冷却水循环系统与冷却风机等部分组成，如图 22-10 所示。

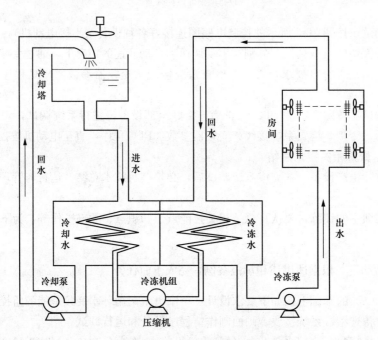

图 22-10　中央空调的系统组成

（1）冷冻机组。冷冻机组也叫制冷装置，是中央空调的制冷源。通往各个房间的循环水在冷冻机组内进行内部热交换，冷冻机组吸收热量，冷冻水温度降低；同时，流经冷却塔的循环水也在冷冻机组内部进行热交换，冷冻机组释放热量，冷却水温度升高。

（2）冷冻水循环系统。冷冻水循环系统由冷冻泵、冷冻水管及房间盘管组成。从冷冻机组流出的冷冻水（7℃）经冷冻泵加压后送入冷冻水管道，在各房间盘管内进行热交换，带走房间内的热量，使房间内的温度下降。同时，冷冻水的温度升高，温度升高了的冷冻水（12℃）流回冷冻机组后，冷冻机组的蒸发器又吸收冷冻水的热量，使之又成为低温的冷冻水，如此往复循环，是一个闭式系统。

从冷冻机组流出、进入房间的冷冻水简称为"出水"，流经所有房间后回到冷冻机组的冷冻水简称为"回水"。由于回水的温度高于出水的温度，因而形成温差。

（3）冷却水循环系统。冷却水循环系统由冷却泵、冷却水管道及冷却塔组成。冷冻机组在进行内部热交换、使冷冻水降温的同时，又使冷却水温度升高。冷却泵将升温的冷却水（37℃）压入冷却塔，使之在冷却塔中与大气进行热交换，然后冷却了的冷却水（32℃）又流回冷冻机组，如此不断循环，带走了冷冻机组释放的热量，它通常是一个开式系统。

流进冷冻机组的冷却水简称为"进水"，从冷冻机组流回冷却塔的冷却水简称为"回水"。同样，回水的温度高于进水的温度，也形成了温差。

（4）冷却风机。冷却风机又分为盘管风机和冷却塔风机两种。盘管风机又称为室内风机，安装于所有需要降温的房间内，用于将冷却了的冷空气吹入房间，加速房间内的热交换。冷却塔风机用于降低冷却塔中冷却水的温度，将回水带回的热量加速散发到大气中去。

由上可知，中央空调系统的工作过程是一个不断地进行热交换的能量转换过程。在这里，冷冻水和冷却水循环（总称为循环水）系统是能量的主要传递者。因此，对冷冻水和冷却水循环系统的控制是中央空调控制系统的重要组成部分。

2. 中央空调系统存在的问题

一般来说，中央空调系统的最大负载能力是按照天气最热、负荷最大的条件来设计的，存在着很大宽裕量，但是，实际上系统极少在这些极限条件下工作。根据有关资料统计，空调设备97%的时间运行在70%负荷以下，并时刻波动，所以，实际负荷总不能达到设计的负荷，特别是冷气需求量少的情况下，主机负荷量低，为了保证有较好的运行状态和较高的运行效率，主机能在一定范围内根据负载的变化加载和卸载（近年来，许多生产厂商也对主机进行变频调速，但它更多涉及制冷的内容，这里不进行介绍），但与之相配套的冷却水泵和冷冻水泵却仍在高负荷状态下运行（水泵电动机的功率是按高峰冷负荷对应水流量的 1.2 倍选配），这样，存在很大的能量损耗，同时还会带来以下一系列问题。

（1）水流量过大使循环水系统的温差降低，恶化了主机的工作条件、引起主机热交换效率下降，造成额外的电能损失。

（2）由于水泵流量过大，通常都是通过调整管道上的阀门开度来调节冷却水和冷冻水流量，因此阀门上存在着很大的能量损失。

（3）水泵电动机通常采用星—三角启动，但启动电流仍然较大，会对供电系统带来一定冲击。

（4）传统的水泵启、停控制不能实现软启、软停，在水泵启动和停止时，会出现水锤现象，对管网造成较大冲击，增加管网阀门的泡冒滴漏现象。

由于中央空调循环水系统运行效率低、能耗较大，存在许多弊端，并且属长期运行，因此，对循环水系统进行节能技术改造是完全必要的。

3. 节能改造的可行性分析

（1）方案分析。在长期的工程实践中，我们常采用以下几种改造方案：一是通过关小水阀门来控制流量。工程实践证明，这种方法通常达不到节能的效果，且控制不好还会引起冷冻水末端压力偏低，造成高层用户温度过高，也常引起冷却水流量偏小，造成冷却水散热不够，温度偏高。二是根据制冷主机负载较轻时实行间歇停机。这种方法由于再次启动主机时，主机负荷较大，实际上并不省电，且易造成空调时冷时热，令人产生不适感。三是采用变频器调速，由人工根据负荷轻重来调整变频器的频率。这种方法人为因素较大，虽然投资较小，但达不到最大节能效果。四是通过变频器、PLC、数模转换模块、温度模块、温度传感器和人机界面等构成温度（或温差）闭环自动控制系统，根据负载轻重自动调整水泵的运行频率。这种方法一次投入成本较高，但节能效果好、自动化程度高，在实践中已经被广泛应用。

（2）调速节能原理。采用交流变频技术控制水泵的运行，是目前中央空调系统节能改造的有效途径之一。图 22-11 给出了阀门调节和变频调速控制两种状态的扬程—流量（H—Q）关系。

任务 22

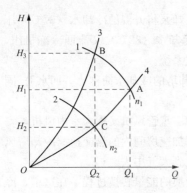

图 22-11　扬程—流量
（H—Q）关系曲线

图 22-11 是泵的扬程 H 与流量 Q 的关系曲线。图中曲线 1 为泵在转速 n_1 下的扬程—流量特性，曲线 2 为泵在转速 n_2 下的扬程—流量特性，曲线 4 为阀门正常时的管阻特性，曲线 3 为阀门关小时的管阻特性。

水泵是一种平方转矩负载，其流量 Q 与转速 n，扬程 H 与转速 n 的关系如下式所示：

$$Q_1/Q_2 = n_1/n_2, H_1/H_2 = n_1^2/n_2^2$$

上式表明，泵的流量与其转速成正比，泵的扬程与其转速的平方成正比。当电动机驱动水泵时，电动机的轴功率 P（kW）可按下式计算：

$$P = \rho QgH/n_c n_f$$

式中　P——电动机的轴功率，kW；

ρ——液体的密度，kg/m³；

Q——流量，m³/s；

g——重力加速度，m/s²；

H——扬程，m；

n_c——传动装置效率；

n_f——泵的效率。

由上式可知，泵的轴功率与流量、扬程成正比，因此，泵的轴功率与其转速的立方成正比，即 $P_1/P_2 = n_1^3/n_2^3$。

假设泵在标准工作点 A 的效率最高，输出流量 Q_1 为 100%，此时轴功率 P_1 与 Q_1、H_1 的乘积（即面积 AH_1OQ_1）成正比。当流量需从 Q_1 减小到 Q_2 时，如果采用调节阀门方法（相当于增加管网阻力），使管阻特性从曲线 4 变到曲线 3，系统轴功率 P_3 与 Q_2、H_3 的乘积（即面积 BH_3OQ_2）成正比。如果采用阀门开度不变，降低转速，泵转速由 n_1 降到 n_2，在满足同样流量 Q_2 的情况下，泵扬程 H_2 大幅降低，轴功率 P_2 和 P_3 相比较，将显著减小，节省的功率损耗 ΔP 与面积 BH_3H_2C 成正比，节能的效果是十分明显的。

由上分析可知，当所需流量减少、水泵转速降低时，其电动机所需功率按转速的 3 次方下降，因此，用变频调速的方法来减少水泵流量，其节能效果是十分显著的。如水泵转速下降到额定转速的 60%，即频率 $f=30Hz$ 时，其电动机轴功率下降了 78.4%，即节电率为 78.4%。

（3）节能技术方案。在冷冻水循环系统中，PLC 通过温度传感器及温度模块将冷冻水的出水温度和回水温度读入内存，根据回水和出水的温差值来控制变频器的转速，从而调节冷冻水的流量，控制热交换的速度。温差大，说明室内温度高，应提高冷冻泵的转速，加快冷冻水的循环速度以增加流量，加快热交换的速度；反之温差小，则说明室内温度低，可降低冷冻泵的转速，减缓冷冻水的循环速度以降低流量，减缓热交换的速度，以节约电能。

在冷却水循环系统中，PLC 通过温度传感器及温度模块将冷却水的出水温度和进水温度读入内存，根据出水和进水的温差值来控制变频器的转速，调节冷却水的流量，控制热交换的速度。因此，对冷却水来说，以出水和进水的温差作为控制依据，实现出水和进水的恒温差控制是比较合理的。温差大，说明冷冻机组产生的热量大，应提高冷却泵的转速，加大冷却水的循环速度；温差小，说明冷冻机组产生的热量小，应降低冷却泵的转速，减缓冷却水的循环速度，以节约电能。

但是由于夏季天气炎热，以冷却水出水与进水的温差控制，在一定程度上还不能满足实际的需求，因此在气温高（即冷却水进水温度高）的时候，采用冷却水出水的温度进行自动调速控制，而在气温低时自动返回温差控制调速（最佳节能模式）。

22.5.2 FX$_{2N}$-4AD-PT

1. 概述

FX$_{2N}$-4AD-PT 模拟特殊模块将来自 4 个铂温度传感器（PT100，3 线，100Ω）的输入信号放大，并将数据转换成 12 位的可读数据，存储在主处理单元（MPU）中，摄氏度和华氏度数据都可读取。它与 PLC 之间通过缓冲存储器交换数据，数据的读出和写入通过 FROM/TO 指令来进行，其技术指标见表 22-1。

表 22-1   FX$_{2N}$-4AD-PT 的技术指标

项目	摄氏度/℃	华氏度/℉
模拟量输入信号	PT100 铂温度传感器（100Ω），3 线，4 通道	
传感器电流	PT100 传感器 100Ω 时 1mA	
额定温度范围	−100～+600℃	−148～+1112 ℉
数字输出	−1000～+6000	−1480～+11120
	12 位（11 个数据位＋1 个符号位）	
最小分辨率	0.2～0.3℃	0.36～0.54 ℉
整体精度	满量程的±1%	
转换速度	15ms	
电源	主单元提供 DC 5V/30mA，外部提供 DC 24V/50mA	
占用 I/O 点数	占用 8 个点，可分配为输入或输出	
适用 PLC	FX$_{1N}$，FX$_{2N}$，FX$_{2NC}$，H2U	

2. 接线

（1）接线图。FX$_{2N}$-4AD-PT 的接线如图 22-12 所示。

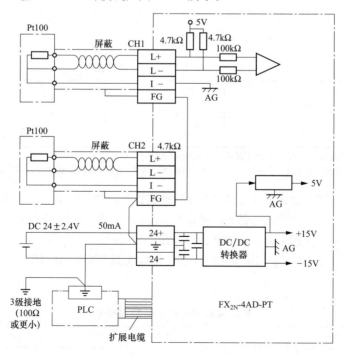

图 22-12   FX$_{2N}$-4AD-PT 接线图

（2）注意事项。

1）FX$_{2N}$-4AD-PT 应使用 PT100 传感器的电缆或双绞屏蔽电缆作为模拟输入电缆，并且和电源线或其他可能产生电气干扰的电线隔开。

2）可以采用压降补偿的方式来提高传感器的精度。如果存在电气干扰，将电缆屏蔽层与外壳地线端子（FG）连接到 FX$_{2N}$-4AD-PT 的接地端和主单元的接地端。如可行的话，可在主单元使用 3 级接地。

3）FX$_{2N}$-4AD-PT 可以使用 PLC 的外部或内部的 24V 电源。

3. 缓冲存储器（BFM）的分配

FX$_{2N}$-4AD-PT 的 BFM 分配见表 22-2。

表 22-2　　　　　　　　　　　　　　　BFM 分 配 表

BFM	内容	说明
＊＃1～＃4	CH1～CH4 的平均温度值的采样次数（1～4096），默认值＝8	（1）平均温度的采样次数被分配给 BFM＃1～＃4。只有 1～4096 的范围是有效的，溢出的值将被忽略，默认值为 8。
＃5～＃8	CH1～CH4 在 0.1℃ 单位下的平均温度	（2）最近转换的一些可读值被平均后，给出一个平均后的可读值。平均数据保存在 BFM 的 ＃5～＃8 和 ＃13～＃16 中。
＃9～＃12	CH1～CH4 在 0.1℃ 单位下的当前温度	（3）BFM＃9～＃12 和 ＃17～＃20 保存输入数据的当前值。这个数值以 0.1℃ 或 0.1℉ 为单位，不过可用的分辨率为 0.2～0.3℃ 或者 0.36～0.54℉。
＃13～＃16	CH1～CH4 在 0.1℉ 单位下的平均温度	
＃17～＃20	CH1～CH4 在 0.1℉ 单位下的当前温度	
＃21～＃27	保留	
＊＃28	数字范围错误锁存	（4）带 ＊ 的 BFM 可使用 TO 指令写入数据，其他的只能用 FROM 读数据
＃29	错误状态	
＃30	识别号 K2040	
＃31	保留	

（1）缓冲存储器 BFM＃28。BFM＃28 是数字范围错误锁存，它锁存每个通道的错误状态见表 22-3，据此可用于检查铂温度传感器是否断开。

表 22-3　　　　　　　　　　FX$_{2N}$-4AD-PT BFM＃28 位信息

b15 到 b8	b7	b6	b5	b4	b3	b2	b1	b0
未用	高	低	高	低	高	低	高	低
	CH4		CH3		CH2		CH1	

注　"低"表示当测量温度下降，并低于最低可测量温度极限时，对应位为 ON。

"高"表示当测量温度升高，并高于最高可测量温度极限或者铂温度传感器断开时，对应位为 ON。

如果出现错误，则在错误出现之前的温度数据被锁存。如果测量值返回到有效范围内，则温度数据返回正常运行，但错误状态仍然被锁存在 BFM＃28 中。当错误消除后，可用 TO 指令向 BFM＃28 写入 K0 或者关闭电源，以清除错误锁存。

（2）缓冲存储器 BFM＃29。BFM＃29 中各位的状态是 FX$_{2N}$-4AD-PT 运行正常与否的信息，具体规定见表 22-4。

表 22-4　　　　　　　　　　FX$_{2N}$-4AD-PT BFM＃29 位信息

BFM＃29 各位的功能	ON（1）	OFF（0）
b0：错误	如果 b1～b3 中任何一个为 ON，出错通道的 A/D 转换停止	无错误

BFM♯29 各位的功能	ON（1）	OFF（0）
b1：保留	保留	保留
b2：电源故障	DC 24V 电源故障	电源正常
b3：硬件错误	A/D 转换器或其他硬件故障	硬件正常
b4～b9：保留	保留	保留
b10：数字范围错误	数字输出/模拟输入值超出指定范围	数字输出值正常
b11：平均值的采样次数错误	采样次数超出范围，参考 BFM♯1～♯4	正常（1～4096）
b12～b15：保留	保留	保留

（3）缓冲存储器 BFM♯30。FX$_{2N}$-4AD-PT 的识别码为 K2040，它存放在缓冲存储器 BFM♯ 30 中。在传输/接收数据之前，可以使用 FROM 指令读出特殊功能模块的识别码（或 ID），以确认正在对此特殊功能模块进行操作。

4. 实例程序

图 22-13 所示的程序中，FX$_{2N}$-4AD-PT 模块占用特殊模块 0 的位置（即紧靠 PLC），平均采样次数是 4，输入通道 CH1～CH4 以℃表示的平均温度值分别保存在数据寄存器 D10～D13 中。

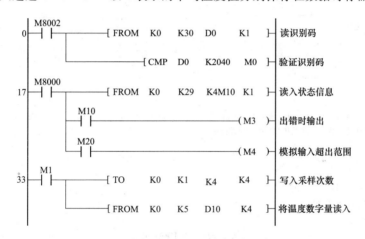

图 22-13　FX$_{2N}$-4AD-PT 基本程序

22.5.3　FX$_{2N}$-2DA

D/A 输出模块的功能是把 PLC 的数字量转换为相应的电压或电流模拟量，以便控制现场设备。FX$_{2N}$ 常用的 D/A 输出模块有 FX$_{2N}$-2DA 和 FX$_{2N}$-4DA 两种，下面仅介绍 FX$_{2N}$-2DA 模块。

1. 概述

FX$_{2N}$-2DA 模拟输出模块用于将 12 位的数字量转换成 2 路模拟信号输出（电压输出和电流输出）。根据接线方式的不同，模拟输出可在电压输出和电流输出中进行选择，也可以是一个通道为电压输出，另一个通道为电流输出。PLC 可使用 FROM/TO 指令与它进行数据传输，其技术指标见表 22-5。

表 22-5　　　　　　　　　　　　　　FX$_{2N}$-2DA 的技术指标

项目	输出电压	输出电流
模拟量输出范围	0～10V 直流，0～5V 直流	4～20mA
数字范围	12 位	

续表

项目	输出电压	输出电流
分辨率	2.5mV（10V/4000） 1.25mV（5V/4000）	4μA（16mA/4000）
总体精度	满量程±1％	
转换速度	4ms/通道	
电源规格	主单元提供 5V/30mA 和 24V/85mA	
占用 I/O 点数	占用 8 个 I/O 点，可分配为输入或输出	
适用的 PLC	FX$_{1N}$，FX$_{2N}$，FX$_{2NC}$	

2. 接线图

FX$_{2N}$-2DA 的接线如图 22-14 所示。

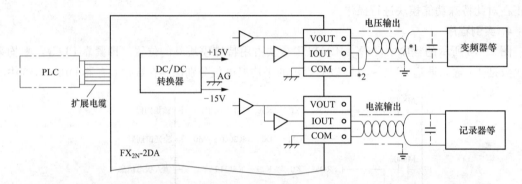

*1 —当电压输出存在波动货=或有大量噪声时，在图中位置处连接0.1~0.47μF DC 25V的电容

*2 —对于电压输出，须将IOUT和ICOM进行短路。

图 22-14　FX$_{2N}$-2DA 接线图

3. 缓冲存储器（BFM）分配

FX$_{2N}$-2DA 的缓冲存储器分配见表 22-6。

表 22-6　　　　　　　　　　　　FX$_{2N}$-2DA 的 BFM 分配

BFM 编号	b15 到 b8	b7 到 b3	b2	b1	b0
＃0 到＃15	保留				
＃16	保留	输出数据的当前值（8 位数据）			
＃17	保留		D/A 低 8 位 数据保持	通道 1 的 D/A 转换开始	通道 2 的 D/A 转换开始
＃18 或更大	保留				

BFM＃16：存放由 BFM＃17（数字值）指定通道的 D/A 转换数据。D/A 数据以二进制形式出现，并以低 8 位和高 4 位两部分顺序进行存放和转换。

BFM＃17：b0：通过将 1 变成 0，通道 2 的 D/A 转换开始。

b1：通过将 1 变成 0，通道 1 的 D/A 转换开始。

b2：通过将 1 变成 0，D/A 转换的低 8 位数据保持。

4. 偏移和增益的调整

FX$_{2N}$-2DA 的偏移和增益的调整程序如图 22-15 所示。

上述程序的功能是完成 D/A 转换，并从 CH1 通道输出电压或电流。当调整偏移时，将 X0

置 ON；当调整增益时，将 X1 置 ON，偏移和增益的调整方法如下。

(1) 当调整偏移/增益时，应按照偏移调整和增益调整的顺序进行。

(2) 通过 OFFSET 和 GAIN 旋钮对通道 1 进行偏移调整和增益调整。

(3) 反复交替调整偏移值和增益值，直到获得稳定的数值。

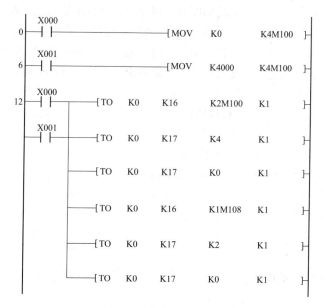

图 22-15　偏移和增益调整程序

22.5.4　温度传感器及其应用

1. 热电阻传感器

热电阻测温是基于金属导体的电阻值随温度的增加而增加这一特性来进行温度测量的。热电阻大都由纯金属材料制成，目前应用最多的是铂和铜，此外，现在已开始采用甸、镍、锰和铑等材料制造热电阻。

PT100 是铂热电阻，它的阻值会随着温度的变化而变化。PT 后的 100 即表示它在 0℃时阻值为 100Ω，在 100℃时它的阻值约为 138.5Ω。PT100 的分度表如下：

温度	阻值 Ω	温度	阻值 Ω	温度	阻值 Ω	温度	阻值 Ω
−50℃	80.31	20℃	107.79	90℃	134.71	160℃	161.05
−40℃	84.27	30℃	111.67	100℃	138.51	170℃	164.77
−30℃	88.22	40℃	115.54	110℃	142.29	180℃	168.48
−20℃	92.16	50℃	119.40	120℃	146.07	190℃	172.17
−10℃	96.09	60℃	123.24	130℃	149.83	200℃	175.86
0℃	100.00	70℃	127.08	140℃	153.58		
10℃	103.90	80℃	130.90	150℃	157.33		

PT100 有三根引线，引线号为"PT＋"红色线接仪表的传感器输入正极，引线号为"PT−"黑色线接仪表的传感器输入负极，引线号为"PI−"白色线接仪表的传感器输入电流反馈端，该端主要是用于温度传感器长距离传输时的信号损失反馈。"PT−"与"PI−"接线时可以不分，但"PT＋"一定不能接错，否则可能会损坏传感器，从理论上讲，三线式热电阻温度传

任务
22

感器可以传输几百米的距离。

2. 热电偶传感器

热电偶是一种感温元件，是一次仪表，它直接测量温度，并把温度信号转换成热电压信号，通过电气仪表（二次仪表）转换成被测介质的温度。热电偶测温的基本原理是两种不同成分的材质导体组成闭合回路，当两端存在温度梯度时，回路中就会有电流通过，此时两端之间就存在电压（即热电动势），这就是所谓的塞贝克效应。以两种不同成分的均质导体为热电极，温度较高的一端为工作端，温度较低的一端为自由端，自由端通常处于某个恒定的温度下。根据热电动势与温度的函数关系，制成热电偶分度表；分度表是自由端温度在 0℃时的条件下得到的，不同的热电偶具有不同的分度表。

在热电偶回路中接入第三种金属材料时，只要该材料两个接点的温度相同，热电偶所产生的热电动势将保持不变，即不受第三种金属接入回路中的影响。因此，在热电偶测温时，可接入测量仪表，测得热电动势后，即可知道被测介质的温度。

工作原理：两种不同成分的导体（称为热电偶丝材或热电极）两端接合成回路，当接合点的温度不同时，在回路中就会产生电动势，这种现象称为热电效应，而这种电动势称为热电动势。热电偶就是利用这种原理进行温度测量的，其中，直接用作测量介质温度的一端叫作工作端（也称为测量端），另一端叫作冷端（也称为补偿端）；冷端与显示仪表或配套仪表连接，显示仪表会指出热电偶所产生的热电动势。

电偶实际上是一种能量转换器，它将热能转换为电能，用所产生的热电动势测量温度，对于热电偶的热电动势，应注意以下几个问题。

（1）热电偶的热电动势是热电偶工作端的两端温度函数的差，而不是热电偶冷端与工作端两端温度差的函数。

（2）热电偶所产生的热电动势的大小，当热电偶的材料均匀时，与热电偶的长度和直径无关，只与热电偶材料的成分和两端的温差有关。

（3）当热电偶的两个热电偶丝材料成分确定后，热电偶热电动势的大小，只与热电偶的温度差有关；若热电偶冷端的温度保持一定，这进热电偶的热电动势仅是工作端温度的单值函数。将两种不同材料的导体或半导体 A 和 B 焊接起来，构成一个闭合回路。当导体 A 和 B 的两个执着点 1 和 2 之间存在温差时，两者之间便产生电动势，因而在回路中形成一个大小的电流，这种现象称为热电效应。热电偶就是利用这一效应来工作的。

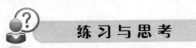

练 习 与 思 考

一、单选题

1. FX$_{2N}$-2DA 型模拟输出模块，对于 0～10VDC 的模拟电压输出，其数字范围是（　　）。

    A. 0～4000　　　　B. 0～6000　　　　C. 0～4096　　　　D. 1～4096

2. FX$_{2N}$-2DA 型模拟输出模块在 0～10VDC 时分辨率为（　　）。

    A. 1mV　　　　B. 2mV　　　　C. 2.5mV　　　　D. 2mV

3. 三菱 FX$_{2N}$-8AD 模拟量模块，提供 8 通道的 A/D 转换，提供（　　）的高精度分辨率。

    A. 8bit　　　　B. 12bit　　　　C. 14bit　　　　D. 16bit

4. FX$_{2N}$-4AD-TC 型特殊功能模块，其 BFM＃0＝H1111 时，选择的输入类型为（　　）。

    A. K 型热电偶　　　B. J 型热电偶　　　C. PT100 传感器　　　D. 通用传感器

5. FX 系列 PLC 的 FX$_{2N}$-4AD-PT 模块，当使用指令 TO　K2　K30　D100　K1，其中的 K2

表示（　　）。

  A. BFM 番号   B. 模块编号   C. 常数 K2   D. 标识码

 6. FX$_{2N}$-4AD-PT 模拟特殊模块的 BFM♯1～♯4 表示 CH1～CH4 的平均温度的采样次数，其缺省值为（　　）。

  A. 8   B. 12   C. 16   D. 100

 7. FX$_{2N}$-4AD-PT 型特殊功能模块，用于将来自 4 个通道的输入（　　）信号放大，并将数据转换成 12bit 的可读数据，存储在主处理单元（MPU）中。

  A. K 型热电偶 B. J 型热电偶   C. PT100 传感器 D. 通用传感器

 8. FX$_{2N}$-4AD-TC 型特殊功能模块，其 BFM♯0 在装运时选择的输入类型为（　　）。

  A. K 型热电偶 B. J 型热电偶   C. PT100 传感器 D. 通用传感器

 9. FX 系列 PLC 的 FX$_{2N}$-4AD-TC 模块，当执行指令 FROM　K2　K30　D100　K1 时，其中的 D100 为（　　）。

  A. BFM 番号   B. 模块编号   C. 常数 K2   D. 标识码 K2040

 10. 对呼吸停止的触电者进行人工呼吸的频率是（　　）每分钟。

  A. 12   B. 15   C. 60   D. 80

二、多选题

 11. 以下指令中是编码和译码的指令有（　　）。

  A. ENCO   B. DECO   C. SEG   D. DEC

  E. SEGD

 12. 三菱 FX$_{2N}$ 系列中，下列模块（　　）可作为温度输入使用。

  A. FX$_{2N}$-4AD-PT B. FX$_{2N}$-4AD-TC C. FX$_{2N}$-5A   D. FX$_{2N}$-4AD

  E. FX$_{2N}$-8AD

 13. 三菱 FX$_{2N}$-8AD 模拟量模块，提供 8 通道的 A/D 转换，其每一通道可以单独规定为（　　）。

  A. 电压输入   B. 4～20mA 输入 C. −20～20mA 输入 D. 热电偶输入

  E. 箔电阻输入

 14. FX$_{2N}$-2DA 型模拟输出模块可连接到（　　）系列的 PLC。

  A. FX$_{3U}$ B. FX$_{1N}$ C. FX$_{2N}$ D. FX$_{2NC}$

  E. FX$_{1S}$

 15. 当 FX$_{2N}$-2DA 不能进行正常工作时，确认下述各项（　　）。

  A. 电源 LED 的状态

  B. 确认连接到模拟输出端子的外部设备，其负载阻抗是否对应于 FX$_{2N}$-2DA

  C. 根据 B 部分确认是否外部布线

  D. 使用电压计和安培计确认输出电压值和输出电流值

  E. 确认输出特性的数字到模拟的转换

 16. 使用热电偶测温的注意事项有（　　）。

  A. 测温仪表与测量点距离较远时，不能使用

  B. 使热电偶的冷端温度保持恒定

  C. 冷端温度一般不是 0℃，必须冷端补偿

  D. 采用补偿导线不能太短

  E. 测温仪表与测量点距离太近时，不能使用

 17. 中央空调节能的方法有（　　）节能。

A. 冷冻水变频　　　B. 冷却水变频　　　　　C. 压缩机　　　　　　　　D. 阀门开度调节

E. 以上都是

18. 职业道德的价值在于（　　）。

A. 有利于企业提高产品和服务的质量

B. 可以降低成本、提高劳动生产率和经济效益

C. 有利于协调职工之间及职工与领导之间的关系

D. 有利于企业树立良好形象，创造著名品牌

三、判断题

19. FX$_{2N}$-4AD-PT 模拟特殊模块所有的数据和参数设置都可以软件控制来调整，由 FX 系列 PLC 的 TO/FROM 应用指令来完成。（　　）

20. FX2N-4AD-PT 占用 FX2N 扩展总线的 8 个点，分配这 8 点时占用 PLC 基本单元的 I/O 端子。（　　）

21. FX2N-2DA 型模拟输出模块，使用电流输出或 0～5VDC 输出时，就有必要通过偏置和增益调节器进行调节。（　　）

22. FX$_{2N}$-4AD-PT 模拟特殊模块应使用 PT100 传感器的电缆或双绞屏蔽电缆作为模拟输入电缆，并且和电源线或其他可能产生电气干扰的电线隔开。（　　）

23. FX 系列 PLC 配有许多扩展单元和扩展模块，这些单元模块与基本单元直接配合可方便地增加输入点数或输出点数，以满足实际控制要求。（　　）

24. FX 系列 PLC 的扩展单元、扩展模块、特殊单元、特殊模块既可以与基本单元直接配合使用，也可以单独使用。（　　）

25. 中央空调循环水系统节能是通过调整管道上的阀门开度来调节冷却水和冷冻水流量来实现的。（　　）

26. 传统水泵的启、停控制不能实现软启、软停，在水泵启动和停止时，会出现水锤现象，对管网造成较大冲击，增加管网阀门的泡冒滴漏现象。（　　）

27. 水泵的流量与其转速成正比，泵的扬程与其转速的平方成正比。（　　）

28. 在气温高（即冷冻水进水温度高）的时候，常采用冷却水的温度差进行自动调速控制。（　　）

四、简答题

29. 描述中央空调节能的工作原理。

30. FX$_{2N}$-2DA 模块的 BFM 的定义是什么？

31. FX$_{2N}$-4AD-PT 模块是如何采集温度信息的？

练习与思考题参考答案

1. A	2. C	3. B	4. B	5. B	6. A	7. C	8. A	9. D	10. D
11. ABE	12. ABCE	13. ABCD	14. ABCD	15. ABCD	16. BC	17. ABC	18. ACD	19. Y	20. N
21. Y	22. Y	23. Y	24. N	25. N	26. Y	27. Y	28. N		

任务 ㉓

恒压供水的监控系统设计与实现

23.1 任务来源

最原始的建筑供水系统是利用楼顶水箱进行二次供水，由于二次供水存在二次污染和供水压力不稳定等缺陷，所以现代建筑物均采用变频恒压供水系统，因此在电气控制系统设计（或维护）时经常需要进行变频恒压供水系统的设计和改造（或维护），其中，PLC PID 控制的变频恒压供水系统应用非常普遍，所以，我们必须掌握 PLC PID 控制的变频恒压供水系统的设计、改造和维护。

23.2 任务描述

请设计一个 PLC PID 恒压供水的监控系统，并完成其控制系统的设备选型、系统接线、画面制作、程序设计和运行调试，其具体要求如下。

（1）压力传感器接在 PLC 的 AD 模块上，PLC 读取 AD 模块的压力值，然后与四个时段设定压力进行比较，进行 PID 运算后，再通过 DA 模块输出的模拟量控制变频器的输出频率，实现供水压力恒定；四个时段的设置如下（实训时采用液位传感器替代，其设定值为括号内的值）：第一时段：8∶00～16∶00 默认为 0.4MPa（或 150mm）；第二时段：16∶00～23∶00 默认为0.5MPa（或 160mm）；第三时段：23∶00～0∶00 默认为 0.3MPa（或 130mm）；第四时段：0∶00～8∶00 默认为 0.2MPa（或 120mm）。

（2）系统启动后，水泵即可以根据所设定的压力或水位进行运行（在实训室可采取向 3 号水箱抽水并保持水位恒定不变的方式进行模拟，3 号水箱可以随时手动排水进行扰动，当水位下降时，系统自动变频抽水，波动幅度不超过±2mm）。

（3）每个时段的压力设置等上述所有操作及显示均在触摸屏上实现。

23.3 目标描述

23.3.1 技能目标

完成本训练任务后，你应当能（够）：

1. 关键技能

• 能（会）正确采集压力传感器的压力信号。

- 能（会）正确设计 PLC 动态 PID 控制的程序。
- 能（会）正确调节动态 PID 的相关参数。

2. 基本技能

- 能（会）正确使用 5A 模块读取压力信号。
- 能（会）正确使用浮点数运算指令。
- 能（会）使用 PID 指令。

23.3.2　知识目标

完成本训练任务后，你应当能（够）：

- 掌握复杂的浮点数运算。
- 掌握 PLC PID 的相关控制参数。
- 掌握 PLC PID 程序设计的方法。

23.3.3　职业素质目标

完成本训练任务后，你应当能（够）：

- 遵守电气控制系统调试标准规范，养成严谨科学的工作态度。
- 认真学习、认真听课，养成善于思考、敢于提问的学习习惯。
- 认真总结训练过程的得失，吃一堑长一智，养成善于总结的习惯。
- 严格遵守电气安全操作规范，树立电气安全意识。
- 严格遵守相关水质管理规范，保证供水安全、可靠。

23.4　任务实施

23.4.1　活动一　学员自学或教师讲授

1. PID 控制的类型

（1）PI 控制。

（2）PD 控制。

（3）PID 控制。

2. PID 控制的方法

（1）阶跃响应法。

（2）自动调谐法。

（3）凑试法。

23.4.2　活动二　示范操作

1. 步骤一：分析控制需求，进行系统方案设计

（1）根据系统控制要求，确定系统的硬件配置（见表 23-1）。

表 23-1　　　　　　　　　　　系统的硬件配置清单

编号	名称	编号	名称
1	PLC 挂箱	7	3 号水箱
2	变频器挂箱	8	3 号水箱排水手阀

续表

编号	名称	编号	名称
3	触摸屏	9	3 号水箱液位传感器
4	自动开关	10	3 号水箱排水电磁阀
5	按钮面板	11	三相电动机
6	报警灯	12	三相电动机进水手阀

（2）根据控制要求，使用 PID 指令进行程序设计，并使用触摸屏画面来监控运行情况，其程序功能图如图 23-1 所示。

2. 步骤二：确定硬件配置，绘制控制系统接线图

（1）根据系统的控制要求、设计思路，其 PLC 的软元件分配见表 23-2。

（2）根据系统的控制要求、设计思路及 PLC 的软元件分配，其控制系统接线图如图 23-2 所示。

3. 步骤三：设置变频器参数

变频器参数设置表见表 23-3。

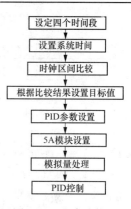

图 23-1　程序功能图

表 23-2　　　　　　　　　　　PLC 的软元件分配表

输入、输出	功能	M	功能	D	功能
X0	启动	M0	触摸屏启动	D50、D51、D52	8：00
X1	停止	M1	触摸屏停止	D55、D56、D57	16：00
Y5	变频器启动	M10	0：00～8：00	D60、D61、D62	23：00
		M11	8：00～16：00	D80～D83	时段压力设定值
		M16	16：00～23：00	D30～D35	时间显示
		M17	23：00～0：00	D40～D45	时间设置
				D100～D125	PID 参数
				D9	测量值
				D90	目标值
				D15	输出值

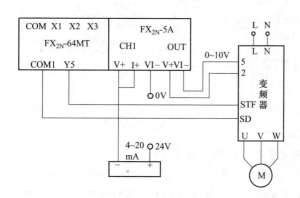

图 23-2　控制系统接线图

任务
23

表 23-3　　　　　　　　　　　**变 频 器 参 数 设 置 表**

参数号	功能	设置值	说明
			确认变频器的 STR/STF/RH/RM 等端口没有跟 SD 接通，AU 端与 SD 接通例外，否则无法 ALLC
P79	模式选择	1	工作模式设定为 1 时，变频器的参数才允许更改
ALLC	清零	1	参数清零
P160	显示参数级别	0	显示所有的参数
P1	上限频率	50	电动机的最大工作频率，对应正逻辑情况下的 20MA 频率
P2	下限频率	15	水泵最低的工作频率，低于该值，可能会抽不出水
P3	基准频率	50	电动机的额定工作频率
P7	加速时间	1	降低启动时的电流，保护水泵启动时变频器不过电流
P8	减速时间	1	保护水泵在停止时变频器不会出现过电压现象
P9	电子热保护	2	根据现场电动机额定电流设定
P251	输出缺相检测	0	无输出缺相检测，因为接的是单相电动机
P72	PWM 选择	2	电动机声音尖，可以调至 4（最高）
P77	参数写入选择	2	允许所有参数在运行中都可以修改
P79	模式选择	2	频率和启停全由外部控制模式

4. 步骤四：根据控制要求制作人机界面的画面图

（1）根据控制要求及 PLC 的 I/O 分配设计人机界面画面，如图 23-3 所示。

（2）文字对象的制作。

（3）数据输入对象的制作。

（4）数据显示对象的制作。

（5）按钮的制作。

（6）将画面及系统参数下载至人机界面。

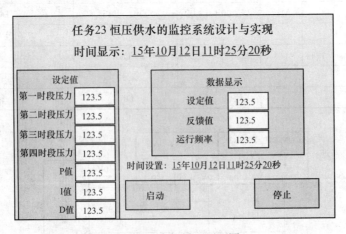

图 23-3　人机界面画面图

5. 步骤五：根据控制要求进行 PLC 程序设计

（1）根据控制要求、程序设计思路及软元件分配设计 PLC 程序。

（2）使用编程软件输入程序，并下载到 PLC，进行离线仿真完善控制程序。

（3）细读控制要求，完善和优化 PLC 程序，最终形成如图 23-4 所示程序。

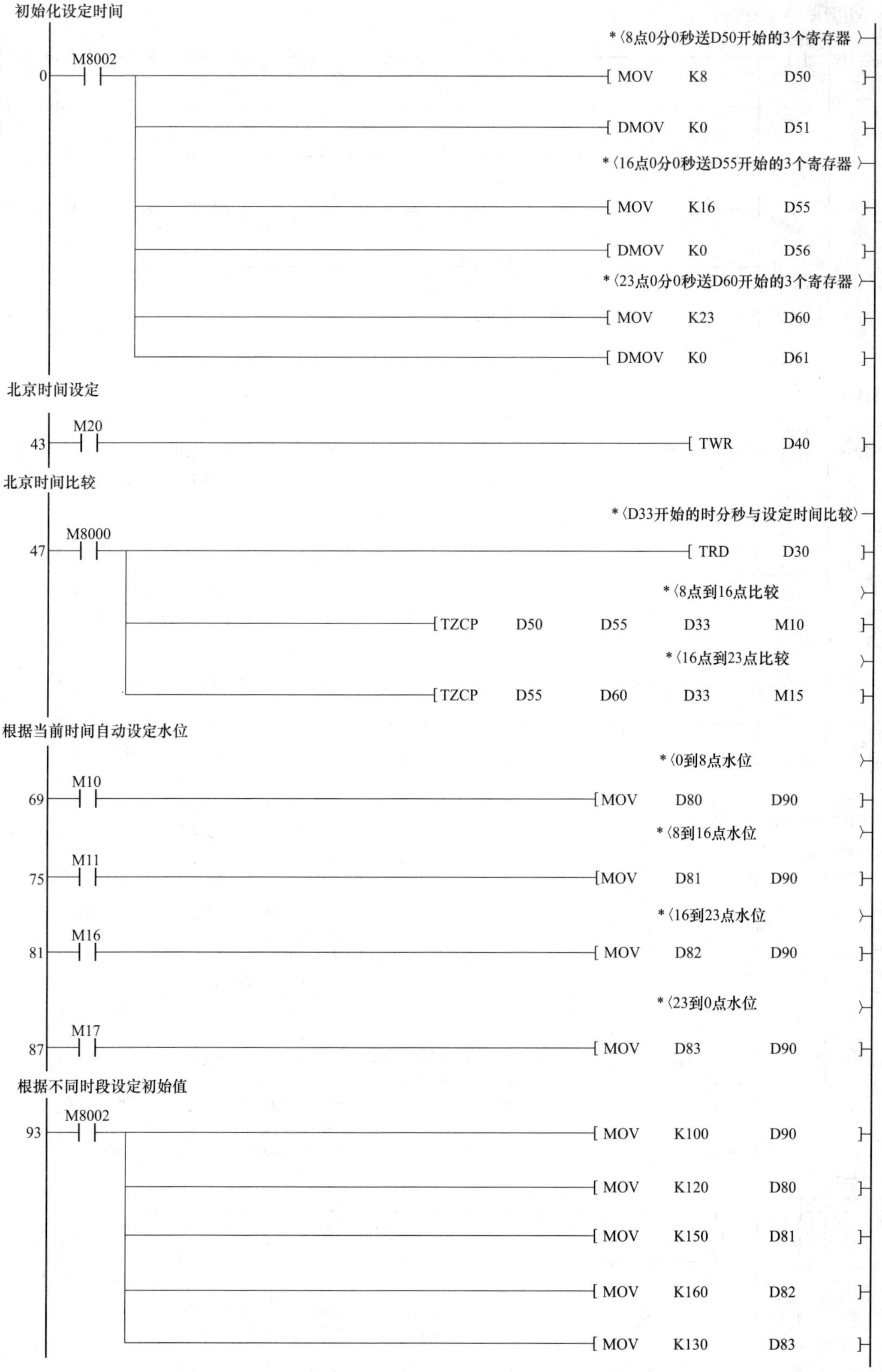

初始化设定时间

```
                                                    *〈8点0分0秒送D50开始的3个寄存器〉
     M8002
0 ───┤ ├────────────────────────────────────[ MOV    K8      D50  ]

     │───────────────────────────────────────[ DMOV   K0      D51  ]

                                                    *〈16点0分0秒送D55开始的3个寄存器〉
     │───────────────────────────────────────[ MOV    K16     D55  ]

     │───────────────────────────────────────[ DMOV   K0      D56  ]

                                                    *〈23点0分0秒送D60开始的3个寄存器〉
     │───────────────────────────────────────[ MOV    K23     D60  ]

     │───────────────────────────────────────[ DMOV   K0      D61  ]
```

北京时间设定

```
      M20
43 ───┤ ├────────────────────────────────────────[ TWR    D40  ]
```

北京时间比较

```
                                                    *〈D33开始的时分秒与设定时间比较〉
      M8000
47 ───┤ ├────────────────────────────────────────[ TRD    D30  ]

                                                    *〈8点到16点比较〉
      │──────────────────[ TZCP   D50    D55    D33    M10  ]

                                                    *〈16点到23点比较〉
      │──────────────────[ TZCP   D55    D60    D33    M15  ]
```

根据当前时间自动设定水位

```
                                                    *〈0到8点水位〉
      M10
69 ───┤ ├────────────────────────────────────[ MOV    D80     D90  ]

                                                    *〈8到16点水位〉
      M11
75 ───┤ ├────────────────────────────────────[ MOV    D81     D90  ]

                                                    *〈16到23点水位〉
      M16
81 ───┤ ├────────────────────────────────────[ MOV    D82     D90  ]

                                                    *〈23到0点水位〉
      M17
87 ───┤ ├────────────────────────────────────[ MOV    D83     D90  ]
```

根据不同时段设定初始值

```
      M8002
93 ───┤ ├────────────────────────────────────[ MOV    K100    D90  ]

      │───────────────────────────────────────[ MOV    K120    D80  ]

      │───────────────────────────────────────[ MOV    K150    D81  ]

      │───────────────────────────────────────[ MOV    K160    D82  ]

      │───────────────────────────────────────[ MOV    K130    D83  ]
```

图 23-4 控制程序（一）

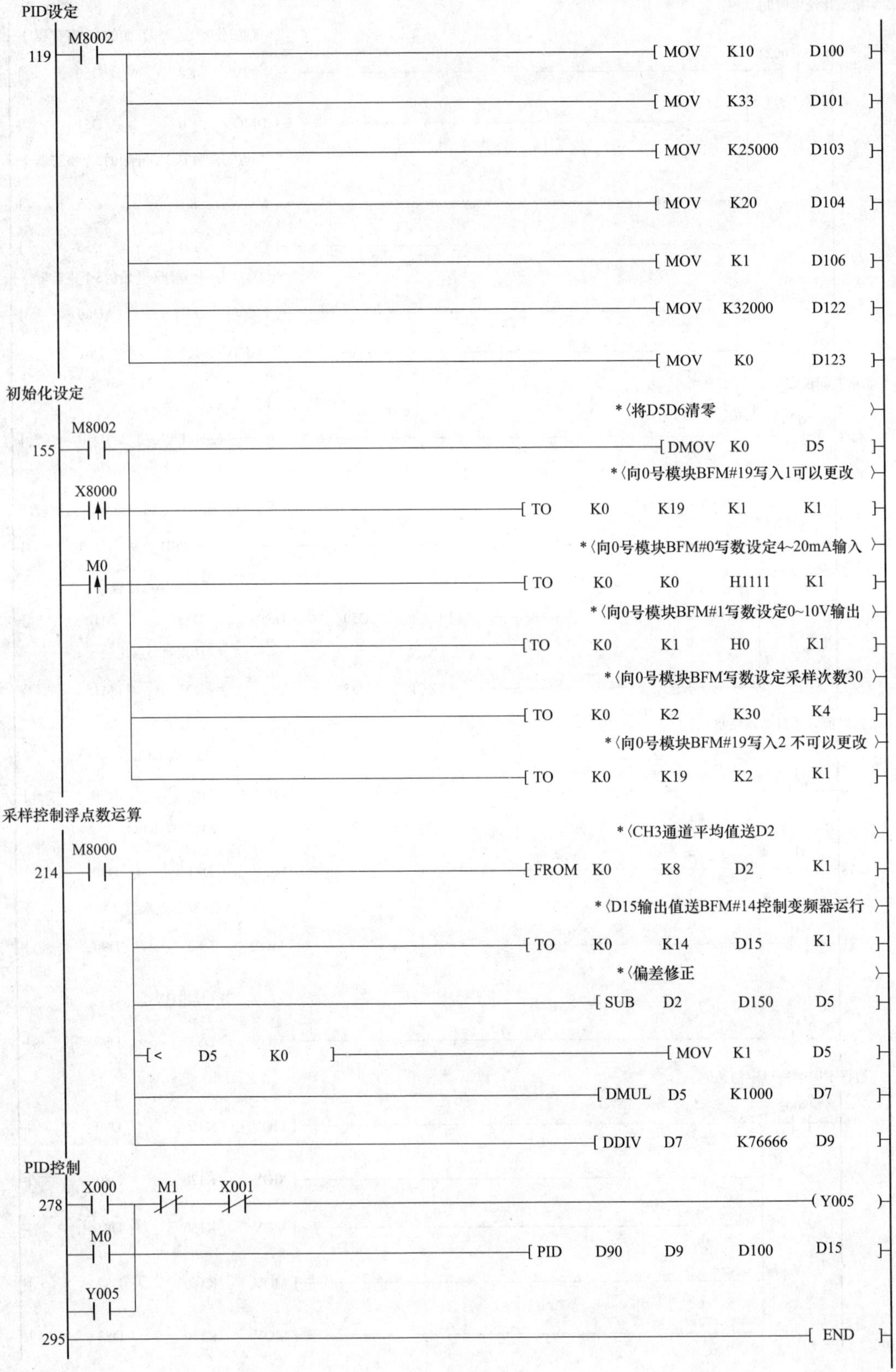

PID设定

```
      M8002
119 ──┤├──────────────────────────────────────────────[ MOV    K10      D100 ]
      │
      │                                               [ MOV    K33      D101 ]
      │
      │                                               [ MOV    K25000   D103 ]
      │
      │                                               [ MOV    K20      D104 ]
      │
      │                                               [ MOV    K1       D106 ]
      │
      │                                               [ MOV    K32000   D122 ]
      │
      └────────────────────────────────────────────── [ MOV    K0       D123 ]
```

初始化设定

```
                                          *〈将D5D6清零〉
      M8002
155 ──┤├──────────────────────────────────────[ DMOV   K0      D5 ]
                                          *〈向0号模块BFM#19写入1可以更改〉
      X8000
    ──┤↑├──────────────────────────────[ TO   K0   K19   K1   K1 ]
                                          *〈向0号模块BFM#0写数设定4~20mA输入〉
      M0
    ──┤↑├──────────────────────────────[ TO   K0   K0   H1111  K1 ]
                                          *〈向0号模块BFM#1写数设定0~10V输出〉
      │
      │                                 [ TO   K0   K1   H0     K1 ]
                                          *〈向0号模块BFM写数设定采样次数30〉
      │
      │                                 [ TO   K0   K2   K30    K4 ]
                                          *〈向0号模块BFM#19写入2 不可以更改〉
      │
      └───────────────────────────────[ TO   K0   K19  K2     K1 ]
```

采样控制浮点数运算

```
                                          *〈CH3通道平均值送D2〉
      M8000
214 ──┤├──────────────────────────────[ FROM  K0   K8   D2     K1 ]
                                          *〈D15输出值送BFM#14控制变频器运行〉
      │
      │                                 [ TO    K0   K14  D15    K1 ]
                                          *〈偏差修正〉
      │
      │                                 [ SUB   D2   D150 D5 ]
      │
      ├──[< D5  K0 ]─────────────────────[ MOV   K1    D5 ]
      │
      │                                 [ DMUL  D5   K1000 D7 ]
      │
      └───────────────────────────────[ DDIV  D7   K76666 D9 ]
```

PID控制

```
      X000   M1    X001
278 ──┤├────┤╱├───┤╱├──────────────────────────────────( Y005 )
      │
      M0
    ──┤├──────────────────────────────[ PID   D90  D9   D100  D15 ]
      │
      Y005
    ──┤├──
      │
295 ──┴────────────────────────────────────────────────[ END ]
```

图 23-4　控制程序（二）

6. 步骤六：根据控制要求进行联机调试

（1）关闭电源，检查工作环境是否安全。

（2）根据任务描述用仿真软件调试 PLC 程序。

（3）联机进行手动调谐控制，首先设置好压力（水位），设置好 P、I、D 参数值，启动系统，观察 PID 曲线，看曲线是否符合调节要求，如不符合，重新调节 P、I、D 参数。

（4）修改 PLC 系统时间，重新下载时间数据，再重复以上调试步骤。

（5）在调试过程中要求手动排水对水压（水位）进行干预，观察 PID 曲线变化情况和稳定情况，再进行相关参数的调整。

7. 步骤七：做好相关技术总结

（1）对于实际生产设备，在完成系统调试后，必须撰写技术总结、运行与管理等的相关技术资料。

（2）对于实训室的训练，要认真总结相关技能点、知识点、关键操作等，为下一训练任务打好基础。

23.4.3 活动三　根据所讲述和示范案例，完成下面任务

请在"活动二"的基础上按如下要求设计一个恒压供水的监控系统，并完成其控制系统的设备选型、系统接线、画面制作、程序设计和运行调试。

（1）利用接到 FX_{2N}-5A 的传感器采集水箱的压力信号，PLC 通过读取 FX_{2N}-5A 模块的当前压力值（每秒 30 次的平均滤波）后进行 PID 运算，再通过 FX_{2N}-5A 模块输出的电流信号来控制变频器的运行频率，实现水箱水位的精确控制，水位控制误差不能超过±2mm。

（2）通过人机界面设定水位的目标高度、PID 参数，同时监视 PID 趋势图。

（3）在恒压时，可以手动放水进行干扰。

23.5　相关知识与技能

为顺利完成本训练任务，需要学习 PID 的调节方法。主要内容如下，也可查阅《PLC、变频器、触摸屏综合应用实训》的第 7 章的相关部分。

23.5.1　PID 控制

在工程实际中，应用最为广泛的调节器控制规律为比例、积分、微分控制，简称 PID 控制，又称 PID 调节。PID 控制器问世至今已有近 70 年历史，它以其结构简单、稳定性好、工作可靠、调整方便而成为工业控制的主要技术之一。当被控对象的结构和参数不能完全掌握，或得不到精确的数学模型，控制理论的其他技术难以采用时，系统控制器的结构和参数必须依靠经验和现场调试来确定，这时应用 PID 控制技术最为方便。即当我们不完全了解一个系统和被控对象，或不能通过有效的测量手段来获得系统参数时，最适合用 PID 控制技术。PID 控制，实际中也有 PI 控制和 PD 控制。

PID 控制器就是根据系统的误差，利用比例、积分、微分计算出控制量进行控制的。

（1）比例控制。比例控制是一种最简单的控制方式，其控制器的输出与输入误差信号成比例关系。当仅有比例控制时系统输出存在稳态误差（Steady-state error，是指系统进入稳态后，系统希望的输出值与实际的输出值之差）。

（2）积分控制。在积分控制中，控制器的输出与输入误差信号的积分成正比关系。对于一个自动控制系统，如果在进入稳态后存在稳态误差，则称这个控制系统是有稳态误差的，简称为有差系统（System with Steady-state Error）。为了消除稳态误差，在控制器中必须引入"积分项"，积分项对误差取决于时间的积分，随着时间的增加，积分项会增大。这样，即便误差很小，积分项也会随着时间的增加而加大，它推动控制器的输出增大使稳态误差进一步减小，直到等于零。因此，比例＋积分（PI）控制器，可以使系统在进入稳态后无稳态误差。

（3）微分控制。在微分控制中，控制器的输出与输入误差信号的微分（即误差的变化率）成正比关系。自动控制系统在克服误差的调节过程中可能会出现振荡甚至失稳。其原因是存在有较大惯性组件（环节）或有滞后（delay）组件，具有抑制误差的作用，其变化总是落后于误差的变化。解决的办法是使抑制误差的作用的变化"超前"，即在误差接近于零时，抑制误差的作用就应该是零。这就是说，在控制器中仅引入"比例"项往往是不够的，比例项的作用仅是放大误差的幅值，而目前需要增加的是"微分项"，它能预测误差变化的趋势，这样，具有比例＋微分的控制器，就能够提前使抑制误差的控制作用等于零，甚至为负值，从而避免了被控量的严重超调。所以对有较大惯性或滞后的被控对象，比例＋微分（PD）控制器能改善系统在调节过程中的动态特性。

（4）PID 控制。PID 控制有 3 个主要的参数 KP（比例增益）、TI（积分时间）和 TD（微分时间）需要整定，无论哪一个参数选择得不合适，都会影响控制效果。因此，在整定参数时应把握住 PID 参数与系统动态、静态性能之间的关系。

比例部分与误差信号在时间上是一致的，只要误差一出现，比例部分就能及时地产生与误差成正比的调节作用，具有调节及时的特点。比例系数 KP 越大，比例调节作用越强，系统的稳态精度越高。但是对于大多数系统，KP 过大会使系统的输出量振荡加剧，稳定性降低。

积分作用与当前误差的大小和误差的历史情况都有关系，只要误差不为零，控制器的输出就会因积分作用而不断变化，直到误差消失，系统处于稳定状态，输出量不再变化。因此，积分部分可以消除稳态误差，提高控制精度，但是积分作用的动作缓慢，可能会给系统的动态稳定性带来不良影响。积分时间常数 TI 决定了积分速度的快慢和积分作用的强弱，TI 增大时，积分作用减弱，积分速度变慢，消除静差的时间拉长，系统的动态性能（稳定性）可能有所改善，但是消除稳态误差的速度减慢，可以减少系统超调。

微分部分为提高 PI 调节的动态响应速度而设置，可根据误差变化的速度，提前给出较大的调节作用，使误差消除在萌芽状态。微分部分反映了系统变化的趋势，较比例调节更为及时，所以微分部分具有超前和预测的特点。微分时间系数 TD 增大时，超调量减小，动态性能得到改善，但是抑制高频干扰的能力下降。

除此之外，还有采样周期 TS 也很重要，选取采样周期 TS 时，应使它远远小于系统阶跃响应的纯滞后时间或上升时间。为使采样值能及时反映模拟量的变化，TS 越小越好。因为 TS 太小会增加 CPU 的运算工作量，相邻两次采样的差值几乎没有什么变化，所以也不宜将 TS 取得过小。

因此，在实际使用时，如何确定其控制参数是工程技术人员最头痛的事，下面介绍三种方法供大家参考。

23.5.2 PID 控制方法

1. 阶跃响应法

阶跃响应法就是用来确定 PID 控制的 KP、TI、TD 三个参数的一种方法。为了使 PID 控制获得良好的效果，必须求得适合于控制对象的 3 个参数的最佳值，工程上常采用阶跃响应法求这

3 个常数（仅适用于 FX$_{2N}$ V2.00 以上版本）。

阶跃响应法是使控制系统产生 0～100％的阶跃输出，测量输入变化对输出的动作特性（无用时间 L、最大斜率 R）来换算出 PID 的 3 个参数，如图 23-5 所示。

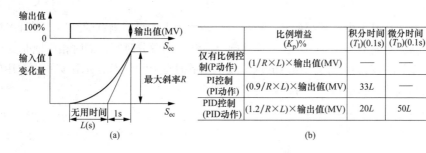

	比例增益 (K_p)％	积分时间 $(T_I)(0.1s)$	微分时间 $(T_D)(0.1s)$
仅有比例控制（P动作）	$(1/R \times L) \times$输出值(MV)	—	—
PI控制（PI动作）	$(0.9/R \times L) \times$输出值(MV)	$33L$	—
PID控制（PID动作）	$(1.2/R \times L) \times$输出值(MV)	$20L$	$50L$

图 23-5　阶跃响应法求 PID 的 3 个参数

(a) 输入变化对输出的动作特性；(b) 动作特性与 3 个参数的关系

2. 自动调谐法

为了得到最佳的 PID 控制效果，最好使用自动调谐功能，其操作方法如下。

（1）传送自动调谐用的输出值至输出值［D.］中。根据输出设备的不同，自动调谐用的输出值应在可能输出最大值的 50％～100％范围内选用。

（2）设定自动调谐的采样时间、输出滤波、微分增益以及目标值等。为了正确执行自动调谐，目标值的设定应保证自动调谐开始时的测定值与目标值之差大于 150 以上。若不能满足大于150 以上，可以先设定自动调谐的目标值，待自动调谐完成后，再次设定目标值。自动调谐时的采样时间应大于 1s 以上，并且要远大于输出变化的周期时间。

（3）［S3.］＋1 动作方向（ACT）的 bit4 设定为 ON 后，则自动调谐开始。当当前值达到设定值的 1/3 时，自动调谐标志（［S3］＋1 的 b4＝1）会被复位，自动调谐完成，转为正常的 PID控制，这时可将设定值改回到正常设定值而不要令 PID 指令 OFF。注意：自动调谐应在系统处于稳态时进行，否则不能正确进行调谐。

3. 凑试法

整定 PID 参数时，如果能够有理论的方法确定 PID 参数当然是最理想的方法，但是在实际的应用中，更多的是通过凑试法来确定 PID 的参数。

（1）KP、TI、TD。

1）增大比例系数 KP 一般将加快系统的响应，在有静差的情况下有利于减小静差，但是过大的比例系数会使系统有比较大的超调，并产生振荡，使稳定性变坏。

2）增大积分时间 TI 有利于减小超调，减小振荡，使系统的稳定性增加，但是系统静差消除时间变长。

3）增大微分时间 TD 有利于加快系统的响应速度，使系统超调量减小，稳定性增加，但系统对扰动的抑制能力减弱。

（2）凑试步骤。在凑试时，可参考以上参数对系统控制过程的影响趋势，对参数调整实行先比例，后积分，再微分的整定步骤。

首先整定比例部分。将比例参数由小变大，并观察相应的系统响应，直至得到反应快、超调小的响应曲线。如果系统没有静差或静差已经小到允许范围内，并且对响应曲线已经满意，则只需要比例调节即可。

如果在比例调节的基础上系统的静差不能满足设计要求，则必须加入积分环节。在整定时，先将积分时间设定到一个比较大的值，然后将已经调节好的比例系数略为缩小（一般缩小为原值的 0.8），然后减小积分时间，使得系统在保持良好动态性能的情况下，静差得到消除。在此过程中，可根据系统的响应曲线的好坏反复改变比例系数和积分时间，以期得到满意的控制过程和整定参数。

如果在上述调整过程中对系统的动态过程反复调整还不能得到满意的结果，则可以加入微分环节。首先把微分时间 D 设置为 0，在上述基础上逐渐增加微分时间，同时相应地改变比例系数和积分时间，逐步凑试，直至得到满意的调节效果。下面是 PID 调节在工程实践中常用的口诀。

参数整定找最佳，从小到大顺序查；

先是比例后积分，最后再把微分加；

曲线振荡很频繁，比例度盘要放大；

曲线漂浮绕大弯，比例度盘往小扳；

曲线偏离回复慢，积分时间往下降；

曲线波动周期长，积分时间再加长；

曲线振荡频率快，先把微分降下来；

动差大来波动慢，微分时间应加长；

理想曲线两个波，前高后低 4 比 1；

一看二调多分析，调节质量不会低。

（3）经验数据。在长期的工程实际中，我们积累了各种调节系统的工程数据，在进行 PID 调节时，可在 P、I、D 参数经验数据的基础上进行拼凑，将会有意想不到的效果。

对于温度系统：KP（％）20～60，TI（秒）180～600，TD（秒）3～180。

对于流量系统：KP（％）40～100，TI（秒）6～60。

对于压力系统：KP（％）30～70，TI（秒）24～180。

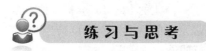

练 习 与 思 考

一、单选题

1. 为了消除稳态误差，在控制器中必须引入（　　）。

　　A. 比例项　　　　　　B. 积分项　　　　　　C. 微分项　　　　　　D. PD 项

2. 在实训时，实训台有漏电现象时首先应（　　）。

　　A. 操作时谨慎进行操作　　　　　　　　B. 尽量不触碰设备

　　C. 关闭电源进行检查　　　　　　　　　D. 外壳接地和装设漏电保护

3. 在实训过程中，出现异常情况时首先应（　　）。

　　A. 谨慎进行操作　　　　　　　　　　　B. 尽量不触碰设备

　　C. 按下急停按钮关闭电源　　　　　　　D. 通知老师

4. PID 的自动调谐是指（　　）。

　　A. 自动启动 PID 调节　　　　　　　　B. 自动获取 PID 参数

　　C. 自动调整频率　　　　　　　　　　　D. 自动计算输出

5. 自动调谐完成后，系统未发生变化，如果 PV 值变化，自动调谐参数将（　　）。

　　A. 可以继续使用　　B. 不能继续使用　　C. 自动重新调整　　D. 重新计算

6. 自动调谐完成后，系统未发生变化，如果 SV 值发生变化，自动调谐参数将（　　）。

　　A. 可以继续使用　　B. 不能继续使用　　C. 自动重新调整　　D. 重新计算

7. 如果要将两个整数进行除法运算，并需要浮点数结果，其最好的处理方法是（　　）。

    A. 先除法运算，再转化为浮点数　　　　　B. 先转化为浮点数，再除法运算

    C. 同时进行　　　　　　　　　　　　　　D. 不分先后

8. PLC 利用（　　）实现 PID 控制。

    A. 开环控制系统　　B. 半闭环控制系统　　C. 全闭环控制系统　　D. 以上全不是

9. 在一般的闭环控制系统中，常采用（　　）。

    A. 正反馈　　　　　B. 负反馈　　　　　C. 电压反馈　　　　　D. 电流反馈

10. 自动控制系统的性能通常用（　　）来描述。

    A. 稳定性　　　　　B. 准确性　　　　　C. 快速性　　　　　D. 以上全是

11. PID 指令 PID D0 D1 D100 D150，D1 是 PID 中的（　　）。

    A. 目标值　　　　　B. 测量值　　　　　C. 输出值　　　　　D. 参数

12. 在使用凑试法时，对参数的调整按照（　　）的步骤进行。

    A. 先比例、后微分，再积分　　　　　　　B. 先比例、后积分，再微分

    C. 先积分、后比例，再微分　　　　　　　D. 先积分、后微分，再比例

13. 在职业活动中，要做到公私分明，下列不正确的是（　　）。

    A. 按原则办事　　　　　　　　　　　　　B. 不徇私情

    C. 不惧权势，不计个人得失　　　　　　　D. 坚持按劳分配

二、多选题

14. 在 PID 控制中，当 TI 增大时，则（　　）。

    A. 积分作用就增强　　　　　　　　　　　B. 消除静差的时间拉长

    C. 消除稳态误差的速度加快　　　　　　　D. 可以减少系统超调

    E. 消除静差的时间变短

15. 在 PID 控制中，微分部分的作用为（　　）。

    A. 提高 PI 调节的动态响应速度而设置

    B. 根据误差变化的速度，提前给出较大的调节作用

    C. 反映了系统变化的趋势，较比例调节更为及时

    D. 具有超前的特点

    E. 具有预测的特点

16. 阶跃响应法是测量输入变化对输出的动作特性，即通过测量（　　）来换算出 PID 的 3 个参数。

    A. 无用时间　　B. 最大斜率　　　C. 最小斜率　　　D. 有用时间

    E. 变化率

17. FX_{2N}-5A 模块可连接到（　　）系列的 PLC。

    A. FX_{3U}　　　　B. FX_{1N}　　　　C. FX_{2N}　　　　D. FX_{2NC}

    E. FX_{1S}

18. 人身触电的危险程度与（　　）相关。

    A. 触电的电压高低　　　　　　　　　　　B. 触电时的湿度

    C. 通过触电者的电流大小　　　　　　　　D. 触电者的职业

    E. 触电时间的长短

19. 职业义务是一定社会或阶级的职业道德原则和职业道德规范对从业人员的要求，职业义务分为（　　）。

A. 对个人的职业义务 　　　　　　B. 对国家的职业义务

C. 对他人的职业义务 　　　　　　D. 对社会的职业义务

E. 以上全是

三、判断题

20. 在微分控制中，控制器的输出与输入误差信号的微分（即误差的变化率）成正比关系。（ 　　 ）

21. "微分项"能预测误差变化的趋势。（ 　　 ）

22. 具有比例＋微分的控制器能够提前使抑制误差的控制作用等于零，从而避免了被控量的严重超调。（ 　　 ）

23. 对有较大惯性或滞后的被控对象，比例＋微分（PD）控制器能改善系统在调节过程中的动态特性。（ 　　 ）

24. 比例部分与误差信号在时间上是一致的，具有调节及时的特点。（ 　　 ）

25. 比例系数 KP 越大，比例调节作用越强，系统的稳态精度越高。（ 　　 ）

26. 积分作用与当前误差的大小有关，与误差的历史情况无关。（ 　　 ）

27. 积分作用是只要误差不为零，控制器的输出就会因积分作用而不断变化，直到误差消失。（ 　　 ）

28. 在 PID 控制中，积分部分可以消除稳态误差，提高控制精度。（ 　　 ）

29. 在 PLC 中，二进制浮点数采用编号连续的 1 对数据寄存器表示，如 D11 和 D10 组成的 32 位寄存器中，D10 的 16 位加上 D11 的低 7 位共 23 位为浮点数的尾数，而 D11 的高 9 位为指数。（ 　　 ）

四、简答题

30. 如何设置恒压供水系统的 PID 指令的控制参数？

31. 画出压力传感器的输出接线图。

32. 简述 PID 控制时参数调整的要领。

练习与思考题参考答案

1. B	2. C	3. C	4. B	5. A	6. B	7. B	8. C	9. B	10. D
11. B	12. D	13. D	14. BD	15. ABCDE	16. AB	17. ABCD	18. ABCDE	19. CD	20. Y
21. Y	22. Y	23. Y	24. Y	25. Y	26. N	27. Y	28. Y	29. N	

任务 ㉔

多液体配方的监控系统设计与实现

24.1 任务来源

多液体配方在石油化工、食用油加工、医药等工业领域具有广泛的应用，通常就是通过对液体的流量、体积或质量的测量，然后按照一定比例进行混合，达到配方的目的。测量环节中，体积的测量是最容易实现的一种方式，即只需测量液体的高度（容器的底面积是一定的），因此应用非常普遍，所以，我们必须掌握多液体配方监控系统的设计、改造和维护。

24.2 任务描述

请设计一个用人机界面与 PLC 控制的两种液体原料配方的监控系统，并完成其控制系统的设备选型、系统接线、画面制作、程序设计和运行调试，具体要求如下。

（1）使用变频泵分别抽取 A 原料和 B 原料到 C 容器进行配方混合；C 容器与液位传感器（4～20mA）相连，并以其刻度作为计量标准，通过 PLC 的 PID 运算来控制精度（不超过±4mm）。

（2）配方比例为 A 原料 Xmm（$20mm \leqslant X \leqslant 30mm$）、B 原料 Ymm（$30mm \leqslant Y \leqslant 40mm$）。

（3）系统启动后，先抽取 A 原料 Xmm，待老师确认后再抽取 B 原料 Ymm，老师确认后自动排空，然后进行第二次配方。

（4）实训时，A 原料用 1 号水箱模拟，B 原料用 2 号水箱模拟，C 容器用 3 号水箱模拟；配方前，须关闭变频泵的进水电磁阀、打开 1 号、2 号水箱的出水电磁阀和 3 号水箱的进水电磁阀，管路如图 20-2 所示。

（5）系统启动前，将 3 号水箱手动排空并记下其刻度值 Zmm（$10mm \leqslant Z \leqslant 30mm$），每次配方前将 1 号水箱和 2 号水箱手动抽水至上限位。

（6）1 号和 2 号水箱可以根据需要随时进行手动抽水。

（7）上述所有操作、设置（包含 PID 控制的主要参数）和显示均使用触摸屏实现。

24.3 目标描述

24.3.1 技能目标

1. 关键技能

• 能（会）正确采集液位传感器的信号。

- 能（会）正确设计 PLC 静态 PID 控制的程序。
- 能（会）正确调节静态 PID 的相关参数。

2. 基本技能

- 能（会）正确使用液位传感器。
- 能（会）正确使用 PID 控制指令。
- 能（会）正确调整 PID 的相关参数。

24.3.2　知识目标

- 掌握液位传感器的使用。
- 掌握动态与静态 PID 控制的区别。
- 掌握 PLC PID 程序设计的技巧。

24.3.3　职业素质目标

- 遵守电气控制系统调试标准规范，养成严谨科学的工作态度。
- 认真学习、认真听课，养成善于思考、敢于提问的学习习惯。
- 认真总结训练过程的得失，吃一堑长一智，养成善于总结的习惯。
- 液体容易跑、冒、滴、漏，因此必须树立安全意识和质量意识。

24.4　任务实施

24.4.1　活动一　学员自学或教师讲授

1. PID 各参数的作用

（1）P 参数对 PID 曲线的影响。

（2）I 参数对 PID 曲线的影响。

（3）D 参数对 PID 曲线的影响。

2. PID 各参数的整定

（1）调节的方法。

（2）调节的步骤。

3. PLC 使用注意事项

（1）了解 PLC 的工作环境。

（2）了解 PLC 的外部电路的要求（I/O 接线、接地、外部安全电路、安装与布线等）。

（3）了解 PLC 控制系统的冗余系统与热备用系统。

24.4.2　活动二　示范操作

1. 步骤一：分析控制需求，进行系统方案设计

实训时，A 原料用 1 号水箱模拟，B 原料用 2 号水箱模拟，C 容器用 3 号水箱模拟；配方前，须关闭变频泵的进水电磁阀，打开 1、2 号水箱的出水电磁阀和 1、2、3 号水箱的进水电磁阀；系统启动前，将 3 号水箱手动排空并记下其刻度值 Zmm（10mm≤Z≤30mm），将 1 号水箱和 2 号水箱手动抽水至上限位，且 1 号水箱和 2 号水箱可以根据需要随时进行手动抽水。

2. 步骤二：确定硬件配置，绘制控制系统接线图

（1）根据系统控制要求，确定系统的硬件配置。

（2）根据系统的控制要求及设计方案，PLC的软元件分配见表24-1。

（3）根据系统的控制要求、设计方案及PLC的软元件分配，其控制系统接线图如图24-1所示。

3. 步骤三：根据控制要求制作人机界面的画面图

（1）根据控制要求及设计人机界面画面，如图24-2所示。

（2）文字对象的制作。

（3）数据输入、显示对象的制作。

（4）按钮的制作。

（5）将人机界面画面及相关参数下载至人机界面。

表 24-1   **软 元 件 分 配 表**

输入	功能	输出	功能
M10	抽取 A 料启动	Y0	变频器抽水总阀
M11	停止	Y1、Y2、Y3	1♯、2♯、3♯出水电磁阀
M12	抽取 B 料启动	Y4、Y5	1♯、2♯进水电磁阀
M14	3 号水箱手动排水	Y6	单相水泵
M15	1 号水箱手动进水	Y10	STF
M16	2 号水箱手动进水	D0	CH1 通道数字量
D200	设定抽取 A 原料 Xmm	D90	目标水位显示（mm）
D201	设定抽取 B 原料 Xmm	D9	当前水位高度（mm）
D103	P 值输入	D20	PID 输出值
D104	I 值输入	D22	运行频率显示值 Hz
D106	D 值输入		
D100	采样时间		

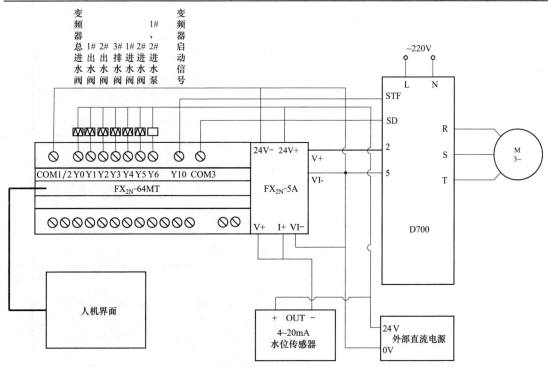

图 24-1 控制系统接线图

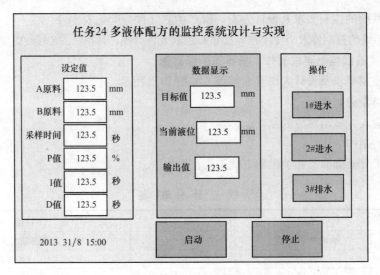

图 24-2　人机界面画面

4. 步骤四：根据控制要求进行 PLC 程序设计

（1）根据控制要求、设计方案及软元件分配设计 PLC 程序。

（2）使用编程软件输入程序，并下载到 PLC，进行离线仿真完善控制程序。

（3）细读控制要求，完善和优化 PLC 程序，最终形成如图 24-3 所示程序。

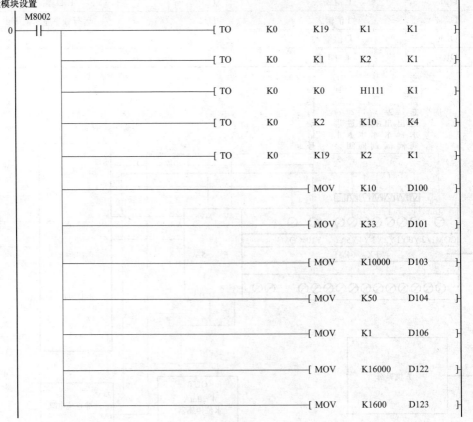

图 24-3　系统程序（一）

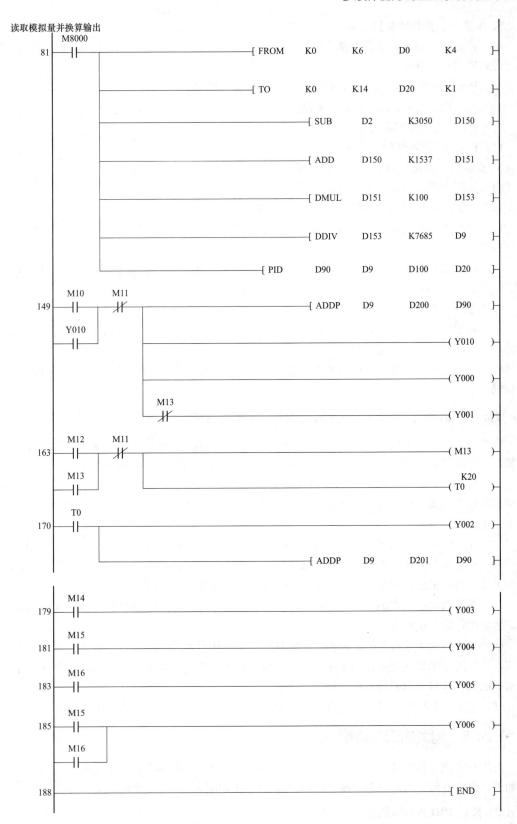

读取模拟量并换算输出

图 24-3　系统程序（二）

5. 步骤五：变频器参数设置

（1）恢复出厂设置，清除全部参数。

（2）Pr79＝1，PU 操作。

（3）Pr1＝50 默认值，Pr2＝0 默认值，或根据需要设定。

（4）Pr7/Pr8 默认值，或根据需要设定。

（5）Pr9＝电动机额定电流。

（6）Pr79＝2，外部信号控制。

6. 步骤六：根据控制要求进行联机调试

（1）关闭电源，检查工作环境是否安全。

（2）根据任务描述用仿真软件调试 PLC 程序。

（3）联机进行调试，首先设置好配比，设置好 P、I、D 参数值，观察 PID 曲线，看曲线是否符合要求，如不符合，重新调节 P、I、D 参数。

（4）观察液位的精准度是否符合要求，是否进行正确的切换，如液位不准或不能准确切换，可适当调制 PID 参数或进行补偿。

7. 步骤七：做好相关技术总结

（1）对于实际生产设备，在完成系统调试后，必须撰写技术总结、运行与管理等的相关技术资料。

（2）对于实训室的训练，要认真总结相关技能点、知识点、关键操作等，为下一训练任务打好基础。

24.4.3　活动三　根据所讲述和示范案例，完成下面任务

设计一个用人机界面、PLC、变频器等组成的两种液体原料按体积（液位高度）配方的控制系统，并完成其系统的设备选型、系统接线、程序设计和运行调试，其控制要求如下。

（1）使用变频泵分别抽取 A 原料和 B 原料到 C 容器进行配方混合；A 原料、B 原料的容器分别与液位传感器（4～20mA）相连，并以其刻度作为计量标准，通过 PLC 的 PID 运算来控制精度（不超过±3mm）。

（2）配方比例为 A 原料 Xmm（20mm≤X≤100mm）、B 原料 Ymm（10mm≤Y≤90mm）。

（3）配方前，将 3 号水箱手动排空或排水至较低水位 Zmm（Z≤20mm）并记下其刻度值，1号和 2 号水箱先抽取足够液体，并记下其刻度值，中途不能手动抽水。

（4）系统启动后，先抽取 A 原料 Xmm，待老师确认后再抽取 B 原料 Ymm；老师确认后排空，然后进行第二次配方。

（5）A 原料用 1 号水箱的水模拟，B 原料用 2 号水箱的水模拟，C 容器为 3 号水箱；配方开始前，须关闭变频泵（变频器的频率要求使用电流信号来控制）的进水电磁阀、打开相应水箱的出水电磁阀和 3 号水箱的进水电磁阀。

（6）上述所有操作、设置（包含 PID 控制的主要参数）和显示均使用触摸屏实现。

24.5　相关知识与技能

为顺利完成本训练任务，需要学习 PID 各参数的作用、PID 调节的一般方法和步骤。主要内容如下，也可查阅《PLC、变频器、触摸屏综合应用实训》一书第 7 章的相关部分。

24.5.1　PID 各参数的作用

前面对 PID 控制进行了详细的介绍，下面以图例的方式形象地介绍各参数在 PID 控制中的

作用（见图24-4～图24-10）。

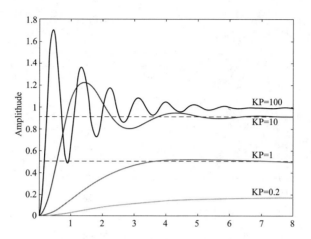

图24-4 比例调节KP的变化对控制效果的影响

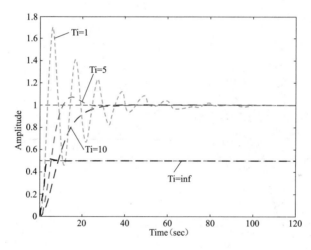

图24-5 积分调节Ti的变化对控制效果的影响

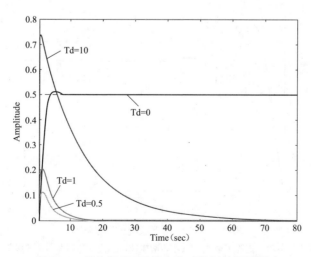

图24-6 微分调节Td的变化对控制效果的影响

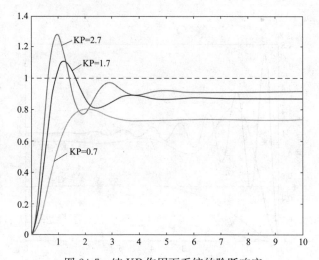

图 24-7　纯 KP 作用下系统的阶跃响应

纯 KP 调节是有差调节，KP 大，稳态误差小，响应快，但是超调大

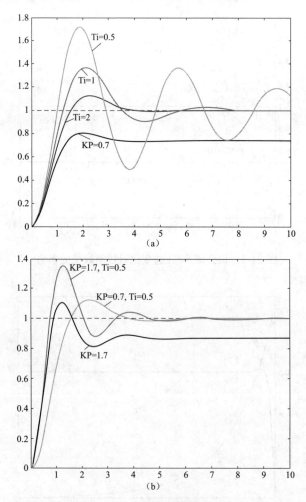

图 24-8　PI 作用下系统的阶跃响应

（a）引入积分项，消除了余差；Ti 小，响应速度加快，超调大，系统震荡加剧；

（b）在同样积分常数 Ti 作用下，减小比例增益 KP 可减小超调，增加系统的稳定性

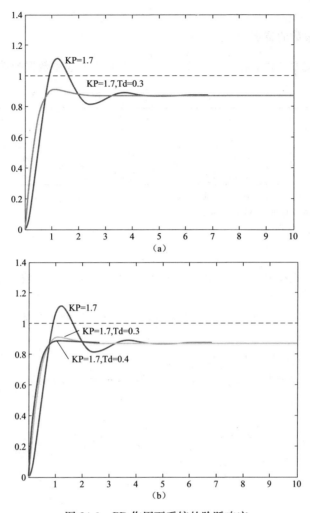

图 24-9 PD 作用下系统的阶跃响应

（a）引入微分项，提高了响应速度，增加了系统的稳定性，但不能消除系统的余差；

（b）微分时间越大，微分作用越强，响应速度越快，系统越稳定

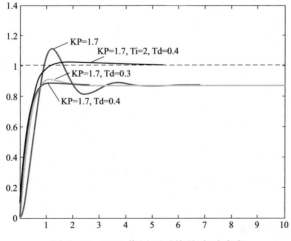

图 24-10 PID 作用下系统的阶跃响应

PD 基础上引入 I 作用，消除了余差，达到了理想的多项（超调、上升时间、调节时间、余差）性能指标要求

24.5.2　PID 各参数的整定

（1）启动装置，观察装置运行情况，按表 24-2 逐步调整（表中数据为举例）。

表 24-2　　　　　　　　　　　　　　调　整　顺　序

调整顺序	1 ⟶	2 ⟶	3	
比例带 P	（宽）20%	（中）10%	（窄）5%	PID各值调整顺序
积分时间 I	（弱作用）200s	（中度作用）100s	（强作用）50s	
微分时间 D	（强作用）40s	（中度作用）20s	（弱作用）10s	

注　1. 比例带过窄（P 值过小）容易产生振荡动作。

　　2. 一般情况下微分时间与积分时间的关系：D＝I÷（4～6）。

　　3. 在电动机、调节阀的控制场合，为了延长电动机寿命，通常把 D 值设为 0 秒，即取消微分动作。

　　4. 成品仪表默认的 PID 参数一般为：5%，120s，30s。

（2）装置启动后，根据 PV（测量值，即控制对象实际值）调整参数的方法。

1）超程大（超调、过冲大），如图 24-11 所示。

方法：先把 P 值调小（比例带变窄），如果还产生超程，请把 I 值调小（积分作用变强），同时按照 D＝I÷（4～6）的公式改变微分时间。

2）启动时间过长（达到设定值太慢），如图 24-12 所示。

方法：把 P 值调大（调宽比例带），再把 I 值调小（积分作用变强）。

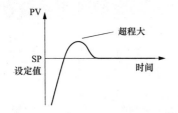
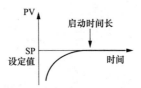

图 24-11　超程大（超调、过冲大）　　图 24-12　启动时间过长（达到设定值太慢）

3）Offset（偏差）难以消除，如图 24-13 所示。

方法：把 I 值调小（积分作用变强）。

4）产生振荡，如图 24-14 所示。

方法：关掉积分与微分动作（均设为 0），如果还存在振荡，把 P 值调小（比例带变窄）。

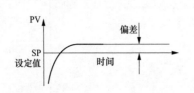

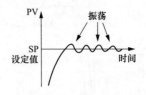

图 24-13　Offset（偏差）难以消除　　图 24-14　产生振荡

24.5.3　PLC 使用注意事项

PLC 是专门为工业生产服务的控制装置，通常不需要采取什么措施，就可以直接在工业环境中使用。但是，当生产环境过于恶劣，电磁干扰特别强烈，或安装使用不当，都不能保证 PLC 的正常运行，因此在使用中应注意以下问题。

1. 工作环境

（1）温度。PLC 要求环境温度在 0~55℃，安装时不能放在发热量大的元件下面，四周通风散热的空间应足够大，基本单元和扩展单元之间要有 30mm 以上间隔；开关柜上、下部应有通风的百叶窗，防止太阳光直接照射；如果周围环境超过 55℃，要安装电风扇强迫通风。

（2）湿度。为了保证 PLC 的绝缘性能，空气的相对湿度应小于 85%（无凝露）。

（3）震动。应使 PLC 远离强烈的震动源，防止振动频率为 10~55Hz 的频繁或连续振动。当使用环境不可避免地震动时，必须采取减震措施，如采用减震胶等。

（4）空气。避免有腐蚀和易燃的气体，如氯化氢、硫化氢等。对于空气中有较多粉尘或腐蚀性气体的环境，可将 PLC 安装在封闭性较好的控制室或控制柜中，并安装空气净化装置。

（5）电源。PLC 供电电源为 50Hz、220（1±10%）V 的交流电，对于电源线来的干扰，PLC 本身具有足够的抵制能力。对于可靠性要求很高的场合或电源干扰特别严重的环境，可以安装一台带屏蔽层的变比为 1:1 的隔离变压器，以减少设备与地之间的干扰。还可以在电源输入端串接 LC 滤波电路。FX 系列 PLC 有直流 24V 输出接线端，该接线端可为输入传感器（如光电开关或接近开关）提供直流 24V 电源。当输入端使用外接直流电源时，应选用直流稳压电源。普通的整流滤波电源，由于纹波的影响，容易使 PLC 接收到错误信息。

2. 安装与布线

（1）动力线、控制线以及 PLC 的电源线和 I/O 线应分别配线，隔离变压器与 PLC 和 I/O 之间应采用双胶线连接。

（2）PLC 应远离强干扰源如电焊机、大功率硅整流装置和大型动力设备，不能与高压电器安装在同一个开关柜内。

（3）PLC 的输入与输出最好分开走线，开关量与模拟量也要分开敷设。模拟量信号的传送应采用屏蔽线，屏蔽层应一端或两端接地，接地电阻应小于屏蔽层电阻的 1/10。

（4）PLC 基本单元与扩展单元以及功能模块的连接线缆应单独敷设，以防止外界信号的干扰。

（5）交流输出线和直流输出线不要用同一根电缆，输出线应尽量远离高压线和动力线，避免并行。

3. I/O 端的接线

（1）输入接线。

1）输入接线一般不要超过 30m。但如果环境干扰较小，电压降不大时，输入接线可适当长些。

2）输入/输出线不能用同一根电缆，输入/输出线要分开。

3）尽可能采用动合触点形式连接到输入端，使编制的梯形图与继电器原理图一致，便于阅读。

（2）输出连接。

1）输出端接线分为独立输出和公共输出。在不同组中，可采用不同类型和电压等级的输出电压。但在同一组中的输出只能用同一类型、同一电压等级的电源。

2）由于 PLC 的输出元件被封装在印制电路板上，并且连接至端子板，若将连接输出元件的负载短路，将烧毁印制电路板，因此，应用熔丝保护输出元件。

3）采用继电器输出时，所承受的电感性负载的大小，会影响到继电器的使用寿命，因此，使用电感性负载时选择继电器工作寿命要长。

4）PLC 的输出负载可能产生干扰，因此要采取措施加以控制，如直流输出的续流管保护，交流输出的阻容吸收电路，晶体管及双向晶闸管输出的旁路电阻保护。

4. 外部安全电路

为了确保整个系统能在安全状态下可靠工作，避免由于外部电源发生故障、PLC 出现异常、误操作及误输出造成的重大经济损失和人身伤亡事故，PLC 外部应安装必要的保护电路。

（1）急停电路。对于能使用户造成伤害的危险负载，除了在控制程序中加以考虑之外，还应设计外部紧急停车电路，使得 PLC 发生故障时，能将引起伤害的负载电源可靠切断。

（2）保护电路。正反向运转等可逆操作的控制系统，要设置外部电器互锁保护；往复运行及升降移动的控制系统，要设置外部限位保护电路。

（3）可编程控制器有监视定时器等自检功能，检查出异常时，输出全部关闭。但当可编程控制器 CPU 故障时就不能控制输出，因此，对于能使用户造成伤害的危险负载，为确保设备在安全状态下运行，需设计外电路加以防护。

（4）电源过负荷的防护。如果 PLC 电源发生故障，中断时间少于 10s，PLC 工作不受影响，若电源中断超过 10s 或电源下降超过允许值，则 PLC 停止工作，所有的输出点均同时断开；当电源恢复时，若 RUN 输入接通，则操作自动进行。因此，对一些易过负载的输入设备应设置必要的限流保护电路。

（5）重大故障的报警及防护。对于易发生重大事故的场所，为了确保控制系统在重大事故发生时仍可靠地报警及防护，应将与重大故障有联系的信号通过外电路输出，以使控制系统在安全状况下运行。

5. PLC 的接地

良好的接地是保证 PLC 可靠工作的重要条件，可以避免偶然发生的电压冲击危害。PLC 的接地线与机器的接地端相接，接地线的截面积应不小于 $2mm^2$，接地电阻小于 100Ω；如果要用扩展单元，其接地点应与基本单元的接地点接在一起。为了抑制加在电源及输入端、输出端的干扰，应给 PLC 接上专用地线，接地点应与动力设备（如电动机）的接地点分开；若达不到这种要求，也必须做到与其他设备公共接地，禁止与其他设备串联接地。接地点应尽可能靠近 PLC。

6. 冗余系统与热备用系统

在石油、化工、冶金等行业的某些系统中，要求控制装置有极高的可靠性。如果控制系统发生故障，将会造成停产、原料大量浪费或设备损坏，给企业造成极大的经济损失。但是仅靠提高控制系统硬件的可靠性来满足上述要求是远远不够的，因为 PLC 本身可靠性的提高有一定的限度。使用冗余系统或热备用系统就能够比较有效地解决上述问题。

（1）冗余控制系统。在冗余控制系统中，整个 PLC 控制系统（或系统中最重要的部分，如 CPU 模块）由两套完全相同的系统组成。两块 CPU 模块使用相同的用户程序并行工作，其中一块是主 CPU，另一块是备用 CPU；主 CPU 工作，而备用 CPU 的输出是被禁止的，当主 CPU 发生故障时，备用 CPU 自动投入运行。这一切换过程是由冗余处理单元 RPU 控制的，切换时间在 1～3 个扫描周期，I/O 系统的切换也是由 RPU 完成的。

（2）热备用系统。在热备用系统中，两台 CPU 用通信接口连接在一起，均处于通电状态。当系统出现故障时，由主 CPU 通知备用 CPU，使备用 CPU 投入运行。这一切换过程一般不太快，但它的结构又比冗余系统简单。

练习与思考

一、单选题

1. 二进制浮点数在存储单元中，指数部分占用的位数是（　　）。

  A. 4 位   B. 6 位   C. 8 位   D. 10 位

2. 二进制浮点数数据存储的范围是（　　）。

  A. $2^{-126} \sim 2^{128}$ B. $2^{-127} \sim 2^{127}$ C. $2^{-128} \sim 2^{126}$ D. $2^{-128} \sim 2^{128}$

3. IEEE 规定二进制浮点数的表示方法，浮点数的指数部分应（　　）。

  A. 8 个位的二进制数   B. 7 个位的二进制数＋一个符号位

  C. 8 个位的二进制数－127   D. 都不是

4. 以下对浮点数除法指令描述错误的是（　　）。

  A. 两原操作数都是 32 位浮点数   B. 商是 32 位浮点数

  C. 余数是 32 位浮点数   D. 除数为 0 时不能执行除法运算

5. 触摸屏画图软件 GT Designer 中，将 GOT 的波特率设为（　　）。

  A. 38400   B. 12800   C. 10000   D. 25000

6. 触摸屏画图软件 GT Designer 中，对 GOT 的端口设为（　　）。

  A. COM0   B. COM1   C. COM2   D. COM3

7. FX 系列 PLC 的 FX_{2N}-5A 模块，当使用指令 TO　K2　K14　D100　K1 时，其中的 K14 表示（　　）。

  A. BFM 番号   B. 模块编号   C. 常数 K2   D. 标识码

8. 把三菱 FR 系列变频器设成负方向 PID 运行，当偏差为正时，变频器输出频率会（　　）。

  A. 增大   B. 减小   C. 保持不变   D. 以上都是

9. 变频器输入信号优先选择（　　）信号，因为它在传输过程中抗干扰能力较强。

  A. 频率   B. 脉冲   C. 电压   D. 电流

10. 与变频器的最大输出电压对应的频率称为（　　）。

  A. 最大频率   B. 最小频率   C. 基本频率   D. 工作频率

二、多选题

11. 在 FX 系列 PLC 中，求平均值指令 MEAN　D0　D10　K3 中，参与计算的数分别存放在（　　）寄存器中。

  A. D0   B. D1   C. D2   D. D3

  E. D10

12. 在 PID 指令 PID D0 D1 D100 D150 中，用来设定积分增益和积分时间的有（　　）。

  A. D103   B. D104   C. D105   D. D106

  E. D107

13. 在 PID 指令 PID D0 D1 D100 D150 中，用来设定采用时间和动作方向的有（　　）。

  A. D100   B. D101   C. D102   D. D103

  E. D104

14. 在 PID 指令 PID D0 D1 D100 D150 中，被 PID 指令内部运算占用的有（　　）。

  A. D113   B. D114   C. D105   D. D106

  E. D107

15. 防止静电累积的方法有（　　　）。

　　A. 将不带电的金属导体接地　　　　　B. 中和

　　C. 增加空气的湿度　　　　　　　　　D. 涂抗静电剂

三、判断题

16. 在 PID 控制中，微分部分反映了系统变化的趋势，较比例调节更为及时。（　　　）

17. 在 PID 控制中，TI 增大时，消除稳态误差的速度加快。（　　　）

18. 在 PI 控制系统中，当积分常数 Ti 相同时，减小比例增益 KP，可以减小超调，增加系统的稳定性。（　　　）

19. 在 PID 控制中，积分作用的动作缓慢，可能给系统的动态稳定性带来不良影响。（　　　）

20. 微分时间系数 TD 增大时，超调量增大。（　　　）

21. 微分时间系数 TD 增大时，超调量减小，动态性得到改善，但是抑制高频干扰的能力下降。（　　　）

22. 在 PID 控制中，选取采样周期 TS 时，应使它远远小于系统阶跃响应的纯滞后时间或上升时间。（　　　）

23. 在 PID 控制中，增大微分时间 TD 有利于加快系统的响应速度，使系统超调量减小，稳定性增加。（　　　）

24. PID 指令 PID D0 D1 D100 D150 中，D101 的 b0：为 1 时正动作，为 0 时逆动作。（　　　）

25. PID 指令 PID D0 D1 D100 D150 中，D101 的 b1：为 1 时当前值变化不报警，为 0 时报警。（　　　）

四、简答题

26. 分别写出用电流和电压信号控制变频器频率的接线方法和参数设置。

27. 简述 PID 控制中各参数的作用。

28. 静态 PID 与动态 PID 控制有何不同？

练习与思考题参考答案

1. C	2. A	3. C	4. C	5. A	6. C	7. A	8. A	9. D	10. C
11. ABC	12. CD	13. AB	14. ABE	15. ABCD	16. Y	17. N	18. Y	19. Y	20. N
21. Y	22. Y	23. Y	24. N	25. N					

附录 A　FX可编程控制器特殊功能软元件

附表 A1 　　　　　　　　　　常用特殊辅助继电器

特殊辅助继电器	说明	适用机型		特殊辅助继电器	说明	适用机型	
		FX$_{3U}$	FX$_{2N}$			FX$_{3U}$	FX$_{2N}$
PLC 状态				M8036	强制 RUN 指令	√	√
M8000	运行监控	√	√	M8037	强制 STOP 指令	√	√
M8001	运行监控反向	√	√	M8038	通信参数设置标志	√	√
M8002	初始化脉冲	√	√	M8039	恒定扫描模式	√	√
M8003	初始化脉冲反向	√	√	步进专用			
M8004	发送错误	√	√	M8040	禁止状态转移	√	√
M8005	电池电压过低	√	√	M8041	转移开始	√	√
M8006	电池电压低锁存	√	√	M8042	启动输入的脉冲输出	√	√
M8007	检测出瞬间停止	√	√	M8043	原点回归结束	√	√
M8008	检测出停电中	√	√	M8044	原点条件	√	√
M8009	扩展单元 DC24V 掉电	√	√	M8045	禁止所有输出复位	√	√
时钟				M8046	STL 动作状态	√	√
M8010	—	—	—	M8047	STL 监控有效	√	√
M8011	10ms 周期脉冲	√	√	M8048	信号报警器动作	√	√
M8012	100ms 周期脉冲	√	√	M8049	信号报警器 D8049 有效	√	√
M8013	1s 周期脉冲	√	√	禁止中断			
M8014	1min 周期脉冲	√	√	M8050	I00□禁止	√	√
标志位				M8051	I10□禁止	√	√
M8020	加减运行结果为 0 标志	√	√	M8052	I20□禁止	√	√
M8021	减法运算结果超出最大负值的借位标志	√	√	M8053	I30□禁止	√	√
M8022	发生进位或溢出标志	√	√	M8054	I40□禁止	√	√
M8024	指定 BMOV 方向	√	√	M8055	I50□禁止	√	√
M8025	HSC 模式	√	√	M8056	I60□禁止	√	√
M8026	RAMP 模式	√	√	M8057	I70□禁止	√	√
M8027	PR（FNC77）模式	√	√	M8058	I80□禁止	√	√
M8029	动作结束标志	√	√	M8059	I010～I060 禁止	√	√
PLC 模式				出错检测			
M8030	驱动后，PLC 电池电压低 LED 不指示	√	√	M8060	I/O 构成出错	√	√
M8031	非保存内存清除	√	√	M8061	PLC 硬件出错	√	√
M8032	保存内存全部清除	√	√	M8062	PLC/PP 通信出错	×	√
M8033	驱动后，内存保存	√	√	M8063	串行通信出错	√	√
M8034	禁止所有外部输出	√	√	M8064	参数出错	√	√
M8035	强制 RUN 模式	√	√	M8065	语法出错		

续表

特殊辅助继电器	说明	适用机型		特殊辅助继电器	说明	适用机型	
		FX3U	FX2N			FX3U	FX2N
M8066	梯形图出错	√	√	M8133	HSZ、PLSY 执行结束	√	√
M8067	运算出错	√	√	M8138	HSCT 执行结束标志	√	×
M8068	运算出错锁存	√	√	M8139	高数比较指令执行中	√	×
M8069	I/O 总线检测	√	√	变频器通信			
并行链接				M8151	变频器通信中	√	×
M8070	并行链接设置主站	√	√	M8152	变频器通信出错	√	×
M8071	并行链接设置从站	√	√	M8153	变频器通信出错锁定	√	×
M8072	并行链接标志	√	√	M8154	IVBWR 指令出错	√	×
M8073	M8070 M8071 设置不良	√	√	M8155	EXTR 指令驱动时置位	√	×
采样跟踪				M8156	变频器通信中（CH2）	√	×
M8075	采样跟踪准备开始指令	√	√	M8157	变频器通信出错（CH2）	√	×
M8076	采样跟踪执行开始指令	√	√	M8158	变频器通信出错锁定	√	×
M8077	采样跟踪执行中监控	√	√	M8159	IVBWR 出错（CH2）	√	×
M8078	采样跟踪结束监控	√	√	扩展功能			
M8079	采样跟踪系统区域	√	√	M8160	XCH 的 SWAP 功能	√	√
标志位				M8161	8 位处理模式	√	√
M8090	BKCMP 块比较信号	√	×	M8162	高速并联链接模式	√	√
M8091	COMRD BINDA 输出字符数切换信号	√	×	M8165	SORT2 指令降序排列	√	×
高速环形计数器				M8167	HKY 处理 HEX 数据	√	√
M8099	高速环形计数器动作	√	√	M8168	SMOV 处理 HEX 数据	√	√
M8100		—	—	脉冲捕捉			
内存信息				M8170	输入 X000 脉冲捕捉	√	√
M8105	在内存中写入接通	√	×	M8171	输入 X001 脉冲捕捉	√	√
M8107	软元件注释登录确认	√	×	M8172	输入 X002 脉冲捕捉	√	√
输出刷新				M8173	输入 X003 脉冲捕捉	√	√
M8109	输出刷新出错	√	√	M8174	输入 X004 脉冲捕捉	√	√
计算机链接【RS 指令专用】				M8175	输入 X005 脉冲捕捉	√	√
M8121	发送待机标志	√	√	M8176	输入 X006 脉冲捕捉	√	×
M8122	请求发送	√	√	M8177	输入 X007 脉冲捕捉	√	×
M8123	发送结束标志	√	√	计数器增减计数方向			
计算机链接【RS 指令专用】				M8200～M8234	C200~C234 脉冲方向控制，ON 为减计数	√	√
M8124	检测出进位的标志位	√	√	高速计数器增减计数方向			
高速计数器比较、高速表格、定位				M8246～M8255	C246~C255 脉冲方向控制，ON 为减计数	√	√
M8130	HSZ 表格比较模式	√	√	模拟量特殊适配器			
M8131	HSZ 执行结束标志	√	√	M8260～M8269	第一台特殊适配器	√	×
M8132	HSZ、PLSY 速度模式	√	√	M8270～M8279	第二台特殊适配器	√	×

特殊辅助继电器	说明	适用机型 FX₃U	适用机型 FX₂N	特殊辅助继电器	说明	适用机型 FX₃U	适用机型 FX₂N
M8280~M8289	第三台特殊适配器	√	×	M8361	Y002 清除信号输出	√	×
M8290~M8299	第四台特殊适配器	√	×	M8362	Y002 原定回归方	√	×
	标志位			M8363	Y002 正转限位	√	×
M8304	乘除运算结果为 0	√	×	M8364	Y002 反转限位	√	×
M8306	除法运算结果溢出	√	×	M8365	Y002 JOG 逻辑反转	√	×
	I/O 安装出错			M8366	Y002 零点逻辑反转	√	×
M8316	I/O 未安装出错	√	×	M8367	Y002 中断逻辑反转	√	×
M8318	BFM 初始化出错	√	×	M8368	Y002 定位指令驱动中	√	×
M8328	指令不执行	√	×	M8369	Y002 脉冲输出停止	√	×
M8329	指令执行异常结束	√	×	M8370	Y003 脉冲输出监控	√	×
	定时时钟			M8371	Y003 清除信号输出	√	×
M8330	DUTY 定时时钟输出 1	√	×	M8372	Y003 原定回归方	√	×
M8331	DUTY 定时时钟输出 2	√	×	M8373	Y003 正转限位	√	×
M8332	DUTY 定时时钟输出 3	√	×	M8374	Y003 反转限位	√	×
M8333	DUTY 定时时钟输出 4	√	×		定位		
M8334	DUTY 定时时钟输出 5	√	×	M8375	Y003 JOG 逻辑反转	√	×
	定位			M8376	Y003 零点逻辑反转	√	×
M8340	Y000 脉冲输出监控	√	×	M8377	Y003 中断逻辑反转	√	×
M8341	Y000 清除信号输出	√	×	M8378	Y003 定位指令驱动中	√	×
M8342	Y000 原定回归方	√	×	M8379	Y003 脉冲输出停止	√	×
M8343	Y000 正转限位	√	×		高速计数功能		
M8344	Y000 反转限位	√	×	M8380	C235、C241、C244、C247、C249、V251、C252、C254 动作状态	√	×
M8345	Y000 JOG 逻辑反转	√	×	M8381	C236 动作状态	√	×
M8346	Y000 零点逻辑反转	√	×	M8382	C237、C242、C245 动作状态	√	×
M8347	Y000 中断逻辑反转	√	×	M8383	C238、C248、C250、C253、C255 动作状态	√	×
M8348	Y000 定位指令驱动中	√	×	M8384	C239、C243 动作状态	√	×
M8349	Y000 脉冲输出停止	√	×	M8385	C240 动作状态	√	×
M8350	Y001 脉冲输出监控	√	×	M8386	C244（OP）动作状态	√	×
M8351	Y001 清除信号输出	√	×	M8387	C245（OP）动作状态	√	×
M8352	Y001 原定回归方	√	×	M8388	高速计数器功能变更用触点	√	×
M8353	Y001 正转限位	√	×	M8389	外部复位输入逻辑切换	√	×
M8354	Y001 反转限位	√	×	M8390	C244 功能切换	√	×
M8355	Y001 JOG 逻辑反转	√	×	M8391	C245 功能切换	√	×
M8356	Y001 零点逻辑反转	√	×	M8392	C248、C253 功能切换	√	×
M8357	Y001 中断逻辑反转	√	×		RS2 通道 1		
M8358	Y001 定位指令驱动中	√	×	M8401	发送待机标志	√	×
M8359	Y001 脉冲输出停止	√	×	M8402	发送请求	√	×
M8360	Y002 脉冲输出监控	√	×	M8403	发送结束标志	√	×

续表

特殊辅助继电器	说明	适用机型 FX₃ᵤ	适用机型 FX₂ₙ	特殊辅助继电器	说明	适用机型 FX₃ᵤ	适用机型 FX₂ₙ
M8404	检测出进位标志位	√	×	M8429	计算机链接下位通信请求字/字节切换	√	×
M8405	数据设定指标就绪标志	√	×	M8438	串行通信出错	√	×
M8409	判断超时标志位	√	×	定位			
RS2 通道 2				M8460	DVIT 指令 Y000 用户中断输入指令	√	×
M8421	发送待机标志	√	×	M8461	DVIT 指令 Y001 用户中断输入指令	√	×
M8422	发送请求	√	×	M8462	DVIT 指令 Y002 用户中断输入指令	√	×
M8423	发送结束标志	√	×	M8463	DVIT 指令 Y003 用户中断输入指令	√	×
M8424	检测出进位标志位	√	×	M8464	DSZR、ZRN 指令 Y000 清除信号软元件有效	√	×
M8425	数据设定指标就绪标志	√	×	M8465	DSZR、ZRN 指令 Y001 清除信号软元件有效	√	×
M8426	计算机链接全局 ON	√	×	M8466	DSZR、ZRN 指令 Y001 清除信号软元件有效	√	×
M8427	计算机链接下位通信请求发送中	√	×	M8467	DSZR、ZRN 指令 Y001 清除信号软元件有效	√	×
M8428	计算机链接下位通信请求出错标志位	√	×				

附表 A2   **常用特殊数据寄存器**

特殊数据寄存器	说明	适用机型 FX₃ᵤ	适用机型 FX₂ₙ	特殊数据寄存器	说明	适用机型 FX₃ᵤ	适用机型 FX₂ₙ
PLC 状态				D8017	月	√	√
D8000	看门狗定时器初值 200	√	√	D8018	年	√	√
D8001	PLC 类型及系统版本	√	√	D8019	星期	√	√
D8002	内存容量	√	√	输入滤波时间			
D8003	内存种类	√	√	D8020	X000～X0017 输入滤波时间	√	√
D8004	出错辅助继电器编号	√	√	变址寄存器的内容			
D8005	电池电压	√	√	D8028	Z0 寄存器的内容	√	√
D8006	检测电池电压低的等级	√	√	D8029	V0 寄存器的内容	√	√
D8007	检测出瞬时停电次数	√	√	步进专用			
D8008	检测出停电的时间	√	√	D8040	ON 状态编号 1（最小）	√	√
D8009	DC24V 掉电的单元号	√	√	D8041	ON 状态编号 2	√	√
时钟				D8042	ON 状态编号 3	√	√
D8010	扫描的当前时间	√	√	D8043	ON 状态编号 4	√	√
D8011	扫描时间的最小值	√	√	D8044	ON 状态编号 5	√	√
D8012	扫描时间的最大值	√	√	D8045	ON 状态编号 6	√	√
D8013	时钟秒	√	√	D8046	ON 状态编号 7	√	√
D8014	时钟分	√	√	D8047	ON 状态编号 8	√	√
D8015	时钟小时	√	√	D8049	ON 时，保存报警继电器最小编号	√	√
D8016	日	√	√	出错检测			

续表

特殊数据寄存器	说明	适用机型		特殊数据寄存器	说明	适用机型	
		FX_{3U}	FX_{2N}			FX_{3U}	FX_{2N}
D8060	输入/输出未安装，起始编号	√	√	D8124	报头 STX	√	√
D8061	PLC 硬件出错代码编号	√	√	D8125	报尾 ETX	√	√
D8062	PLC/PP 通信出错代码	√	√	D8127	指定下位通信请求的起始编号	√	√
D8063	通道 1 通信出错代码	√	√	D8128	指定下位通信请求的数据数	√	√
D8064	参数出错代码	√	√	D8129	设定超时的时间	√	√
D8065	语法出错代码	√	√	高速计数器比较			
D8066	梯形图出错代码	√	√	D8130	HSZ 高速比较表格计数器	√	√
D8067	运算出错代码	√	√	D8131	HSZ 速度型表格计数器	√	√
D8068	发送运算出错的步编号	√	√	D8132	HSZ 速度型式频率低位	√	√
D8069	M8065～M8067 产生出错编号	√	√	D8133	HSZ 速度型式频率高位	√	√
并联链接				D8134	HSZ、PLSY 速度型式目标脉冲数低位	√	√
D8070	判断并联链接出错时间	√	√	D8135	HSZ、PLSY 速度型式目标脉冲数高位	√	√
采样跟踪				D8136	PLSY、PLSR 输出到 Y000、Y001 的脉冲合计低位	√	√
D8074～D8098	使用 A6GPP、A6PHPP、A7PHP 采样跟踪时被可编程控制器占用	√	√	高速计数器比较			
环形计数器				D8137	PLSY、PLSR 输出到 Y000、Y001 的脉冲合计高位	√	√
D8099	0～32767 的递增环形计数器	√	√	D8138	HSCT 表格计数器	√	√
内存信息				D8139	HSCS、HSCR、HSZ、HSCT 执行的指令数	√	√
D8101	PLC 类型及版本	√	×	D8140	PLSY、PLSR 输出到 Y000 的脉冲数或定位指令的当前地址低位	√	√
D8102	内存容量	√	√	D8141	PLSY、PLSR 输出到 Y000 的脉冲数或定位指令的当前地址高位	√	√
D8104	功能扩展类型机型代码	√	√	D8142	PLSY、PLSR 输出到 Y001 的脉冲数或定位指令的当前地址低位	√	√
D8105	功能扩展内存版本	√	√	D8143	PLSY、PLSR 输出到 Y001 的脉冲数或定位指令的当前地址高位	√	√
D8107	软元件注释登录数	√	×	D8144	—	—	—
D8108	特殊模块的链接台数	√	×	变频器通信			
输出刷新出错				D8150	通道 1 通信响应等待时间	√	×
D8109	刷新输出出错 Y 编号	√	√	D8151	通道 1 通信中的步编号，初始值－1	√	×
RS 计算机链接				D8152	通道 1 通信错误代码	√	×
D8120	设定通信格式	√	√	D8153	通道 1 通信出错步的锁存，初始值－1	√	×
D8121	设定站台号	√	√	D8154	通道 1 IVBWR 指令发生错误的参数编号，初始值－1 或 EXTR 指令响应等待时间	√	√
D8122	发送数据剩余点数	√	√	D8155	通道 2 通信响应等待时间	√	√
D8123	接收点数	√	√	D8156	通道 1 通信中的步编号，初始值－1 或 EXTR 指令的错误代码	√	√

特殊数据寄存器	说明	适用机型 FX₃U	适用机型 FX₂N	特殊数据寄存器	说明	适用机型 FX₃U	适用机型 FX₂N
D8157	通道 2 通信错误代码	√	√	D8190	Z5 寄存器的内容	√	√
D8158	通道 2 通信出错步的锁存，初始值－1	√	×	D8191	V5 寄存器的内容	√	√
D8159	通道 2 IVBWR 指令发送错误的参数编号，初始值－1	√	√	D8192	Z6 寄存器的内容	√	√
扩展功能				变址寄存器			
D8164	指定 FROM、TO 指令传送点数	×	√	D8193	V6 寄存器的内容	√	√
D8169	使用第 2 密码限制存取的状态，H0000 未设定 2 级密码；H0010 禁止写入；H0011 禁止读写；H0012 禁止所有操作；H0020 解除密码	√	×	D8194	Z7 寄存器的内容	√	√
简易 PLC 间链接设定				D8195	V7 寄存器的内容	√	√
D8173	相应的站号设定状态	√	√	简易 PLC 间链接监控			
D8174	通信子站的设定状态	√	√	D8201	当前链接扫描时间	√	√
D8175	刷新范围的设定状态	√	√	D8202	最大的链接扫描时间	√	√
D8176	设定站号	√	√	D8203~ D8210	站号 1~7 数据传送顺控出错计数	√	√
D8177	设定子站数	√	√	D8211~ D8218	站号 1~7 数据传送出错代码	√	√
D8178	设定刷新范围	√	√	模拟量特殊适配器			
D8179	刷新次数	√	√	D8260~ D8269	第一台适配器专用	√	×
D8180	监视时间	√	√	D8270~ D8279	第二台适配器专用	√	×
变址寄存器				D8280~ D8289	第三台适配器专用	√	×
D8182	Z1 寄存器的内容	√	√	D8290~ D8299	第四台适配器专用	√	×
D8183	V1 寄存器的内容	√	√	定时时钟			
D8184	Z2 寄存器的内容	√	√	D8330	DUTY 指令定时时钟输出 1 用扫描计数器	√	×
D8185	V2 寄存器的内容	√	√	D8331	DUTY 指令定时时钟输出 2 用扫描计数器	√	×
D8186	Z3 寄存器的内容	√	√	D8332	DUTY 指令定时时钟输出 3 用扫描计数器	√	×
D8187	V3 寄存器的内容	√	√	D8333	DUTY 指令定时时钟输出 4 用扫描计数器	√	×
D8188	Z4 寄存器的内容	√	√	D8334	DUTY 指令定时时钟输出 5 用扫描计数器	√	×
D8189	V4 寄存器的内容	√	√	D8336	DVIT 指令用中断输入初始值设定	√	×

续表

特殊数据寄存器	说明	适用机型		特殊数据寄存器	说明	适用机型	
		FX₃ᵤ	FX₂ₙ			FX₃ᵤ	FX₂ₙ
定位				定位			
D8340	Y000 当前值寄存器低位	√	×	D8372	Y003 偏差速度，初始值 0	√	×
D8341	Y000 当前值寄存器高位	√	×	D8373	Y003 最高速度低位，初始值 100000	√	×
D8342	Y000 偏差速度，初始值 0	√	×	D8374	Y003 最高速度高位，初始值 100000	√	×
D8343	Y000 最高速度低位，初始值 100000	√	×	D8375	Y003 爬行速度，初始值 1000	√	×
D8344	Y000 最高速度高位，初始值 100000	√	×	D8376	Y003 原点回归速度低位，初始值 50000	√	×
D8345	Y000 爬行速度，初始值 1000	√	×	D8377	Y003 原点回归速度低位，初始值 50000	√	×
D8346	Y000 原点回归速度低位，初始值 50000	√	×	D8378	Y003 加速时间，初始值 100	√	×
D8347	Y000 原点回归速度低位，初始值 50000	√	×	D8379	Y003 减速时间，初始值 100	√	×
D8348	Y000 加速时间，初始值 100	√	×	中断程序及环形计数器			
D8349	Y000 减速时间，初始值 100	√	×	D8393	延迟时间	√	×
D8350	Y001 当前值寄存器低位	√	×	D8398	0～2147483647 递增环形计数器低位	√	×
D8351	Y001 当前值寄存器高位	√	×	D8399	0～2147483647 递增环形计数器高位	√	×
D8352	Y001 偏差速度，初始值 0	√	×	RS2 指令通道 1			
D8353	Y001 最高速度低位，初始值 100000	√	×	D8400	设定通信格式	√	×
D8354	Y001 最高速度高位，初始值 100000	√	×	D8402	发送剩余点数	√	×
D8355	Y001 爬行速度，初始值 1000	√	×	D8403	接收点数监控	√	×
D8356	Y001 原点回归速度低位，初始值 50000	√	×	D8405	显示通信参数	√	×
D8357	Y001 原点回归速度低位，初始值 50000	√	×	D8409	设定超时的时间	√	×
D8358	Y001 加速时间，初始值 100	√	×	D8410	报头	√	×
D8359	Y001 减速时间，初始值 100	√	×	D8411	报头	√	×
D8360	Y002 当前值寄存器低位	√	×	D8412	报尾	√	×
D8361	Y002 当前值寄存器高位	√	×	D8413	报尾	√	×
D8362	Y002 偏差速度，初始值 0	√	×	D8414	接收数据求和（接收数据）	√	×
D8363	Y002 最高速度低位，初始值 100000	√	×	D8415	接收数据求和（计数结果）	√	×
D8364	Y002 最高速度高位，初始值 100000	√	×	D8416	发送数据求和	√	×
D8365	Y002 爬行速度，初始值 1000	√	×	D8419	显示动作模式	√	×
D8366	Y002 原点回归速度低位，初始值 50000	√	×	RS2 通道 2【计算机链接】			
D8367	Y002 原点回归速度低位，初始值 50000	√	×	D8420	设定通信格式	√	×
D8368	Y002 加速时间，初始值 100	√	×	D8421	设定站号	√	×
D8369	Y002 减速时间，初始值 100	√	×	D8422	发送剩余点数	√	×
D8370	Y003 当前值寄存器低位	√	×	D8423	接收点数监控	√	×
D8371	Y003 当前值寄存器高位	√	×	D8425	显示通信参数	√	×

续表

特殊数据寄存器	说明	适用机型		特殊数据寄存器	说明	适用机型	
		FX$_{3U}$	FX$_{2N}$			FX$_{3U}$	FX$_{2N}$
D8427	指定下位通信请求起始编号	√	×	D8438	通道 2 串行通信出错	√	×
D8428	指定下位通信请求数据数	√	×	D8349	显示动作模式	√	×
D8429	设定超时时间	√	×	特殊模块			
D8430	报头	√	×	D8449	特殊模块错误代码	√	×
D8431	报头	√	×	定位			
D8432	报尾	√	×	D8464	DSZR、ZRN 指令 Y000 指定清除信号软元件	√	×
D8433	报尾	√	×	D8465	DSZR、ZRN 指令 Y001 指定清除信号软元件	√	×
D8434	接收数据求和（接收数据）	√	×	D8466	DSZR、ZRN 指令 Y002 指定清除信号软元件	√	×
D8435	接收数据求和（计数结果）	√	×	D8467	DSZR、ZRN 指令 Y003 指定清除信号软元件	√	×
D8436	发送数据求和	√	×				

附录 B FR-A540 变频器参数表

功能	参数号	名称	设定范围	最小设定单位	出厂设定
基本功能	0	转矩提升（注1）	0～30％	0.1％	6％/4％/3％/2％（注8）
	1	上限频率	0～120Hz	0.01Hz	120Hz
	2	下限频率	0～120Hz	0.01Hz	0Hz
	3	基底频率	0～400Hz	0.01Hz	50Hz
	4	多段速度设定（高速）	0～400Hz	0.01Hz	60Hz
	5	多段速度设定（中速）	0～400Hz	0.01Hz	30Hz
	6	多段速度设定（低速）	0～400Hz	0.01Hz	10Hz
	7	加速时间	0～3600s/0～360s	0.1s/0.01s	5s/15s（注5）
	8	减速时间	0～3600s/0～360s	0.1s/0.01s	5s/15s（注5）
	9	电子过电流保护	0～500A	0.01A	额定输出电流
标准运行功能	10	直流制动动作频率	0～120Hz，9999	0.01Hz	3Hz
	11	直流制动动作时间	0～10s，8888	0.1s	0.5s
	12	直流制动电压	0～30％	0.1％	4％/2％（注5）
	13	启动频率	0～60Hz	0.01Hz	0.5Hz
	14	适用负荷选择（注1）	0～5	1	0
	15	点动频率	0～400Hz	0.01Hz	5Hz
	16	点动加减速时间	0～3600s/0～360s	0.1s/0.01s	0.5s
	17	MRS输入选择	0，2	1	0
	18	高速上限频率	120～400Hz	0.01Hz	120Hz
	19	基底频率电压（注1）	0～1000V，8888，9999	0.1V	9999
	20	加/减速参考频率	1～400Hz	0.01Hz	50Hz
	21	加/减速时间单位	0，1	1	0
	22	失速防止动作水平	0～200％，9999	0.1％	150％
	23	倍速时失速防止动作水平补正系数	0～200％，9999	0.1％	9999
	24	多段速度设定（4速）	0～400Hz，9999	0.01Hz	9999
	25	多段速度设定（5速）	0～400Hz，9999	0.01Hz	9999
	26	多段速度设定（6速）	0～400Hz，9999	0.01Hz	9999
	27	多段速度设定（7速）	0～400Hz，9999	0.01Hz	9999
	28	多段速度输入补偿	0，1	1	0
	29	加/减速曲线	0，1，2，3	1	0

功能	参数号	名称	设定范围	最小设定单位	出厂设定
标准运行功能	30	再生制动使用率变更选择	0，1，2	1	0
	31	频率跳变 1A	0～400Hz，9999	0.01Hz	9999
	32	频率跳变 1B	0～400Hz，9999	0.01Hz	9999
	33	频率跳变 2A	0～400Hz，9999	0.01Hz	9999
	34	频率跳变 2B	0～400Hz，9999	0.01Hz	9999
	35	频率跳变 3A	0～400Hz，9999	0.01Hz	9999
	36	频率跳变 3B	0～400Hz，9999	0.01Hz	9999
	37	旋转速度表示	0，1～9998	1	0
输出端子功能	41	频率到达动作范围	0～100%	0.1%	10%
	42	输出频率检测	0～400Hz	0.01Hz	6Hz
	43	反转时输出频率检测	0～400Hz，9999	0.01Hz	9999
第二功能	44	第二加/速时间	0～3600s/0～360s	0.1s/0.01s	5s
	45	第二减速时间	0～3600s/0～360s，9999	0.1s/0.01s	9999
	46	第二转矩提升（注 1）	0～30%，9999	0.1%	9999
	47	第二 V/F（基底频率）（注 1）	0～400Hz，9999	0.01Hz	9999
	48	第二失速防止动作电流	0～200%	0.1%	150%
	49	第二失速防止动作频率	0～400Hz，9999	0.01	0
	50	第二输出频率检测	0～400Hz	0.01Hz	30Hz
显示功能	52	DU/PU 主显示数据选择	0～20，22，23，24，25，100	1	0
	53	PU 水平显示数据选择	0～3，5～14，17，18	1	1
	54	FM 端子功能选择	1～3，5～14，17，18，21	1	1
	55	频率监示基准	0～400Hz	0.01Hz	50Hz
	56	电流监示基准	0～500A	0.01A	额定输出电流
自动功能再启动	57	再启动自由运行时间	0，0.1～5s，9999	0.1s	9999
	58	再启动上升时间	0～60s	0.1s	1.0s
附加功能	59	遥控设定功能选择	0，1，2	1	0
运行选择功能	60	智能模式选择	0～8	1	0
	61	智能模式基准电流	0～500A，9999	0.01A	9999
	62	加速时电流基准值	0～200%，9999	0.1%	9999
	63	减速时电流基准值	0～200%，9999	0.1%	9999
	64	提升模式启动频率	0～10Hz，9999	0.01Hz	9999
	65	再试选择	0～5	1	0
	66	失速防止动作降低开始频率	0～400Hz	0.01Hz	50Hz
	67	报警发生时再试次数	0～10，101～110	1	0
	68	再试等待时间	0～10s	0.1s	1s
	69	再试次数显示和消除	0	—	0
	70	特殊再生制动使用率	0～15%/0～30%/0%（注 9）	0.1%	0%
	71	适用电动机	0～8，13～18，20，23，24	1	0
	72	PWM 频率选择	0～15	1	2

功能	参数号	名称	设定范围	最小设定单位	出厂设定
运行选择功能	73	0~5V/0~10V选择	0~5，10~15	1	1
	74	输入滤波器时间常数	0~8	1	1
	75	复位/PU脱离/PU停止选择	0~3，14~17	1	14
	76	报警编码输出选择	0，1，2，3	1	0
	77	参数写入禁止选择（注7）	0，1，2，	1	0
	78	逆转防止选择	0，1，2	1	0
	79	操作模式选择	0~8	1	0
电动机参数	80	电动机容量	0.4~55kW，9999	0.01kW	9999
	81	电动机极数	2，4.6，12.14，16，9999	1	9999
	82	电动机励磁电流（注3）	0~□，9999	1	9999
	83	电动机额定电压	0~1000V	0.1V	400V
	84	电动机额定频率	50~120Hz	0.01Hz	50Hz
	89	速度控制增益	0~200.0%	0.1%	100%
	90	电动机常数（R1）（注3）	0~□，9999		9999
	91	电动机常数（R2）（注3）	0~□，9999		9999
	92	电动机常数（L1）（注3）	0~□，9999		9999
	93	电动机常数（L2）（注3）	0~□，9999		9999
	94	电动机常数（X）	0~□，9999		9999
	95	在线自动调整选择	0，1	1	0
	96	自动调整设定/状态	0，1，101	1	0
V/F5点可调整特性	100	V/F1（第一频率）（注1）	0~400Hz，9999	0.01Hz	9999
	101	V/F1（第一频率电压）（注1）	0~1000V	0.1V	0
	102	V/F2（第二频率）（注1）	0~400Hz，9999	0.01Hz	9999
	103	V/F2（第二频率电压）（注1）	0~1000V	0.1V	0
	104	V/F3（第三频率）（注1）	0~400Hz，9999	0.01Hz	9999
	105	V/F3（第三频率电压）（注1）	0~1000V	0.1V	0
	106	V/F4（第四频率）（注1）	0~400Hz，9999	0.0Hz	9999
	107	V/F4（第四频率电压）（注1）	0~1000V	0.1V	0
	108	V/F5（第五频率）（注1）	0~400Hz，9999	0.01Hz	9999
	109	V/F5（第五频率电压）（注1）	0~1000V	0.1V	0
第三功能	110	第三加减速时间	0~3600s/0~360s，9999	0.1s/0.01s	9999
	111	第三减速时间	0~3600s/0~360s，9999	0.1s/0.01s	9999
	112	第三转矩提升（注1）	0~30.0%，9999	0.1%	9999
	113	第三V/F（基底频率）（注1）	0~400Hz，9999	0.01Hz	9999
	114	第三失速防止动作电流	0~200%	0.1%	150%
	115	第三失速防止动作频率	0~400Hz	0.01Hz	0
	116	第三输出频率检测	0~400Hz，9999	0.01Hz	9999
通信功能	117	站号	0~31	1	0
	118	通信速率	48，96，192	1	192
	119	停止位长/字长	0，1（数据长8） 10，11（数据长7）	1	1
	120	有/无奇偶校验	0，1，2	1	2

续表

功能	参数号	名称	设定范围	最小设定单位	出厂设定
通信功能	121	通信再试次数	0～10，9999	1	1
	122	通信校验时间间隔	0，0.1～999.8s，9999	0.1s	0
	123	等待时间设定	0～150ms，9999	1ms	9999
	124	有/无 CR，LF 选择	0，1，2	1	1
PID控制	128	PID 动作选择	10，11，20，21	—	10
	129	PID 比例常数	0.1～100%，9999	0.1%	100%
	130	PID 积分时间	0.1～3600s，9999	0.1s	1s
	131	上限	0～100%，9999	0.1%	9999
	132	下限	0～100%，9999	0.1%	9999
	133	PU 操作时的 PID 目标设定值	0～100%	0.01%	0%
	134	PID 微分时间	0.01～10.00s，9999	0.01s	9999
工频切换功能	135	工频电源切换输出端子选择	0，1	1	0
	136	接触器（MC）切换互锁时间	0～100.0s	0.1s	1.0s
	137	启动等待时间	0～100.0s	0.1s	0.5s
	138	报警时工频电源—变频器切换选择	0，1	1	0
	139	自动变频—工频电源切换选择	0～60.00Hz，9999	0.01Hz	9999
齿隙	140	齿隙加速停止频率（注6）	0～400Hz	0.01Hz	1.00Hz
	141	齿隙加速停止时间（注6）	0～360s	0.1s	0.5s
	142	齿隙减速停止频率（注6）	0～400Hz	0.01Hz	1.00Hz
	143	齿隙减速停止时间（注6）	0～360s	0.1s	0.5s
显示	144	速度设定转换	0，2，4，6，8，10，102，104，106，108，110	1	4
附功加能	145	选件（FR-PU04）用的参数			
	148	在 0V 输入时的失速防止水平	0～200%	0.1%	150%
	149	在 10V 输入时的失速防止水平	0～200%	0.1%	200%
电流检测	150	输出电流检测水平	0～200%	0.1%	150%
	151	输出电流检测时间	0～10s	0.1s	0
	152	零电流检测水平	0～200%	0.1%	5.0%
	153	零电流检测时间	0～1s	0.01s	0.5s
子功能	154	选择失速防止动作时电压下降	0，1	1	1
	155	RT 信号执行条件选择	0，10	1	0
	156	失速防止动作选择	0～31，100，101	1	0
	157	0L 信号输出延时	0～25s，9999	0.1s	0
	158	AM 端子功能选择	1～3，5～14，17，18，21	1	1
附功加能	160	用户参数组读出选择	0，1，10，11	1	0
瞬再时启停动电	162	瞬停再启动动作选择	0，1	1	0
	163	再启动第一缓冲时间	0～20s	0.1s	0s
	164	再启动第一缓冲电压	0～100%	0.1%	0%
	165	再启动失速防止动作水平	0～200%	0.1%	150%
子功能	168	厂家设定用参数，请不要设定			
	169				

续表

功能	参数号	名称	设定范围	最小设定单位	出厂设定
初始化监视器	170	电能表清零	0	—	0
	171	实际运行时间清零	0	—	0
用户功能	173	用户第一组参数注册	0～999	1	0
	174	用户第二组参数删除	0～99, 9999	1	0
	175	用户第二组参数注册	0～999	1	0
	176	用户第二组参数删除	0～99, 9999	1	0
端子功能安排	180	RL 端子功能选择	0～99, 9999	1	0
	181	RM 端子功能选择	0～99, 9999	1	1
	182	RH 端子功能选择	0～99, 9999	1	2
	183	RT 端子功能选择	0～99, 9999	1	3
	184	AU 端子功能选择	0～99, 9999	1	4
	185	JOG 端子功能选择	0～99, 9999	1	5
	186	CS 端子功能选择	0～99, 9999	1	6
	190	RUN 端子功能选择	0～199, 9999	1	0
	191	SU 端子功能选择	0～199, 9999	1	1
	192	IPF 端子功能选择	0～199, 9999	1	2
	193	OL 端子功能选择	0～199, 9999	1	3
	194	FU 端子功能选择	0～199, 9999	1	4
	195	A，B，C 端子功能选择	0～199, 9999	1	99
附加功能	199	用户初始值设定	0～999, 9999	1	0
程序运行	200	程序运行 min/s 选择	0，2：min，s 1，3：h，min	1	0
	201～210	程序设定 1～10	0～2：旋转方向 0～400, 9999：频率 0～99.59：时间	1 0.1Hz min 或 s	0 9999 0
	211～220	程序设定 11～20	0～2：旋转方向 0～400, 9999：频率 0～99.59：时间	1 0.1Hz min 或 s	0 9999 0
	221～230	程序设定 21～30	0～2：旋转方向 0～400, 9999：频率 0～99.59：时间	1 0.1Hz min 或 s	0 9999 0
	231	时间设定	0～99.59	—	0
多段速度运行	232	多段速度设定（8速）	0～400Hz, 9999	0.01Hz	9999
	233	多段速度设定（9速）	0～400Hz, 9999	0.01Hz	9999
	234	多段速度设定（10速）	0～400Hz, 9999	0.01Hz	9999
	235	多段速度设定（11速）	0～400Hz, 9999	0.01Hz	9999
	236	多段速度设定（12速）	0～400Hz, 9999	0.01Hz	9999
	237	多段速度设定（13速）	0～400Hz, 9999	0.01Hz	9999
	238	多段速度设定（14速）	0～400Hz, 9999	0.01Hz	9999
	239	多段速度设定（15速）	0～400Hz, 9999	0.01Hz	9999
子功能	240	柔性 PWM-设定	0, 1	1	1
	244	冷却风扇动作选择	0, 1	1	0
停止选择	250	停止方式选择	0～100s, 9999	0.1s	9999
附加功能	251	输出欠相保护选择	0, 1	1	1
	252	速度变化偏置	0～200%	0.1%	50%
	253	速度变化增益	0～200%	0.1%	150%

续表

功能	参数号	名称	设定范围		最小设定单位	出厂设定	
掉电方式停机选择	261	掉电停机方式选择	0，1		1	0	
	262	起始减速频率降	0～20Hz		0.01Hz	3Hz	
	263	起始减速频率	0～120Hz，9999		0.01Hz	50Hz	
	264	掉电减速时间 1	0～3600/0～360s		0.1s/0.01s	5s	
	265	掉电减速时间 2	0～3600/0～360s，9999		0.1s/0.01s	9999	
	266	掉电减速时间转换频率	0～400Hz		0.01Hz	50Hz	
功能选择	270	挡块定位/负荷转矩高速频率选择	0，1，2，3		1	0	
高速频率控制	271	高速设定最大电流	0～200%		0.1%	50%	
	272	中速设定最小电流	0～200%		0.1%	100%	
	273	电流平均范围	0～400Hz，9999		0.01Hz	9999	
	274	电流平均滤波常数	1～4000		1	16	
挡块定位	275	挡块定位励磁电流低速倍数	0～1000%，9999		1%	9999（注 4）	
	276	挡块定位 PWM 载波频率	0～15，9999		1	9999（注 4）	
顺序制动功能	278	制动开起频率（注 2）	0～30Hz		0.01Hz	3Hz	
	279	制动开起电流（注 2）	0～200%		0.1%	130%	
	280	制动开起电流检测时间（注 2）	0～2s		0.1s	0.3s	
	281	制动操作开始时间（注 2）	0～5s		0.1s	0.3s	
	282	制动操作频率	0～30Hz		0.0	6Hz	
	283	制动操作停止时间（注 2）	0～5s		0.1s	0.3s	
	284	减速检测功能选择（注 2）	0，1		1	0	
	285	超速检测频率（注 2）	0～30Hz，9999		0.01Hz	9999	
	286	增益偏差	0～100%		0.1%	0%	
	287	滤波器偏差时定值	0.00～1.00s		0.01s	0.3s	
校准功能	900	FM 端子校正	—		—	—	
	901	AM 端子校正	—		—	—	
	902	频率设定电压偏置	0～10V	0～60Hz	0.01Hz		
	903	频率设定电压增益	0～10V	1～400Hz	0.01Hz	0V	0Hz
	904	频率设定电流增益	0～20mA	0～60Hz	0.01Hz	5V	50Hz
	905	频率设定电流增益	0～20mA	1～400Hz	0.01Hz	4mA	0Hz
附加功能	990	蜂鸣器控制	0，1	1	1	20mA	50Hz
	991	选件（FR-PU04）用的参数					

注　1. 表示当选择先进磁通矢量控制模式时，忽略该参数设定。

　　2. 当 Pr.80，81≠9999，Pr.60＝7 或 8 时可以设定。

　　3. 当 Pr.80，81≠9999，Pr.77≠1 时可以存取。

　　4. 当 Pr.270＝1 或 3，Pr.80，81≠9999 时可以存取。

　　5. 此设定由变频器容量决定。

　　6. 当 Pr.29＝3 时可以存取。

　　7. 当 Pr.77 设定为 0（出厂设定）时，上表中灰色底的参数即使在运行中也可以改变其设定（注意 Pr.72 和 Pr.240 不能在外部运行模式下改变）。

　　8. 此设定由变频器容量决定，以下容量的变频器可以设定：0.4kW、0.75kW、1.5～3.7kW、5.5kW、7.5kW 及 11kW 以上。

　　9. 此设定由变频器容量决定：0.4～1.5kW、2.2～7.5kW 及 11kW 以上。

附录C　变频器出错（报警）定义

1. 严重故障

操作面板显示	E. OC1	$E.OC1$	FR-PU04	OC Dur ing Acc
名称	加速时过电流断路			
内容	加速运行中，当变频器输出电流超过额定电流的200%时，保护回路动作，停止变频器输出。仅给R1.S1端子供电，输入启动信号时，也为此显示			
检查要点	是否急加速运转。 输出是否短路。 主回路电源（R.S.T）是否供电			
处理	·延长加速时间。 ·启动时，"E.OC1"总是点亮的情况下，拆下电动机再启动。如果"E.OC1"仍点亮，请与经销商或本公司营业所联系。 ·主回路电源（R.S.T）供电			

操作面板显示	E. OC2	$E.OC2$	FR-PU04	Stedy Spd OC
名称	定速时过电流断路			
内容	定速运行中，当变频器输出电流超过额定电流的200%时，保护回路动作，停止变频器也出			
检查要点	负荷是否有急速变化。 输出是否短路			
处理	取消负荷的急速变化			

操作面板显示	E. OC3	$E.OC3$	FR-PU04	OC Dur ing Dec
名称	减速时过电流断路			
内容	减速运行中（加速、定速运行之外），当变频器输出电流超过额定电流的200%时，保护回路动作，停止变频器输出			
检查要点	是否急减速运转。 输出是否短路。 电动机的机械制动是否过早			
处理	延长减速时间。 检查制动动作			

操作面板显示	E. OV1	$E.Ou1$	FR-PU04	OC Dur ing Acc
名称	加速时再生过电压断路			
内容	因再生能量，使变频器内部的主回路直流电压超过规定值，保护回路动作，停止变频器输出。电源系统里发生的浪涌电压也可能引起动作			
检查要点	加速度是否太缓慢			
处理	缩短加速时间			

操作成板显示	E. OV2	E.Ou2	FR-PU04	Stedy Spd OV
名称	定速时再生过电压断路			
内容	因再生能量，使变频器内部的主回路直流电压超过规定值，保护回路动作，停止变频器输出。电源系统里发生的浪涌电压也可能引起动作			
检查要点	负荷是否有急速变化			
处理	·取消负荷的急速变化。 ·必在时，请使用制动单元或电源再生变换器（FR-RC）			

操作面板显示	E. OV3	E.Ou3	FR-PU04	OV Dur ing Dec
名称	减速，停止时再生过电压断路			
内容	因再生能量，使变频器内部的主回路直流电压超过规定值，保护回路动作，停止变频器输出。电源系统里发生的浪涌电压也可能引起动作			
检查要点	是否急减速运转			
处理	·延长减速时间（使减速时间符合负荷转动惯量）。 ·减少制动频度。 ·必要时，请使用制动单元或电源再生变换器（FR-RC）			

操作面板显示	E. THM	E.rHM	FR-PU04	Mptor Over load
名称	电动机过负荷断路（电子过电流保护）（注 1）			
内容	过负荷以及定速运行时，由于冷却能力的低下，造成电动机过热，变频器的内置电子过电流保护检测达到设定值的 85% 时，予警（显示 TH），达到规定值时，保护回路动作，停止变频器输出，多极电动机或两台以上电动机运行时，电子过电流保护不能保护电动机，请在变频器输出侧安装热继电器			
检查要点	电动机是否在过负荷状态下使用			
处理	·减轻负荷。 ·恒转矩电动机时，把 Pr. 71 设定为怀转矩电动机			

操作面板显示	E. THT	E.rHr	FR-PU04	lnv. 0vet load
名称	变频器过负荷断路（电子过电流保护）（注 1）			
内容	如果电流超过额定电流的 150%，面未到过电流切断（200% 以下）时，为保护输出晶体管，用反时限特性，使电子过电流保护动作，停止变频器输出。 （过负荷承受能力 150% 60s）			
检查要点	电动机是否在过负荷状态下使用			
处理	减轻负荷			

（注 1） 如果变频器复位，电子过电流保护的内部热积算数据将被初始化。

操作面板显示	E. IPF	E.IPF	FR-PU14	lnst. pwr. Loss
名称	瞬时停电保护（注 2）			
内容	停电超过 15ms（与变频器输入切断一样）时，为防止控制回路误动作，瞬时停电保护功能动作，停止变频器输出。此时，异常报警输出触点为打开（B-C）和闭合（A-C）。 （注 2）如果停电持续时间超过 100ms，报警不输出。如果电源恢复时，启动信号时 ON，变频器将再启动（如果瞬时停电在 15ms 以内，变频器仍然运行）			
检查要点	调查瞬时停电发生的原因			
处理	·修复瞬时停电。 ·准备瞬时停电的备用电源。 ·设定瞬时停电再启动的功能（参照 79 页）			

（注 2） 如果瞬时停电发生时，没在报警显示和输出，这是变频器为防止自身发生不正常而进行的保护，根据运行状态（负荷的大小，设定的加减速时间等），再来电时，过电流保护有可能动作。

操作面板显示	E. UVT	$E.u\ulcorner$	FR-PU04	Under Voltage
名称	欠压保护			
内容	如果变频器的电源电压下降，控制回路可能不能发挥正常功能，或引起电动机的转矩不足，发热的增加。为此，当电源电压下降到 300V 以下时，停止变频器输出。 如果 P、P1 之间没有短路片，则欠电压保护功能动作			
检查要点	有无大容量的电动机启动。 P、P1 之间是否接有短路片或直流电抗器			
处理	检查电源等电源系统设备。 在 P、P1 之间连接短路片或直流电抗器			

操作面板显示	E. UVT	$E.F1n$	FR-PU04	H/Sink 0/Temp
名称	散热片过热			
内容	如果散热片过热，温度传感哭喊动作，使变频器停止输出			
检查要点	·周围温度是否过高。 ·冷却散热片是否堵塞			
处理	周围温度调节到规定范围内			

操作面板显示	E. GF	$E.GF$	FR-PU04	Ground Fault
名称	输出侧接地故障过电流保护			
内容	当变频器的输出侧（负荷侧）发生接地，流过接地电流时，变频器停止输出			
检查要点	电动机，连接线是否接地			
处理	排除接地的地方			

操作面板显示	E. OHT	$E.OH\ulcorner$	FR-PU04	OH Fault
名称	外部热继电器动作（注3）			
内容	为防止电动机过热，安装在外部热继电器或电动机内部安装的温度继电器动作（触点打开）时，使变频器输出停止。即使继电器触点自动复位，变频器不复位就不能重新启动			
检查要点	·电动机是否过热。 ·在 Pr. 180～Pr. 186（输入端子功能选择）中任一个，设定值 7（0H 信号）是否正确设定			
处理	降低负荷和运行频率			

（注3） 仅当 Pr. 180～Pr. 186（输入端子功能选择）中设定为"0H"时动作。

操作面板显示	E. BE	$E.bE$	FR-PU04	Br. Cct. Fault
名称	制动晶体管异常			
内容	在制动回路发生类似制动晶体管破损时，变频器停止输出。 这时，必须立即切断变频器的电源			
检查要点	·减少负荷 J。 ·制动的使用频率是否合适			
处理	请更换变频器			

操作面板显示	E. OLT	$E.OL\ulcorner$	FR-PU04	Stll Prev STP
名称	失速防止			
内容	当失速防止动作，运行频率降到 0 时，失速防止动作中显示 0L			
检查要点	电动机是否在过负荷状态下使用			
处理	减轻负荷			

操作面板显示	E.OPT	ᴇ.ᴏᴘᴛ	FR-PU04	Option Fault
名称	选件报警			
内容	当使用变频器专用内藏选件时，设定错误，连接（接口）接触不良时，变频器停止输出。如果选择了高功率转换器连接设定，则显示为 R、S、T 上连接交流电源			
检查要点	—			
处理	与经销商或本社营业所联系			

操作面板显示	E.OP1	ᴇ.ᴏᴘᴛ ~ ᴏᴘ3	FR-PU04	Option Fault 1~Option Fault 3
名称	选件插口异常			
内容	各插口上安装的内藏选件功能出现异常（如通信选件的通信异常等）时，变频器停止输出			
检查要点	选件功能的设定、操作是否要误（1~3 显示选件插口号）			
处理	确认选件功能的设定			

操作面板显示	E.PE	ᴇ. ᴘᴇ	FR-PU04	Corrupt Memry
名称	参数记忆因子异常			
内容	记忆参数设定值的 E²PROM 发生异常时，停止输出			
检查要点	参数写入回数是否太多			
处理	与经销商或本社营业所联系			

操作面板显示	E.PUE	ᴇ.ᴘᴜᴇ	FR-PU04	PU Leave Out
名称	PU 脱出发生			
内容	当 Pr.75 "复位选择/PU 脱落检测/PU 停止选择" 设定在 "2"，"3"，"16" 或 "17" 状态下，如果操作面板及参数单元脱落，本体与 PU 的通信中断，变频器则停止输出。当 Pr.121 的值设定为 "9999"，用 RS-485 通过 PU 接口进行通信时，如果连续通信错误发生次数超过允许再试次数，变频器则停止输出。超过 Pr.122 设定的时间通信中途切断时，变频器则停止输出			
检查要点	·DU 或 PU 的安装是否太松。 ·确认 Pr.75 的设定值			
处理	牢固安装好 DU 和 PU			

操作面板显示	E.RET	ᴇ.ʀᴇᴛ	FR-PU04	Retry No Over
名称	再试次数溢出			
内容	如果在设定的再试次数内不能恢复正常运行，变频器停止输出			
检查要点	调查异常发生的原因			
处理	处理该错误之前一个的错误			

操作面板显示	E.CPU	ᴇ.ᴄᴘᴜ	FR-PU04	CPU Fault
名称	CPU 错误			
内容	如果内置 CPU 算术运算在预定时间内没在结束，变频器自检判断异常，变频器停止输出			
检查要点				
处理	·牢固地进行连接。 ·请与经销店或本社营业所联系			

操作成板显示	E. 6	ᴱ. 6	FR-PU04	Fault 6
名称	CPU 错误			
内容	如果内置 CPU 周围回路的算术运算在预定时间内没有结束，变频器自检判断异常，变频器停止输出			
检查要点	接口是否太松			
处理	·牢固地进行连接。 ·请与经销店或本社营业联系			

操作面板显示	E. 7	ᴱ. 7	FR-PU04	Fault 7
名称	CPU 错误			
内容	如果内置 CPU 周围回路的算术运算在预定时间内没有结束，变频器自检判断异常，变频器停止输出			
检查要点	—			
处理	·牢固地进行连接。 ·请与经销店或本社营业联系			

操作面板显示	E. P24	ᴱP24	FR-PU04	——
名称	直流 24V 电源输出短路			
内容	从 PC 端子输出的直流 24V 电源短路时，电源输出切断。此时，外部触点输入全部为 OFF，端子 RES 输入不能复位。复位的话，请使用操作面板或电源切断再投入的方法			
检查要点	PC 端子输出是否短路			
处理	排除短路处			

操作面板显示	E. CTE	ᴱCᴛᴱ	FR-PU04	——
名称	操作面板用电源输出短路			
内容	操作面板用电源（PU 接口的 P5S）短路时，电源输出切断。此时，操作面板（参数单元）的使用，从 PU 接口进行 RS-485 通信都变为不可能。复位的话，请使用端子 RES 输入或电源切断再投入的方法			
检查要点	PU 接口连接线是否短路			
处理	检查 PU，电缆			

操作面板显示	E. LF	ᴱLF	FR-PU04	——
名称	输出欠相保护			
内容	当变频器输出侧（负荷侧）三相（U、V、W）中有一相断开时，变频器停止输出			
检查要点	·确认接线（电动机是否正常）。 ·与变频器额定电流相比，电动机的额定电流是否极其的低			
处理	·正确接线。 ·确认 Pr. 251 "输出欠相保护选择" 的设定值			

操作面板显示	E. MB1～7	ᴱⅿb1 ~7	FR-PU04	——
名称	制动开启错误			
内容	在使用制动开启功能（Pr.278～Pr.285）的情况下，出现开启错误时，变频器停止输出			
检查要点	调查异常发生的原因			
处理	确认设定参数，正确接线			

2. 轻微故障

操作面板显示	E. FN	$E.Fn$	FR-PU04	Fan Failure
名称	风扇故障			
内容	如果变频器内含有一冷却风扇，当冷却风扇由于故障停止或 Pr. 244 "冷却风扇动作选择"的设定不同运行时，操作面板上显示 E. FN			
检查要点	冷却风扇是否异常			
处理	更换风扇			

3. 报警

操作面板显示	OL	OL	FR-PU04	OL (Stll Prev STP)
名称	失速防止（过电流）			
内容	加速时	如果电动机的电流超过变频器额定输出电流的 150％（注 4）以上时，停止频率的上升，直到过负荷电流减少为止，以防止变频器出现过电流断路。当电流降到 150％以下后，再增加频率		
	恒速运行时	如果电动机的电流超过变频器额定输出电流的 150％（注 4）以上时，降低频率，直到过负荷电流减少为止，以防止变频器出现过电流断路，当电流降到 120％以下生，再回到设定频率		
	减速时	如果电动机的电流超过变频器额定输出的电流的 150％（注 4）以上时，停止频率的下降，直到过负荷电流减少为止，以防止变频器出现过电流断中。当电流降到 150％以下后，再下降频率		
检查要点	电动机是否在过负荷状态下使用			
处理	可以改变加减速的时间。用 Pr. 22 "失速防止动作水平"，提高失速防止的动作水平，或者用 Pr. 156 的 "失速防止动作选择"，不让失速防止动作			

（注 4）　可以任意设定失速防止动作电流。出厂时设定为 150％。

操作面板显示	oL	oL	FR-PU04	oL
名称	失速防止（过电压）			
内容	减速运行时	电动机的再生能量过大，超过制动能力时，停止频率的下降，以防止变频器出现过电压断路。直到再生能量减少时，再继续减速		
检查要点	是否是急减速运行			
处理	可以改变减速时间。用 Pr. 8 "减速时间"，延长减速时间			

操作面板显示	PS	PS	FR-PU04	PS
名称	PU 停止			
内容	在 Pr. 75 的 "PU 停止选择"状态下，用 PU 的 STOP/RESET 键，设定停止			
检查要点	是否按下操作面板的 STOP/RESET 键，使其停止			
处理	请参考 Pr. 75 的设置			

操作面板显示	Err.		Err	
内容	此报警在下述情况下显示 ·RES 信号处于 ON 时。 ·在外部运行模式下，试图设定参数。 ·运行中，试图切换运行模式。 ·在设定范围之外，试图设定参数。 ·PU 和为频器不能正常通信时。 ·运行中（信号 STF，SRF 为 ON），试图设定参数时。 ·在 Pr. 77 "参数写入禁止选择"参数写入禁止时，试图设定参数			
处理	请准确地进行运行操作			

参 考 文 献

［1］ 阮友德. 电气控制与 PLC 实训教程. 2 版. ［M］. 北京：人民邮电出版社，2012.

［2］ 阮友德. PLC、变频器、触摸屏综合应用实训［M］. 北京：中国电力出版社，2009.

［3］ 阮友德. 电气控制与 PLC. 2 版. ［M］. 北京：人民邮电出版社，2015.

［4］ 阮友德. 任务引领型 PLC 应用技术教程［M］. 北京：机械工业出版社，2014.

［5］ 钟肇新，范建东. 可编程控制器原理与应用［M］. 广州：华南理工大学出版社，2003.

［6］ 张万忠. 可编程控制器应用技术［M］. 北京：化学工业出版社，2006.

［7］ 李俊秀，赵黎明. 可编程控制器应用技术实训指导［M］. 北京：化学工业出版社，2005.

［8］ 阮友德，张迎辉. 电工中级技能实训. 2 版. ［M］. 西安：西安电子科技大学出版社，2016.

［9］ 阮友德. 基于网络控制的恒压供水群实践教学系统的研制［J］. 深圳职业技术学院学报，2006，5（4）.